高等教育安全科学与工程类系列教材
消防工程专业系列教材

消防给水排水工程

主编　方　正　谢晓晴
参编　陈　健　宋广瑞　孙楠楠
　　　邓艳丽　王建英　关　宏
主审　黄晓家

机械工业出版社

消防给水排水工程是主动消防的核心，也是消防工程专业的主干课程。本书根据消防给水排水的要求与特点，简要介绍了给水排水管道、附件及加压设备的基本知识，系统介绍了消火栓、自动喷水、雨淋及水幕、水喷雾、泡沫、气体、干粉及智能灭火系统等基本组成、分类、工作原理、设计计算及安装维护等有关内容，最后还结合当前大型公共建筑的发展介绍了有关工程案例。

本书主要作为高等院校消防工程及给水排水工程专业的本科教材或其他相关专业的学习参考书，也可供消防设计与管理审核等相关工程技术人员学习参考。

图书在版编目（CIP）数据

消防给水排水工程/方正，谢晓晴主编．—北京：机械工业出版社，2013.8（2025.7重印）
高等教育安全科学与工程类系列教材
消防工程专业系列教材
ISBN 978-7-111-42332-4

Ⅰ.①消… Ⅱ.①方… ②谢… Ⅲ.①消防—给排水系统—高等学校—教材 Ⅳ.①TU99

中国版本图书馆CIP数据核字（2013）第179353号

机械工业出版社（北京市百万庄大街22号　邮政编码100037）
策划编辑：冷　彬　责任编辑：冷　彬
版式设计：霍永明　责任校对：张　征
封面设计：张　静　责任印制：张　博
北京机工印刷厂有限公司印刷
2025年7月第1版第14次印刷
169mm×239mm · 21.75印张 · 409千字
标准书号：ISBN 978-7-111-42332-4
定价：49.00元

电话服务
客服电话：010-88361066
010-88379833
010-68326294

网络服务
机　工　官　网：www.cmpbook.com
机　工　官　博：weibo.com/cmp1952
金　　书　　网：www.golden-book.com
机工教育服务网：www.cmpedu.com

序一[㊀]

“安全工程”本科专业是在1958年建立的“工业安全技术”“工业卫生技术”和1983年建立的“矿山通风与安全”本科专业基础上发展起来的。1984年，国家教委将“安全工程”专业作为试办专业列入普通高等学校本科专业目录之中。1998年7月6日，教育部发文颁布《普通高等学校本科专业目录》，“安全工程”，本科专业（代号：081002）属于工学门类的“环境与安全类”（代号：0810）学科下的两个专业之一[㊁]。据“高等学校安全工程专业教学指导委员会”1997年的调查结果显示，自1958～1996年年底，全国各高校累计培养安全工程专业本科生8130人。近年，安全工程本科专业得到快速发展，到2005年年底，在教育部备案的设有安全工程本科专业的高校已达75所，2005年全国安全工程专业本科招生人数近3900名[㊂]。

按照《普通高等学校本科专业目录》的要求，原来已设有与“安全工程专业”相近但专业名称有所差异的高校，现也大都更名为“安全工程”专业。专业名称统一后的“安全工程”专业，专业覆盖面大大拓宽[㊁]。同时，随着经济社会发展对安全工程专业人才要求的更新，安全工程专业的内涵也发生很大变化，相应的专业培养目标、培养要求、主干学科、主要课程、主要实践性教学环节等都有了不同程度的变化，学生毕业后的执业身份是注册安全工程师。但是，安全工程专业的教材建设与专业的发展出现尚不适应的新情况，无法满足和适应高等教育培养人才的需要。为此，组织编写、出版一套新的安全工程专业系列教材已成为众多院校的翘首之盼。

机械工业出版社是有着悠久历史的国家级优秀出版社，在高等学校安全工程学科教学指导委员会的指导和支持下，根据当前安全工程专业教育的发展现

㊀ 此序作于2006年5月，为便于读者了解本套系列教材的产生与延续，该序将一直被保留和使用，并对其中某些的数据变化加以备注，以反映本套系列教材的可持续性，做到传承有序。

㊁ 按《普通高等学校本科专业目录》（2012版），“安全工程”本科专业（专业代码：082901）属于工学学科的“安全科学与工程类”（专业代码：0829）下的专业。

㊂ 这是安全工程本科专业发展过程中的一个历史数据，没有变更为当前数据是考虑到该专业每年的全国招生数量是变数，读者欲加了解，可在具有权威性的相关官方网站查得。

状，本着“大安全”的教育思想，进行了大量的调查研究工作，聘请了安全科学与工程领域一批学术造诣深、实践经验丰富的教授、专家，组织成立了教材编审委员会（以下简称“编审委”），决定组织编写“高等教育安全工程系列‘十一五’教材”㊀，并先后于2004年8月（衡阳）、2005年8月（葫芦岛）、2005年12月（北京）、2006年4月（福州）组织召开了一系列安全工程专业本科教材建设研讨会，就安全工程专业本科教育的课程体系、课程教学内容、教材建设等问题反复进行了研讨，在总结以往教学改革、教材编写经验的基础上，以推动安全工程专业教学改革和教材建设为宗旨，进行顶层设计，制订总体规划、出版进度和编写原则，计划分期分批出版30余门课程的教材，以尽快满足全国众多院校的教学需要，以后再根据专业方向的需要逐步增补。

由安全学原理、安全系统工程、安全人机工程学、安全管理学等课程构成的学科基础平台课程，已被安全科学与工程领域学者认可并达成共识。本套系列教材编写、出版的基本思路是，在学科基础平台上，构建支撑安全工程专业的工程学原理与由关键性的主体技术组成的专业技术平台课程体系，编写、出版系列教材来支撑这个体系。

本套系列教材体系设计的原则是，重基本理论，重学科发展，理论联系实际，结合学生现状，体现人才培养要求。为保证教材的编写质量，本着“主编负责，主审把关”的原则，编审委组织专家分别对各门课程教材的编写大纲进行认真仔细的评审。教材初稿完成后又组织同行专家对书稿进行研讨，编者数易其稿，经反复推敲定稿后才最终进入出版流程。

作为一套全新的安全工程专业系列教材，其“新”主要本现在以下几点：

体系新。本套系列教材从“大安全”的专业要求出发，从整体上考虑、构建支撑安全工程学科专业技术平台的课程体系和各门课程的内容安排，按照教学改革方向要求的学时，统一协调与整合，形成一个完整的、各门课程之间有机联系的系列教材体系。

内容新。本套系列教材的突出特点是内容体系上的创新。它既注重知识的系统性、完整性，又特别注意各门学科基础平台课之间的关联，更注意后续的各门专业技术课与先修的学科基础平台课的衔接，充分考虑了安全工程学科知识体系的连贯性和各门课程教材间知识点的衔接、交叉和融合问题，努力消除相互关联课程中内容重复的现象，突出安全工程学科的工程学原理与关键性的主体技术，有利于学生的知识和技能的发展，有利于教学改革。

知识新。本套系列教材的主编大多由长期从事安全工程专业本科教学的教授担任，他们一直处于教学和科研的第一线，学术造诣深厚，教学经验丰富。

㊀ 自2012年更名为“高等教育安全科学与工程类系列教材”。

在编写教材时，他们十分重视理论联系实际，注重引入新理论、新知识、新技术、新方法、新材料、新装备、新法规等理论研究、工程技术实践成果和各校教学改革的阶段性成果，充实与更新了知识点，增加了部分学科前沿方面的内容，充分体现了教材的先进性和前瞻性，以适应时代对安全工程高级专业技术人才的培育要求。本套教材中凡涉及安全生产的法律法规、技术标准、行业规范，全部采用最新颁布的版本。

安全是人类最重要和最基本的需求，是人民生命与健康的基本保障。一切生活、生产活动都源于生命的存在。如果人们失去了生命，一切都无从谈起。全世界平均每天发生约68.5万起事故，造成约2200人死亡的事实，使我们确认，安全不是别的什么，安全就是生命。安全生产是社会文明和进步的重要标志，是经济社会发展的综合反映，是落实以人为本的科学发展观的重要实践，是构建和谐社会的有力保障，是全面建成小康社会、统筹经济社会全面发展的重要内容，是实施可持续发展战略的组成部分，是各级政府履行市场监管和社会管理职能的基本任务，是企业生存、发展的基本要求。国内外实践证明，安全生产具有全局性、社会性、长期性、复杂性、科学性和规律性的特点，随着社会的不断进步，工业化进程的加快，安全生产工作的内涵发生了重大变化，它突破了时间和空间的限制，存在于人们日常生活和生产活动的全过程中，成为一个复杂多变的社会问题在安全领域的集中反映。安全问题不仅对生命个体非常重要，而且对社会稳定和经济发展产生重要影响。党的十六届五中全会提出“安全发展”的重要战略理念。安全发展是科学发展观理论体系的重要组成部分，安全发展与构建和谐社会有着密切的内在联系，以人为本，首先就是要以人的生命为本。“安全·生命·稳定·发展”是一个良性循环。安全科技工作者在促进、保证这一良性循环中起着重要作用。安全科技人才匮乏是我国安全生产形势严峻的重要原因之一。加快培养安全科技人才也是解开安全难题的钥匙之一。

高等院校安全工程专业是培养现代安全科学技术人才的基地。我深信，本套系列教材的出版，将对我国安全工程本科教育的发展和高级安全工程专业人才的培养起到十分积极的推进作用，同时，也为安全生产领域众多实际工作者提高专业理论水平提供了学习资料。当然，由于这是第一套基于专业技术平台课程体系的教材，尽管我们的编审者、出版者夙兴夜寐，尽心竭力，但由于安全工程学科具有在理论上的综合性与应用上的广泛性相交叉的特性，开办安全工程专业的高等院校所依托的行业类型又涉及军工、航空、化工、石油、矿业、土木、交通、能源、环境、经济等诸多领域，安全科学与工程的应用也涉及人类生产、生活和生存的各个方面，因此，本系列教材依然会存在这样和那样的缺点、不足，难免挂一漏万，诚恳地希望得到有关专家、学者的关心与支持，希望选用本套系列教材的广大师生在使用过程中给我们多提意见和建议。谨祝本套系列教材在编者、出版者、授课教师和学生的共同努力下，通过教学实践，获得进一步的完善和提高。

“嘤其鸣矣，求其友声”，高等院校安全工程专业正面临着前所未有的发展机遇，在此我们祝愿各个高校的安全工程专业越办越好，办出特色，为我国安全生产战线输送更多的优秀人才。让我们共同努力，为我国安全工程教育事业的发展做出贡献。

中国科学技术协会书记处书记㊀
中国职业安全健康协会副理事长
中国灾害防御协会副会长
亚洲安全工程学会主席
高等学校安全工程学科教学指导委员会副主任
安全科学与工程类专业教材编审委员会主任
北京理工大学教授、博士生导师

冯长根

㊀ 曾任中国科学技术协会副主席。

序二

1998年7月，教育部颁布的《普通高等学校本科专业目录和专业介绍》将消防工程归入工学门类，实行开放办学政策。开设消防工程专业的高等院校随之迅速增加，学生数量不断增长，形成了可喜的发展局面。随着我国社会的发展，以人为本的消防安全理念不断深入人心，对高素质消防工程专业技术人才的需求旺盛，消防工程专业已逐渐成为高等教育的热门专业之一。

与大好的专业发展形势不协调的是，目前，我国开设消防工程专业的普通高等院校，还没有一套系统、适用的专业系列教材。为满足学科发展的需求，提高消防工程专业高等教育的培养质量，组织编写、出版一套体系完善、结构合理、内容科学的消防工程专业系列教材势在必行，同时也是众多院校的共同愿望。

机械工业出版社是有着悠久历史的国家级优秀出版社，也是国家教育部认定的规划教材出版基地。该社根据当前消防工程专业的发展现状，进行了大量的调研工作，协同较早前成立的安全工程专业教材编审委员会并在其指导下，聘请消防工程领域的一批学术造诣深、实践经验丰富的专家教授，成立了“教材编审委员会”，组织编写该专业系列教材。并先后在西安（2008年11月）、株洲（2010年3月）、长沙（2010年10月）组织召开了一系列消防工程专业本科教学研讨会，就消防工程专业本科教育的课程体系、课程内容、教材建设等问题进行了深入研讨，确定分阶段出版该专业系列教材，以尽快满足众多院校的教学要求与人才培养目标的需求。

本套系列教材的编写，本着“重基本理论、重学科发展、重理论联系实际”的教材体系建设原则，在强调内容创新的同时，要体现出学科体系的系统性、完整性、专业性等特点。同时，采取“编委会评审、主编负责、主审把关”的方式确保每本教材的编写质量。本套系列教材还积极吸纳消防工程的设计单位、施工单位和公安消防专业人士的实践经验，在理论联系实际方面较以往同类教材实现了较大突破，提高了教材的工程实用价值。

由于消防工程内容的广泛性和交叉性，开办消防工程专业的高校所依托的行业背景和领域不同，因此，本套系列教材依然会存在不足，诚恳希望得到有关专家、学者的关心和支持，希望选用本套系列教材的师生在使用过程中多提意见和建议。谨祝本系列教材通过教学实践，获得进一步的完善和提高。

高等院校消防工程专业正面临着前所未有的发展机遇，在此我们祝愿各个高校的消防工程专业办出水平、办出特色，为我国消防事业输送更多的优秀人才。

中国消防协会理事
消防工程专业教材编审委员会主任
中南大学教授、博士生导师
徐志胜

前　言

消防工程包括被动防火和主动灭火两个方面，其中被动防火包括建筑物耐火构造、防火分隔、可燃物控制、人员疏散和防火构造等设置，而主动灭火则主要包括各类水剂及气体灭火系统、火灾报警系统以及防排烟系统等。主动灭火是火灾预警和报警、控火和灭火、防止烟气蔓延，使火灾早期发现、不发生扩大蔓延，减少生命财产损失的主要手段，在消防工作中尤为重要。各类水剂及气体灭火系统涉及许多给水排水管道及加压设备方面的专业知识，需要进行管道优化布置、水力学计算分析等，专业性较强，长期以来一直是由给水排水工程专业技术人员分工完成。但消防从来就是一个整体，消防工程专业学生是今后从事消防工作的主体，需要全面掌握主动及被动消防的各方面知识，只有这样才能充分发挥主动和被动消防的不同作用，协调统一做好消防工程的设计、安装与管理工作。

近年来随着大型商业、交通枢纽、地下工程的发展，如大型城市商业综合体、地下铁路、隧道、车库等建筑排水距离长、位置低，局部发生火灾时进行消防灭火时产生的排水影响到整个建筑运营。为保持现代建筑的商业连续性，减少灭火产生水渍损失，快速恢复生产，消防排水问题也被提到十分重要的位置，发达国家的现代建筑设计已经开始融入了这一理念。因此，为了贯彻这一理念，本书也将消防排水有关内容纳入其中，书名也由过去传统的“消防给水工程”拓展为“消防给水排水工程”。消防给水排水工程是消防工程中十分重要的内容，技术性也较强，相信这一课程将成为本专业重要的核心课程。

本书根据消防给水排水工程的特点，介绍了给水排水管道、附件及加压设备的基本知识，系统介绍了消火栓、自动喷水、雨淋及水幕、水喷雾、泡沫、气体、干粉及智能灭火系统等基本组成、分类、工作原理、设计计算及安装维护有关内容，书中最后还结合当前大型公共建筑的发展介绍了有关工程实例。全书既突出基本概念、原理，设计计算有关内容，同时又结合不同灭火系统类型介绍施工及安装维护知识，力求扩大学生知识面，使学生既能全面了解消防给水排水有关内容，又能对常用消防系统开展设计计算，提高学生解决实际问题的能力。

本书由方正、谢晓晴主编。全书共11章，具体编写分工如下：第1、11章由方正（武汉大学）编写；第2章由宋广瑞（西南交通大学）编写；第3、4、10章由谢晓晴、关宏（中南大学）编写；第5、7章由陈健（沈阳航空航天大学）编写；第6章由三建英（中国人民武装警察部队学院）编写；第8章由孙楠楠（中国人民武装警察部队学院）编写；第9章由邓艳丽（华北水利水电学院）编写。

本书由建筑给水排水工程和消防工程领域专家、中国中元国际工程公司（原机械工业部设计研究总院）副总工程师、国务院政府特殊津贴专家黄晓家教授级高级工程师担任主审。

在本书的编写过程中，得到了消防工程专业系列教材编委会主任中南大学徐志胜教授的大力支持，同时参阅了大量著作和文献，在此表示衷心感谢。

由于编者水平有限，书中难免有疏忽和不妥之处，敬请广大读者和专家批评指正。

编　者

目　录

1

第1章　消防给水排水工程基本知识

1.1　火灾与灭火

1.1.1　火灾

火能造福于人类又可能给人类造成伤害，人们的生产和生活中每一天都离不开火，火本来是一种燃烧现象，但失去控制的燃烧，就会形成“火灾”危害人类。

现代燃烧理论认为，燃烧大多是可燃物质与空气（氧）或其他氧化剂进行剧烈化学反应而发生的发热发光发烟现象，燃烧过程中的化学反应十分复杂，有化合反应、分解反应，而有些复杂物质的燃烧先是物质受热分解，然后发生化合反应。

燃烧过程中通常伴有火焰、发光和发烟的现象，燃烧区的温度较高，使其中白炽的固体粒子和某些不稳定（或易受激发）的中间物质分子内的电子发生能级跃迁，从而发出各种波长的光，发光的气相燃烧区就是火焰，它的存在是燃烧过程中最明显的标志；而由于燃烧不完全等原因，燃烧产物中会混有一些微小颗粒，这些微小颗粒与燃烧生成的一氧化碳、氰化氢、二氧化碳、氯化氢、二氧化硫、水蒸气等气体混合而形成烟。

1. 燃烧条件

物质燃烧过程的发生和发展，必须具备以下三个必要条件，即：可燃物、氧化剂和温度（引火源）。只有当这三个条件同时具备，才可能发生燃烧现象，无论缺少哪一个条件，燃烧都不能发生。但是，并不是上述三个条件同时存在就一定会发生燃烧现象，这三个因素还必须相互作用才能发生燃烧。

（1）可燃物：凡是能与空气中的氧或其他氧化剂起燃烧化学反应的物质

称为可燃物。可燃物按其物理状态分为气体可燃物、液体可燃物和固体可燃物三种类别。可燃物大多是含碳和氢的化合物，常见的可燃物有木材、纸张、汽油、酒精、氢气、乙炔气、钾等；某些金属如钾、钠、镁、铝、钙等在特定的条件下也可以燃烧；还有许多物质如肼、臭氧等能在高温下通过自己的分解而放出光和热。

(2）氧化剂：指能帮助和支持可燃物燃烧的物质，即能与可燃物发生氧化反应的物质称为氧化剂。燃烧过程中氧化剂主要是空气中游离的氧，另外如氟、氯等也可以作为燃烧反应的氧化剂。

(3）温度（引火源）：指供给可燃物与氧或助燃剂发生燃烧反应的能量来源。常见的是热能，其他还有化学能、电能、机械能等转变的热能，燃烧反应可以通过用明火点燃或加热处于空气（或氧气）中的可燃物来实现。在无外界引火源时，只有将可燃物加热到其着火点以上才能使燃烧反应进行。因此，物质的燃烧除了其可燃性和氧化剂之外，还需要温度。由于各种可燃物的化学组成和化学物质各不相同，其发生燃烧的温度也不同。

2. 火灾分类

根据火灾场所内的物质及其燃烧特性，一般将火灾分为A、B、C、D、E、F六类：

(1）A类火灾：指固体物质火灾。这种物质往往具有有机物质性质，一般在燃烧时产生灼热的余烬。如木材、棉、毛、麻、纸张及其制品等燃烧的火灾。

(2）B类火灾：指液体火灾或可熔化固体物质火灾。如汽油、煤油、柴油、原油、甲醇、乙醇、沥青、石蜡等燃烧的火灾。

(3）C类火灾：指气体火灾。如煤气、天然气、甲烷、乙烷、丙烷、氢气等燃烧的火灾。

(4）D类火灾：指金属火灾。如钾、钠、镁、钛、锆、锂、铝镁合金等燃烧的火灾。

(5）E类火灾（带电火灾）：指带电物体的火灾。如发电机房、变压器室、配电间、仪器仪表间和电子计算机房等在燃烧时不能及时或不宜断电的电气设备带电燃烧的火灾。

(6）F类火灾：动植物油火灾，动植物油着火后其燃点降低，很容易复燃。

1.1.2 灭火

根据燃烧的基本条件，任何可燃物发生燃烧或持续燃烧都必须具备燃烧的必要条件和充分条件。因此，火灾发生后，灭火就是破坏燃烧条件、使燃烧反应终止的过程。灭火的基本原理可以归纳为4种，即冷却、窒息、隔离和化学抑制。前三种灭火原理主要是物理过程，而化学抑制属于化学过程。不论是使用灭火剂还是通过其他机械方式来灭火，都是利用上述4种原理中的一种或多种结合来实现的。

由于使用灭火剂灭火效率高、灭火迅速、危险小、容易实现自动控制等优点，建筑火灾中广泛使用灭火剂灭火。常见的灭火剂包括：水灭火剂、气体灭火剂、泡沫灭火剂、干粉灭火剂。

水是自然界中最普遍、最经济，也是最容易获取的物质，水能从燃烧物中吸收很多热量，使燃烧物的温度迅速下降，使燃烧终止。水在受热汽化时，体积迅速膨胀，当大量的水蒸气笼罩于燃烧物的周围时，可以阻止空气进入燃烧区，从而大大减少氧的含量，使燃烧因缺氧而窒息熄灭。因而水剂灭火是使用最为广泛的一种灭火方式。建筑消防中通常利用给水管道将水输送至建筑物内的各个角落，在一定的压力下通过相应的射水装置将水扑打在火焰上，通过冷却、窒息等作用将火扑灭。常见的水剂灭火系统包括：消火栓系统、自动喷水系统、水喷雾及水炮灭火系统等。

对于一些无法用水扑灭，或遇水容易使火灾更迅速蔓延或发生化学反应的火灾，如汽油、柴油等液体火灾，各类电气火灾及活泼金属火灾等则主要利用化学抑制的方法进行灭火，也有一些火灾扑救时被保护的物质遇水容易造成较大的二次损失，如图书、档案资料火灾的扑救等，这些火灾的扑救一般就会采用气体灭火剂、泡沫灭火剂、干粉灭火剂等，而这些灭火剂通常也是需要通过相应的管道设备和喷射装置将灭火剂输送至被保护可燃物的周围，使其覆盖或淹没被保护区域，达到对火灾的抑制、窒息和隔离目的。常见的非水剂灭火设施包括：分散式灭火器、气体灭火系统、泡沫灭火系统、干粉及气溶胶灭火系统等。

除消防队员使用的消火栓水枪和分散式灭火器外，大部分灭火装置都是以固定形式安装在建筑物的被保护区域内，这些管网涉及压力保障、消防灭火剂量供应、喷射保护强度、范围等给水排水专业知识，因此，在传统中这些都是由给水排水工程专业人员进行设计和施工，但作为现代消防工程师，必须学习和掌握消防给水排水工程有关知识。

1.2　建筑给水系统的组成及分类

1.2.1　建筑给水系统的组成

建筑给水系统一般由引入管、给水管道、给水附件、给水设备、配水设施和计量仪表组成。

1. 引入管

引入管指从室外给水管网的接管点引至建筑物内的管段，一般又称进户管，是室外给水管网与室内给水管网之间的联络管段。引入管段上一般设有水表、阀门等附件。对于高层建筑消防来说，一般引入管连接消防水池，由消防水泵从消防水池吸水供应建筑内的消防用水。

2. 给水管道

给水管道在建筑物内一般形成管网，包括干管、立管、支管和分支管，用于输送和分配用水至建筑内部的各个用水点，如图 1-1 所示。

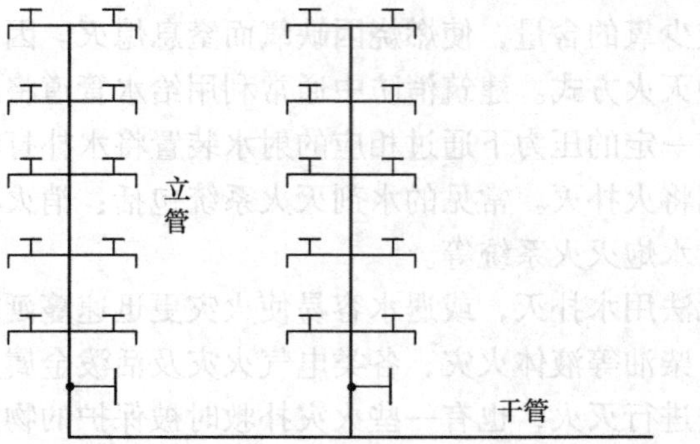

图 1-1　给水系统管网示意图

（1）干管：又称总干管，是将水从引入管输送至建筑物各区域的管段。

（2）立管：又称竖管，是将水从干管沿垂直方向输送至各楼层、各不同标高处的管段。

（3）支管：又称分配管，是将水从立管输送至各房间内的管段。

（4）分支管：又称分配管，是将水从支管输送至各用水设备处的管段。

3. 给水附件

给水附件是指管道系统中用以调节水量、水压、控制水流方向、改善水质，以及关断水流，便于管道、仪表和设备检修的各类阀门和设备。给水附件包括各种阀门、水锤消除器、过滤器、减压孔板等管路附件。

常用的阀门有：

（1）截止阀，如图 1-2a 所示，关闭严密，但水流阻力较大，因局部阻力系数与管径成正比，故只适用于管径不大于 50mm 的管道上。

（2）闸阀，如图 1-2b 所示，全开时水流直线通过，水流阻力小，宜在管径大于 50mm 的管道上采用，但水中杂质落入阀座后容易产生磨损和漏水。

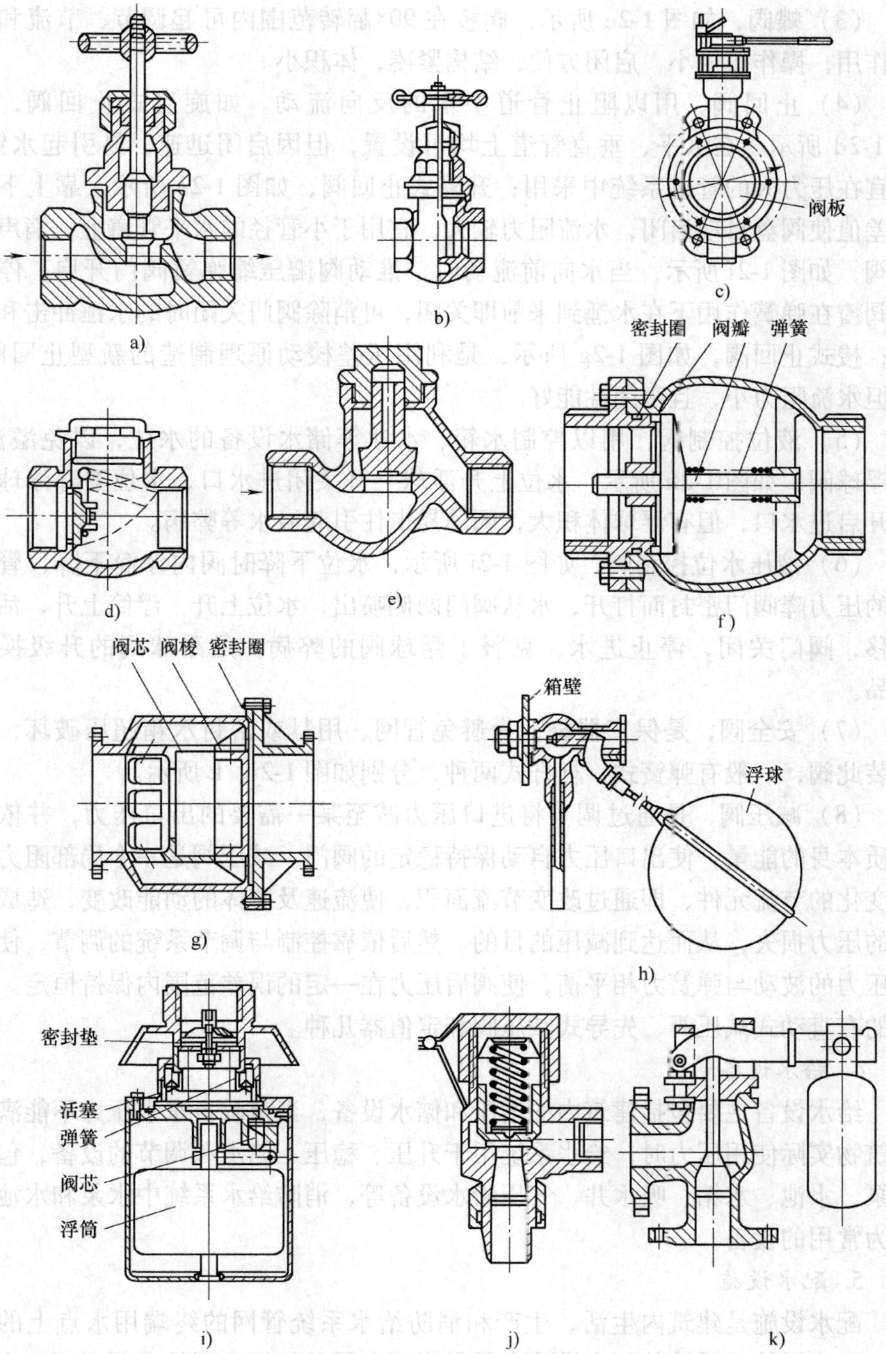

图 1-2　各类阀门

a）截止阀　b）闸阀　c）蝶阀　d）旋启式止回阀　e）升降式止回阀　f）消声止回阀
g）梭式止回阀　h）浮球阀　i）液压水位控制阀　j）弹簧式安全阀　k）杠杆式安全阀

（3）蝶阀，如图1-2c所示，阀板在90°翻转范围内可起调节、节流和关闭作用，操作扭矩小，启闭方便，结构紧凑，体积小。

（4）止回阀，用以阻止管道中水的反向流动。如旋启式止回阀，如图1-2d所示，在水平、垂直管道上均可设置，但因启闭迅速，易引起水锤，不宜在压力大的管道系统中采用；升降式止回阀，如图1-2e所示，靠上下游压差值使阀盘自动启闭，水流阻力较大，宜用于小管径的水平管道上；消声止回阀，如图1-2f所示，当水向前流动时，推动阀瓣压缩弹簧阀门开启，停泵时阀瓣在弹簧作用下在水锤到来前即关闭，可消除阀门关闭时的水锤冲击和噪声；梭式止回阀，如图1-2g所示，是利用压差梭动原理制造的新型止回阀，不但水流阻力小，且密闭性能好。

（5）液位控制阀，用以控制水箱、水池等储水设备的水位，以免溢流。如浮球阀，如图1-2h所示，水位上升浮球上升关闭进水口，水位下降浮球下落开启进水口，但有浮球体积大，阀芯易卡住引起溢水等弊病。

（6）液压水位控制阀，如图1-2i所示，水位下降时阀内浮筒下降，管道内的压力降阀门密封面打开，水从阀门两侧喷出，水位上升，浮筒上升，活塞上移，阀门关闭，停止进水，克服了浮球阀的弊病，是浮球阀的升级换代产品。

（7）安全阀，是保安器材，为避免管网、用具或密封水箱超压破坏，需安装此阀，一般有弹簧式、杠杆式两种，分别如图1-2j、k所示。

（8）减压阀，是通过调节将进口压力减至某一需要的出口压力，并依靠介质本身的能量，使出口压力自动保持稳定的阀门。减压阀是一个局部阻力可以变化的节流元件，即通过改变节流面积，使流速及流体的动能改变，造成不同的压力损失，从而达到减压的目的。然后依靠控制与调节系统的调节，使阀后压力的波动与弹簧力相平衡，使阀后压力在一定的误差范围内保持恒定。通常的有直动式减压阀、先导式减压阀和定值器几种。

4. 给水设备

给水设备主要包括建筑内的增压和储水设备，当市政自来水压力不能满足建筑物实际使用压力时，给水系统用于升压、稳压、储水和调节的设备，包括水泵、水池、水箱、吸水井、气压给水设备等，消防给水系统中水泵和水池是极为常用的设备。

5. 配水设施

配水设施是建筑内生活、生产和消防给水系统管网的终端用水点上的设施，如生活给水系统的配水设施主要是指卫生器具的给水配件或配水嘴；生产给水系统的配水设施主要是指生产工艺有关用水设备；消防给水系统的配水设施有室内消火栓、消防水炮、消防软管卷盘、自动喷水灭火系统的各种喷头等。

1.2.2　建筑给水系统的分类

根据用户对水质、水压、水量和水温的要求，并结合外部给水系统情况进行划分，有3种基本给水系统：生活给水系统、生产给水系统、消防给水系统。

1. 生活给水系统

供给人们在日常生活中饮用、烹饪、盥洗、沐浴、洗涤衣物、冲厕、清洗地面和其他生活用途的用水。近年随着人们对饮用水品质要求的不断提高，在某些城市、地区的高档住宅小区、综合楼等实施分质供水，管道直饮水给水系统已经进入住宅。

生活给水系统按照供水水质又可分为生活饮用水系统、直饮水系统和杂用水系统。生活饮用水系统包括洗漱、沐浴等用水；直饮水系统包括纯净水、矿泉水等用水；杂用水系统包括冲厕、浇灌花草等用水。生活给水系统的水质必须严格符合国家《生活饮用水卫生标准》（GB 5749—2006）要求，并应具有防止水质污染的措施。

2. 生产给水系统

供生产过程中产品工艺用水、清洗用水、冷却用水、生产空调用水、稀释用水、除尘用水、锅炉用水等。由于工艺过程和生产设备的不同，生产给水系统种类繁多，对各类生产用水的水质要求有较大的差异，有的低于生活饮用水标准，有的远远高于生活饮用水标准。

3. 消防给水系统

供消防设施用水，主要包括消火栓、消防卷盘和自动喷水灭火系统等设施的用水。消防用水用于灭火和控火，即扑灭火灾和控制火势蔓延。

消防用水对水质要求不高，但必须按照建筑设计防火规范要求保证足够的水量和水压。

消防给水系统分为消火栓给水系统、自动喷水灭火系统、水幕系统、水喷雾灭火系统、自动水炮灭火系统等。消防系统的选择，应根据生活、生产、消防各项用水对水质、水量和水压的要求，经过经济技术比较后确定，一般而言，除消火栓系统和简易自动喷水系统外，其他消防给水系统都应与生活、生产分开，独立设置。

1.3　建筑给水系统的水压计算及给水方式

1.3.1　建筑给水系统所需的水压

建筑内部给水系统所需的水压、水量是选择给水系统中增压和水量调节、储水设备的基本依据。

满足卫生器具和用水设备用途要求而规定的，其配水出口在单位时间流出的水量称为额定流量。各种配水装置为克服给水配件内摩阻、冲击及流速变化等阻力，从而保证其规定的额定流量所需的最小静水压力，称为最低工作压力，通常也称流出水头。消防给水系统中通常需要满足灭火所需要的喷水水压，使其水柱能打击火焰，以便扑灭火灾。建筑内给水系统水压如能够满足某一配水点的工作压力，则其他任一点的压力均能满足，则称该点为给水系统中的最不利配水点。一般情况下，在建筑物中用水点最高或者最远处用水量最大的地方往往会是最不利点。

要满足建筑内给水系统各配水点单位时间内使用时所需的水量，给水系统的水压（自室外引入管起点管中心标高算起）应保证最不利配水点具有足够的流出水头，如图 1-3 所示，其计算公式如下：

$$H = H_1 + H_2 + H_3 + H_4 \tag{1-1}$$

式中 H——建筑内给水系统所需的水压（kPa）；

H_1——引入管起点至最不利配水点位置高度所要求的静水压（kPa）；

H_2——引入管起点至最不利配水点的给水管路，即计算管道的沿程损失与局部损失之和（kPa）；

H_3——水流通过水表时的水压损失（kPa）；

H_4——最不利配水点所需的最低工作压力（kPa）。

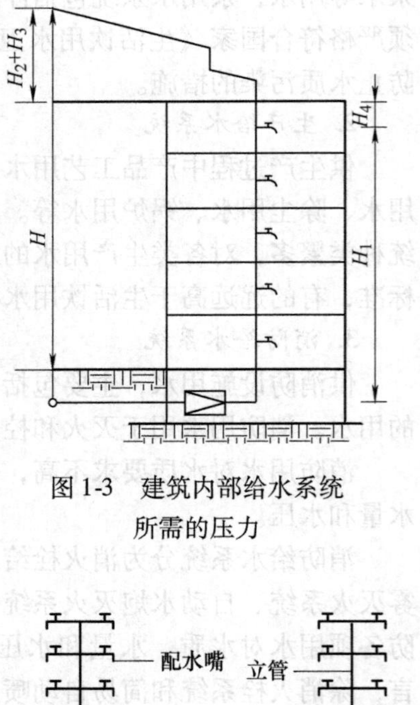

图 1-3 建筑内部给水系统所需的压力

1.3.2 给水方式

1. 直接给水方式

由室外给水管网直接供水，利用室外管网压力供水，为最简单、经济的给水方式。一般单层和层数少的多层建筑采用这种供水方式。如图 1-4 所示，这种方式适用于室外给水管网的水量、水压在一天内均能满足用水要求的建筑。

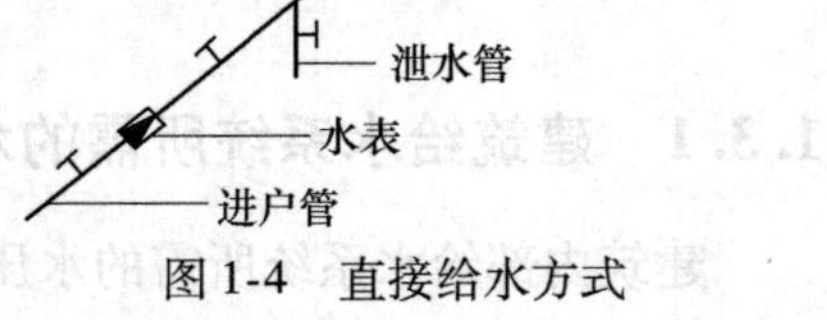

图 1-4 直接给水方式

该给水方式的特点：可充分利用室外管网水压，节约能源，且供水系统简单，投资省，减少水质受污染的可能性。但也存在室外管网一旦停水后室内断水的风险，可靠性差。通常消防给水中低层建筑，或者附近有常高压供水系统都会采取这种方式。

2. 单设水箱的给水方式

单设水箱的给水方式宜在室外给水管网供水压力周期性不足时采用。如图 1-5a 所示，低峰用水时，可利用室外给水管网水压直接供水并向水箱进水，水箱储备水量。高峰用水时，室外管网水压不足，则由水箱向建筑给水系统供水。当室外给水管网水压偏高或不稳定时，为保证建筑内给水系统的良好工况或者满足稳定供水的要求，也可以采用设水箱的给水方式。这种供水方式适用于多层建筑，下面几层与室外给水管网直接连接，利用室外管网水压供水，上面几层则靠屋顶水箱调节水量和水压，由水箱供水。

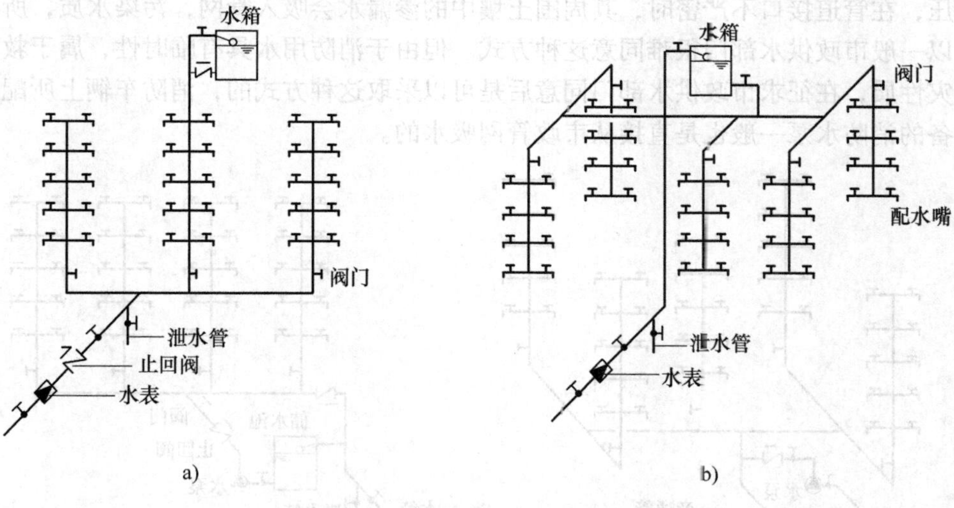

图 1-5　单设水箱的给水方式

图 1-5b 所示，单设水箱也可以是室外管网直接先将水送至水箱，由水箱向建筑内给水系统供水。这种方式是水箱储备一定量的水，室外供水压力不足时也不至于立即中断室内供水，供水较可靠，安装和维护简单，投资较省，目前消防给水系统中火灾初期的供水基本上是采用这种方式。但需设置大体积的高位水箱，增加了结构荷载，给建筑立面和结构处理带来一定难度。

3. 单设水泵给水方式

在室外给水管网的水压经常不足时宜采用水泵给水方式。当建筑物内用水量大且较均匀时，可用恒速水泵供水，如许多工业厂房生产线供水等就比较适合采用此方式，消防供水也经常采用此种方式，消防车向室内消防管网供水采取的也是这种方式。

当建筑内用水不均匀时，宜采用一台或多台水泵变工况运行供水，以提高水泵工作效率。近年来随着变频技术的进步，许多建筑生活用水大都采用变频调速水泵，这种水泵的构造与恒速水泵一样也是离心式水泵，不同的是配用变速配电装置，其转速可随时调节。从离心式水泵的工作特性可知，水泵的流量、扬程和功率分别与叶轮转速的1、2、3 次方成正比。因此，调节水泵的转速使水泵的出水量随时与管网的用水量一致，不至于在用水低峰的时候水泵也满负荷运转，对于不同的流量都可以处于较高效率范围内运行，以节约电能。

当为了充分利用室外管网压力，节省电能，采用水泵直接从室外给水管网抽水的叠压供水方式时，应设旁通管，如图 1-6a 所示。当室外管网压力足够大时，可自动开启旁通管的止回阀直接向建筑内供水。但由于水泵直接从室外管网抽水时会使外网压力降低，影响附近用户用水，严重时可能造成外网负压，在管道接口不严密时，其周围土壤中的渗漏水会吸入管网，污染水质，所以一般市政供水部门很难同意这种方式。但由于消防用水具有临时性，属于救灾性质，在征求市政供水部门同意后是可以采取这种方式的，消防车辆上所配备的消防水泵一般也是直接从市政管网吸水的。

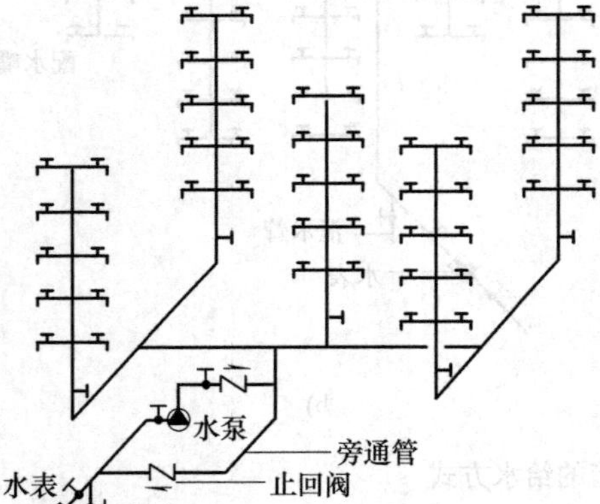

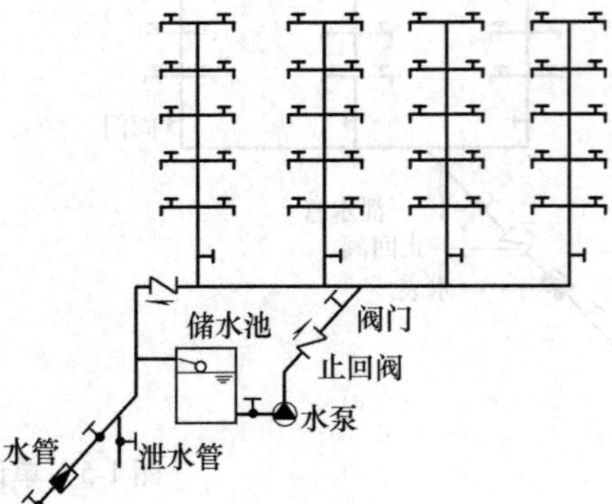

图 1-6　单设水泵的给水方式

为避免上述问题，可在系统中增设储水池，采用水泵与室外管网间接连接的方式，如图 1-6b 所示。这种方式避免了上述水泵直接从室外管网抽水的缺点，城市管网的水经自动启闭的浮球阀充入储水池，然后经水泵加压后再送往室内给水管网。

4. 水泵水箱联合给水方式

当室外给水管网压力低于或经常不满足建筑内给水管网所需的水压，且室内用水不均匀时，采用水泵水箱联合给水方式，如图1-7所示。该给水方式的优点是水泵能及时向水箱供水，可减少水箱的容积，又因有水箱的调节作用，水泵出水量稳定，能保持在高效区运行。

这一方式利用水泵将水池中的水提升至高位水箱，用高位水箱储存调节水量并向用户供水。水箱内设水位继电器来控制水泵的起停（水箱内水位低于最低水位时开启水泵，至最高设计水位时停泵）。为利用市政管网压力，建筑的下部几层往往由室外管网直接供水。

这种供水方式由于水池、水箱存储一定水量，停水停电时可以延时供水，供水可靠，供水压力稳定。但有水泵振动、噪声干扰的缺点。此供水方式普遍适用于多层或高层建筑，特别是高层建筑前10min的消防用水量基本上采用这种方式存储在屋顶水箱中的。

5. 气压给水方式

气压给水方式即在给水系统中设置气压给水设备，利用该设备的气压水罐内气体的可压缩性，升压供水。气压水罐的作用相当于高位水箱，但其位置可根据需要设置在高处或低处。该给水方式宜在室外给水管网压力低于或经常不能满足建筑内给水管网所需水压，室内用水不均匀，且不宜设置高位水箱时采用，如图1-8所示。

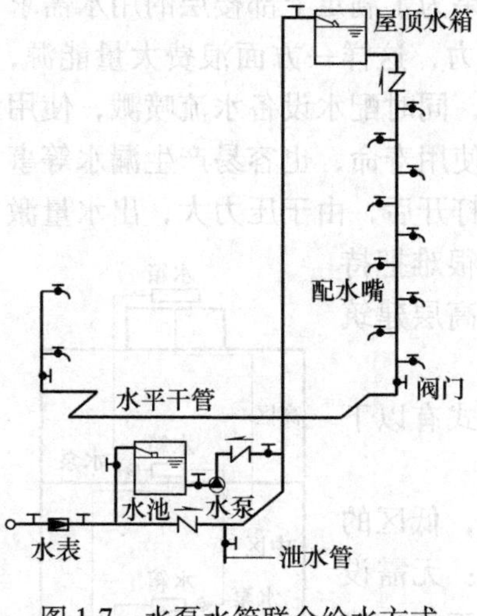

图1-7　水泵水箱联合给水方式

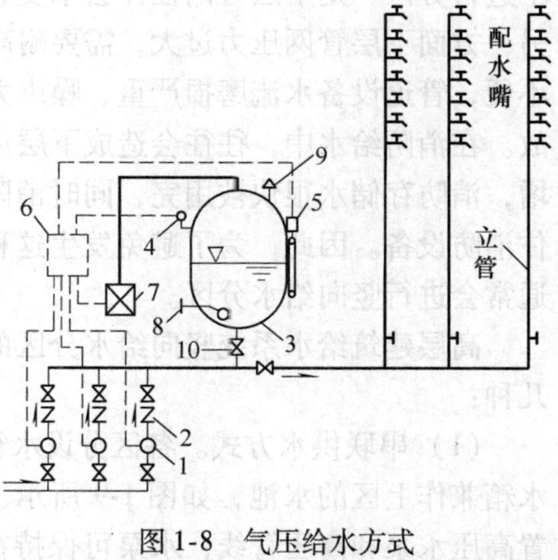

图1-8　气压给水方式

1—水泵　2—止回阀　3—气压水罐　4—压力信号器　5—液位信号器　6—控制器　7—补气装置　8—排气阀　9—安全阀　10—阀门

气压式给水装置可分为变压式和定压式两种。

（1）变压式。当用水量需求小于水泵出水量时，水泵多余的水进入水罐，罐内空气因被压缩而增压，直至高限（相当于最高水位）时，压力继电器会指令自动停泵。罐内水表面上的压缩空气会通过释放压力将水输送至用户。当罐内水位下降至设计最低水位时，因罐内空气膨胀而减压，压力继电器又会指令自动开泵。由于这种气压给水方式罐内的水压是与压缩空气的体积成反比而变化的，故称“变压式”。它常用于中小型给水工程，可不设空气压缩机（在小型工程中，气和水可合用一罐），设备简单，但因压力有波动，对保证用户用水的舒适性和泵的高效运行均是不利的。

（2）定压式。当用户用水，水罐内水位下降时，空气压缩机即自动向气罐内补气，而气罐中的压缩空气又经自动调压阀维持气压恒定。当水位降至设计最低水位时，泵即自动开启向水罐充水，故它既能保证水泵始终稳定在高效范围内运行，又能保证管网始终以恒压向用户供水，但需专设空气压缩机，并且起动次数频繁。

它可以是水、气合罐，也可以是水、气分罐，罐体既可以是竖放也可以横放。由于气压给水装置是利用罐内压缩空气维持的，罐体的安装高度可以不受限制。消防供水中为了克服水箱安装高度不能满足最不利点消防压力要求的缺点，通常也采用气压给水方式进行加压，实现管网临时高压的作用。

6. 高层建筑的分区给水方式

在高层建筑中由于垂直方向的高度大，如果为了满足上部楼层的用水需求不进行分区，则下层管网往往会承受较高的压力，这样一方面浪费大量能源，另一方面下层管网压力过大，需要耐高压设备，同时配水设备水流喷溅，使用不便，管道设备水流磨损严重、噪声大、缩短使用寿命，也容易产生漏水等事故。在消防给水中，往往会造成下层消防设施打开后，由于压力大，出水量激增，消防存储水很快被用完，同时消防人员也很难把持住消防设备。因此，为了避免发生这种现象，高层建筑通常会进行竖向给水分区。

高层建筑给水系统竖向给水分区的基本形式有以下几种：

（1）串联供水方式。各区分设水箱和水泵，低区的水箱兼作上区的水池，如图1-9所示。其优点：无需设置高压水泵和高压管线；水泵可保持在高效区工作，能耗较少；管道布置简单，较节省管材。缺点：供水不够安全，下区设备故障，将直接影响上层供水；各区水箱、水泵分散设置，维修、管理不便，且要占用一定的建筑面积；水箱容积较大，将增加结构的负荷和造价。一般适用于建筑高度超过100m有避难层的超高层建筑。

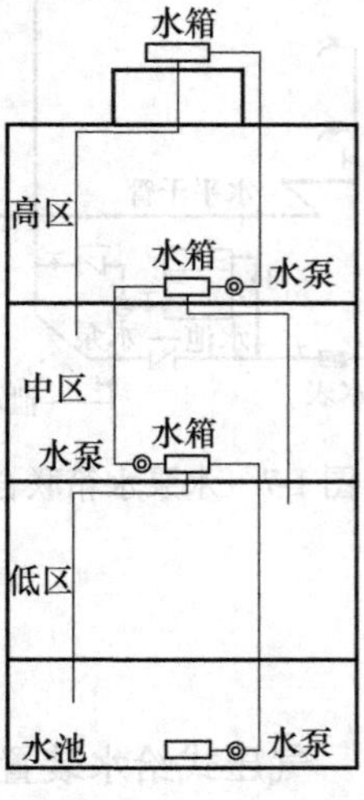

图1-9 串联供水方式

（2）减压供水方式。建筑用水由设在底层的水泵全部提升至屋顶水箱，再通过各区减压装置如减压水箱、减压阀等，依次向下供水。图 1-10 为采用减压水箱的供水方式，图 1-11 为采用减压阀的供水方式。其共同的优点：水泵数量少，占地少，且集中设置便于维修、管理；管线布置简单，投资省。其共同的缺点：各区用水均需提升至屋顶水箱，不但水箱容积大，而且对建筑结构和抗震不利，同时也增加了电耗；供水不够安全，水泵或屋顶水箱输水管、出水管的局部障碍都将影响各区供水。

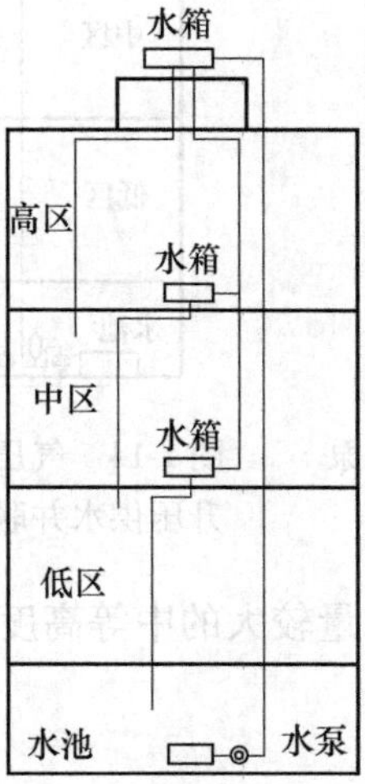

图 1-10　减压水箱供水方式

图 1-11　减压阀供水方式

采用减压阀供水方式时，可省去减压水箱，进一步缩小了占地面积，可使建筑面积充分发挥经济效益，同时也可避免由于管理不善等原因可能引起的水箱二次污染现象。减压阀有弹簧式和比例式之分，比例式减压阀构造简单、体积小，可垂直和水平安装，由于活塞后端受水面为前端，推动活塞后移，减压阀开启通水，至阀后停止用水，活塞前移，阀门关闭。因通水时阀后压力是随流量增大而相应减小的，故须按该阀的流量—压力曲线选用规格、型号。

减压阀减压供水方式较多用于建筑高度在 100m 以下或用水量不大的一般高层建筑。

（3）并联供水方式。各区升压设备集中设在底层或地下设备层，分别向各区供水。图 1-12、图 1-13、图 1-14 分别为采用水泵、水箱、变频调速水泵和气压给水设备升压供水的并联供水方式。优点：各区供水自成系统，互不影响，供水较安全可靠；各区升压设备集中设置，便于维修、管理。水泵、水箱并联供水系统中，各区水箱较小，占地少。气压给水设备和变频调速泵并联供水系统中，无需水箱，节省了占地面积。并联式分区的缺点：上区供水泵扬程较大，总压水线长。由气压给水设备升压供水时，调节容积小，耗电量大，分区多时，高区气压罐承受压力大，使用钢材较多，费用高。由变频调速泵升压供水时，设备费用较高，维修较复杂。

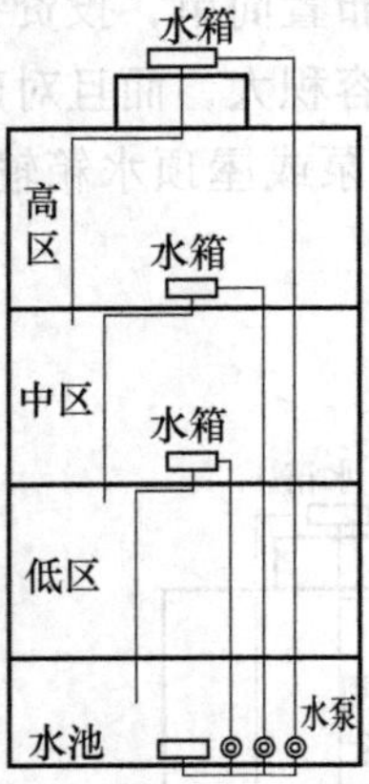

图 1-12　水泵、水箱并联供水方式

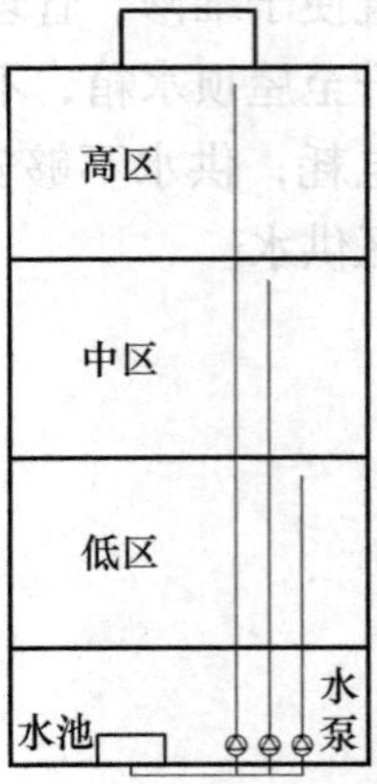

图 1-13　变频调速水泵并联供水方式

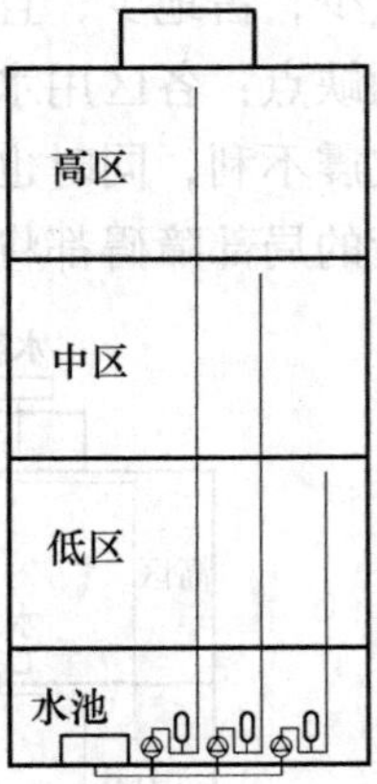

图 1-14　气压给水设备升压供水并联供水方式

这种方式适用于建筑高度超过 100m，用水量较大的中等高度的高层建筑。

1.4　水泵、储水池及水箱

1.4.1　水泵

1. 水泵工作原理

水泵是给水系统中的主要升压设备。在建筑内部的给水系统中，一般采用离心式水泵，它具有结构简单、管理方便、体积小、效率高且流量和扬程在一定范围内可以调节等优点。选择水泵应以节能为原则，使水泵在给水系统中大部分时间保持高效运行。当采用设水泵、水箱的给水方式时，通常水泵直接向水箱输水，水泵的出水量、扬程几乎不变，选用离心式恒速水泵即可保证高效运行，消防给水系统基本上采用这种方式。对于无水量调节设备的生活给水系统，在电源可靠的条件下，可选用装有自动调速装置的离心式水泵。

离心泵的工作原理，是靠叶轮在泵壳内旋转，使水靠离心力甩出，从而得到压力，将水送到需要的地方。离心泵主要是由泵壳、泵轴、叶轮、吸水管、压力管等部分组成，如图 1-15 所示。

图 1-15 中，在轴穿过泵壳处设有填料函，以防漏水或透气。在轴上装有叶轮，它是离心泵的最主要部件，叶轮上装有不同数目的叶片，当电动机通过

轴带动叶轮回转时，叶片就搅动水作高速回转，拦污栅起拦截污物的作用。

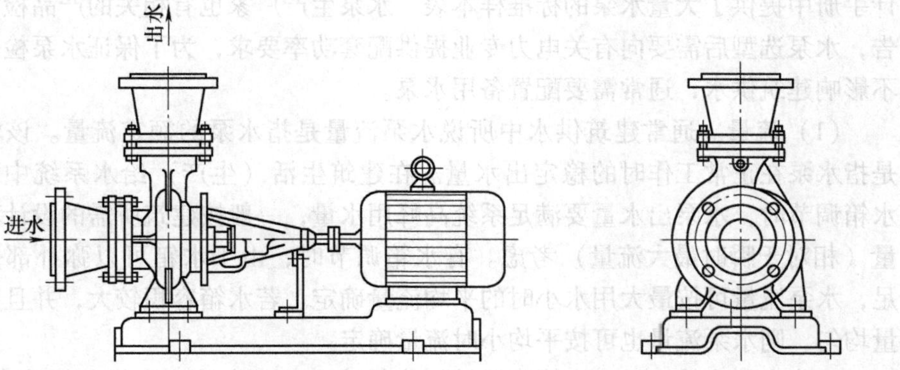

图 1-15　卧式离心泵外形图

开动水泵前，要使泵壳及吸水管中充满水，以排除泵内空气，当叶轮高速转动时，在离心力的作用下，叶片槽道（两叶片间的过水通道）中的水从叶轮中心被甩向泵壳，使水获得动能与压能。由于泵壳的断面是逐渐扩大的，所以水进入泵壳后流速逐渐变小，部分动能转化为压力，因而泵出口处的水便具有较高的压力，流入压力管。在水被甩走的同时，水泵进口处形成真空，由于大气压力的作用，将水池中的水通过吸水管压向水泵进口（一般称为"吸水"），进而流入泵体。由于电动机带动叶轮连续回转，因此，离心泵也就可以均匀连续地供水，不断地将水从低处压送到高处的用水点或水箱。

离心泵的起动方式有"吸入式"和"自灌式"两种：泵轴高于吸水面的称为"吸入式"，这种方式需设法在水泵起动前排除泵体内的空气，使其保持水泵起动时的负压状态，所以一般需要配置真空泵。水池水面高于泵轴的称为"自灌式"，这时水流可以自动充满整个水泵壳体，使其始终维持满水的真空状态。因此，这种方式不仅可以省掉真空泵等抽气设备，而且也有利于水泵的运行和管理。

一般来讲，设水泵的室内给水系统多与高位水箱联合工作，为了减少水箱的容积，水泵的起停应采用自动控制，加上建筑生活用水水泵起动频繁，而"自灌式"易满足此种要求。消防水泵为了节省起动时间也往往采取这种方式。

在水泵房面积较小的条件下，可采用结构紧凑、安装管理方便的立式离心式水泵或管道泵。

2. 水泵的选型

水泵的流量、扬程应根据给水系统所需的流量、压力确定。由流量、扬程查水泵性能表（或特性曲线）即可确定其型号，为了保证水泵在高效区段工作，通常需要按照水泵样本中的额定工作状态参数进行选型。我国给水排水设计手册中提供了大量水泵的标准样本表，水泵生产厂家也有相关的产品检测报告，水泵选型后需要向有关电力专业提供配套功率要求，为了保证水泵检修时不影响建筑供水，通常需要配置备用水泵。

（1）流量。通常建筑供水中所说水泵流量是指水泵的额定流量。该流量是指水泵在正常工作时的稳定出水量。在建筑生活（生产）给水系统中，无水箱调节时，水泵出水量要满足系统高峰用水量，一般按建筑所需的设计秒流量（相对于瞬时最大流量）考虑。有水箱调节时，由于水箱可以弥补部分不足，水泵流量可按最大用水小时的平均流量确定。若水箱容积较大，并且用水量均匀，则水泵流量也可按平均小时流量确定。

消防水泵流量应以室内消防设计用水量确定，通常消防水量包括消火栓、自动喷水等系统的用水量。生活、生产、消防共用调速水泵在消防时的流量除保证消防用水量外，还应保证生活、生产用水量的要求。

（2）扬程。水泵工作扬程一般是指水泵在额定流量的情况下将水所能提升的最大高度。由于水泵压水管道会有一定的沿程损失，所以一般水泵的实际送水高度略小于水泵样本上所标明的扬程。

确定水泵的扬程时，根据水泵的用途及室外给水管网连接的方式不同，一般可按以下不同公式计算。

当水泵与室外给水管网直接连接时：

$$H_b\gamma \geqslant p_1 + p_2 + p_3 + p_4 - p_0 \qquad (1\text{-}2)$$

式中 H_b——水泵扬程（m）；

γ——水的重度（10^3N/m^3），工程中常近似取值为10。

p_1——吸入管至最不利配水点位置高度所要求的静水压（kPa）；

p_2——水泵吸水管和出水管至最不利配水点计算管路的总水压损失（kPa）；

p_3——水流通过水表时的水压损失（kPa）；

p_4——最不利配水点的流出水压（kPa）；

p_0——室外给水管网所能提供的最小水压（kPa）。

根据以上计算选定水泵后，还应以室外给水管网的最大水压校核水泵的工作效率和超压情况，若室外给水管网出现最大压力时，水泵扬程过大，为避免管道、附件损坏，应采取相应的保护措施，如采用扬程不同的多台水泵并联工作，或设水泵回流管、管网泄压管等。

当水泵与室外给水管网间接连接，从储水池（或水箱）抽水时：

$$H_b\gamma \geqslant p_1 + p_2 + p_4 \qquad (1\text{-}3)$$

式中 H_b、p_2、p_4同式（1-2）；

p_1——储水池最低水位至最不利配水点位置高度所计算的静水压（kPa）。

（3）水泵的选择。水泵应选择低噪声、节能型水泵，水泵扬程可按计算扬程 H_b 乘以 1.05 ~ 1.10 后选泵。为保证安全供水，生活和消防水泵需要设置备用泵，生产用水泵可根据生产工艺要求设置备用泵。对于流量变化较大的建筑，也可以考虑设置多台水泵并联，通过改变水泵工作台数来适应建筑用水需要。

3. 水泵的安装

水泵机组一般设置在水泵房内，泵房应远离防振、防噪声要求较高的房间，室内要有良好的通风、采光，防冻和排水措施。水泵的布置要便于起吊设备的操作，管道连接力求管线短，弯头少，其间距要保证检修时能拆卸、放置电动机和泵体，并满足维修要求，如图 1-16 所示。为操作安全，防止操作人员误触快速运转中的泵轴，水泵机组必须设置高出地面不小于 0.1m 的基础。当水泵基础需在基坑时，则基坑四周应有高出地面不小于 0.1m 的防水栏。

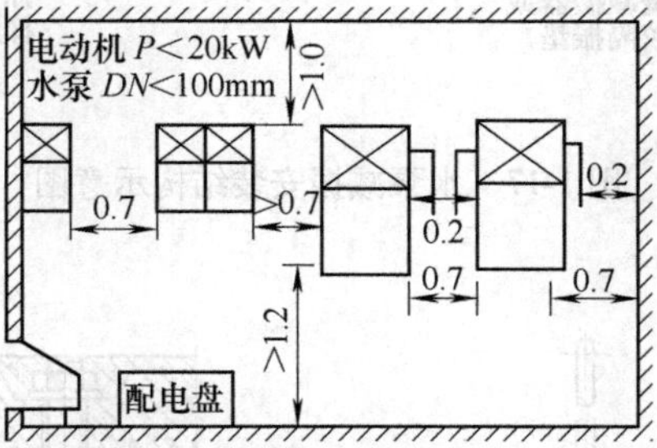

图 1-16　水泵机组的布置间距（单位：m）

消防水泵应采用自灌式充水。每台水泵应设独立的吸水管，以免相邻水泵抽水时相互影响；多台水泵共用吸水管时，吸水总管伸入水池的引水管不宜少于两条，每条引水管上均应设闸阀，当一条引水管发生故障时，其余引水管应满足全部设计流量。每台水泵吸水管上要设阀门，出水管上要设阀门、止回阀和压力表，并宜有防水锤措施，如采用缓闭止回阀、气囊式水锤消除器等。

对于其他生活水泵，当因条件所限，不能采用自灌式吸水而采用吸入式时，应有抽气或灌水装置（如真空泵、底阀、水射器等）。引水时间不超过下列规定：小于 4kW 的为 3min；不小于 4kW 的为 5min。

为减少水泵运转时对周围环境的影响，应对水泵进行减振处理。采取的减振措施应使水泵运行扰动频率和固有频率之比 $\lambda = f/f_0$ 大于 2（一般以 2 ~ 5 为好），这样有较好的减振效率（80% ~ 90%）和防止共振效果。

水泵机组的减振主要是由减振基座（惰性块）、隔振垫（减振器）及固定螺栓等组成，水泵减振安装结构示意如图 1-17a 所示。在水泵吸水管、出水管中需要装设可曲挠橡胶接头，如图 1-17b 所示。

当水泵机组的基础和管道采取减振措施时，管道支架也应采用弹性支架。

弹性支架具有固定架设管道和减振双重作用。常用的产品为弹簧式吊架和橡胶垫式吊架，弹簧式吊架如图 1-18 所示，橡胶垫式弹性吊架如图 1-19 所示。

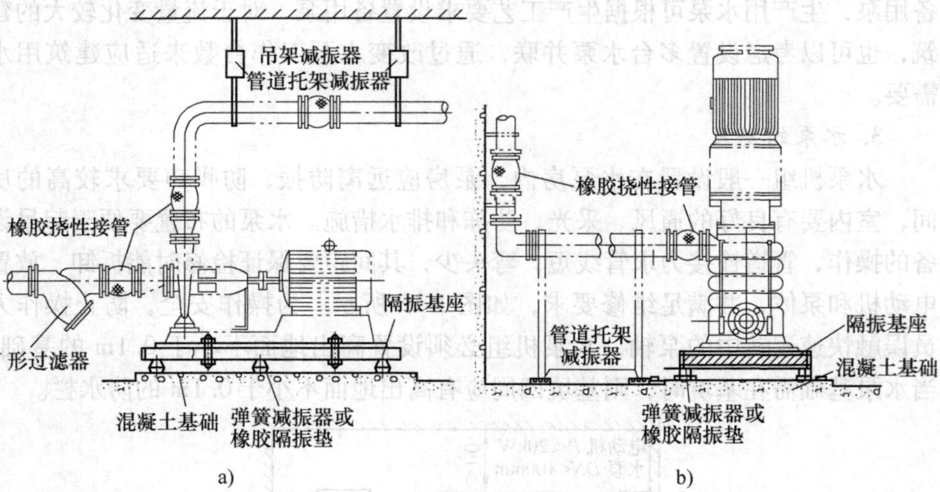

图 1-17　水泵减振安装结构示意图

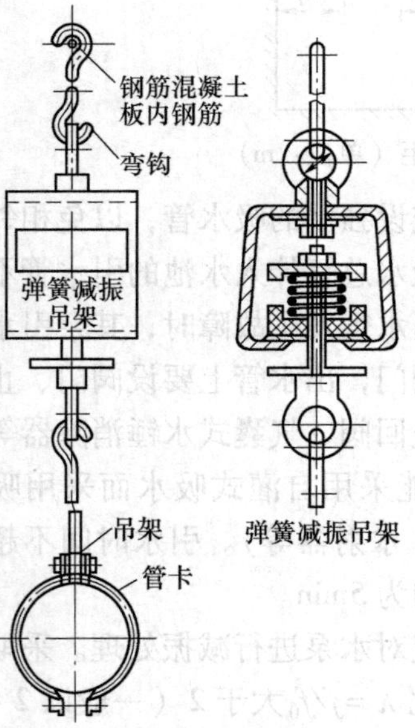

图 1-18　弹簧式吊架

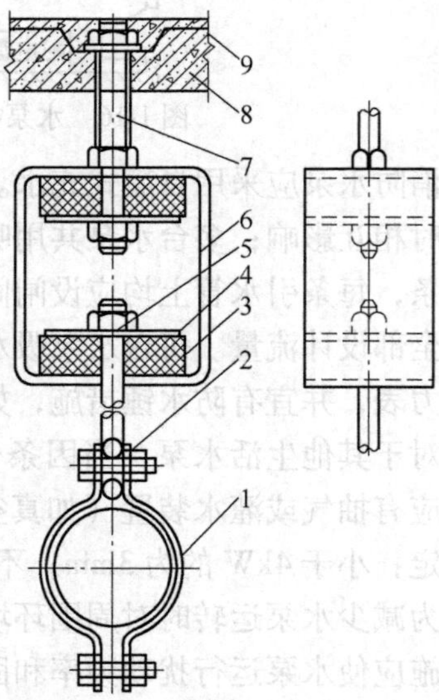

图 1-19　橡胶垫式弹性吊架

1—管卡　2—吊架　3—橡胶减振器

4—钢垫片　5—螺母　6—框架

7—螺栓　8—钢筋混凝土板

9—预留洞填水泥砂浆

1.4.2 储水池

储水池是储存和调节水量的构筑物，其有效容积应根据生活（生产）调节水量、消防储备水量和生产事故用水量确定，可按下式计算：

$$V \geqslant (Q_b - Q_j) T_b + V_f + V_s \tag{1-4}$$

$$Q_j T_t \geqslant T_b (Q_b - Q_j) \tag{1-5}$$

式中 V——储水池有效容积（m^3）；

Q_b——水泵出水量（m^3/h）；

Q_j——水池进水量（m^3/h）；

T_b——水泵最长连续运行时间（h）；

T_t——水泵运行的间隔时间（h）；

V_f——消防储备水量（m^3）；

V_s——生产事故备用水量（m^3）。

对采用气压罐或变频调速泵的系统，水泵的出水量是随用水量变化而变化的，因此储水池的有效容积应按外部管道的供水量与用水量变化曲线计算结果确定。

消防储备水池应根据消防要求，以火灾延续时间内所需消防用水量计。当室外给水管网不能保证室外消防用水量时，消防水池的有效容积应满足在火灾延续时间内各类室内消防用水量与室外消防用水量不足部分之和的要求，即 $V_f = \sum Q_{fi} T_i$，Q_{fi}为各类消防设施设计流量，T_i 为各类消防设施持续工作时间。生产事故备用水量应根据用户安全供水要求，中断供水后和城市给水管网可能停水等因素确定。当资料不足时，生活（生产）调节水量（$Q_b - Q_j$）T_b可以不小于建筑最高日用水量的 20% ~25% 计，居住小区的调节水量可以不小于建筑最高日用水量的 15% ~20% 计。若储水池仅起调节水量作用，则储水池有效容积不计 V_f和 V_s。

储水池应设进水管、出水管、溢流管、泄水管和水位信号装置，溢流管管径比进水管管径大一级，泄空管管径应按水池（箱）泄空时间和泄水受体的排泄能力确定，一般可按 2h 内将池内存水全部泄空进行计算，但最小不得小于 100mm。顶部应设有人孔，尺寸一般宜为 800 ~1000mm，其布置位置及配管设置均应满足水质防护要求。仅储备消防水量的水池，可兼作水景或人工游泳池的水源，但后者应采取净水措施。非饮用水与消防水共用一个储水池，应有消防水量平时不被动用的措施。储水池的设置高度应利于水泵自吸抽水，且宜设深度不小于 1m 的集水坑，以保证其有效容积和水泵的正常运行。

储水池一般宜分成容积基本相等的两格，以便清洗、检修时不中断供水。

消防水池的补水时间不宜超过48h，补水管的设计流速不宜大于2.5m/s。

1.4.3 水箱

根据水箱的用途不同，有高位水箱、减压水箱、冲洗水箱、断流水箱等多种类别。其形状通常为圆形或矩形，特殊情况下也可设计成任意形状。制作材料包括：普通、搪瓷、镀锌、复合和不锈钢板等；钢筋混凝土；塑料和玻璃钢等。以下主要介绍在给水系统中使用较为广泛、可起到保证水压和储存、调节水量的高位水箱。

1. 水箱的配管、附件及设置要求

水箱的配管、附件如图1-20所示。

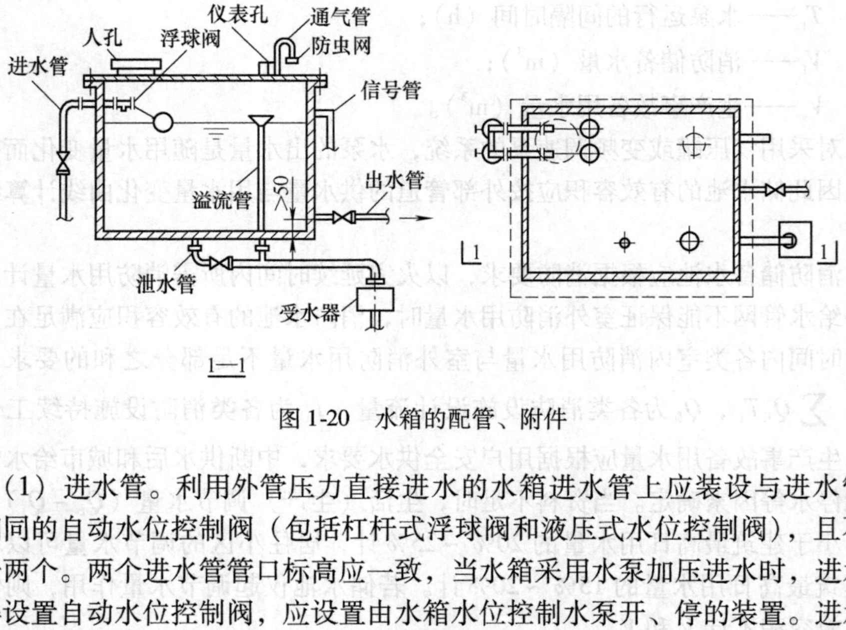

图1-20 水箱的配管、附件

(1) 进水管。利用外管压力直接进水的水箱进水管上应装设与进水管管径相同的自动水位控制阀（包括杠杆式浮球阀和液压式水位控制阀），且不得少于两个。两个进水管管口标高应一致，当水箱采用水泵加压进水时，进水管不得设置自动水位控制阀，应设置由水箱水位控制水泵开、停的装置。进水管入口距箱盖的距离应满足杠杆式浮球或液压式水位控制阀的安装要求，一般进水管中心距水箱顶应有150~200mm的距离。当水箱由水泵供水并采用自动控制水泵启闭的装置时，可不设水位控制阀。进水管管径可按水泵出水量或管网设计秒流量计算确定。

(2) 出水管。出水管从水箱侧壁接出时，其管底至箱底距离应大于50mm；若从箱底接出，其管顶入水口距箱底的距离也应大于50mm，以防沉淀物进入配水管网。出水管上应设阀门，以利检修。为防短流，进、出水管宜分设在水箱两侧，若合用一根管道，则应在出水管上增设阻力较小的止回阀，如图1-21所示，其标高应低于水箱最低水位1.0m以上，以保证止回阀开启所需的压力。出水管径应按管网设计秒流量计算确定。此外，除串联消防给水系统外，在设置消防出水管时应保证发生火灾后由消防水泵供给的消防用水不进入消防水箱。

（3）溢流管。溢流管口应在水箱设计最高水位以上50mm处，管径按排泄水箱最大入流量确定，一般应比进水管大一级。溢流管宜采用水平喇叭口集水，喇叭口下的垂直管径不宜小于4倍溢流管管径。溢流管上不允许设阀门。

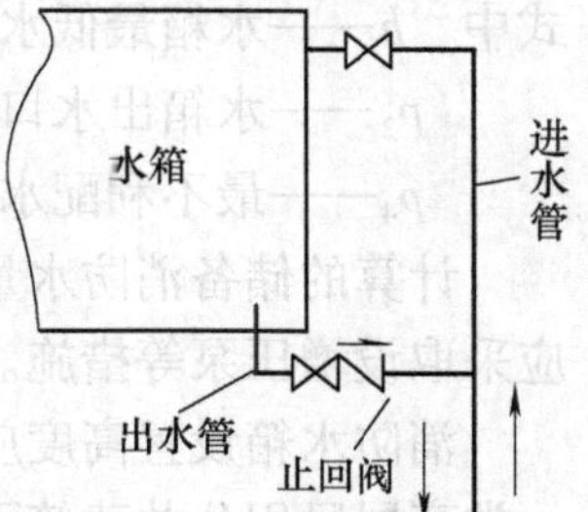

图1-21 水箱进、出水管合用

（4）泄水管。泄水管从箱底接出，用以检修或清洗时泄水。管上应设阀门，管径不得小于50mm，阀门后的管道可与溢流管相连后用同一根管道排水。

（5）通气管。供生活饮用水的水箱，储水量较大时，宜在箱盖上设通气管，以使水箱内空气流通，其管径宜为100~150mm，管口应朝下并设网罩。

（6）水位信号装置。水位信号装置是反映水位控制阀失灵报警的装置。可在溢流口管下10mm处设置水位信号管，直通值班室的洗涤盆等处，其管径为15~20mm即可。水箱一般应在侧壁装玻璃液位计，并应有传送到监控中心的水位指示仪表。若水箱液位与水泵联动，则可在水箱侧壁或顶盖上安装液位继电器或信号器，采用自动水位报警装置。

2. 水箱的有效容积及设置高度

（1）有效容积。水箱的有效容积主要根据它在给水系统中的作用来确定。若仅作为水量调节之用，其有效容积即为调节容积；若兼有储备消防和生产事故用水的作用，其容积应以调节水量、消防和生产事故备用水量之和来确定。其中消防用水应有不作他用的技术措施。

水箱的调节容积理论上应根据室外给水管网或水泵向水箱供水和水箱向建筑内给水系统输水的曲线，经分析后确定，但因为以上曲线不易获得，实际工程中一般按经验确定。

生活用水的调节水量按水箱服务区内最高日用水量Q_d的百分数估算，水泵自动启闭时不小于$5\% Q_d$，人工操作时不小于$12\% Q_d$。

生产事故备用水量可按工艺要求确定。

消防储备水量用以扑救初期火灾，一般都以10min的室内消防设计流量计。一类高层公共建筑不应小于36m^3，但当建筑高度大于100m时不应小于50m^3，当建筑高度大于150m时不应小于100m^3；多层公共建筑、二类高层公共建筑和一类高层居住建筑不应小于18m^3，当一类住宅建筑高度超过100m时不应小于36m^3；二类高层住宅不应小于12m^3；建筑高度大于21m的多层住宅建筑不应小于6m^3。

（2）设置高度。水箱的设置高度应满足以下条件：

$$h \geqslant (p_2 + p_4)/10 \tag{1-6}$$

式中 h——水箱最低水位至不利配水点位置高度（m）；

p_2——水箱出水口至最不利配水点计算管路的总水压损失（kPa）；

p_4——最不利配水点的流出水压（kPa）。

计算的储备消防水量的水箱安装高度 h，如不能满足消防设备所需水压，应采取设增压泵等措施。

消防水箱设置高度应满足其最小利点消火栓静水压力不应低于 0.07MPa；一类高层民用公共建筑不应低于 0.10MPa，高层住宅、二类高层公共建筑、多层民用建筑不应低于 0.07MPa，多层住宅确有困难时可适当降低。建筑高度超过 100m 的建筑，其最不利点消火栓静水压力不应低于 0.15MPa。当高位消防水箱不能满足上述静压要求时，应设增压设施。

1.5 消防给水常用管材及连接方式

1.5.1 管材

消防给水系统的输送介质为没有腐蚀性化学物质的水，其工作压力均在中低压的范围内，因此对管道材料的要求不苛刻。常用的管材主要有钢管、铸铁管和不锈钢管等。随着技术的不断发展，一些新型管材，如涂塑钢管、塑料管、聚丙烯管等也能满足消防要求。但由于管道的耐热性问题，加上技术规范推广、设计施工技术没有跟上，目前还比较少用。

气体灭火系统、干粉灭火系统因压力较高，通常采用镀锌钢管，泡沫液输送管道因腐蚀原因而采用不锈钢管和铜管作为输送管道，这类管道管径较小，需要满足一定的压力要求。

1. 钢管

钢管是消防给水工程中应用最多的一类管材，钢管按其结构形态可分为无缝钢管和有缝钢管两类。

无缝钢管是以管身上无缝而得名，它具有品质均匀、强度较高的优点，因而应用较广。按照生产工艺的不同，无缝钢管可分为热轧和冷轧无缝钢管，其中冷轧无缝钢管在精度方面比热轧无缝钢管要高。

在消防管道安装时，常遇到需要在无缝钢管上套丝，由于管螺纹外径的限制，无缝钢管的外径必须与管螺纹接近才行。

有缝钢管的管身上有接缝。按照接缝形式可分为：焊接钢管、直缝卷管、螺旋卷管。焊接钢管中内外不镀锌的称为黑铁管、水煤气管，内外镀锌的称为镀锌钢管。镀锌钢管由于其一定的耐腐蚀性，曾被广泛应用于消防和生活给水系统中。对于室内生活用水，由于镀锌钢管的锈蚀问题始终存在，使用时间越长问题越严重，因此对于生活给水系统，已不再使用镀锌钢管，改用塑料管及不锈钢管材等。

凡是工作压力等于或小于1MPa的消防给水系统，可选用普通钢管；当系统工作压力大于1MPa时，应选用加厚钢管或无缝钢管。一般气体灭火系统由于介质压力高，应采用无缝钢管。

2. 铸铁管

铸铁管是指用铸铁浇铸成型的管道。铸铁管广泛用于给水、排水和煤气输送管线，它包括铸铁直管和管件。按材质不同分为灰口铸铁管和球墨铸铁管。按接口形式不同分为柔性接口、法兰接口、自锚式接口、刚性接口等。其中，柔性铸铁管用橡胶圈密封；法兰接口铸铁管用法兰固定，内垫橡胶法兰垫片密封；刚性接口一般铸铁管承口较大，直管插入后，用水泥密封，此工艺现已基本淘汰。

铸铁管中的元素硅和石墨具有良好的耐腐蚀性能，因而许多埋地的消防管道选用铸铁管。埋地管道的选择应符合下列要求：普通铸铁管一般仅用于压力不大于1.0MPa的系统，当压力大于1.0MPa和小于等于1.60MPa时，应采用球墨铸铁管，当压力大于2.50MPa时应采用无缝钢管。

3. 不锈钢管

不锈钢管是指在钢管材料中添加了一些特殊的合金元素，如Cr、Ni、Mo、Mn等形成合金钢材料，在大气中能始终保持金属光泽，具有良好的耐腐蚀性能。

按照不锈钢金相组织不同，不锈钢管可以分为奥氏体、铁素体、马氏体不锈钢管等。

不锈钢管主要用于建筑环境恶劣，阴冷、潮湿的地下或美观要求较高的工程，同时在气体及泡沫消防系统中由于使用了腐蚀性较强的介质，这时也会采用不锈钢管道。

4. 铜管

铜管是铜及铜合金管道的总称。它具有优良的导电性、导热性、延展性，具有良好的耐腐蚀性。铜管按材质分为纯铜管和黄铜管。由于铜管价格较高，一般只适用于小管径的气体及细水雾消防系统。

5. 塑料管

塑料管是我国重点推广的管材，先是用于建筑排水，后用于建筑给水，先用于室内，后用于室外，目前已经广泛用于给水排水领域。塑料管按其材质可以分为：

（1）聚乙烯类（PVC）。包括硬聚氯乙烯（PVC-U）管、高抗冲聚氯乙烯（PVC-AGR）管、抗冲改性聚氯乙烯（PVC-M）管、氯化聚氯乙烯（PVC-C）管。

（2）聚烯烃类。包括聚乙烯（PE）管（PE80、PE100 和 PE-X）、聚丙烯类（PP）管（PP-R、PP-B）、聚丁烯（PB）管。

（3）硬管类。丙烯腈—丁二烯—苯乙烯共聚（ABS）管。

（4）金属塑料复合管。包括铝塑复合管、铝塑稳态管和超薄壁不锈钢塑料复合管。

由于塑料管的耐火性能没有得到很好改善，虽然塑料管也广泛用于室内生活热水系统，但消防给水中较少使用，除非有特殊认证的 CPVC 管道。塑料管或钢丝网骨架 PE 塑料管等可以用于埋地管道。

1.5.2 连接方式

管道的连接方式一般应与管道的材质、系统的工作压力、温度、介质的理化特性、敷设方式等条件相适应。

按照管道连接的结构形式和方式可以分为以下连接方式。

1. 螺纹连接

螺纹连接是指利用一根管子外螺纹与另一根管子的内螺纹相互拧入，齿扣相互嵌楔，形成一个具有一定密封能力和一定机械强度的接头。

由于考虑普通镀锌钢管的承压能力，一般螺纹连接适用于公称管径不大于100mm、工作压力不超过 1.0MPa 的管道连接，当采用加厚镀锌钢管时，压力也不宜超过 1.6MPa。

由于螺纹齿表面是较为粗糙的，相互嵌楔时无法保证齿面凹凸间的间隙完全弥合，无法密封，会产生渗漏，因此必须要借助于填料来保证螺纹之间的密封性。这些填料应具有一定的化学稳定性，不腐蚀管道，有良好的机械强度、弹性及良好的耐温性。

常见的填料按形状分为液体密封填料（如氧化铅甘油、液体密封剂）和固体密封填料（如聚四氟乙烯生料带、麻丝铅油等）。

2. 承插连接

承插连接是将管子的一端做成承口，另一端做成插口，安装时按照承口迎向介质流动方向的方式，将插口插入承口，并采用相适应的密封方法实现承插口的密封，同时保证其连接强度的一种管道连接方法。

承插连接的方法，在给水管道上仍然只限于埋地铸铁管道的连接。而消防给水管道目前应用的管材，仍以镀锌钢管、焊接钢管、无缝钢管为主，因此较少使用本方式。当系统压力大于 1.0MPa 时，一般不宜采用承插连接，除非有特殊认证。

3. 法兰连接

法兰连接就是把两个管道、管件或器材，先各自固定在一个法兰盘上，两个法兰盘之间，加上法兰垫，用螺栓紧固在一起，完成了连接。有的管件和器材已经自带法兰盘，也属于法兰连接。

法兰连接属于可拆卸连接，由于它连接可靠，适用于任何介质、任何压力的管道，而且密封性能好，连接拆卸方便，所以得到广泛应用。但这种连接需要耗用大量的法兰盘，管道直径越大，法兰盘价值越高，所以一般只用于必须拆卸的部位。此外，在镀锌钢管上焊接法兰盘会破坏镀锌层，降低镀锌管道的耐腐蚀能力。

法兰分为螺纹连接（丝接）法兰和焊接法兰。低压小直径用丝接法兰，高压和低压大直径都是使用焊接法兰，不同压力的法兰盘的厚度和连接螺栓直径和数量是不同的。

4. 焊接连接

焊接是将管道接口和焊接材料加热至熔化状态，不加压力完成焊接的方法。熔焊时，热源将待焊两管道接口处迅速加热熔化，冷却后形成连续焊缝而将两工件连接成为一体。常见的焊接方法包括氧—乙炔焊和手工电弧焊。

焊接连接属于不可拆卸连接，与螺纹连接相比，焊接可靠牢固，连接强度高，而且焊接不受连接部件限制，可以焊接任何位置、任何形式的接头，工效高，使用设备简单，消防管道使用较多。

因防腐要求，一般情况下焊接连接不宜采用，特别是在报警阀后的自动喷水灭火系统中不应采用。

5. 热熔连接

热熔连接是相同材质的两个管件之间，经过加热升温至（液态）熔点后的一种连接方式。在钢结构工程中，将两根金属钢筋，通过电加温设备进行热熔连接。金属热熔连接后的连接点，一定要在常温状态下冷却，才能达到原金属材料的抗拉应力。热熔连接不得淬火，以免接点碳化变脆，失去原有金属材料的抗拉应力。主要连接方式有热熔承插连接和热熔对焊连接。

热熔连接也广泛应用于 PB 管、PE 管等塑料管材的连接。PPR 塑料管材一般也是采用手持式熔接器进行热熔连接，其连接方式最为可靠，操作方便，气密性好，接口强度高。

6. 卡箍连接

卡箍连接是由卡箍连接件与开槽的管道相连接的方法，也称“沟槽连接”。卡箍连接件由上下卡箍、密封胶圈、锁紧螺栓等共同组成，管道端部需要用专用滚槽机械滚制出沟槽，沟槽深度在 1.4 ~ 2.0mm，管径越大，开槽越深。其示意图如图 1-22、图 1-23 所示。

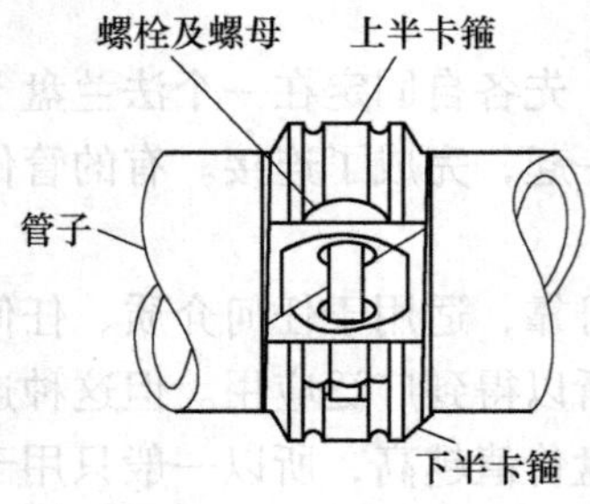

图 1-22　卡箍连接外形图

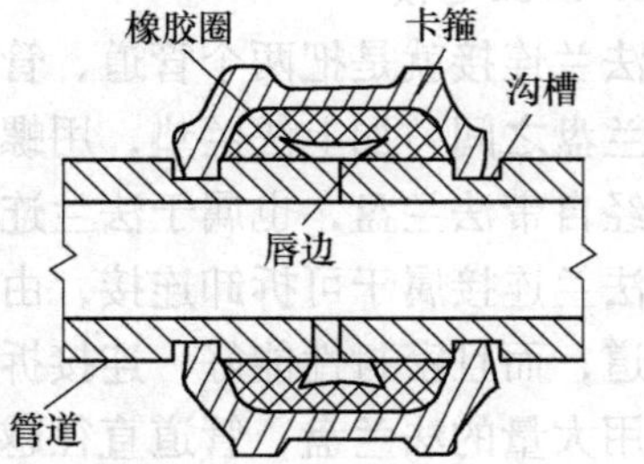

图 1-23　卡箍连接密封图

卡箍连接是专门用于钢管的一种可拆卸、卡箍自紧密封连接。与焊接相比，它没有热熔作业，施工快捷简便，管内清洁无热渣。它也不像法兰连接那样需要对中操作，施工方便。卡箍连接的最大工作压力可以达到 2.8MPa，在消防给水系统中得到广泛应用。

1.6 消防给水管道的布置与敷设

1.6.1 消防管道的布置

建筑消防管道的布置受建筑结构、用水要求、室外消防供水管道的位置及供暖、通风、空调和供电等其他建筑设备工程管线布置等因素的影响。因此管道设计应统筹规划，做到安全可靠、经济合理、不影响生产安全和建筑物使用、满足施工、操作、维修等方面的要求，并力求整齐美观；为了减少管道的转输流量，节约管材，减少水压损失，主干管应尽可能靠近用水量大的用户；管道尽可能与墙、梁、柱平行，呈直线走向，力求管路简短，以减少工程量，降低造价；消防给水管道也不应穿越配电房、电梯机房、通信机房、大中小计算机房、计算机网络中心、音像库房等遇水会损毁设备和引发事故的房间，并避免在生产设备上方通过。

消防管道在设计时应着眼于保证供水安全可靠、保护管道不受损坏；不应妨碍设备、机泵及其内部构件的安装、检修和消防车辆的通行；在管架、管墩上布置管道时，宜使管架或管墩所受的垂直荷载、水平荷载均衡。

在高层建筑设计的过程中，室内消火栓给水系统竖管的布置应保证同层任何部位有两个消火栓的水枪的充实水柱同时到达。每根立管的直径不应小于100mm。室内消火栓给水系统管道，应布置成环状管网。其进水管或引入管不应少于两条，当其中一条发生故障时，其余的进水管或引入管应仍能保证消防用水量和所需水压的要求。

室外的消防管网也应布置成环行，环状管网的进水管不应少于两条，当一个管道检修或损坏时，另一根管道应能承受系统内的全部用水量。若条件达不到时，可采取设储水池或增设第二水源等安全供水措施。环状管道应用阀门分成若干独立段，每段内消火栓的数量不宜超过5个。室外消防给水管道的直径不应小于100mm。

1.6.2 消防管道的敷设

消防管道不宜穿过建筑的伸缩缝、沉降缝和变形缝，如必须穿过时应采取相关措施。消防管道不应穿过防火墙或防爆墙。当管道在空中敷设时，必须采用固定措施，以保证施工方便和供水安全。管道穿过建筑物的楼板、屋顶或墙面时，应加套管，套管与管道间的空隙应密封。管道上的焊缝不应在套管内，且距离套管端部不应小于150mm。套管应高出楼板、屋顶面50mm。此外，消防管道布置还应使管道系统具有必要的柔性，保证管道对设备、机泵管口作用力和力矩不超出允许值。

室内消防管网中使用的管材应为钢管，管径都不小于100mm，按照规范要求管径大于100mm的镀锌钢管应采用法兰或专用管件连接，如利用卡箍连接，镀锌钢管与法兰的焊接处应二次镀锌，以免在焊点处产生锈蚀、漏水。

消防给水管网试压按照施工方案及规范要求进行。管道压力试验程序：试压方案→系统检查→充水→逐级升压→检查→稳压→检查→填写记录，如打压前先将管道充满水，24h后用电动加压泵慢慢加压，当压力升至0.4MPa时，停止加压，立即组织人力进行管道检查工作，检查各焊口、接头位置是否有渗漏现象，如有渗漏就立即进行处理，如无渗漏则继续升压，至0.8MPa后再停机检查，检查无故障再升压，至1.6~1.8MPa（喷水1.4MPa）后停止升压，并保持1.5~2h的压力时间，无渗漏现象为合格。

管网安装完毕后，应进行水压强度和严密性试验。水压强度试验的测点设在系统管网的最低点。对管网注水时，应将管网内的空气排净，并缓慢升压，达到试验压力后，稳压30min，目测管网无泄漏和无变形，且压力降不大于0.05MPa；水压严密性试验在水压强度和管网冲洗合格后进行。试验压力为设计工作压力，稳压24h，应无泄漏。

1.6.3 消防管道的防腐与涂色识别

1. 管道防腐

腐蚀是金属管道的变质现象，其表现方式有生锈、坑蚀、结瘤、开裂或脆化等。金属管道与水或潮湿土壤接触后，因化学作用或者电化学作用产生的腐蚀而遭到损坏。按照腐蚀过程的机理，可分为没有电流产生的化学腐蚀和形成原电池而产生电流的电化学腐蚀（氧化还原反应）。消防给水管网在水中或土壤中的腐蚀，以及流散电流引起的腐蚀，都是电化学腐蚀。

防止消防给水管腐蚀有以下方法：

(1) 采用抗腐蚀管材，如铜管、合金管、塑料管、复合型管材等。但由于塑料管道不耐高温，通常只能用作埋地输水管，较少用于容易暴露在火场中的建筑物内。

(2) 在金属管表面涂油漆、水泥砂浆、沥青等，以防止金属与水相接触而产生腐蚀。例如可将明设钢管表面打磨干净后，刷1~2遍红丹漆，干后再刷两遍热沥青或防腐漆；埋地钢管可根据周围土壤的腐蚀性，分别选用各种厚度的正常、加强和特强防腐层。

(3) 阴极保护。阴极保护是保护水管的外壁免受土壤侵蚀的方法。根据腐蚀电池的原理，两个电极中只有阳极金属发生腐蚀，所以阴极保护的原理就是金属管成为阴极，以防止腐蚀。

阴极保护包括两种方法：一是使用消耗性的阳极材料，如铝、镁等，隔一定距离用导线连接到管线（阴极）上，在土壤中形成电路，结果是阳极腐蚀，管道得到保护。这种方法常在缺少电源、土壤电阻率低和水管保护层良好的情况下使用。一是通入直流电的阴极保护法，埋在管线附近的废铁与直流电源的阳极连接，电源的阴极接到管线上，可防止腐蚀，较宜在土壤电阻率高（2500Ω·cm）或金属管外漏时使用。

但是，有了阴极保护措施还必须同时重视管壁保护层的作用，因为阴极保护也不是完全可靠的。

2. 管道涂色识别

消防给水管道的识别色为红色。这是为了警示、醒目、便于识别管道的用途和介质流动方向的需要而确定的。识别色可以用下述方式之一在管道上涂刷。

(1) 在全管道上全部涂刷红色。

(2) 在管道上涂刷宽度为100mm的红色环。

(3) 在管道上用红色胶带缠绕宽度为100mm的红色环。

据《自动喷水灭火系统施工及验收规范》（GB 50261—2005），配水干管、配水管应做红色或红色环圈标志。红色环圈标志，宽度不应小于20mm，间隔不宜大于4m，在一个独立的单元内环圈不宜少于2处。色环应刷在管道交叉点、阀门和管道穿过孔洞两侧管路上以及转弯的部位。同时在这些部位还应刷表示流体流动方向的箭头符号。

思考题

1. 燃烧的必备条件有哪几个？消防灭火措施分别有哪几种？

2. 建筑给水系统的组成有哪几部分？如何确定建筑给水系统所需压力？
3. 给水方式有哪几种，分别有什么特点？
4. 阐述水泵的工作原理和如何选择合适型号的水泵。
5. 试述水箱的配管、附件及装置要求。
6. 列举消防给水常用管材种类，并阐明各自优缺点。
7. 消防管道在布置和敷设过程中应该注意些什么？

第2章　消火栓系统

消火栓系统至今仍是建筑内部最重要、最普遍应用的水灭火设施。它是把室外给水系统提供的水量，经过加压（外网压力不足时）输送到用于扑灭建筑物内的火灾而设置的固定灭火设备，是建筑内部最基本的灭火设施。

2.1　消火栓系统分类与组成

2.1.1　消火栓系统分类

1. 服务范围分类

按照消火栓系统服务范围可分为：市政消火栓系统、室外消火栓系统和室内消火栓系统。

2. 加压方式分类

按照消火栓系统加压方式的不同可分为：常高压消火栓系统、临时高压消火栓系统和低压消火栓系统。

3. 合用方式分类

按照消火栓系统是否与生活、生产合用可分为：生活、生产、消火栓合用系统和独立的消火栓系统。

综上所述，消火栓系统分类如图2-1所示。

2.1.2　消火栓系统的组成

建筑消火栓系统以建筑物外墙为界进行划分，可分为室外消火栓系统和室内消火栓系统。

1. 室外消火栓系统组成

室外消火栓系统是指设置在建筑物外墙中心线以外的消火栓设施，该系统

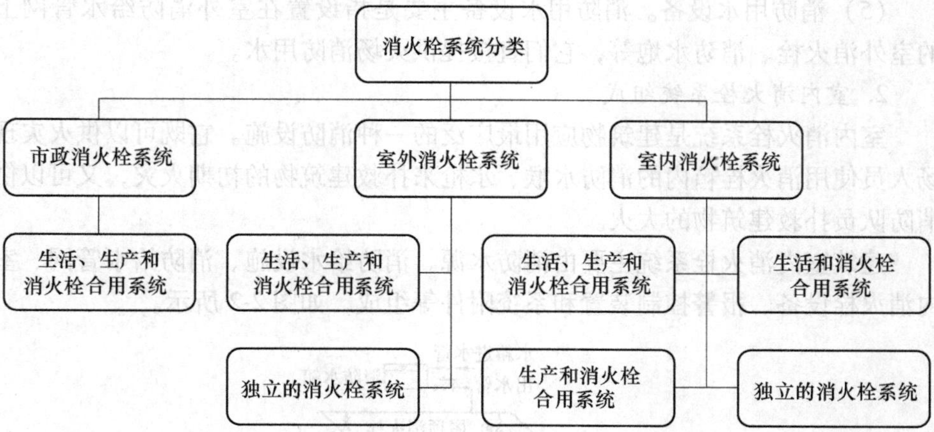

图2-1　消火栓系统分类

可以担负大到整个城市、小到单体建筑的消防给水任务。该系统的完善与否直接关系着灭火的成败，是城市公共消防设施必不可少的组成部分。

室外消防给水系统的任务是通过室外消火栓为消防车等消防设备提供消防用水，或通过进户管为室内消防给水设备提供消防用水。

室外消防给水系统应满足消防时各种用水设备对水压、水量的要求。从以往火灾统计资料看，在扑救失利的火灾中，80%以上是由于消防供水不足、水压不够造成的。

由于系统的类型和水源、水质不同，室外消火栓系统的组成也不尽相同，诸如合用的给水系统比较复杂，而独立的消防给水系统相对就比较简单，省却了水处理设施。一般室外消火栓系统由消防水源、取水设施、消防储水池和高位消防水箱、输配水设施和消防用水设备组成。

（1）消防水源。消防给水的水源有天然水源和人工水源。天然水源有地上水源和地下水源两种，地上水源有江、河、湖泊、水库等，地下水源是指埋藏在地下孔隙、裂隙、溶洞等含水层介质中储存运移的水体等；人工水源有消防水池和市政管网。作为消防水源，应当保证在任何时候、任何情况下，都能提供足够的消防用水。

（2）取水设施。取水设施主要为消防水泵，通过消防水泵将水从消防水源地输送到灭火用水点。

（3）消防储水池和高位消防水箱。消防储水池和高位消防水箱主要用于储存消防用水，以满足火灾初期和火灾延续时间内的消防用水的需要。

（4）输配水设施。输配水设施包括加压水泵和输水管网两部分，负责将消防储水池的水输送到各用水点。

（5）消防用水设备。消防用水设备主要是指设置在室外消防给水管网上的室外消火栓、消防水炮等，它们直接提供火场消防用水。

2. 室内消火栓系统组成

室内消火栓系统是建筑物应用最广泛的一种消防设施。它既可以供火灾现场人员使用消火栓箱内的消防水喉、水枪来扑救建筑物的初期火灾，又可以供消防队员扑救建筑物的大火。

建筑室内消火栓系统主要由消防水源、消防给水设施、消防给水管网、室内消火栓设备、报警控制装置和系统附件等组成，如图 2-2 所示。

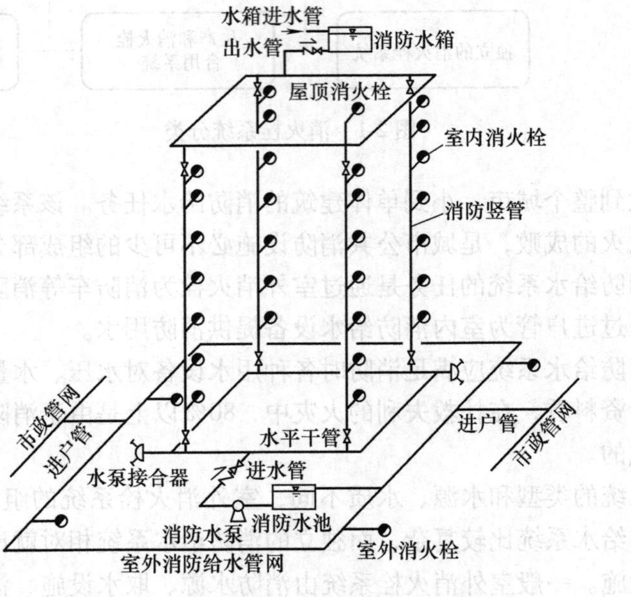

图 2-2　建筑室内消火栓系统组成示意图

室内消火栓消防水源主要有市政管网或消防水池，其主要任务是提供室内消防用水。消防给水设施包括高位消防水箱、消防水泵、增压稳压设备和水泵接合器等，该设施的主要任务是为系统储存并提供灭火用水。消防给水管网包括进水管、水平干管、消防竖管等，其任务是向室内消火栓设备输送灭火用水。室内消火栓设备包括水枪、水带、水喉和消火栓等供人员灭火使用的主要工具。报警控制装置用于启动消防水泵，并监控系统的工作状态。系统附件包括各种阀门、试水阀和屋顶消火栓等，只有通过这些设施有机结合，协调工作，才能确保系统的灭火效率。

消火栓系统的工作原理是：当发现火灾后，首先由人打开消火栓箱门，按动火灾报警按钮，由其向消防控制中心发出火灾报警信号或远距离启动消防水泵，然后迅速拉出水带、水枪（或消防水喉），将水带的一端与消火栓栓口连接，另一端与水枪接好，接着展开水带，开启消火栓阀门，握紧水枪，通过水枪（或消防水喉）产生的射流，将水射向着火点实施灭火。

2.2　室外消火栓和室外消防给水管网

室外消火栓是指设置在市政给水管网和建筑物外消防给水管网上的一种供水设施。其作用是供消防车或其他移动灭火设备从市政管网取水或直接接出水带、水枪实施灭火。室外消火栓是一个城市或者一个建筑小区的公共基础消防设施，其设置对一个城市的消防安全有着很大的影响，因此应引起足够的重视。

规范规定：在城市、居住区、工厂、仓库等规划和建筑设计时，必须同时设计消防给水系统。城市、居住区应设市政消火栓。民用建筑、厂房（仓库）、储罐（区）、堆场应设室外消火栓。

2.2.1　室外消火栓的类型

室外消火栓按其结构不同可分为地上式室外消火栓和地下式室外消火栓两种；按压力不同可分为低压消火栓和高压消火栓。

1. 地上式室外消火栓

地上式室外消火栓由本体、进水弯管、阀塞、出水口、排水口等组成，阀体的大部分露出地面，具有目标明显、易于寻找、出水操作方便等特点，适宜于气候温暖地区安装使用，如图 2-3 所示。

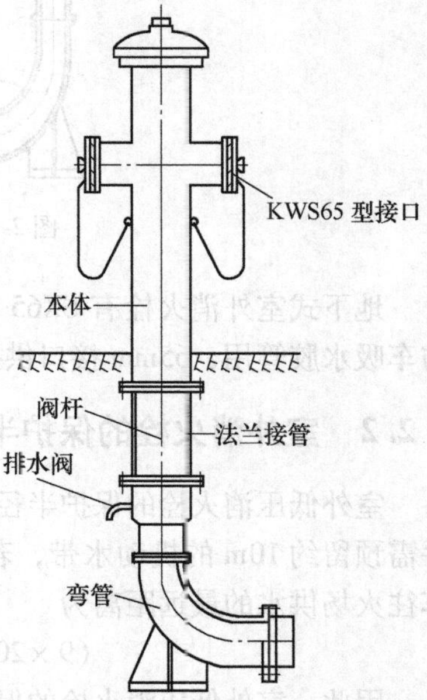

图 2-3　地上式室外消火栓

地上式室外消火栓有 SS100 和 SS150 两种型号。SS100 的地上式室外消火栓有一个直径为 100mm 的接口和两个直径为 65mm 的接口。100mm 的接口为丝扣接口，供消防车吸水胶管，65mm 的接口为内口式接口，供接水带使用。SS150 的地上式室外消火栓与 SS100 相同，也有一个 150mm 的接口和两个 65mm 的接口，使用与 SS100 相同。

2. 地下式室外消火栓

地下式室外消火栓由本体、进水弯管、阀塞、丝杆、丝杆螺母、出水口、排水口等组成，如图 2-4 所示。地下式室外消火栓具有防冻、不宜遭受人为损坏、便利交通等优点。但目标不明显，操作不便，适宜于气候寒冷的地区。若采用地下式室外消火栓，应在消火栓附近地面上设置明显的固定标志，以便于在下雪等恶劣天气寻找地下式消火栓。严寒和寒冷地区地下室外消火栓宜采用双层保温井盖。

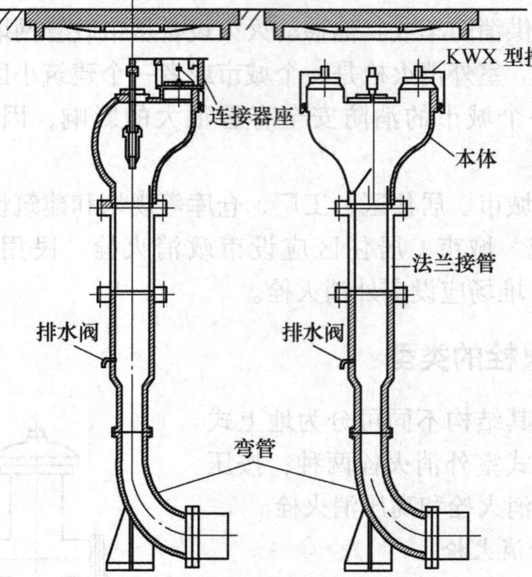

图 2-4　地下式室外消火栓

地下式室外消火栓有 SX65 和 SX100 两种型号，其中 100mm 接口供接消防车吸水胶管用，65mm 接口供接消防水带用。

2.2.2　室外消火栓的保护半径

室外低压消火栓的保护半径一般按消防车串接 9 条水带考虑，火场上水枪手需预留约 10m 的机动水带，若水带沿地面的铺设系数按 0.9 考虑，则消防车往火场供水的最远距离为

$$(9\times20-10)\text{m}\times0.9=153\text{m}$$

因此，室外低压消火栓的保护半径为 150m。

室外高压消火栓保护半径按串接 6 条水带考虑，则其供水距离为

$$(6\times20-10)\text{m}\times0.9=99\text{m}$$

因此，室外高压消火栓的保护半径为 100m。

室外消火栓的保护半径国家规范规定为 150m。

2.2.3　室外消火栓的布置间距

室外消火栓的间距国家规范规定不应超过 120m。室外消火栓的布置，应保证城市任何部位都在两个室外消火栓的保护半径之内。综合考虑城市道路布置情况（如图 2-5 所示），则最大布置间距为

$$L = \sqrt{R^2 - (B_f/2)^2} \tag{2-1}$$

其中，室外消火栓保护半径已知，街坊道路间距 B_f 按城市规划要求，约为 160m，则可得出室外低压消火栓的布置间距为：$L = \sqrt{150^2 - (160/2)^2}\,m \approx$ 127m；室外高压消火栓的布置间距为：$L = \sqrt{100^2 - (160/2)^2} = 60m$。考虑到火场供水需要，要求室外低压消火栓的最大布置间距不应大于 120m，室外高压消火栓的布置间距不应大于 60m。

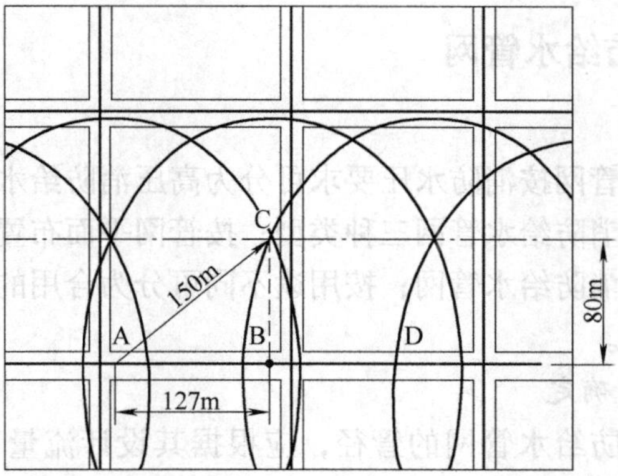

图 2-5　室外消火栓最大布置间距

2.2.4　室外消火栓的设置要求

1. 城市或居住区的市政消火栓的设置要求

市政消火栓的设置应符合下列要求：

（1）市政消火栓应沿道路敷设，当道路宽度大于 60m 时，宜在道路两边设置消火栓，并宜靠近十字路口。

（2）市政消火栓的布置间距不应大于 120m。

（3）市政消火栓距道路边缘不应大于 2m，距房屋外墙不宜小于 5m。

（4）市政消火栓宜采用 *DN*150mm 的室外消火栓，且室外消火栓应有一个直径为 150mm 或 100mm 和两个直径为 65mm 的栓口。室外地下式消火栓应有直径为 100mm 和 65mm 的栓口各一个，并应有明显的标志。

2. 建筑室外消火栓的设置要求

建筑或建筑小区室外消火栓的规格型号应与市政消火栓的规格型号相同，同时其设置还应满足以下要求：

（1）室外消火栓的数量，应根据室外消火栓设计流量和保护半径计算确定，保护半径不应大于150m，每个室外消火栓的流量宜按10～15L/s计算。

（2）室外消火栓宜沿建筑物外墙均匀设置；且不宜集中布置在建筑物一侧；建筑消防扑救面一侧的室外消火栓数量不宜少于2个。

（3）室外消火栓宜采用地上式消火栓。寒冷地区设置的室外消火栓应有防冻措施。

（4）建筑物的室外消火栓、阀门等设置地点应设置相应的永久性固定标志。

2.2.5 室外消防给水管网

1. 管网类型

室外消防给水管网按消防水压要求可分为高压消防给水管网、临时高压消防给水管网和低压消防给水管网三种类型；按管网平面布置形式可分为环状消防给水管网和枝状消防给水管网；按用途不同可分为合用的消防给水管网和独立的消防给水管网。

2. 管网管径的确定

市政或室外消防给水管网的管径，应根据其设计流量和流速按下式计算确定：

$$D=\sqrt{\frac{4Q}{\pi v}} \tag{2-2}$$

式中 D——管网管径（m）；

Q——管段设计流量（m^3/s）；

v——设计流速（m/s）。

（1）管段设计流量。对于合用管网，设计流量可按下列两种方法确定。

第一种方法：按生产、生活最高日最大时用水量加上消防用水量的最大秒流量确定。采用这种方法选择出来的管径较大，对消防用水安全及今后管网的发展也较为有利。

第二种方法：按生活、生产最高日最大时用水量确定。采用这种方法选择的管径较小、较经济，但要进行消防校核。在灭火时会影响生产用水，甚至会引起生产事故的情况下，不宜采用此种方法确定管径。

对于独立的消防给水管网，其设计流量应按消防用水量最大秒流量确定，并适当留有余地，以满足扑救较大火灾的需要。

（2）管段流速。管段流速应根据消防给水系统的具体情况选用，对于生活、生产、消防合用管网，为使系统运行较经济，其水流速度宜按当地的经济流速确定。对于独立的消防给水管网，为了防止管网因水击作用出现爆管，管网内的最大流速不宜大于2.5m/s。

3. 管网设置要求

市政和室外消防给水管网在设置时，应满足以下要求：

（1）设有市政消火栓的市政给水管网宜为环状管网，但当城镇人口小于2.5万人时，可为枝状管网。接市政消火栓的环状给水管网的管径不应小于*DN*150，枝状管网的管径不宜小于*DN*200；当城镇人口小于2.5万人时，市政消火栓的给水管网的管径可适当减少，环状管网时不应小于*DN*100，枝状管网时不宜小于*DN*150。

（2）向环状管网输水的进水管不应少于2条，当其中1条发生故障时，其余的进水管应能满足消防用水总量要求。

（3）环状管道应采用阀门分成若干独立段，以便于管网检修，每段内室外消火栓的数量不宜超过5个。

（4）室外消防给水管道设置的其他要求应符合现行《室外给水设计规范》（GB 50013—2006）的有关规定。当为专用消防给水管道时，埋地金属管道的管顶最小覆土应至少在冰冻线下300mm。

2.3 室外消防用水量和水压

2.3.1 室外消防用水量

室外消防用水量是指火场上扑救火灾所需的总供水强度。室外消防用水量用于供消防车或移动式消防水泵直接扑灭或控制单层或多层建筑、高层建筑低层部分的火灾，是室内消防用水量的补充，其大小与建筑物的规模、用途、耐火等级等因素有关。根据我国火灾统计资料，并借鉴国外的有关规定，综合确定我国室外消防用水量。

1. 一般规定

工厂、仓库、堆场、储罐区和民用建筑的室外消防用水量，应按同一时间内的火灾起数和一起火灾灭火所需室外消防用水量确定。

同一时间内的火灾起数是指火灾延续时间内可能同时发生的火灾起数，即需要同时由室外消防给水系统提供消防用水量的起数。同一时间内的火灾起数与城市的规模、人口数量、建筑物的性质和耐火等级、电气设备的使用情况、人们的消防意识、气候与季节等因素有关，其影响过程复杂，难以统筹考虑。但可归纳为：城市的规模越大，城市越大，人口越多，发生火灾的几率就越多，重叠发生火灾的可能性就越大。针对不同建构筑物，同一时间内的火灾起数应符合表2-1的规定。

表2-1 工厂、仓库、堆场、储罐区和民用建筑在同一时间内的火灾次数

名　称	基地面积/ha	附有居住区人数/万人	同一时间内的火灾次数	备　注
工厂	≤100	≤1.5	1	按需水量最大一座建筑物（或堆场、储罐）计算
		>1.5	2	工厂、居住区各一次
	>100	不限	2	按需水量最大的两座建筑物（或堆场、仓库）之和计算
仓库、民用建筑	不限	不限	1	按需水量最大一座建筑物（或堆场、储罐）计算

一起火灾灭火所需消防给水的设计流量应由建筑的室外消火栓系统、室内消火栓、自动喷水灭火系统、泡沫灭火系统、水喷雾灭火系统、固定消防炮灭火系统、固定冷却水系统等需要同时作用的各种水灭火系统的设计流量组成，并应符合下列规定：

1）应按需要同时作用的各种水灭火系统最大设计流量之和确定。

2）两座及以上建筑合用消防给水系统时，应按其中一座设计流量最大者确定。

3）当消防给水与生活、生产给水合用时，合用系统的给水设计流量应为消防给水设计流量与生活、生产用水量最大小时流量之和。计算生活用水最大小时流量时，淋浴用水量宜按15%计，浇洒及洗刷等火灾时能停用的用水量可不计。

2. 市政消防给水设计流量

市政消防给水设计流量，应根据当地火灾统计资料、火灾扑救用水量统计资料、灭火用水量保证率、建筑的组成和市政给水管网运行合理性等因素综合分析计算确定。

城镇市政消防给水设计流量，应按同一时间内的火灾次数和一起火灾灭火设计流量经计算确定，即：

$$Q = Q_1 + Q_2 + \cdots + Q_n = \sum_{i=1}^{n} Q_i \tag{2-3}$$

式中 Q——城镇市政室外消防用水量（L/s）；

n——城镇市政同一时间内火灾起数（起）；

Q_i——城镇市政一起火灾灭火设计流量（L/s）。

（1）同一时间内的火灾起数。同一时间内的火灾起数是指火灾延续时间内可能同时发生的火灾起数，即需要同时由室外消防给水系统提供消防用水量的起数。同一时间内的火灾起数与城市的规模、人口数量、建筑物的性质和耐火等级、电气设备的使用情况、人们的消防意识、气候与季节等因素有关，其影响过程复杂，难以统筹考虑。但可归纳为：城市的规模越大，人口越多，发生火灾的几率就越多，重叠发生火灾的可能性就越大。

（2）一起火灾灭火设计流量。一起火灾灭火设计流量是指扑救该火场所需要的供水强度。火灾场所不同，所需的给水设计流量不同。火势越大，扑救难度就越大，因而需要的一起火灾灭火设计流量就越大。一起火灾灭火设计流量也与城市的规模有关，城市越大，发生火灾的概率就越大。通常消防队员达到火场后，常出两支水枪来控制初期火灾，每支水枪的平均出水量为7.5L/s。因此室外消防用水量最小不应小于15L/s。

综上所述，城镇同一时间内的火灾起数和一起火灾灭火设计流量是根据城镇人口数量确定的，见表2-2的规定。

表2-2 城镇同一时间内的火灾起数和一起火灾灭火设计流量

人数 N/万人	同一时间内的火灾起数	一起火灾灭火设计流量/(L/s)
$N \leqslant 1$	1	15
$1 < N \leqslant 2.5$	1	20
$2.5 < N \leqslant 5$	2	30
$5 < N \leqslant 10$	2	35
$10 < N \leqslant 20$	2	45
$20 < N \leqslant 30$	2	60
$30 < N \leqslant 40$	2	75
$40 < N \leqslant 50$	3	75
$50 < N \leqslant 70$	3	90
$N > 70$	3	100

工业园区、商务区、居住区等市政消防给水设计流量，宜根据其规划区域的规模和同一时间的火灾起数，以及规划中的各类建筑室内外同时作用的水灭火系统设计流量之和经计算分析确定。

【例2-1】 某城市同一时间内的火灾起数为2次，一起火灾灭火设计流量为20L/s，试确定其室外消防用水量。

【解】根据题意可知该城市同一时间内的火灾起数为 2 次，一起火灾灭火设计流量为 20L/s，则其室外消防用水量为：

$$Q=(20+20)\mathrm{L/s}=40\mathrm{L/s}$$

答：该城市的室外消防用水量为 40L/s。

3. 建筑物室外消火栓设计流量

建筑物室外消火栓设计流量应根据建筑物的用途功能、体积、耐火等级、火灾危险性等因素综合分析确定，并不应小于表 2-3 的规定。

表 2-3　建筑物室外消火栓设计流量　（单位：L/s）

<table>
<tr><th rowspan="2">耐火等级</th><th rowspan="2" colspan="3">建筑物名称及类别</th><th colspan="6">建筑体积/m³</th></tr>
<tr><th>V≤1500</th><th>1500<V≤3000</th><th>3000<V≤5000</th><th>5000<V≤20000</th><th>20000<V≤50000</th><th>V>50000</th></tr>
<tr><td rowspan="10">一、二级</td><td rowspan="6">工业建筑</td><td rowspan="3">厂房</td><td>甲、乙</td><td colspan="2">15</td><td>20</td><td>25</td><td>30</td><td>35</td></tr>
<tr><td>丙</td><td colspan="2">15</td><td>20</td><td>25</td><td>30</td><td>40</td></tr>
<tr><td>丁、戊</td><td colspan="5">15</td><td>20</td></tr>
<tr><td rowspan="3">仓库</td><td>甲、乙</td><td colspan="2">15</td><td colspan="2">25</td><td colspan="2">—</td></tr>
<tr><td>丙</td><td colspan="2">15</td><td colspan="2">25</td><td>32</td><td>45</td></tr>
<tr><td>丁、戊</td><td colspan="5">15</td><td>20</td></tr>
<tr><td rowspan="3">民用建筑</td><td colspan="2">住宅</td><td colspan="6">15</td></tr>
<tr><td rowspan="2">公共建筑</td><td>单层及多层</td><td colspan="3">15</td><td>25</td><td>30</td><td>40</td></tr>
<tr><td>高层</td><td colspan="3">—</td><td>25</td><td>30</td><td>40</td></tr>
<tr><td colspan="3">地下建筑（包括地铁）、平战结合的人防工程</td><td colspan="3">15</td><td>20</td><td>25</td><td>30</td></tr>
<tr><td rowspan="3">三级</td><td colspan="2" rowspan="2">工业建筑</td><td>乙、丙</td><td>15</td><td>20</td><td>30</td><td>40</td><td>45</td><td>—</td></tr>
<tr><td>丁、戊</td><td colspan="3">15</td><td>20</td><td>25</td><td>35</td></tr>
<tr><td colspan="3">单层及多层民用建筑</td><td colspan="2">15</td><td>20</td><td>25</td><td>30</td><td>—</td></tr>
<tr><td rowspan="2">四级</td><td colspan="3">丁、戊类工业建筑</td><td colspan="2">15</td><td>20</td><td>25</td><td colspan="2">—</td></tr>
<tr><td colspan="3">单层及多层民用建筑</td><td colspan="2">15</td><td>20</td><td>25</td><td colspan="2">—</td></tr>
</table>

注：1. 成组布置的建筑物应按消火栓设计流量较大的相邻两座建筑物的体积之和确定。

2. 国家级文物保护单位的重点砖木、木结构的建筑物室外消火栓设计流量，应按三级耐火等级民用建筑消火栓设计流量确定。

3. 火车站、码头和机场的中转库房，其室外消火栓设计流量应按相应耐火等级的丙类物品库房确定。

4. 当单座建筑的总建筑面积大于 500000m² 时，建筑物室外消火栓设计流量应按本表规定的最大值增加一倍。

宿舍、公寓等非住宅类居住建筑的室外消火栓设计流量，应按表 2-3 中的公共建筑确定。

【例2-2】 某城镇人口近10万，试确定该城市的室外消防给水设计流量。

【解】 根据题意可知该城镇人口数为近10万人，查表2-2可知，该城镇同一时间内的火灾起数为2起，一起火灾灭火设计流量为35L/s。因此，该城镇的室外消防给水设计流量为：

$$Q=(35+35)\text{L/s}=70\text{L/s}$$

4. 构筑物消防给水设计流量

（1）以煤、天然气、石油及其产品等为原料的工艺生产装置的消防给水设计流量，应根据其规模、火灾危险性等因素综合确定，且应为室外消火栓设计流量、泡沫灭火系统和固定冷却水系统等水灭火系统的设计流量之和，并符合《消防给水及消火栓系统技术规范》。

（2）甲、乙、丙类可燃液体储罐的消防给水设计流量应按最大罐组确定，并应按泡沫灭火系统设计流量、固定冷却水设计流量与室外消火栓设计流量之和确定，同时应符合下列规定：

1）泡沫灭火系统设计流量应按系统扑救储罐区一起火灾的固定式、半固定式或移动式泡沫混合液量及泡沫液混合比经计算确定，并应符合现行国家标准《泡沫灭火系统设计规范》GB 50151的有关规定。

2）固定冷却水系统设计流量应按着火罐与邻近罐最大设计流量经计算确定，固定式冷却水系统设计流量应按《消防给水及消火栓系统技术规范》规定的设计参数经计算确定。

（3）覆土油罐的室外消火栓设计流量应按最大单罐周长和喷水强度计算确定，喷水强度不应小于0.30L/(s·m)；当计算设计流量小于15L/s时，应采用15L/s。

（4）易燃、可燃材料露天、半露天堆场及可燃气体罐区的室外消火栓设计流量，应按《消防给水及消火栓系统技术规范》（GB 50974—2014）第3.4.12条规定执行。

（5）城市交通隧道洞口外室外消火栓设计流量不应小于表2-4的规定。

表2-4 城市交通隧道洞口室外消火栓设计流量

名称	类别	长度	室外消火栓设计流量/(L/s)
可通行危险化学品等机动车	一、二	$L>500$	30
	三	$L\leqslant 500$	20
仅限通行非危险化学品等机动车	一、二、三	$L>1000$	30
	三	$L\leqslant 1000$	20

（6）其他构筑物的室外消火栓设计流量参照《消防给水及消火栓系统技术规范》确定。

2.3.2 室外消火栓水压和流量

室外消火栓水压可分为低压、高压和临时高压。

1. 室外低压消火栓的压力和流量

室外低压消火栓设置在室外低压消防给水管网上，其作用是为消防车提供所需的消防用水量，其管网内平时压力较低，火场上水枪等灭火设备所需的压力是由消防车加压获得。

（1）室外低压消火栓的压力。室外低压消火栓的出口压力，应按照一条水带给消防车水罐灌水考虑，要保证两支水枪的流量，通过计算可得，最不利点室外消火栓的出口压力从室外设计地面算起，不应小于0.1MPa。

（2）室外低压消火栓的流量。室外低压消火栓一般只供一辆消防车用水，常出两支口径为19mm的直流水枪，火场需要水枪的充实水柱长度为10～15m，则考虑每支水枪的流量为5～6.5L/s，两支水枪的流量为10～13L/s，考虑到水带及接口的漏水量，因此每个低压消火栓的流量按10～15L/s计。

2. 室外高压或临时高压消火栓的压力和流量

高压消火栓设置在室外高压消防给水管网上，系统管网内经常保持足够的水压和消防用水量，发生火灾时不需使用消防车或其他移动式消防水泵加压，直接从消火栓接出水带、水枪即可实施灭火。

室外临时高压消火栓设置在室外临时高压消防给水管网上，系统管网内平时水压不高，发生火灾时，临时启动泵站内的高压消防水泵，使管网内的供水压力达到高压消防给水管网的供水压力要求。

（1）室外高压或临时高压消火栓的压力。

室外高压或临时高压消火栓的出口压力，在最大用水量时，应满足喷嘴口径为19mm的水枪布置在任何建筑的最高处时，每支水枪的计算流量不应小于5L/s，其充实水柱长度不应小于10m，采用直径65mm、长20m的水带供水时的要求。其最不利点消火栓处的出口压力可按下式计算：

$$p_{xh}=(H_{\Delta}+H_{d}+H_{q})\gamma \tag{2-4}$$

式中 p_{xh}——最不利点室外高压消火栓处的出口压力（kPa）；

H_{Δ}——水枪出口（水枪的最不利点处）与消火栓出口之间的高程差（m）；

H_{d}——水带的水头损失（6条直径65mm的水带）（m）；

H_{q}——水枪喷嘴处所需的水头（m），该水头应满足其灭火要求；

γ——水的重度（$10^3N/m^3$），工程中常近似取值为10。

（2）室外高压或临时高压消火栓的流量。

室外高压或临时高压消火栓一般按出一支口径65mm的直流水枪考虑，水枪充实水柱为10～15m，因此要求每个高压消火栓的流量不小于5L/s。

2.4　室内消火栓的设置

2.4.1　建筑分类

据《住宅设计规范》（GB 50096—2011），住宅按层数划分如下：

低层住宅为1~3层；多层住宅为4~6层；中高层住宅为7~9层；高层住宅为10层及以上。

公共建筑及综合性建筑总高度超过24m的为高层建筑（不包括高度超过24m的单层主体建筑）；其余为低层建筑。

2.4.2　消火栓设置原则

（1）需设置室内消火栓的建筑或场所。具体如下：

1）高层公共建筑和建筑高度大于21m的住宅建筑；对于建筑高度不大于27m的住宅建筑，设置室内消火栓系统确有困难时，可只设置干式消防竖管和不带消火栓箱的*DN*65的室内消火栓。

2）建筑占地面积大于300m^{2}的厂房和仓库。

3）体积大于5000m^{3}的车站、码头、机场的候车（船、机）建筑、展览建筑、商店建筑、旅馆建筑、医疗建筑、图书馆建筑等单、多层建筑。

4）特等、甲等剧场，超过800个座位的其他等级的剧场和电影院以及超过1200个座位的礼堂、体育馆等单、多层建筑。

5）建筑高度大于15m或体积大于10000m^{3}的办公建筑、教学建筑、和其他单、多层民用建筑。

（2）国家级文物保护单位的重点砖木或木结构的古建筑，宜设置室内消火栓系统。

（3）人员密集的公共建筑、建筑高度大于100m的建筑和建筑面积大于200m^{2}的商业服务网点内应设置消防软管卷盘或轻便消防水龙。高层住宅建筑的户内配置轻便消防水龙。

（4）可不设室内消火栓系统，但宜设置消防软带卷盘或轻便消防水龙的建筑或场所：

1）耐火等级为一、二级且可燃物较少的单层、多层丁、戊类厂房（库房），耐火等级为三、四级且建筑体积小于等于3000m^{3}的丁类厂房和建筑体积小于等于5000m^{3}的戊类厂房（库房），粮食仓库、金库及远离城镇且无人值班的建筑。

2）存有与水接触能引起燃烧爆炸的物品的建筑物和室内没有生产、生活给水管道，室外消防用水取自储水池且建筑体积小于等于5000m^{3}的其他建筑。

2.5 室内消火栓系统的类型

室内消火栓系统可从不同角度进行划分。

2.5.1 按建筑高度分类

（1）单层或多层建筑消火栓系统。9层及9层以下的住宅（包括底层设置商业服务网点的住宅），建筑高度不超过24m的其他民用建筑、厂房和库房，以及建筑高度超过24m的单层公共建筑、工业建筑，属于单层或多层建筑。

设置在单层或多层建筑物内的消火栓系统称为单层或多层建筑消火栓系统。

该类建筑发生火灾，用消防车从室外水源抽水，接出水带和水枪，就能直接有效地进行扑救，因此，该系统主要用于扑救建筑物初期火灾。

该系统的特点是水量小、水压低，因此经常与生活、生产用水共用一套管网，只有在合用不经济或技术上不可能时，才分开独立设置。

（2）高层建筑消火栓系统。10层及10层以上的住宅（包括首层设置商业服务网点的住宅），建筑高度超过24m、2层及2层以上的其他民用、工业建筑，属于高层建筑。

设置在高层建筑物内的消火栓系统称为高层建筑消火栓系统。

高层建筑一旦发生火灾，火势猛、蔓延快、人员疏散困难、灭火难度高，若不能及时控制和扑灭火灾，将会造成大量的人员伤亡和重大的经济损失。此外，高层建筑层数高、高度大，不能直接利用消防车从室外消防水源抽水送到高层部分进行灭火，因此，高层建筑必须立足于自救，即主要依靠建筑物内设置的消火栓系统进行扑救。该系统所需水量大、水压高，为保证火场供水安全可靠，高层建筑应采用独立的消火栓系统。

2.5.2 按用途分类

（1）合用的消火栓系统。合用的消火栓系统又分为生活、生产和消防合用消火栓系统，生产和消防合用消火栓系统，生活和消防合用消火栓系统（图2-6）。

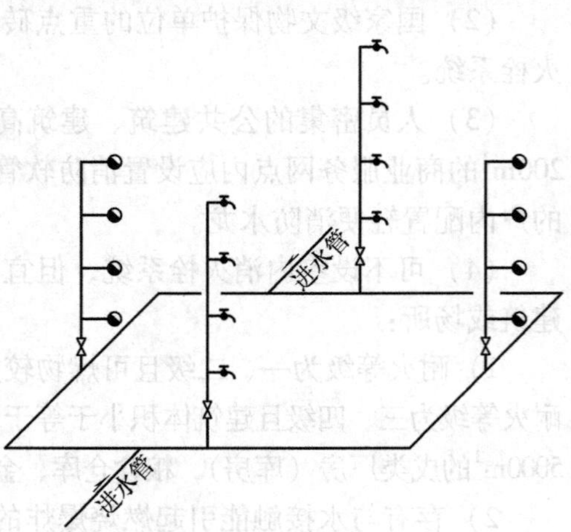

图2-6 合用的消火栓系统

（2）独立的消火栓系统。高层建

筑发生火灾应立足于自救。为保证充足的消防用水量和水压，该建筑消火栓系统应采用独立的系统。对于低层建筑，如生产、生活和消防合用不经济或技术不可行时，可采用独立的消火栓系统（图2-7）。

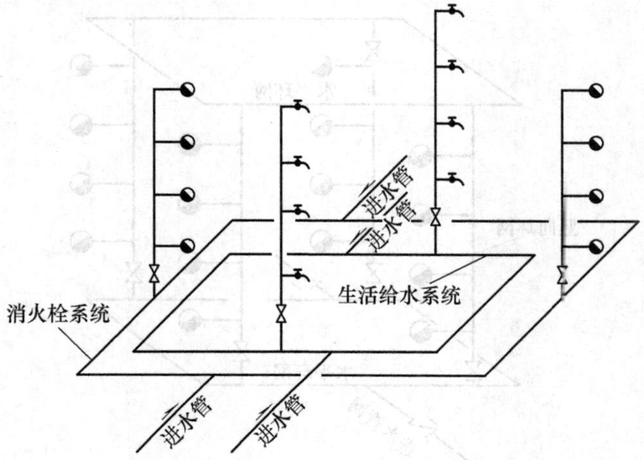

图2-7 独立的消火栓系统

2.5.3 按服务范围分类

（1）独立的高压（或临时高压）消火栓系统。独立的高压（或临时高压）消火栓系统是指每幢建筑物独立设置水池、水泵和水箱的高压（或临时高压）消火栓系统。该系统供水安全可靠，但投资大，管理分散。因此此系统仅用于重要的高层建筑及地震区、人防要求较高的建筑。

（2）区域集中的高压（或临时高压）消火栓系统。区域集中的高压（或临时高压）消火栓系统是指数幢或数十幢建筑共用一个加压水泵房的高压（或临时高压）消火栓系统。该系统管理集中、节省投资，但在地震区安全性低。因此，这种系统比较适宜有合理规划的建筑小区。

2.5.4 按管网布置形式分类

（1）枝状管网消火栓系统。管网在平面上或立面上布置成树枝状（图2-8）。其特点是水流从消防水源地向灭火设备单一方向流动，当某管段检修或损坏时，其后方无水，会造成火场供水中断。因此，应该限制枝状管网消防系统使用。

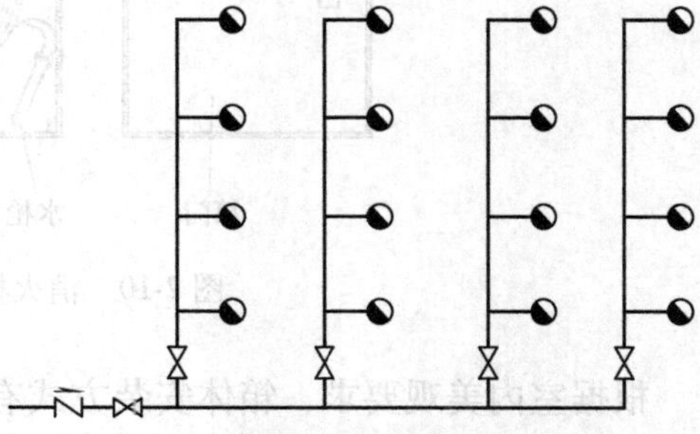

图2-8 枝状管网消火栓系统

（2）环状管网消火栓系统。消

防水平干管或立管互相连接，在水平面或立面上形成环状管网（图 2-9）。这种管网供水安全可靠，适用于高层建筑和室内消火栓数量超过 10 个且室外为环状管网的低层建筑。

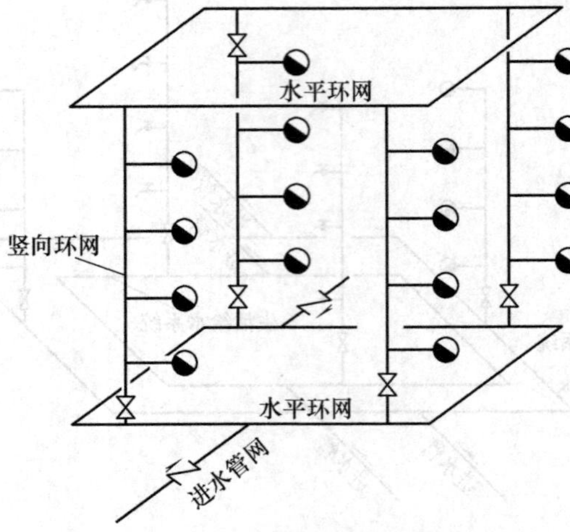

图 2-9 环状管网消火栓系统

2.6 室内消火栓设备及设置要求

2.6.1 室内消火栓设备的组成

消火栓设备主要由水枪、水带和消火栓组成，均安装在消火栓箱内。

1. 室内消火栓箱

室内消火栓箱将室内消火栓、水带、水枪及火灾报警按钮等集装于其中，如图 2-10 所示。

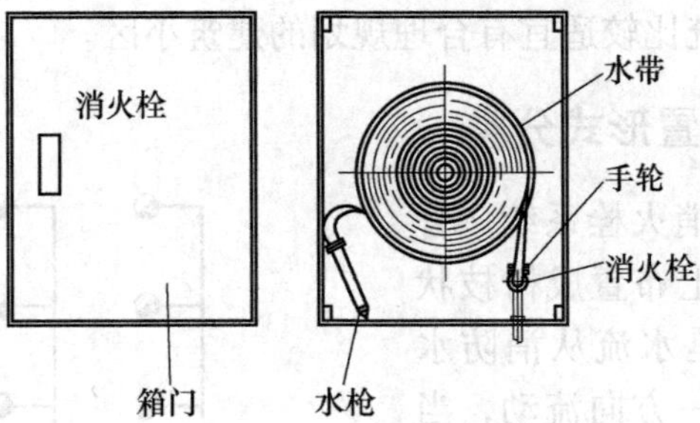

图 2-10 消火栓箱示意图

根据室内美观要求，箱体安装方式有嵌墙安装、半嵌墙安装和明装三种。通常消火栓安装在箱体下部，出水口面向前方；水带折放在框架内，也可双层绕于水带转盘上；水枪安装于水带转盘旁边弹簧卡上。消火栓箱门可采用任意材料制作，但必须保证火灾时能及时打开。

（1）室内消火栓。室内消火栓实际上是室内消防给水管网向火场供水的带有专用接口的阀门。与水带相连（见图2-11）。消火栓有SN型直角单出口、SN型45°单出口和SNS型直角双出口三种。一般不推荐使用双出口消火栓，若使用，要求每个出口必须有单独的控制阀门。消火栓的栓口直径有50mm和65mm两种。其中栓口直径选择，应根据其所使用的水枪出水流量确定，当水枪出水流量小于5L/s时，可选用50mm的栓口；当水枪出水流量大于等于5L/s时，宜选用直径为65mm的栓口。高层建筑室内消火栓的栓口直径应为65mm。室内消火栓的规格性能见表2-6。

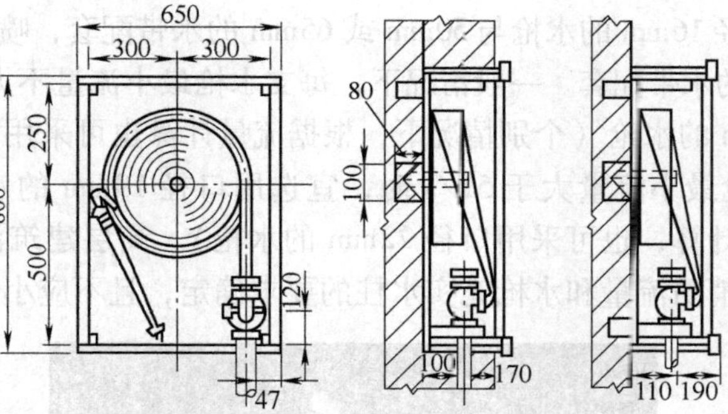

图2-11　消火栓示意图

表2-6　室内消火栓的规格性能

型　号	进水口/mm	出水口/mm	工作压力/MPa	强度试验压力/MPa	外形尺寸（长×宽×高）/mm	质量/kg
SN50	50	50	1.6	2.4	165×125×180	3.5
SNA50	50	50			200×120×180	4.0
SNS50	50	50×2			220×190×200	5.3
SN50	65	65			190×140×200	5.0
SNA50	65	65			230×140×200	5.4
SN50	65	65×2			230×190×220	7.2

（2）水带。室内消火栓目前多配套直径为65mm或50mm的胶里水带，每个消火栓一般配备一条（盘）水带，水带两头为内口式标准接头，每条水带的长度一般为20m，最长不应大于25m。水带一头与消火栓出口连接，另一头与水枪连接。水带的水压损失按下式计算：

$$p_d = A_z L_d q_{xh}^2 \tag{2-5}$$

式中　p_d——水带水压损失（kPa）；

A_z——水带的阻力系数，取值见表2-7；

L_d——水带的长度（m）；

q_{xh}——实际通过的消防流量（L/s）。

表2-7 水带阻力系数 A_z （单位：mm）

水带材料	水带直径/mm	
	50	65
麻质无衬	0.01501	0.0430
胶质衬里	0.0677	0.0172

（3）水枪。室内消火栓一般配备直流水枪。水枪喷嘴口径有13mm、16mm、19mm三种，如图2-12所示。通常喷嘴口径13mm的水枪与50mm的水带配套，喷嘴口径16mm的水枪与50mm或65mm的水带配套，喷嘴口径19mm的水枪与65mm的水带配套。一般情况下，每支水枪最小流量不大于5L/s时，可选用口径16mm的水枪（个别情况下，根据流量计算也可采用口径13mm的水枪）；每支水枪最小流量大于5L/s时，宜选用口径19mm的水枪（个别情况下，根据流量计算，也可采用口径22mm的水枪）。高层建筑消火栓的水枪喷嘴口径应根据消防流量和水枪充实水柱的要求确定，且不应小于19mm。

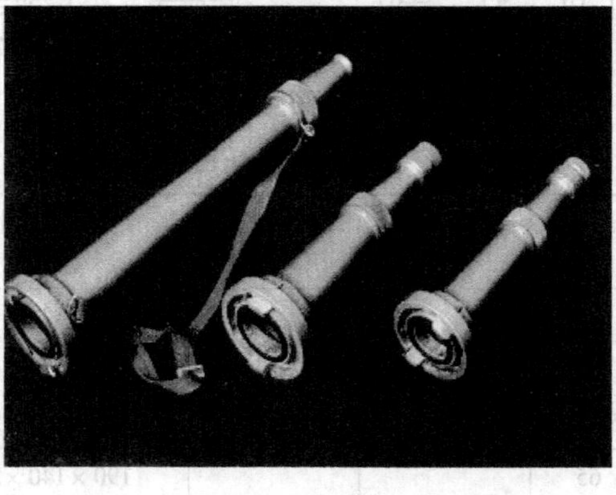

图2-12 水枪示意图

2.6.2 室内消火栓的保护半径

室内消火栓栓口处应具有一定的压力，以保证水枪充实水柱有一定的长度。在火灾扑救过程中，水枪射流起灭火作用的仅仅是它的紧密部分。密集射流中这一紧密不分散的射流段称为充实水柱。充实水柱的长度又称为有效射程。一般规定：对于手提式水枪，其有效射程为由喷嘴至密集射流90%的水量穿过直径38cm的圆形处的一段密集射流的长度。

室内消火栓的保护半径与水带在地面的铺设长度、房间层高和水枪充实水柱在地面的水平投影有关，如图 2-13 所示。

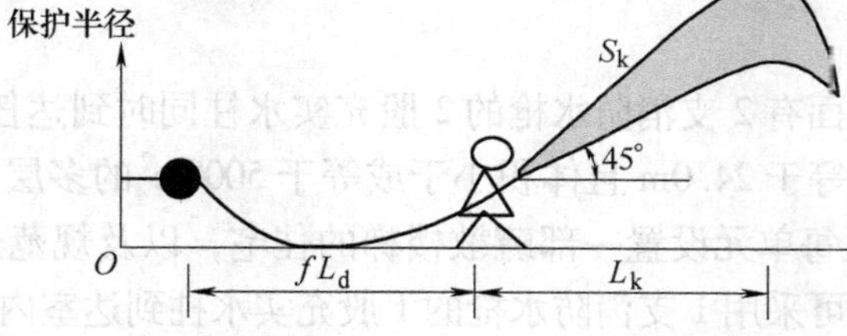

图 2-13　消火栓保护半径示意图

保护半径可按下式计算：

$$R_f = fL_d + L_k \tag{2-6}$$

式中　R_f——室内消火栓的保护半径（m）；

f——水带铺设系数，一般取 f=0.8～0.9；

L_d——一条水带的实际长度（m）；

L_k——水带充实水柱在平面上的投影长度（m），可按下式计算：

$$L_k = S_k \cos\alpha \tag{2-7}$$

式中　S_k——水枪充实水柱（m）；

α——水枪射流上倾角，由层高、充实水柱确定，一般不超过 45°，在最不利情况下，可稍大些，但最大不能超过 60°。

水枪充实水柱如图 2-14 所示。

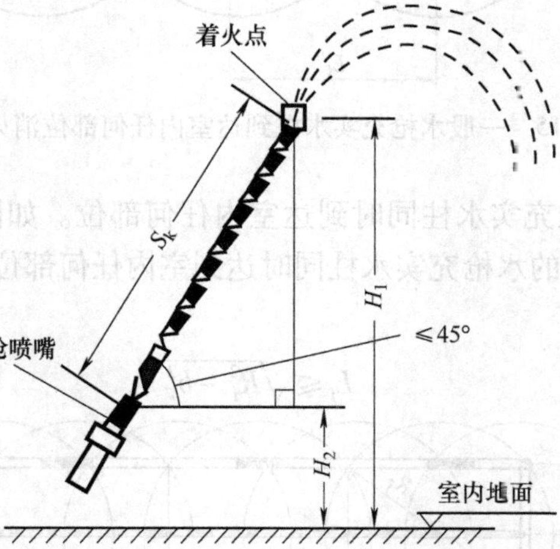

图 2-14　水枪充实水柱

充实水柱的长度为由喷嘴至密集射流 90% 的水量穿过直径 38mm 的圆形处的一段密集射流的长度。

2.6.3 室内消火栓的布置间距

1. 布置原则

应满足同一平面有2支消防水枪的2股充实水柱同时到达任何部位的要求，但建筑高度小于或等于24.0m且体积小于或等于5000m^{2}的多层仓库、建筑高度小于或等于54m且每单元设置一部疏散楼梯的住宅，以及规范规定可采用1支消防水枪的场所，可采用1支消防水枪的1股充实水柱到达室内任何部位。

2. 布置间距

（1）一股水枪充实水柱到达室内任何部位。如图2-15所示，当防火分区较小，设一排消火栓即可。规范要求有一股水柱到达室内任何部位时，消火栓间距按下式计算：

$$L_f \leqslant 2\sqrt{R_f^2 - b_f^2} \tag{2-8}$$

式中 L_f——室内消火栓布置间距（m）；

R_f——室内消火栓保护半径（m）；

b_f——室内消火栓最大保护宽度（m）。

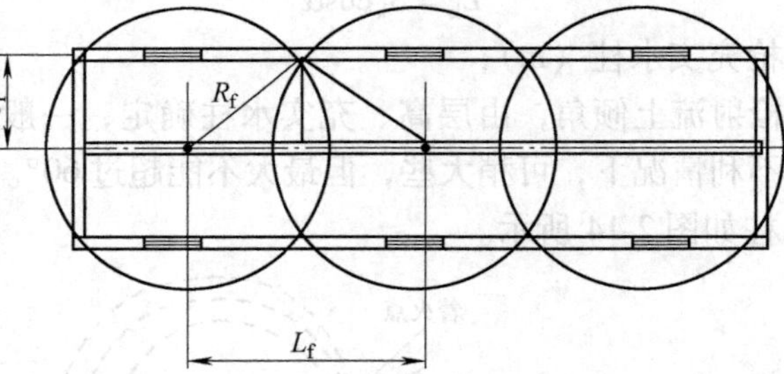

图2-15 一股水枪充实水柱到达室内任何部位消火栓布置

（2）两股水枪充实水柱同时到达室内任何部位。如图2-16所示，要求同层相邻两个消火栓的水枪充实水柱同时达到室内任何部位，消火栓的布置间距可按下式计算：

$$L_f \leqslant \sqrt{R_f^2 - b_f^2} \tag{2-9}$$

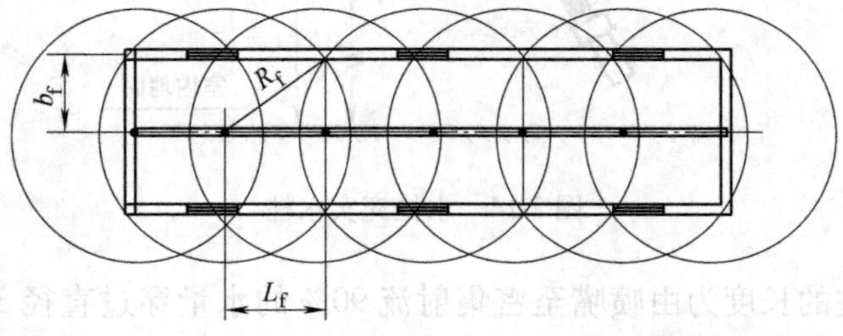

图2-16 两股水枪充实水柱同时到达室内任何部位消火栓布置

（3）一股水枪充实水柱到达室内任何部位且消火栓呈多排布置。如图2-17所示，房间较宽，需要布置多排消火栓，且要求有一股水枪充实水柱到达室内任何部位时，消火栓的布置间距按下式计算：

$$L_f \leqslant 2R_f \sin 45° \leqslant \sqrt{2} R_f \tag{2-10}$$

（4）两股水枪充实水柱同时达到室内任何部位且呈多排布置。室内需要布置多排消火栓，且要求同层相邻两个消火栓的水枪充实水柱能同时到达室内任何部位时，其布置如图2-18所示。

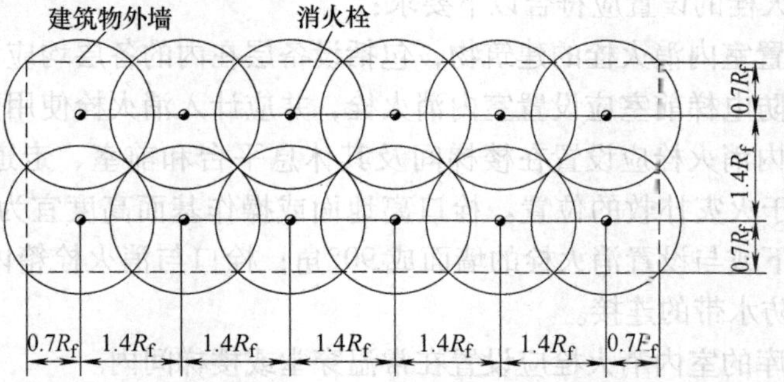

图2-17 一股水枪充实水柱到达室内任何部位多排消火栓布置

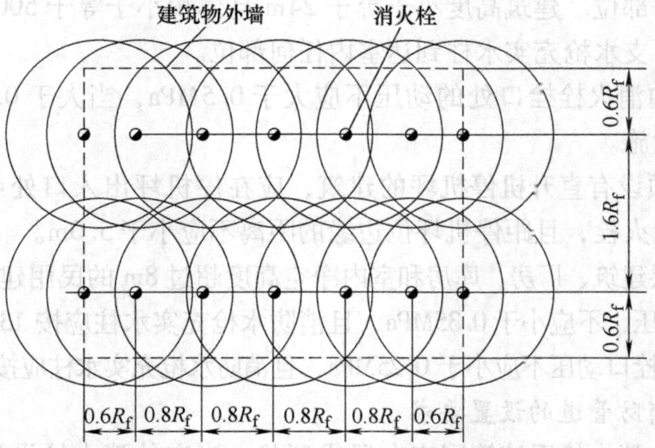

图2-18 两股水枪充实水柱到达室内任何部位多排消火栓布置

实际工程中，确定消火栓的布置间距和设置数量，除应遵循消火栓的布置原则外，还应结合建筑物的平面布置情况综合进行考虑。

【例2-3】 一栋5层办公楼内设有室内消火栓，已知层高为3.5m，水带长度为25m，求消火栓的保护半径？

【解】 按照《消防给水及消火栓系统技术规范》的规定，该建筑其室内消火栓的水枪充实水柱不应小于10m，消火栓保护半径：

$$R = fL_d + L_k$$

式中，f为水带铺设系数，可取0.8~0.9，在此取0.8；L_d为水带长度，由题意可知为25m；L_k为水枪充实水柱在水平面上的投影，即$L_k=S_k\cos45°$。

消火栓保护半径为：

$$R=fL_d+L_k=(0.8\times25+10\times0.707)\text{m}=27.1\text{m}$$

消火栓保护半径为27.1m。

3. 室内消火栓的设置要求

室内消火栓的设置应符合以下要求：

（1）设置室内消火栓的建筑物，包括设备层在内的各层均应设置消火栓。

（2）消防电梯前室应设置室内消火栓，并应计入消火栓使用数量。

（3）室内消火栓应设置在楼梯间及其休息平台和前室、走道等明显易于取用以及便于火灾扑救的位置。栓口离地面或操作基面高度宜为1.1m，其出水方向宜向下或与设置消火栓的墙面成90°角；栓口与消火栓箱内边缘的距离不应影响消防水带的连接。

（4）冷库的室内消火栓应设置在常温穿堂或楼梯间内。

（5）室内消火栓的布置应保证每个防火分区同层有两支水枪的充实水柱同时达到任何部位。建筑高度小于等于24m且体积小于等于5000m^{3}的多层仓库，可采用1支水枪充实水柱到达室内任何部位。

（6）室内消火栓栓口处的动压不应大于0.5MPa，当大于0.7MPa时，必须设置减压设施。

（7）屋顶设有直升机停机坪的建筑，应在停机坪出入口处或非电气设备机房处设置消火栓，且距停机坪位边缘的距离不应小于5.0m。

（8）高层建筑、厂房、库房和室内净空高度超过8m的民用建筑的等场所的消火栓栓口动压，不应小于0.35MPa，且消防水枪充实水柱应按13m计算；其他场所的消火栓栓口动压不应小于0.25MPa，且消防水枪充实水柱应按10m计算。

4. 室内消防管道的设置要求

（1）室内消火栓系统管网应布置成环状，当室外消火栓设计流量不大于20L/s，且室内消火栓不超过10个时，除规范规定情况外，可布置成枝状。

（2）当由室外生产生活消防合用系统直接供水时，合用系统除应满足室外消防给水设计流量以及生产、生活最大小时设计流量的要求外，还应满足室内消防给水系统的设计流量和压力要求。

（3）室内消防管道管径应根据系统设计流量、流速和压力要求经计算确定，但不应小于*DN*100。

（4）室内消火栓系统管网宜与自动喷水等其他水灭火系统分开设置，当合用消防泵时，供水管路沿水流方向在报警阀前必须分开，如图2-19所示。

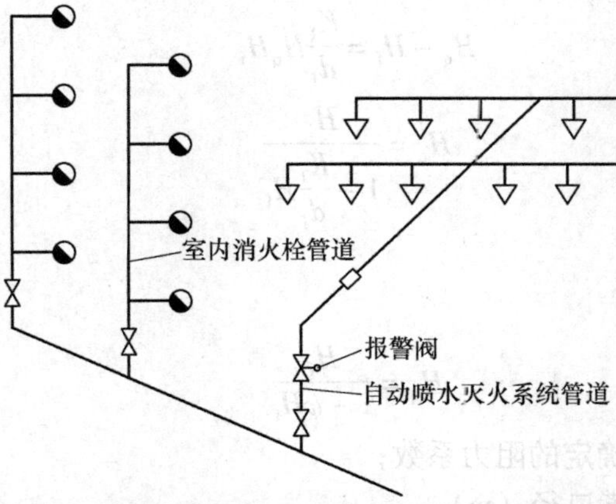

图2-19 室内消火栓与自动喷水灭火系统合用管道布置

（5）室内消火栓竖管应保证检修管道时关闭停用的竖管不超过1根，当竖管超过4根时，可关闭不相邻的2根；每根竖管与供水横干管相接处应设置阀门。

其他规定详见《消防给水及消火栓系统技术规范》。

2.7 室内消火栓系统设计与计算

2.7.1 消防水压和流量

1. 消防水压的确定

（1）扑救不同建筑物火灾对水枪充实水柱的要求。水枪充实水柱既要满足建筑物层高的要求，又要确保火场上消防人员的安全使用，同时还要满足扑灭不同建筑物火灾的要求。

（2）水枪充实水柱长度的确定。除满足以上要求外，还应满足每支水枪最小流量的要求，两者取其中最大值作为所需的水枪充实水柱。

1）水枪喷嘴压力水枪理想的射流高度（即不考虑空气对射流的阻力）为：

$$H_q = \frac{v^2}{2g} \tag{2-11}$$

式中 v——水流在喷嘴口处的流速（m/s）；

g——重力加速度（m/s^2）；

H_q——水枪喷嘴处的水头（m）。

实际射流时空气的阻力头为：

$$\Delta H = H_q - H_f = \frac{K_1}{d_f}\frac{v^2}{2g}H_f \tag{2-12}$$

把式（2-11）代入（2-12）得：

$$H_q - H_f = \frac{K_1}{d_f} H_q H_f$$

$$H_q = \frac{H_f}{1 - \frac{K_1}{d_f} H_f} \tag{2-13}$$

设$\frac{K_1}{d_f}=\varphi$，则：

$$H_q = \frac{H_f}{1 - \varphi H_f} \tag{2-14}$$

式中　K_1——由试验确定的阻力系数；

d_f——水枪喷嘴口径（m）；

H_f——垂直射流高度（m）；

φ——与水枪喷嘴口径有关的阻力系数，可按经验公式$\varphi = \frac{0.25}{d_f + (0.1d_f)^3}$计算，其值见表2-8。

水枪充实水柱高度S_k与垂直射流高度H_f的关系由下式表示：

$$H_f = a_f S_k \tag{2-15}$$

式中　a_f——试验系数；$a_f = 1.19 + 80\ (0.01S_k)^4$，可查表2-9。

表2-8　系数φ值

d/mm	13	16	19
φ	0.0165	0.0124	0.0097

表2-9　系数a_f值

H_m/m	6	8	10	12	16
a_f	1.19	1.19	1.20	1.21	1.24

将式（2-15）代入式（2-14）中可得到水枪喷嘴处的水头与充实水柱长度的关系为：

$$H_q = \frac{a_f S_k}{1 - \varphi a_f S_k} \tag{2-16}$$

将由式（2-16）计算所得的水枪喷嘴水头值与满足最小流量的水枪喷嘴水头值比较，取其中较大值作为水枪喷嘴水头值。

2）室内消火栓栓口处所需水压由下式计算：

$$H_{xh} = H_q + h_d + H_k \tag{2-17}$$

式中　H_{xh}——室内消火栓栓口处所需水压（m）；

H_q——水枪喷嘴处的设计水头（m）；

h_d——每条水带的水头损失（m）。

H_k——消火栓栓口水头损失，可按2.0m计算。

2. 消防流量的确定

室内消防用水量即室内消火栓用水量，其与建筑物的性质、高度、规模大小、耐火等级、可燃物的数量和种类以及生产性质等有关，可按下式计算：

$$Q_f = Nq_f \tag{2-18}$$

式中 Q_f——室内消火栓用水量（L/s）；

N——同时使用的水枪数量（支）；

q_f——每支水枪的设计流量（L/s）。

（1）同时使用水枪数量。同时使用水枪数是指室内消火栓给水系统在扑救火灾时需要同时打开出水灭火的水枪数。

（2）每支水枪的设计流量。每支水枪的设计流量应通过计算确定，但不得小于最小流量。

1）每支水枪的计算流量。每支水枪的计算流量可按下式计算：

$$q_f = \sqrt{\beta H_q} \tag{2-19}$$

式中 β——系数，与喷嘴直径有关，见表2-10；

H_q——水枪喷嘴水头（kPa）。

表2-10 水枪喷嘴流量系数 β 值

喷嘴口径/mm	13	16	19	22
β	0.0346	0.0793	0.1577	0.2834

2）每支水枪的最小流量。建筑室内消火栓系统同时使用水枪数量和每支水枪最小流量见表2-11。

表2-11 建筑物室内消火栓设计流量

建筑物名称		高度 h(m)、体积 $V(m^3)$、座位数 n(个)、火灾危险性			消火栓设计流量/(L/s)	同时使用水枪数量/支	每根竖管最小流量/(L/s)
工业建筑	厂房	$h \leq 24$	甲、乙、丁、戊		10	2	10
			丙	$V \leq 5000$	10	2	10
				$V > 5000$	20	4	15
		$24 < h \leq 50$	乙、丁、戊		25	5	15
			丙		30	6	15
		$h > 50$	乙、丁、戊		30	6	15
			丙		40	8	15
	仓库	$H \leq 24$	甲、乙、丁、戊		10	2	10
			丙	$V \leq 5000$	15	3	15
				$V > 5000$	25	5	15
		$h > 24$	丁、戊		30	6	15
			丙		40	8	15

（续）

建筑物名称			高度 h(m)、体积 V(m^3)、座位数 n(个)、火灾危险性	消火栓设计流量/(L/s)	同时使用水枪数量/支	每根竖管最小流量/(L/s)
民用建筑	单层及多层	科研楼、实验楼	$V \leqslant 10000$	10	2	10
			$V > 10000$	15	3	10
		车站、码头、机场的候车(船、机)楼的展览建筑(包括博物馆)等	$5000 < V \leqslant 25000$	10	2	10
			$25000 < V \leqslant 50000$	15	3	10
			$V > 50000$	20	4	10
		剧场、电影院、会堂、礼堂、体育馆等	$800 < n \leqslant 1200$	10	2	5
			$1200 < n \leqslant 5000$	15	3	10
			$5000 < n \leqslant 10000$	20	4	10
			$n > 10000$	30	6	15
		旅馆	$5000 < V \leqslant 10000$	10	2	10
			$10000 < V \leqslant 25000$	15	3	10
			$V > 25000$	20	4	10
		商店、图书馆、档案馆等	$5000 < V \leqslant 10000$	15	3	10
			$10000 < V \leqslant 25000$	25	5	15
			$V > 25000$	40	8	15
		病房楼、门诊楼等	$5000 < V \leqslant 25000$	10	2	10
			$V > 25000$	15	3	10
		办公楼、教学楼、公寓、宿舍等其他建筑	$h > 15m$ 或 $V > 10000$	15	3	10
		住宅	$21 < h \leqslant 27$	5	2	5
	高层	住宅	$27 < h \leqslant 54$	10	2	10
			$h > 54$	20	4	10
		二类公共建筑	$h \leqslant 50$	20	4	10
		一类公共建筑	$h \leqslant 50$	30	6	15
			$h > 50$	40	8	15
国家级文物保护单位的重点砖木或木结构的古建筑			$V \leqslant 10000$	20	4	10
			$V > 10000$	25	5	15
地下建筑			$V < 5000$	10	2	10
			$5000 < V \leqslant 10000$	20	4	10
			$10000 < V \leqslant 25000$	30	6	15
			$V > 25000$	40	8	15

（续）

建筑物名称		高度 h(m)、体积 V(m^3)、座位数 n(个)、火灾危险性	消火栓设计流量/(L/s)	同时使用水枪数量/支	每根竖管最小流量/(L/s)
人防工程	展览厅、影院、剧院、礼堂、健身体育场所等	$V<1000$	5	1	5
		$1000<V\leqslant2500$	10	2	10
		$V>2000$	15	3	10
	商场、餐厅、旅馆、医院等	$V<5000$	5	1	5
		$5000<V\leqslant10000$	10	2	10
		$10000<V\leqslant25000$	15	3	10
		$V>25000$	20	4	10
	丙、丁、戊类生产车间、自行车库	$V\leqslant2500$	5	1	5
		$V>2500$	10	2	10
	丙、丁、戊类物品库房、图书资料档案库	$V\leqslant3000$	5	1	5
		$V>3000$	10	2	10

注：1. 丁、戊类高层厂房（仓库）室内消火栓的设计流量可按本表减少10L/s。同时使用消防水枪数量可按本表减少2支。

2. 消防软管卷盘、轻便消防水龙及多层住宅楼梯间中的干式消防竖管，其消火栓设计流量可不计入室内消防给水设计流量。

3. 当一座多层建筑有多种使用功能时，室内消火栓设计流量应分别按本表中不同功能计算，且应取最大值。

4. 当建筑内设有自动喷水灭火系统、水喷雾灭火系统、泡沫灭火系统或固定消防炮灭火系统等一种及以上自动水灭火系统全保护时，高层建筑当高度不超过50m且室内消火栓设计流量超过20L/s时，其室内消火栓设计流量可按本表减少5L/s；多层建筑室内消火栓设计流量可减少50%，但不应小于10L/s。

5. 宿舍、公寓等非住宅类居住建筑的室内消火栓设计流量，当为多层建筑时，应按本表中的宿舍、公寓确定，当为高层建筑是，应按本表中的公共建筑确定。

城市交通隧道内室内消火栓设计流量不应小于表2-12的规定。

表2-12 城市交通隧道内室内消火栓设计流量

用途	类别	长度	设计流量/(L/s)
可通行危险化学品等机动车	一、二	$L>500$	20
	三	$L\leqslant500$	10
仅限通行非危险化学品等机动车	一、二、三	$L>1000$	20
	三	$L\leqslant1000$	10

地铁地下车站室内消火栓设计流量不应小于20L/s，区间隧道不应小于10L/s。

3）每支水枪的设计流量。将计算流量与最小流量相比，两者中较大者即为室内消火栓每支水枪的设计流量。

【例2-4】 有一层高为5m的4层办公楼，试确定其消火栓的水枪充实水柱、设计流量和消火栓栓口压力。

【解】 (1) 确定水枪充实水柱。

根据《消防给水及消火栓系统技术规范》规定，该楼所需的充实水柱长度S_k不应小于10m，则该楼的水枪充实水柱长度S_k取10m。

(2) 计算喷嘴水头。

由于水枪充实水柱长度为10m，则根据表2-9可查的a_f的值为1.20。《消防给水及消火栓系统技术规范》规定，高层建筑设置水枪的口径为19mm。则根据表2-8，可得φ值为0.0097，代入式(2-18)得：

$$H_q = \frac{a_f S_k}{1 - \varphi a_f S_k} = \frac{1.20 \times 10}{1 - 0.0097 \times 1.20 \times 10}\text{m} = 13.58\text{m}$$

(3) 求喷嘴在该水头下的流量q。

$$q_f = \sqrt{\beta H_q} = \sqrt{1.577 \times 13.58}\text{L/s} = 4.63\text{L/s} < 5\text{L/s}$$

流量q_f小于5L/s，规范规定，该楼所需的每只水枪流量最小为5L/s，故取$q_f = 5\text{L/s}$。

(4) 反求该喷嘴流量为5L/s时的H_q，令$q_f = 5\text{L/s}$，则：

$$H_q = \frac{q_f^2}{\beta} = \frac{5^2}{1.577}\text{m} = 15.85\text{m}$$

(5) 反求在该喷嘴压力下的充实水柱长度S_k，将$H_q = \dfrac{a_f S_k}{1 - \varphi a_f S_k}$变换后得：

$$S_k = \frac{H_q}{(1 + \varphi H_q) a_f} = \frac{15.85}{(1 + 0.0097 \times 15.85) \times 1.21}\text{m} = 11.45\text{m} > 10\text{m}$$

符合要求。

故最后确定，该楼消火栓水枪的充实水柱长度为11.45m，水枪喷嘴水头为15.85m，水枪的流量为5L/s。

水带取胶质衬里水带，水带直径为65mm，长度为20m，查表2-7得$A_z = 0.00172$，则水带水头损失为：

$$h_d = A_z L_d q_{xh}^2 = (0.00172 \times 20 \times 5^2)\text{m} = 0.86\text{m}$$

则消火栓栓口的水压为：

$$H_{xh} = H_q + h_d + H_k = (15.85 + 0.86 + 2)\text{m} = 18.71\text{m}$$

该建筑为多层公共建筑，根据规范，消火栓栓口压力不应低于0.25MPa，即25m水柱。故该消火栓栓口压力为25m，水枪充实水柱长度为11.45m，水枪流量为5L/s。

2.7.2 设计计算要求

1. 消防给水管网管径的确定

应按所通过的设计流量和流速由计算确定。

(1) 消防水管管径。

按最不利部位消防竖管所通过的设计流量和消火栓管道允许流速范围的中、低限值计算确定，高层建筑消防竖管管径不得小于100mm。消防竖管宜采用同一管径，且上、下管径不变。

(2) 消防进水管及水平干管。

独立的消防给水管道，其进水管管径按建筑物室内消防用水量计算确定；水平干管按所负担的消防竖管流量计算确定，并符合：

消防竖管管径≤水平干管管径≤进水管管径

合用的消防给水管道，进水管及水平干管管径确定方法：

第一种：管道通过的流量按最大生产、生活和消防设计秒流量之和计算，流速按生产、生活管道允许流速选取。此法计算出的管径较大，对消防供水安全，但不经济。

第二种：管道通过的流量按最高日最大时生产和生活用水量计算，流速按生产、生活管道允许流速选取，所计算的管道管径较小，成本低，但灭火时影响生产用水。

(3) 管道水头损失计算。

管道水头损失包括沿程水头损失和局部水头损失。

沿程水头损失应通过计算确定：

$$h_f = il \tag{2-20}$$

式中 h_f——管道沿程水头损失（m）；

i——单位长度管长的沿程水头损失（m/m），也称水力坡度，可由下式计算：

$$i = 2.966 \times 10^{-7} \frac{q^{1.852}}{C^{1.852} di^{4.87}} \tag{2-21}$$

式中 d_i——管道的内径（m）；

q——管段消防给水设计流量（L/s）；

C——海澄-威廉系数，可按表2-13取值。

表 2-13 各种管道水头损失计算参数

管材名称	当量粗糙度 ε/m	管道粗糙系数 n_{ε}	海澄-威廉系数 C
球墨铸铁管(内衬水泥)	0.0001	0.011 ~ 0.012	130
钢管(旧)	0.0005 ~ 0.001	0.014 ~ 0.018	100
镀锌钢管	0.00015	0.014	120
铜管/不锈钢管	0.00001	—	140
钢丝网骨架 PE 塑料管	0.00001 ~ 0.00003	—	140

局部水头损失可按沿程水头损失的百分数估算，独立的消火栓给水管网为10%，生产、消防合用给水管网为15%，生活、消防合用给水管网与生活、生产、消防合用给水管网为20%；也可按当量长度进行计算。

2. 消防水泵扬程或系统所需总水头的计算

消防中泵扬程按下式计算：

$$H = H_{\Delta} + H_{xh} + R\sum H_{\omega} \tag{2-22}$$

式中 H——建筑物室内消火栓系统水泵的扬程（m）；

H_{Δ}——最不利点消火栓与水泵泵轴或进水管起点间高差（m）；

H_{xh}——最不利点消火栓栓口处所需的压头（m）；

$\sum H_{\omega}$——最不利计算管路的水头损失（m）；

R——安全系数，可取1.20 ~ 1.40。

【例2-5】 某住宅楼选用消防水泵，消防水池最低水位与最不利消火栓高程差为58m，管路沿程损失为3.957m，局部水头损失为沿程水头损失的20%，消火栓栓口的水头为35m。问消防水泵扬程为多少？

【解】 根据消防水泵计算公式：

$$H = H_{\Delta} + H_{xh} + R\sum H_{\omega}$$

可计算出水泵扬程，其中H_{Δ}为消防水池最低水位与最不利点消火栓栓口的高程差，为58m；H_{xh}为最不利消火栓栓口处的压头为35m；$\sum H_{\omega}$为管路总的水头损失，为沿程水头损失与局部水头损失之和，$\sum H_{\omega} = 3.957 \times 1.2\text{m} = 4.75\text{m}$。$R$取值1.3。

将上面的数据代入式（2-22）得：

$$H = H_{\Delta} + H_{xh} + R\sum H_{\omega} = (58 + 35 + 1.3 \times 4.75)\text{m} \approx 99\text{m}$$

答：消防水泵扬程为99m。

3. 设计程序

建筑室内消火栓系统的设计可参考下述程序进行：

（1）选定消火栓、水带、水枪的型号。

（2）确定消火栓的水枪充实水柱、设计喷嘴压力和水枪设计流量，不满足要求，反算。

（3）确定室内消火栓系统的消防用水量。

（4）计算消火栓的保护半径，并确定室内消火栓及消防竖管的布置间距。

（5）绘制室内消火栓系统管网平面布置图和轴测图。

（6）选择最不利点消火栓并确定最不利计算管路。

（7）计算最不利点消火栓栓口处所需的水压，并按规范最小值校核。

（8）确定消防给水管网的管径：①消防竖管管径，宜采用同一管径，且上下管径不变；②消防进水管及水平干管管径，消防竖管管径≤水平干管管径≤进水管管径。

（9）计算最不利管路的水头损失：①沿程水头损失；②局部水头损失。

（10）计算消防水泵或室内消火栓系统所需的总压力。

（11）根据流量和扬程选择消防水泵。

（12）确定高位消防水箱容积和设置高度，独立的消防水箱仅储存火灾初期消防用水量，其有效容积可按《消防给水及消火栓系统技术规范》的相关规定确定，其设置高度按建筑高度确定，若设置高度不满足最不利点消火栓静水压力要求，应设置增压设施。

（13）确定水泵接合器的型号和设置数量。

（14）确定消防水池容积：

$$V = 3.6\left(\sum_{i=1}^{n} q_i t_i - q_b t_{ij}\right) \tag{2-23}$$

式中 V——消防水池的有效容积（m^3）；

n——需要同时开启的灭火设施种类数；

q_i——所负担的某类灭火设备用水量（L/s）；

t_i——该灭火设备相应的火灾延续时间（h）；

q_b——火灾延续时间内外网可靠的连续补充水量（L/s）；

t_{ij}——t_i中的最大者（h）。

（15）确定室外消防给水管网类型和管径，并进行管网布置。

（16）确定室外消火栓设置数量（根据室外消防用水量确定）。

【例2-6】 某15层高级旅馆，层高3.4m，其消火栓系统如图2-20所示，屋面标高为51.0m，高位消防水箱设置在屋顶，水箱内最低水位标高为51.8m。选用喷嘴直径$d=19$mm的水枪，消火栓口径为65mm、长25m。试确定消防管道管径及消防水泵的流量和扬程。

【解】（1）选定消火栓、水枪、水带型号。

该高级旅馆属于一类高层建筑，故选用喷嘴直径$d=19$mm的水枪，消火

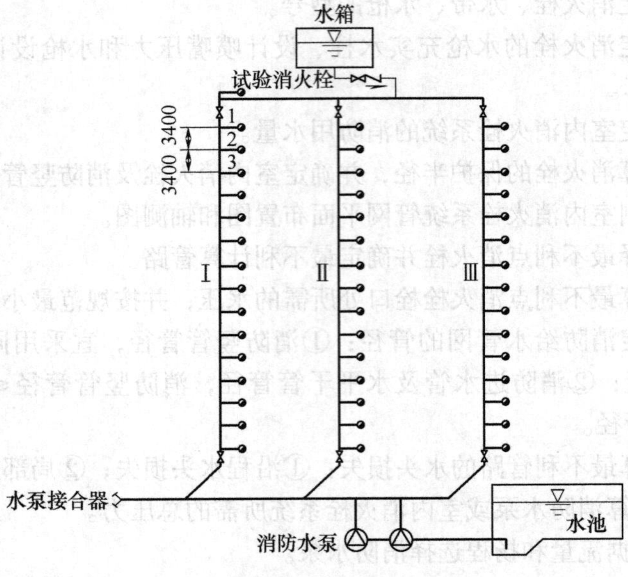

图 2-20 消火栓系统图

栓口径为65mm、水带长25m，胶质衬里。

(2) 确定消火栓的水枪充实水柱、设计喷嘴压力和水枪设计流量。

1) S_k 的确定：

根据《消防给水及消火栓系统技术规范》规定，高层建筑、厂房、库房和室内净空高度超过 8m 的民用建筑等场所，消防水枪充实水柱应不小于 13m。该高级旅馆高度为 51.0m，大于 24m，属高层建筑，故该建筑的水枪充实水柱长度不应小于 13m，则取 $S_k = 13m$。

2) 设计喷嘴压力：

查表 2-9 得，水枪充实水柱长度为 13m 时，$a_f = 1.2175$，查表 2-8 得水枪喷嘴口径为 19mm 时，$\varphi \approx 0.0097$，则

$$H_q = \frac{a_f S_k}{1 - \varphi a_f S_k} = \frac{1.2175 \times 13}{1 - 0.0097 \times 1.2 \times 13} m = 18.70m$$

3) 水枪设计流量：

查表 2-10 得，水枪喷嘴直径为 19mm 时，$\beta = 1.577$：

$$q_f = \sqrt{\beta H_q} = \sqrt{1.577 \times 18.70} \text{ L/s} = 5.43 \text{L/s}$$

根据《消防给水及消火栓系统技术规范》规定，水枪的设计流量不应小于 5.0L/s，满足要求。

(3) 确定室内消火栓系统的消防用水量。

查《消防给水及消火栓系统技术规范》得：本建筑室内消防用水量为

30L/s，要求同时出 6 支水枪，且必须有 2 支水枪的充实水柱同时到达室内同一灭火点，每支水枪的最小流量为 5.43L/s。

（4）计算消火栓的保护半径，并确定消火栓及消防竖管布置间距。

1）保护半径。

$$R = fL_{\mathrm{d}} + S_{\mathrm{k}}\cos 45° = (0.8 \times 25 + 13 \times 0.707)\,\mathrm{m} = 29.2\mathrm{m}$$

则消火栓的保护半径取 29m。

2）布置间距：根据建筑物宽度确定假设建筑物宽度为 8m，则消火栓布置间距为：

$$L_{\mathrm{f}} \leqslant \sqrt{R_{\mathrm{f}}^2 - (b_{\mathrm{f}}/2)^2} = \sqrt{29^2 - 4^2}\,\mathrm{m} = 28.7\mathrm{m}$$

（5）绘制室内消火栓系统平面图和轴测图（该题直接给出系统图）。

（6）选择最不利点消火栓并确定最不利点计算管路。

简化系统图，去掉上部水平横管，则Ⅰ、Ⅱ号消防竖管为最不利竖管和次不利竖管，Ⅰ号消防竖管上的节点 1 为最不利消火栓，最不利竖管和次不利竖管应满足 3 支水枪同时作用，考虑着火层 2 支水枪灭火，上一层 2 支水枪保护本层门窗、地板、楼梯间、疏散通道，下一层 2 支水枪保护本层门窗、地板、楼梯间和疏散通道。

（7）计算最不利点消火栓栓口处的水压。

根据题意，水带为胶质衬里水带，直径为 65mm，长 25m，则查表 2-7 可得水带阻力系数为 0.0172，代入下式得：

$$H_{\mathrm{xh}}^{(1)} = H_{\mathrm{q}} + H_{\mathrm{d}} + 2 = (18.70 + 0.0172 \times 10^{-1} \times 25 \times 5.43^2 + 2)\,\mathrm{m} = 21.97\mathrm{m}$$

根据规范，高层建筑消火栓栓口动压不应小于 0.35MPa，故最不利点消火栓栓口的压力水头为 35m（根据规范条文说明）。此处，21.97m 小于规范的规定，故取消火栓栓口压力为 0.35MPa。

（8）确定消防给水管网管径。

消防给水管径根据流量和流速确定，消火栓给水管径流速不应大于 2.5m/s。规范规定，高层建筑消防竖管管径应上下一致，因该建筑总消防用水量为 30L/s，发生火灾时同时出 6 支水枪灭火，每根消防竖管出 3 支水枪灭火，则每根竖管流量为（5.43×3）L/s＝16.29L/s。若取最大流速为 2.5m/s，则管径为：

$$D = \sqrt{\frac{4Q}{\pi v}} = \sqrt{\frac{4 \times 0.01629}{3.14 \times 2.5}} = 0.091\mathrm{m} = 91\mathrm{mm}$$

根据管道标准直径，确定消防竖管的直径为 100mm，则当消防流量达到 16.29L/s 时，管内流速为：

$$V = \frac{Q}{S} = \frac{Q}{\pi r^2} = \frac{4Q}{\pi D^2} = \frac{4 \times 0.01629}{3.14 \times 0.1^2}\,\mathrm{m/s} = 2.08\mathrm{m/s} < 2.5\mathrm{m/s}$$

满足要求。

(9) 计算最不利管路的水头损失。

节点2处消火栓栓口的水压为（i值由式（2-21）计算得出或查有关手册得到）：

$$H_{xh}^{(2)}=H_{xh}^{(1)}+iL+H_{1-2层高}=(35+0.005\times3.4+3.4)\text{m}=38.4\text{m}$$

又因为 $H_{xh}^{(2)}=H_{q}^{(2)}+H_{d}+H_{k}+9.9$（未预见损失）

则 $H_{q}^{(2)}=H_{xh}^{(2)}-H_{d}-H_{k}-9.9=(38.4-4.6-2-9.9)\text{m}=21.9\text{m}$

水枪射流量为：

$$q_{xh}^{(2)}=\sqrt{\beta H_{q}^{(2)}}=\sqrt{1.577\times21.9}\text{L/s}=5.88\text{L/s}$$

同理可得节点3处消火栓栓口处的压力为：

$$H_{xh}^{(3)}=H_{xh}^{(2)}+iL+H_{12-3层高}=(38.4+0.02\times3.4+3.4)\text{m}=41.9\text{m}$$

则 $H_{q}^{(3)}=H_{xh}^{(3)}-H_{d}-H_{k}-9.9=(41.9-4.6-2-9.9)\text{m}=25.4\text{m}$

水枪射流量为：

$$q_{(xh)}^{(3)}=\sqrt{\beta H_{q}^{(3)}}=\sqrt{1.577\times41.9}\text{L/s}=6.30\text{L/s}$$

近似认为Ⅱ号竖管的流量与Ⅰ号竖管相等，则消防水泵流量为：

$$2\times(5.43+5.88+6.30)\text{L/s}=35.22\text{L/s}$$

底部水平干管流速取2.5m/s，则管径为：

$$D=\sqrt{\frac{4Q}{\pi v}}=\sqrt{\frac{4\times0.03522}{3.14\times2.5}}\text{m}=0.134\text{m}=134\text{mm}$$

根据管道标准直径，确定水平干管的直径为150mm，则当消防流量达到35.22L/s时，管内流速为：

$$V=\frac{4Q}{\pi D}=\frac{4\times0.03522}{3.14\times0.15^2}\text{m/s}=1.99\text{m/s}<2.5\text{m/s}$$

(10) 假设管路沿程水头损失和局部水头损失之和为7.0m，水池最低水位与最不利点消火栓的高程差为55m，R取值1.2，则消防水泵的扬程为：

$$H=(1.2\times7.0+55+35)\text{m}=98.4\text{m}$$

(11) 增压稳压设备。

根据规范规定，消防水箱最低水位应满足最不利点消火栓静水头10m的要求，该消防水箱最低水位为51.8m，最不利点消火栓标高为：

$$(51.0-3.4+1.1)\text{m}=48.7\text{m}$$

则消防水箱最低水位与最不利点消火栓静水头为：

$$(51.8-48.7)\text{m}=3.1\text{m}$$

不满足要求，需设增压设施。增压设施应根据最不利点消火栓栓口的水头和是否与自动喷淋系统合用来选取。

本设计为独立的消火栓系统，不与自动喷淋系统合用。稳压启泵压头 $p_1 > (15-3.1)\text{m}=11.9\text{m}$，且 $p_1 > (2+7)\text{m}=9\text{m}$（2为高位消防水箱内水位高度）。

根据《消防增压稳压设备选用与安装》(GJBT —474)(98S205)，选用ZW-I-X-13型增压稳压设备，压力为220kPa，气压罐消防储存水容积为300L，配用水泵为25LGW3-10×4N=1.5kW，满足要求。

（12）消防水箱和消防水池。

消防水箱储存火灾初期的室内消防用水量，根据《消防给水及消火栓系统技术规范》第5.2.1条，消防水箱有效容积不应小于36m³。

$$V=0.06\times10\times35.22\text{m}^3=21.13\text{m}^3\approx22\text{m}^3$$

消防水池储存火灾延续时间内的消防用水量，查规范知该建筑火灾延续时间为2h，则其消防水池有效容积为：

$$V=3.6\times2\times35.22\text{m}^3=253.58\text{m}^3\approx254\text{m}^3$$

（13）室外消火栓和水泵接合器。

查《消防给水及消火栓系统技术规范》知，该建筑室外消防用水量为30L/s，每个消火栓的出水量为10～15L/s。在此取15L/s，则需设置2个室外消火栓。

水泵接合器设置数量根据室内消防用水量确定，该建筑室内消防用水量为35.22L/s，每个水泵接合器的出水量为10～15L/s。在此取15L/s，则水泵接合器的设置数量为：

$$n=\frac{35.22}{15}\text{个}=2.35\text{ 个}\approx3\text{ 个}$$

2.8 高层建筑消火栓系统的超压与减压

2.8.1 高层建筑消火栓系统超压产生及其危害

在高层建筑中，由于建筑层数较多，上、下层消火栓水压相差很大，因此下层消火栓的流量比上层大得多。例如9～10层的建筑物，下层消火栓流量可达上层的2～2.5倍，远远超过规定的设计流量，尤其是在设有消防水箱的建筑物内，将使储存于水箱内10min消防水量，在4～5min内用完，这是不允许的。另外，消火栓栓口压力过大，造成水枪的反作用力很大，使得消防队员难以抓牢水枪，对于扑灭火灾极为不利。因此，规范规定，当消火栓栓口的出水压力大于0.5MPa时，应采取减压措施。

高层建筑消火栓系统中，在静水压力的作用下，下层的管道系统有时会产生水锤、噪声和振动，零件配件需经常更换，增加了管理费用。根据实践经验，室内消火栓处静水压力过大，再加上扑救过程中水枪快速启闭引起的水锤作用，系统中的设备易遭破坏。

水锤防护可采取以下措施：延长关闭阀门、水枪的时间；增加管道的壁厚；减小管道中的流速；选择消声止回阀；设置泄压装置和水锤消除器等。

2.8.2 高层建筑消火栓系统的减压

在高层建筑消火栓系统中设置减压孔板、减压稳压型消火栓和进行系统分区，是解决超压问题的有效办法。

1. 减压孔板

减压孔板是室内消火栓系统常用的压力调节设施。

（1）减压孔板的设置要求。

减压孔板的设置应符合下列要求：①减压孔板应设在直径不小于 50mm 的水平直管段上，前、后管段的长度均不宜小于设置管段直径的 5 倍；②孔口直径不应小于设置管段直径的 30%，且不应小于 20mm；③孔板应安装在水流转弯处下游一侧的直管段上。

（2）减压孔板设计计算。

减压孔板的设计应首先确定灭火设备处的设计剩余压力。其各层灭火设备处的设计剩余压力为：

$$p = p_B - (Z + \sum h_\omega + H_0)\gamma \tag{2-24}$$

式中 p——计算层灭火设备处的设计剩余压力（kPa）；

p_B——消防水泵的出口压力（kPa）；

Z——计算层灭火设备与消防水池最低水位间的静水头（m）；

$\sum h_\omega$——水泵吸水管至计算层管路的沿程水头损失与局部水头损失（m）；

H_0——计算层灭火设备处所需要的设计水头（m）；

γ——水的重度（$10^3N/m^3$），工程中常近似取值为10。

从式（2-24）计算出的剩余压力由减压孔板所形成的局部水头损失消耗：

$$H_k = \xi \frac{v_k^2}{2g} \tag{2-25}$$

$$\xi = \left[1.75\frac{D^2\left(1.1-\frac{d^2}{D^2}\right)}{d^2\left(1.175-\frac{d^2}{D^2}\right)}-1\right]^2 \tag{2-26}$$

式中 H_k——水流通过减压孔板的局部水头损失（m）；

v_k——水流通过孔板后的流速（m/s）；

ξ——孔板的局部阻力系数，可按表2-14确定；

g——重力加速度（m/s^2）；

D——消防给水管直径（mm）；

d——减压孔板的孔径（mm）。

表2-14 孔板的局部阻力系数

d/D	0.3	0.4	0.5	0.6	0.7	0.8
$10^2\xi$	292	83.3	29.5	11.7	4.75	1.83

但是，减压孔板只能减掉消火栓系统的动压，即当消火栓使用时才起作用，而对于消火栓系统的静压却无能为力，这对于系统的运行是不利的。

（3）减压孔板的材料及安装要求。

减压孔板采用黄铜或不锈钢材料加工而成，其孔口表面应光滑，板中心有圆孔。孔板厚度：当管道直径为50～80mm时，厚度为3mm；管道直径为100～150mm时，厚度为6mm；管道直径为200mm时，厚度为9mm。除管道直径50mm的孔板可以丝扣方式在管道内安装外，孔板一般都靠法兰与管道连接。

2. 减压稳压型消火栓

减压稳压型消火栓克服了减压孔板的缺点，它不但能减掉消火栓系统的动压，而且能减掉静压。

室内减压稳压型消火栓的减压工作原理与普通的减压阀不同。普通的减压阀一般采用的是阀后取样技术，也即通过检测阀后压力的变化来控制阀门的工作，而减压稳压型消火栓采用的是栓前取样技术，也即通过检测栓前压力的变化来控制其内部减压稳压装置的工作。后者的减压稳压原理是：栓体内部采用了活塞套、活塞及弹簧，由此组成减压装置。活塞的底部受进水水压的作用，上部受弹簧力的作用，活塞的侧壁上开有特别设计的泄水孔，且可在活塞套中上下滑动。当进水端水压p_1较大时，其作用于活塞底部的压力大于弹簧的弹性张力，活塞相对于活塞套向上滑动，活塞侧壁上的泄水孔受活塞套遮挡，泄水孔的有效流通面积减小，水流阻力增大；当进水端压力p_1较低时，受弹簧的弹性张力作用，活塞向下滑动，泄水孔被活塞套遮挡的部分减小，泄水孔的有效流动面积增大，水流阻力减小。因而随进水端水压p_1（即栓前压力）的变化，活塞在活塞套上的移动能自动调节泄水孔有效面积的大小，由于泄水孔的特定形状，使得出水端水压p_2（即栓前压力）得到稳定。

根据实测结果，当保证出水水压为$17mH_2O$（$1mH_2O=9.8\times10^3Pa$）时，减压稳压消火栓的栓口进水水压必须保证在$25mH_2O$左右。所以设置减压稳压型消火栓的场所，除最不利层不设外，其下2～3层也不应设置，具体需要根据层高、充实水柱长度及富余扬程来决定。

3. 系统分区

减压稳压型消火栓解决了消火栓系统中消火栓处压力过剩的问题，但消火栓系统也不能承受过高的压力。为解决系统超压问题，一般采用分区来解决。《消防给水及消火栓系统技术规范》中规定，当静水压力超过 1.0MPa 时，消火栓系统应采取分区系统。为防止水泵加压时产生的动压超过静压，分区可适当留有余地。对于消火栓给水系统，一般可按 0.5～0.55MPa 静压分区。

分区消火栓系统可采用减压阀分区，也可采用分区水箱进行分区。

思 考 题

1. 怎样确定室外消火栓的布置间距？
2. 室外消火栓有哪几种类型，分别适用于何种场合？
3. 室外消火栓系统设置应符合哪些要求？
4. 室内消火栓系统由哪些主要部分组成？各组成部分的作用是什么？
5. 室内消火栓系统设置应符合哪些要求？
6. 室内消防管道布置应符合哪些要求？
7. 什么是充实水柱？为什么要控制充实水柱长度？
8. 怎样确定消火栓栓口的压力？
9. 如何确定消火栓的布置间距？
10. 某小区居住人口数为 2500 人，在小区内最大一座建筑的体积为 6000m^3，耐火等级为二级，试确定该小区室外消防用水量。
11. 某城镇人口数为 6 万，该城镇内有高级旅馆，高度为 45m，在该城镇内还有一商业楼，建筑高度为 60m；城外有一工厂，附有居住区人口为 1.5 万，工厂的耐火等级为二级，生产的火灾性分类为甲级，体积 5000m^3。求该城镇的室外消防用水量。
12. 一高架仓库，已知消火栓充实水柱为 13m，采用 ϕ19 喷嘴的手持直流水枪，水带为麻质无衬里 ϕ65 水带。问栓口所需压力为多少？
13. 某建筑为 4 层，采用消火栓系统。管道沿程水头损失和局部损失的累积值为 10m，最不利点消火栓标高为 13.7m，消防水池的最低水位为 -3.9m。消火栓的工作压头不小于 13m。试确定消防泵的扬程。

3

第 3 章　自动喷水灭火系统

自动喷水灭火系统是一种全天候的固定式自动主动消防系统，在火灾时喷头的热敏元件对环境温度产生反应，喷头自动打开，并把水均匀地喷洒在着火区域，快速抑制燃烧，以实现火灾的初期控制，最大限度地减少生命和财产损失。有记载的世界上第一套简易自动喷水灭火系统于 1812 年安装在英国伦敦皇家剧院，距今已有 200 年历史，而我国的自动喷水灭火系统应用也有 90 余年的历史。据统计，随着技术水平的提高，目前自动喷水灭火系统灭火控火成功率平均在 96% 以上，像澳大利亚、新西兰国家灭火控火率达 99.8%，有些国家和地区甚至高达 100%。国内外自动喷水灭火系统的应用实践和资料证明，该系统除灭火控火成功率高以外，还具有安全可靠、经济实用、适用范围广、使用寿命长、在自动灭火的同时具有自动报警等优点。

3.1　设置场所与火灾危险等级划分

3.1.1　设置场所

除《建筑设计防火规范》（GB 50016—2014）另有规定和不宜用水保护或灭火的场所外，下列几种情况应设置自动灭火系统，并宜采用自动喷水灭火系统。

1. 厂房或生产部位

（1）不小于 50000 纱锭的棉纺厂的开包、清花车间，不小于 5000 锭的麻纺厂的分级、梳麻车间，火柴厂的烤梗、筛选部位。

（2）占地面积大于 $1500m^2$ 或总建筑面积大于 $3000m^2$ 的单、多层制鞋、制衣、玩具及电子等类似生产的厂房。

（3）占地面积大于1500m²的木器厂房。

（4）泡沫塑料厂的预发、成型、切片、压花部位。

（5）高层乙、丙类厂房。

（6）建筑面积大于500m²的地下或半地下丙类厂房。

2. 仓库

（1）每座占地面积大于1000m²的棉、毛、丝、麻、化纤、毛皮及其制品的仓库（注：单层占地面积不大于2000m²的棉花库房，可不设置自动喷水灭火系统）。

（2）每座占地面积大于600m²的火柴仓库。

（3）邮政建筑内建筑面积大于500m²的空邮袋库。

（4）可燃、难燃物品的高架仓库和高层仓库。

（5）设计温度高于0℃的高架冷库，设计温度高于0℃且每个防火分区建筑面积大于1500m²的非高架冷库。

（6）总建筑面积大于500m²的可燃物品地下仓库。

（7）每座占地面积大于1500m²或总建筑面积大于3000m²的其他单层或多层丙类物品仓库。

3. 高层民用建筑或场所

（1）一类高层公共建筑（除游泳池、溜冰场外）及其地下、半地下室。

（2）二类高层公共建筑及其地下、半地下室的公共活动用房、走道，办公室和旅馆的客房，可燃物品库房，自动扶梯底部。

（3）高层民用建筑内的歌舞娱乐放映游艺场所。

（4）建筑高度大于100m的住宅建筑。

除《建筑设计防火规范》（GB 50016—2014）另有规定和不适用水保护或灭火的场所外，下列单、多层民用建筑或场所应设置自动灭火系统，并宜采用自动喷水灭火系统。

（1）特等、甲等剧场，超过1500个座位的其他等级的剧场，超过2000个座位的会堂或礼堂，超过3000个座位的体育馆，超过5000人的体育场的室内人员休息室与器材间等。

（2）任一层建筑面积大于1500m²或总建筑面积大于3000m²的展览、商店、餐饮和旅馆建筑以及医院中同样建筑规模的病房楼、门诊楼和手术部。

（3）设置送回风道（管）的集中空气调节系统且总建筑面积大于3000m²的办公建筑等。

（4）藏书量超过50万册的图书馆。

（5）大、中型幼儿园，老年人照料设施。

（6）总建筑面积大于$500m^2$的地下或半地下商店。

（7）设置在地下或半地下或地上四层及以上楼层的歌舞娱乐放映游艺场所（除游泳场所外），设置在首层、二层和三层且任一层建筑面积大于$300m^2$的地上歌舞娱乐放映游艺场所（除游泳场所外）。

除敞开式汽车库、屋面停车场外，下列汽车库、修车库应设置自动喷水灭火系统：

（1）Ⅰ、Ⅱ、Ⅲ类地上汽车库。

（2）停车数超过10辆的地下汽车库。

（3）机械式汽车库。

（4）采用汽车专用升降机做汽车疏散出口的汽车库。

（5）Ⅰ类修车库。

3.1.2　火灾危险等级划分

自动喷水灭火系统设置场所的火灾危险等级，应根据其用途、容纳物品的火灾荷载（由可燃物的性质、数量及分布状况决定）、室内空间条件（面积、高度）、人员密集程度等因素，在分析火灾特点和热气流驱动喷头开放及喷水到位的难易程度后确定。

自动喷水灭火系统设置场所的火灾危险等级划分为以下四个等级：

（1）轻危险级。轻危险级一般是指场所可燃物品较少、可燃性低和火灾发热量较低，外部增援和疏散人员较容易。

（2）中危险级。中危险级一般是指内部可燃物数量及其可燃性也为中等，火灾初期不会引起剧烈燃烧的场所。大部分民用建筑和工业厂房划归中危险级。此类场所还可划分为中危Ⅰ级和中危Ⅱ级。由于商场内物品密集、人员集中，发生火灾的频率较高，容易酿成大火，造成群死群伤和高额财产损失的严重后果，因此通常将大型商场列入中危Ⅱ级。

（3）严重危险级。严重危险级一般是指可燃物品数量多，火灾时容易引起猛烈燃烧并可能迅速蔓延的场所。除摄影棚、舞台葡萄架下部外，包括存在较多数量易燃固体、液体物品工厂的备料和生产车间等。严重危险级也分为严重Ⅰ级和严重Ⅱ级。

（4）仓库危险级。仓库危险级专门针对仓库类建筑。由于仓库自动喷水灭火系统涉及面广，较为复杂，针对不同情况，又将其划分为仓库危险Ⅰ级、Ⅱ级和Ⅲ级。

各种设置场所的火灾危险等级分类见附录1。表中未列出的场所，设计可根据其具体情况，参考表中同类设置场所类比确定。当建筑物内各场所的火灾危险性及灭火难度存在较大差异时，宜按各场所的实际情况确定系统选型与火灾危险等级。

3.2 系统分类及适用范围

根据系统中喷头开闭形式的不同，工程中通常将其分为闭式和开式自动喷水灭火系统两大类。

闭式系统是指系统中喷头常闭，火灾发生后，在热环境作用下喷头打开喷水灭火。受保护场所的环境条件限定，闭式系统又分湿式系统、干式系统、预作用系统、重复启闭预作用系统等。

开式系统中喷头常开，管网中平时无水，火灾发生时，系统由火灾探测装置启动，所有喷头同时喷水达到灭火或其他目的。根据使用目的不同，开式系统又分雨淋系统、水幕系统、水喷雾系统和自动喷水-泡沫联用系统等。

自动喷水灭火系统还可根据保护对象的功能不同分为暴露防护型系统和控灭火型系统，根据喷头的不同形式分为传统型（普通型）系统、洒水型系统、大水滴型系统和快速响应型系统等。

3.2.1 湿式自动喷水灭火系统

湿式自动喷水灭火系统是闭式系统中最基本的系统形式，其喷头常闭，准工作状态时配水管道内充满用于启动系统的有压水，故称湿式系统。

1. 系统组成与工作原理

湿式自动喷水灭火系统由闭式洒水喷头、水流指示器、湿式报警阀、压力开关等组件及末端试水装置、管网和供水设施组成，如图 3-1 所示。火灾发生时，环境温度升高，闭式喷头内感温元件感应到后破裂或脱落，喷头打开，喷水灭火。管网中水流流动，触动水流指示器发出电信号，并指示出起火区域；同时报警阀后管网压力下降，在水源压力作用下湿式报警阀开启，供水至配水管网，并发出水力报警信号和电信号，启动消防水泵向系统加压供水，达到持续自动喷水灭火的目的。

2. 系统特点

湿式系统与其他喷水灭火系统相比，结构简单，施工和维护管理方便，使用可靠，灭火及时，扑救和控火效率高，建设投资少，管理费用低，适用范围广，是世界上使用时间最长、应用最广泛的一种灭火系统。但由于系统管网中充有有压水，当系统渗漏时会损毁建筑装饰和影响建筑的使用。

3. 系统适用场所

适用于常年环境温度在 4 ~ 70℃ 范围的能用水灭火的建筑物或构筑物内。

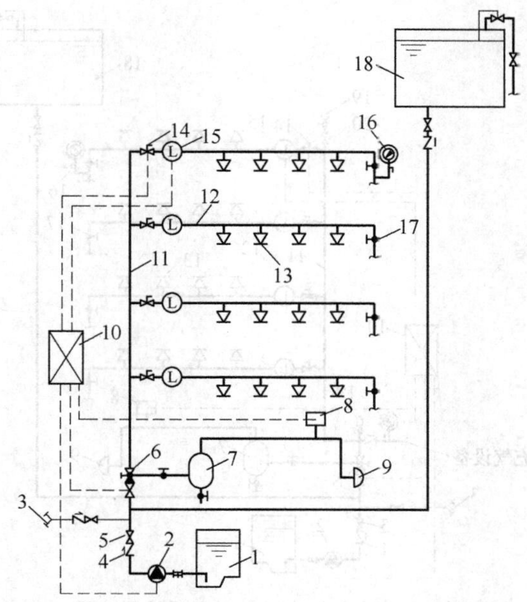

图 3-1　湿式自动喷水灭火系统示意图

1—水池　2—消防水泵　3—水泵接合器　4—止回阀　5—闸阀　6—湿式报警阀　7—延迟器　8—压力开关　9—水力警铃　10—报警控制器　11—立管　12—配水管　13—闭式洒水喷头　14—信号阀　15—水流指示器　16—末端试水装置　17—末端试水阀　18—水箱

3.2.2　干式自动喷水灭火系统

干式系统是在湿式系统基础上发展起来的一种闭式系统，准工作状态时配水管道内没有水，而是充满用于启动系统的有压气体，故称干式系统。

1. 系统组成与工作原理

火灾发生时，环境温度升高，闭式喷头内感温元件感应到后破裂或脱落，配水管内压缩空气首先被排出，导致干式报警阀后管网压力下降，而阀前压力较大，使报警阀开启，从而水由供水管经报警阀流向配水管网，并流至喷头喷水灭火。同时，与报警阀相连的水力警铃和压力开关的报警信号管路被打开，发出声响报警信号，并启动消防水泵加压供水。

干式自动喷水灭火系统由闭式洒水喷头、管道系统、干式报警控制装置、水流指示器、充气设备、排气设备和供水设施等组成，如图 3-2 所示。干式报警阀后管网平时充满有压气体，报警阀处于关闭状态，而报警阀前供水管内充以有压水。

2. 系统特点

干式系统与湿式喷水灭火系统主要工作过程相似，只是在喷头动作后要先

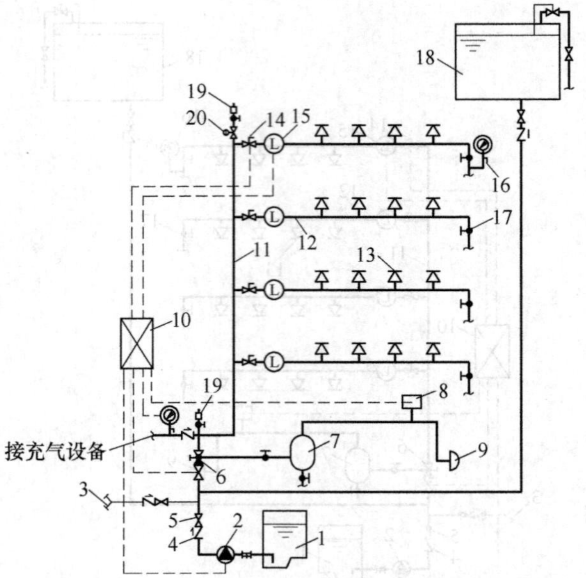

图 3-2 干式自动喷水灭火系统示意图

1—水池 2—消防水泵 3—水泵接合器 4—止回阀 5—闸阀 6—干式报警阀 7—延迟器 8—压力开关 9—水力警铃 10—报警控制器 11—立管 12—配水管 13—闭式洒水喷头 14—信号阀 15—水流指示器 16—末端试水装置 17—末端试水阀 18—水箱 19—快速排气阀 20—电动阀

排气，这会影响灭火的速度和效果，因此，干式系统的喷水灭火速度不如湿式系统快，灭火率也相对较低。为使压力水能尽快进入充气管网、缩短排气时间，干式系统应在管网顶端设快速排气阀，且排气阀入口前应设电磁阀。

干式系统需要使用专用干式下垂型或直立型喷头，并增加了一套充气设备，系统一次性投资比湿式系统高，同时，为保持管网内气压稳定，有压气体不泄漏，干式系统管理复杂，维护费用也高。基于此特点，干式系统在国内外应用较少。

干式系统报警阀后管网无水，可减少管网渗漏造成的水渍损失，避免低温冻结和高温汽化的危险，不受环境温度制约。

3. 系统适用场所

适用于常年环境温度低于4℃或高于70℃的能用水灭火的建筑物或构筑物内，或适用于采暖期长而建筑内无采暖的场所，如寒冷地区不采暖的地下车库和库房等。

3.2.3 干湿式自动喷水灭火系统

干湿式自动喷水灭火系统是在干式系统应用的基础上，为了克服干式系统控火灭火率较低的缺点而产生的一种交替式自动喷水灭火系统。

1. 系统组成与工作原理

干湿式系统由闭式喷头、管道系统、干式报警阀、湿式报警阀或干湿两用阀、报警装置、充气设备和供水设施等组成。

干湿式系统是交替使用干式系统和湿式系统的一种闭式自动喷水灭火系统。在冬季，系统喷水管网中充以有压气体，工作原理同干式系统；在温暖季节，管网改为充水，工作原理同湿式系统。

2. 系统特点

其报警阀是采用干式报警阀和湿式报警阀串联而成的，也可采用干湿两用报警阀，可交替使用，可以克服干式效率低的问题。

但是由于系统管网内交替使用水和气体，管道易受腐蚀。系统每年都需随季节变化来变换系统形式，管理上较其他系统复杂，但当气候条件允许时，可常年改为湿式系统使用。基于以上原因，干湿式系统近些年来在工程实践中逐渐被淘汰。

3. 系统适用场所

主要用于年采暖期少于100天的不采暖房间。对于环境温度小于4℃或大于70℃的小型区域，如建筑物中的局部小型冷藏室、温度超过70℃的烘房、蒸汽管道等部位，当建筑物的其他部位采用了湿式系统时，在这种特殊小区域可以在湿式系统上接设尾端干式系统或尾端干湿式系统。采用小型尾端干式系统或干湿式系统时，可以采用电磁阀代替干湿式报警阀和干式阀，同时设置可行的放空管道积水的设施。

3.2.4 预作用自动喷水灭火系统

预作用系统与干式系统一样，准工作状态时配水管道内不充水，火灾发生时，由火灾自动报警系统、充气管道上的压力开关联锁控制预作用装置和启动消防水泵，向配水管道供水。发生火灾时，火灾探测器报警后，自动控制系统控制阀门排气、充水，由干式转换为湿式系统。转换过程中含有灭火预备动作的功能，故称预作用系统。

1. 系统组成与工作原理

预作用系统在配水管路中充气的目的是监管管路的工作状态是否正常，即确保管路无损坏、无泄漏。出现故障时，管路中气压不断下降，压力开关发出报警信号，实现系统自动监控的目的。而火灾发生时，如果火灾探测器发生故障，没能发出报警信号启动预作用阀，则火源处温度的持续上升将使该处闭式喷头开启，管网气压迅速下降，此时压力开关会发出报警信号，通过消防控制盘也可以启动预作用阀，供水灭火。因此，对于充气式预作用系统，即使火灾探测器发生故障，预作用系统仍能正常工作。

预作用自动喷水灭火系统由配水管网中充以有压或无压气体的闭式系统和火灾自动探测控制系统组成，主要包括闭式喷头、预作用报警阀组、管道系统、充气设备、供水设备、火灾探测报警控制装置等，如图 3-3 所示。

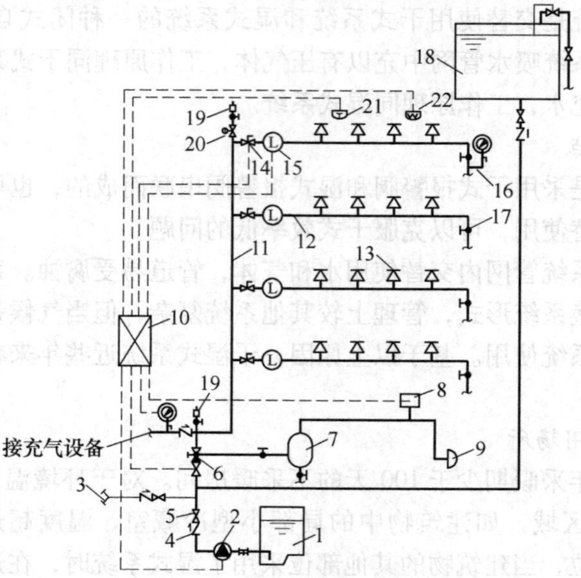

图 3-3　预作用系统示意图

1—水池　2—消防水泵　3—水泵接合器　4—止回阀　5—闸阀　6—预作用报警阀　7—延迟器　8—压力开关　9—水力警铃　10—报警控制器　11—立管　12—配水管　13—闭式洒水喷头　14—信号阀　15—水流指示器　16—末端试水装置　17—末端试水阀　18—水箱　19—快速排气阀　20—电动阀　21—感烟探测器　22—感温探测器

火灾发生时，火灾探测器探测到火灾后发出报警信号，通过火灾报警控制箱开启预作用报警阀，同时启动电磁阀排气，使压力水迅速充满管道，完成预作用过程，当火源处温度继续上升，闭式喷头开启后立即喷水灭火。

2. 系统特点

预作用系统将电子技术和自动化技术结合起来，同时具备干式系统和湿式系统的特点，由于其独特的功能和特点，有取代干式灭火系统的趋势；克服了干式喷水灭火系统控火灭火率低、湿式系统产生水渍的缺陷；可以代替干式系统提高灭火速度和效率，也可代替湿式系统，用于管道和喷头易于被损坏，产生误喷和漏水，造成严重水渍的场所。预作用系统还具备早期报警和自动检测功能，能随时发现系统中的渗漏和损坏情况，从而提高了系统的安全可靠性。

但是预作用系统比湿式或干式系统多一套自动探测报警和自动控制系统，构造较复杂，建设投资多。

3. 系统适用场所

预作用系统可用于对自动喷水灭火系统安全要求较高建筑物内，或冬季结冰和不能采暖的建筑物内，也可用于不允许有误喷而造成水渍损失的建筑物中，或系统处于准工作状态时严禁管网漏水的建筑物中。如高级旅馆、医院、重要办公楼、大型商场、棉花和烟草的库房等。由于预作用系统的复杂性和投资大，通常用于不能使用干式系统或湿式系统的场所，或对系统安全程度要求较高的场所，这也是预作用系统没能得到广泛应用的原因。

3.2.5 重复启闭预作用系统

重复启闭预作用系统是一种全自动系统，最初国外是作为预作用系统的改进型进行研制的。该系统能在扑灭火灾后自动关阀，复燃时再次开阀喷水的预作用系统，又称“循环自动喷水灭火系统”。

1. 系统组成与工作原理

重复启闭预作用系统的组成和工作原理与预作用系统相似，主要不同点是，将预作用阀（雨淋阀）改为循环启闭的水流控制阀，将普通火灾探测器改为循环火灾探测器，目的是实现系统循环启闭的功能。

火灾发生后，火灾探测器传送电信号到报警控制器，发出电动火警信号，并自动开启改进型雨淋阀，压力水进入管网使系统成为湿式系统，同时闭式喷头开启喷水灭火。火扑灭后，环境温度降到60℃时，探测器传送电信号启动控制器中的定时器，使喷头喷水延时1～5min，确保完全控制火灾，防止探测器因被喷头喷水冷却而使循环失效。然后电磁阀关闭，雨淋阀则随着压力平衡不断补水，将在1min内自动关闭。如果火灾复燃重新开启探测器，雨淋阀重新开启放水，重复上述动作，水从已动作的喷头喷水灭火。

该系统也可用开式喷头，所以它不仅可代替预作用系统，同时也可代替原来的水喷雾系统、水幕系统和雨淋系统。采用开式喷头时，自动控制灭火指令的下达，必须探测系统输送两个独立的火灾信号；而采用闭式喷头时，控制系统只要接受一个火灾信号即可。

2. 系统特点

重复启闭预作用系统功能优于以往所有的喷水灭火系统，其应用范围广泛。系统在灭火后能自动关闭，节省消防用水，最重要的是能将由于灭火所造成的水渍损失减轻到最低限度。火灾后喷头的替换，可以在不关闭系统，系统仍处于工作状态的情况下马上进行，平时喷头或管网的损坏也不会造成水渍破坏。系统断电时，能自动切换，转用备用电池操作，如果电池在恢复供电前用完，电磁阀开启，系统转为湿式系统形式工作。循环启闭系统造价较高，而且火灾后环境改变，可能导致火灾探测器的可靠性受到一定影响，该系统目前只用在特殊场合，但随着喷头、感烟探测器的进一步发展，以及要求系统灭火后水渍损失减小的趋势，该系统将来有可能得以大力发展。

3. 系统适用场所

重复启闭预作用系统可设置在灭火过程中尽量减少灭火用水量及水对财物的破坏，同时使用化学灭火剂也不相宜的场所。如果它与快速喷头结合，根据着火情况往往只需要开放部分喷头就能及早将火灭掉，因此更能减少灭火用水量；如果再与水雾喷洒方式结合，即重复启闭 + 水雾闭式喷头 + 快速响应，是更完美的结合，将会使灭火用水量最少，水渍损失最小，更有利于替代卤代烷灭火系统的应用。

目前国内外已开始将重复启闭喷水灭火系统用于计算机房、图书馆、档案资料馆等防护场所，替代卤代烷灭火系统。其中有美国 IBM 公司的计算机房和数据资料库，美国摩根信托公司的证券保险库，美国律师公会的法律图书馆，香港恒生银行的档案室、计算机房、电话机房等。

3.3 系统组件及设置要求

3.3.1 闭式喷头

喷头是自动喷水灭火系统的主要组件。自动喷水灭火系统的火灾探测性能和灭火性能主要体现在喷头上。喷头在扑灭火灾时的作用过程首先是探测火灾，然后是在保护面积上进行布水，以控制和扑灭火灾。

1. 喷头类型

根据喷头是否有热敏元件封堵可把喷头分为闭式喷头和开式喷头。喷水口有阀片的为闭式喷头，无阀片的为开式喷头。

闭式喷头是指带有热敏感元件的喷头，其喷水口由热敏感元件组成的释放机构封闭。在闭式系统中，闭式喷头担负着探测火灾、启动系统和喷水灭火的任务，是系统中的关键组件。

（1）闭式喷头按阀片支撑的结构形式的不同，或按热敏元件的不同，分为玻璃球喷头和易熔合金喷头。

喷头由支架、溅水盘和喷水口堵水支撑组成。喷头支架、溅水盘一般用铜制造，喷头支架的结构要求牢固、轻巧，在高压水喷射下不会变形、不阻挡水流的喷洒，溅水盘是在喷头顶端能使水流分洒成规定的洒水形状的元件，要求保证水流均匀散布一定面积。喷水口阀片要求坚韧、灵敏，在常温下能经受撞击和水压作用，且在规定温度下失去支撑力量，及时地开启喷水。

玻璃球洒水喷头是目前我国常用的一种喷头。这种喷头除喷头框架和溅水盘外，还有玻璃球和密封垫，如图3-4所示。在玻璃球内充装一定量彩色高膨胀率液体，如乙醚、酒精等，用它支撑喷水口的密封垫。室内发生火灾时，玻璃球内的液体因受热而膨胀，当达到其公称动作温度范围时，液体则完全充满球内全部空间，使玻璃球炸裂成碎片，喷水口的密封垫失去支撑，阀盖脱落，压力水便喷出灭火。玻璃球洒水喷头外形美观，体积小，重量轻，耐腐蚀，适用于美观要求较高的宾馆等公共建筑和具有腐蚀性（如碱厂）的场所。

易熔合金洒水喷头喷水口的支撑（即热敏感元件）为溶解温度很低的合金，如铋、铅、锡、镉等，按不同比例组合而成。喷头的喷口平时被玻璃阀堵封盖住，而玻璃阀又由三片锁片组成的支撑顶住，锁片用易熔合金焊料焊住，如图3-5所示。室内起火，当温度达到易熔元件本身的设计温度时，焊接锁片的易熔合金焊料便熔化，锁片分离落下，管路中的压力水便冲开玻璃阀堵，喷出灭火。

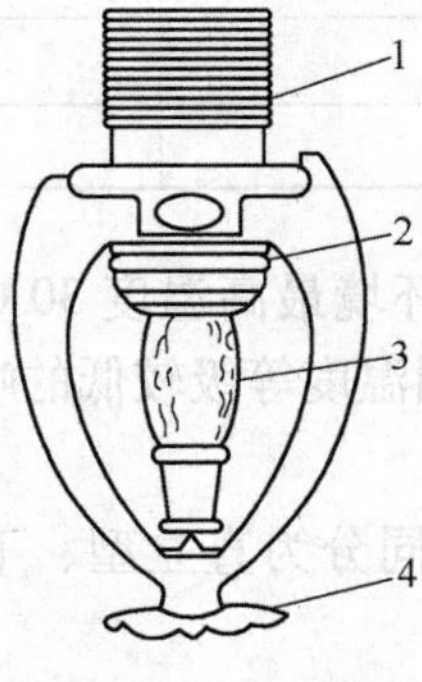

图3-4 玻璃球洒水喷头示意图

1—喷头接口 2—密封垫 3—玻璃球 4—溅水盘

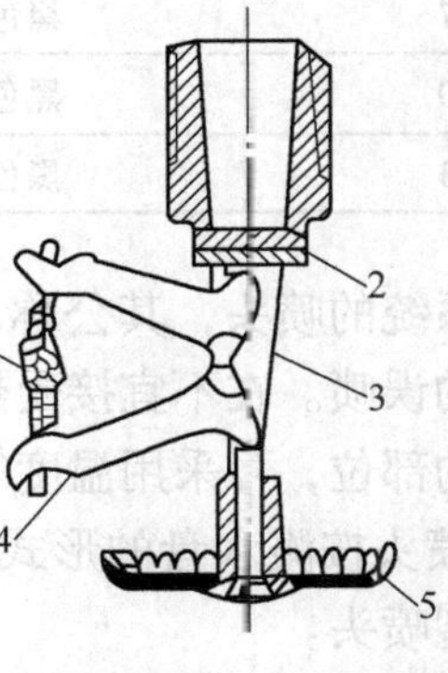

图3-5 易熔合金洒水喷头

1—易熔合金 2—密封垫 3—轭臂 4—悬臂撑杆 5—溅水盘

（2）喷头按起动时的公称动作温度的不同分成不同温度等级的喷头。

闭式洒水喷头的公称动作温度是指闭式喷头在不同的温度范围内起动的名义动作温度。我国把玻璃球洒水喷头的公称动作温度分成13个温度等级，易熔合金喷头分成7个温度等级（见表3-1）。从表中可看出，为了明确区分不同公称动作温度的喷头，将玻璃球喷头中的感温介质和易熔合金喷头的轭臂均饰以不同颜色。

表3-1 不同闭式喷头的公称动作温度和色标

玻璃球喷头		易熔合金喷头	
公称动作温度/℃	工作液色标	公称动作温度/℃	轭臂色标
57	橙色	57 ~ 77	本色

（续）

玻璃球喷头		易熔合金喷头	
公称动作温度/℃	工作液色标	公称动作温度/℃	轭臂色标
68	红色	80～107	白色
79	黄色	121～149	蓝色
93	绿色	163～191	红色
100	灰色	204～246	绿色
121	天蓝色	260～302	橙色
141	蓝色	320～343	黑色
163	淡紫色		
182	紫红色		
204	黑色		
227	黑色		
260	黑色		
343	黑色		

闭式系统的喷头，其公称动作温度宜高于环境最高温度30℃，以避免发生火灾时的误喷。在不宜接受热量的部位可采用温度等级较低的喷头，在局部温度较高的部位，可采用温度等级较高的喷头。

（3）喷头按溅水盘的形式和安装位置的不同分为直立型、下垂型、边墙型和吊顶型喷头。

1）直立型洒水喷头。喷头直立安装在配水支管上，溅水盘朝上，如图3-6a所示。喷头朝上喷水时，溅水盘在喷头的上方挡住水流，使喷出来的水流呈抛物曲面状，并将水量的60%～80%向下方喷洒，其余的喷向吊顶。这种喷头由于水的分布形状、覆盖面积和均匀程度类似于直接向下喷水，可使火灾区的用水分配合理，从而灭火效率较高。直立型洒水喷头适用于在管路下面经常存在移动物体的场所，或灰尘等其他飞扬物较多的场所。

2）下垂型洒水喷头。下垂型喷头的溅水盘呈平板状，溅水盘向下安装在配水支管的下面，如图3-6b所示。喷头向下喷水时，溅水盘在其下挡住水流，使洒水形状为抛物状，将水量的80%以上向下喷洒。水流在溅水盘以下分布类似半球状，落在水平面上以喷头的垂线为中心的圆面上时，水基本上均匀分布，故具有较高的灭火效率。它适用于各种保护场所，是使用最普遍的一种喷头。

3）边墙型洒水喷头。喷头带有定向的溅水盘靠墙壁安装。边墙型洒水喷头又分为水平型和垂直型两种，如图3-6c、d所示。垂直边墙型喷头溅水盘向上安装，竖直喷侧向布水，喷头向上喷水时，溅水盘在水流方向上及靠墙一方挡住水流并使得水背离墙溅开，水量的85%以1/4球形的曲线向外向下喷洒，同时其余的喷向后面的墙上。水平边墙型喷头溅水盘垂直于墙面安装，水平喷侧向布水，喷头喷水时，溅水盘阻挡水喷向顶棚，在水平面上把水溅开，并形成一定宽度。宽水带在空间上呈现抛物落体轨迹，在水平地面上呈现类似长方形的平面，并均匀分布。水平边墙型喷头比垂直边墙型喷头的喷射距离远，并且宽度大。边墙型喷头适用于轻、中危险等级并且无障碍物的场所，例如因为层高小而走廊、房间中央顶部不能走管道或布置下垂型喷头的场所，以及保护物在喷头的侧边的场所。

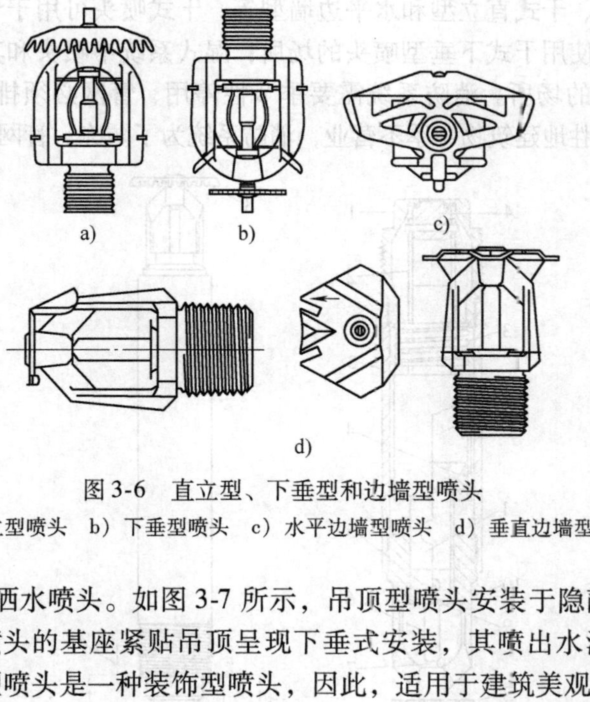

图3-6　直立型、下垂型和边墙型喷头

a）直立型喷头　b）下垂型喷头　c）水平边墙型喷头　d）垂直边墙型喷头

4）吊顶型洒水喷头。如图3-7所示，吊顶型喷头安装于隐蔽在吊顶内的配水支管上，喷头的基座紧贴吊顶呈现下垂式安装，其喷出水流呈抛物体形状。由于吊顶型喷头是一种装饰型喷头，因此，适用于建筑美观要求较高且设

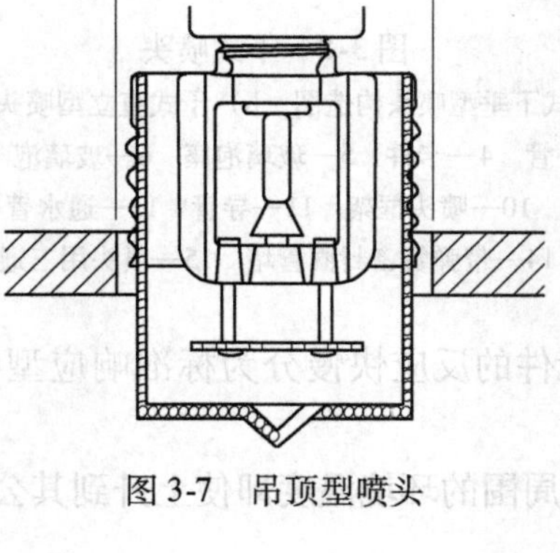

图3-7　吊顶型喷头

有吊顶的场所，如高级宾馆、客厅、餐厅、办公室等。根据不同的安装形式，吊顶型洒水喷头分为隐蔽型、半隐蔽型和平齐型三种。全隐蔽型完全隐藏在顶棚里，由喷头附带的盖板遮没，且护盖外观精美，适用于豪华场所；半隐蔽型一般只有感温元件部分暴露于顶棚或吊顶之下；平齐型实际上为普通下垂型喷头与装饰罩配合而成。

5）干式洒水喷头。与上述几种喷头不同的是，干式喷头增加了一段辅助短管以进行封闭，水不能进入辅助短管和喷头体内，这样可以避免干式系统喷水后，未动作的喷头体内积水排不出去而造成冻结，如图3-8所示。干式喷头又分为干式下垂型、干式直立型和水平边墙型等。干式喷头可用于干式系统或预作用系统等需要使用干式下垂型喷头的场所；湿式系统中喷头和其接管可能暴露在非采暖区域的场所。消防系统需要季节性停用、管网必须排水防冻的场所，如旅游和休闲胜地建筑物冬季不营业，消防系统为了防冻，管网必须排水。

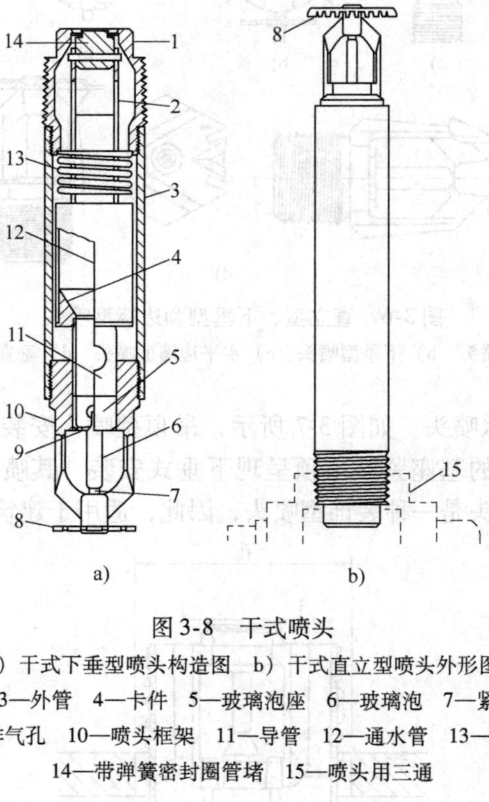

图3-8 干式喷头

a）干式下垂型喷头构造图 b）干式直立型喷头外形图

1—入口 2—套筒 3—外管 4—卡件 5—玻璃泡座 6—玻璃泡 7—紧固螺栓 8—溅水盘 9—排气孔 10—喷头框架 11—导管 12—通水管 13—弹簧 14—带弹簧密封圈管堵 15—喷头用三通

（4）喷头按热敏元件的反应快慢分为标准响应型喷头、特殊响应型喷头和快速响应型喷头。

火灾发生后，喷头周围的环境温度即使上升到其公称动作温度，热敏元件也不会起爆，因为喷头内元件本身的温度并没有上升至公称动作温度。而当热敏元件达到公称动作温度起爆时，周围的环境温度已经上升了许多。这种现象称为喷头对火灾的反应的“热滞后”现象。火灾燃烧得越快，环境温度与公称动作温度相差越大。不同热敏元件的喷头，集热性能不同，“热滞后”程度也不同。

喷头的热敏性能是体现喷头在火灾时反应快慢的一个重要指标，可用响应指数 RTI 表示。响应指数 RTI 是指在规定的试验条件下，对喷头在传热介质中的动作快慢的定量、综合的反映，单位为（m · s）$^{1/2}$。RTI 值越小，说明喷头对受热的反应越敏感。随着各种快速反应喷头的相继问世，国际上很多国家或组织制定的规范、标准都分别对此类喷头进行了 RTI 值的规定。对玻璃球喷头，其响应等级及响应指数划分见表 3-2。

表 3-2　玻璃球的响应等级及响应指数（RTI）值

玻璃球响应等级	玻璃球响应指数(RTI 值)/(m · s)$^{1/2}$
标准响应	$80 < RTI \leqslant 350$
特殊响应	$50 < RTI \leqslant 80$
快速响应（FR）	$RTI \leqslant 50$
超快速响应（SFR）	$20 \leqslant RTI \leqslant 36$

注：超快速响应玻璃球用于 ESFR 喷头，单独有标准对其进行规范。

快速响应喷头在国外于 20 世纪 80 年代生产并应用，其优势在于感温元件表面积大，吸热速度快，热敏性能明显高于标准响应喷头，具有短时起动效果，可在火灾初起小火阶段提前动作并开始喷水，使得灭火迅速，灭火用水量少，而且最大限度地减少人员伤亡和财物烧损、水渍污染造成的经济损失。快速响应喷头又可细分为快速早期抑制型喷头（ESFR）、快速响应扩展覆盖型喷头、快速响应住宅型喷头等。快速响应喷头可减少“喷头不能及时受热开放”现象的出现，凡是要求起动时间短的场所均可使用，且应用场所的最大净空高度比标准喷头提高。

快速响应早期抑制喷头对温度的感应速度比普通喷头快 5 ~ 10 倍，其响应时间指数为 $RTI \leqslant (28 \pm 8)(\mathrm{m \cdot s})^{1/2}$，适用保护高堆垛与高架仓库等场所。

（5）喷头按出水口径或出水流量系数 K 值的不同分为小口径喷头、标准口径喷头、大口径喷头和超大口径喷头。

喷头的流量系数 K 反映了一定压力条件下喷头的出水性能，是喷头的基本属性，与喷头的构造直接相关。对应不同的喷头公称口径，喷头的流量特性系数 K 值及适用场所见表 3-3。超大口径喷头流量系数甚至可高达 360。

表 3-3 不同公称口径喷头对应的流量特性系数 *K* 值

喷头名称	喷头公称口径/mm	流量系数 *K*	适用场所
小口径	10	57	轻危险级
标准口径	15	80	各种危险等级，不同喷水强度
大口径	20	115	要求单个喷头保护面积大的区域
超大口径	>20	>115	货架仓库等

（6）喷头按每个喷头的最大保护面积不同分为标准覆盖面积喷头和扩大覆盖面积喷头。

一只喷头的保护面积是指同一配水支管上相邻洒水喷头的距离与相邻配水支管之间距离的乘积。标准覆盖面积喷头是指流量系数 $K \geqslant 80$，最大保护面积不超过 $20m^2$ 的直立型或下垂型喷头，最大保护面积不超过 $18m^2$ 的边墙型喷头。扩大覆盖面积喷头是指流量系数 $K \geqslant 80$，最大保护面积大于标准覆盖面积喷头的保护面积，且不超过 $36m^2$ 的喷头，包括直立型、下垂型和边墙型扩大覆盖面积喷头。

（7）其他特殊喷头。

1）自动启闭洒水喷头。自动启闭喷头的特点是发生火灾时能自动开启喷水，而在火灾扑灭后能自动关闭，具有用水量少、水渍损失小的优点。它是通过感温元件的状态变化实现控制喷水口自动启闭。

2）大水滴洒水喷头。大水滴洒水喷头有一个复式溅水盘，通过溅水盘使喷出的水形成具有一定比例的大、小水滴（水滴平均粒径为 3mm），均匀喷向保护区，其中大水滴能有效地穿透火焰，直接接触着火物，降低着火物的表面温度。因此在高架库房等火灾危险性较高的场所应用能收到良好的效果。

3）窗玻璃喷头。窗玻璃喷头专门用于保护不可开启的热增强型玻璃或钢化玻璃的快速响应特殊应用闭式喷头，分为水平边墙型和垂直下垂边墙型两种。不同于喷头的防护冷却，经闭式窗玻璃喷头保护的窗玻璃具有 2h 的耐火能力，火灾时即使消火栓水柱直接喷淋窗玻璃，玻璃也不会爆裂或产生可见的损伤，也可以用作建筑的防火隔断。喷头的有效防护功能在于喷头溅水盘的特殊设计和喷头快速响应的热敏能力。窗玻璃喷头可以保护用作防火分隔的不能开启的玻璃，当玻璃作为内部防火分隔时，闭式窗玻璃喷头安装在玻璃的两侧；当防护建筑物内部火灾向邻近建筑物蔓延时，闭式窗玻璃喷头安装在本建筑物玻璃隔断的内侧；当防护邻近建筑物火灾向本建筑物蔓延时，应采用开式窗玻璃喷头，安装在建筑物窗玻璃外侧。

4）家用喷头。家用喷头是适用于住宅建筑和宿舍、公寓等非住宅类居住建筑内的一种快速响应喷头，其作用是在火灾初期迅速启动喷洒，降低起火部位周围的火场温度及烟密度，并控制居所内火灾的扩大及蔓延。与其他类型喷头相比，家用喷头更有利于保护人员疏散。

2. 喷头选型

喷头的选用，应根据被保护建筑物或场所的实际情况和要求来合理选择，如安装地点的几何形状、结构特点、最高环境温度、腐蚀情况及美观要求等。

（1）闭式系统喷头的使用要求：

1）采用闭式系统场所的最大净空高度不应大于表3-4的规定。

表3-4 闭式系统洒水喷头类型和场所净空高度

<table>
<tr><th colspan="2" rowspan="2">设置场所</th><th colspan="3">喷头类型</th><th rowspan="2">场所净空高度 h/m</th></tr>
<tr><th>一只喷头的保护面积</th><th>响应时间性能</th><th>流量系数 K</th></tr>
<tr><td rowspan="6">民用建筑</td><td rowspan="4">普通场所</td><td rowspan="3">标准覆盖面积洒水喷头</td><td>快速响应喷头</td><td rowspan="3">$K \geqslant 80$</td><td rowspan="4">$h \leqslant 8$</td></tr>
<tr><td>特殊响应喷头</td></tr>
<tr><td>标准响应喷头</td></tr>
<tr><td>扩大覆盖面积洒水喷头</td><td>快速响应喷头</td><td>$K \geqslant 80$</td></tr>
<tr><td rowspan="2">高大空间场所</td><td>标准覆盖面积洒水喷头</td><td>快速响应喷头</td><td>$K \geqslant 115$</td><td rowspan="2">$8 < h \leqslant 12$</td></tr>
<tr><td colspan="3">非仓库型特殊应用喷头</td></tr>
<tr><td></td><td></td><td colspan="3">非仓库型特殊应用喷头</td><td>$12 < h \leqslant 18$</td></tr>
<tr><td colspan="2" rowspan="6">厂房</td><td rowspan="2">标准覆盖面积洒水喷头</td><td>特殊响应喷头</td><td rowspan="2">$K \geqslant 80$</td><td rowspan="3">$h \leqslant 8$</td></tr>
<tr><td>标准响应喷头</td></tr>
<tr><td>扩大覆盖面积洒水喷头</td><td>标准响应喷头</td><td>$K \geqslant 80$</td></tr>
<tr><td rowspan="2">标准覆盖面积洒水喷头</td><td>特殊响应喷头</td><td rowspan="2">$K \geqslant 115$</td><td rowspan="3">$8 < h \leqslant 12$</td></tr>
<tr><td>标准响应喷头</td></tr>
<tr><td colspan="3">非仓库型特殊应用喷头</td></tr>
<tr><td colspan="2" rowspan="4">仓库</td><td rowspan="2">标准覆盖面积洒水喷头</td><td>特殊响应喷头</td><td rowspan="2">$K \geqslant 80$</td><td rowspan="2">$h \leqslant 9$</td></tr>
<tr><td>标准响应喷头</td></tr>
<tr><td colspan="3">仓库型特殊应用喷头</td><td>$h \leqslant 12$</td></tr>
<tr><td colspan="3">早期抑制快速响应喷头</td><td>$h \leqslant 13.5$</td></tr>
</table>

注：仅用于保护室内钢屋架等建筑构件的洒水喷头和设置货架内置洒水喷头的场所，可不受此表规定的限制。

2）闭式系统的喷头应严格按环境温度来选用喷头的温级，其公称动作温度宜高于环境最高温度30℃。对于安装在特殊场合，如大型炊事设备及通风空调系统附近的喷头，应实测使用位置的最高环境温度，以选择合适的公称动作温度。

3）在设置喷头的场所应注意防止腐蚀性气体的腐蚀。对有腐蚀介质存在的场所，应对喷头进行防腐处理或选用防腐喷头。

（2）湿式系统的喷头选型应符合下列要求：

1）吊顶下布置的喷头，应采用下垂型喷头或吊顶型喷头。

2）不做吊顶的场所，当配水支管布置在梁下时，应采用直立型喷头。

3）顶板为水平面的轻危险级、中危险级Ⅰ级住宅建筑、宿舍、旅馆建筑客房、医疗建筑病房和办公室，可采用边墙型喷头。

4）易受碰撞的部位，应采用带保护罩的喷头或吊顶型喷头。

5）顶板为水平面，且无梁、通风管道等障碍物影响喷头洒水的场所，可采用扩大覆盖面积洒水喷头。

6）住宅建筑和宿舍、公寓等非住宅类居住建筑宜采用家用喷头。

7）不宜选用隐蔽式喷头，确需采用时，应仅适用于轻危险级和中危险级I级场所。

（3）为便于系统在灭火或维修后恢复戒备状态之前排尽管道中的积水，同时有利于在系统启动时排气，干式系统、预作用系统应采用直立型喷头或干式下垂型喷头。

（4）快速响应喷头宜在下列场所的湿式系统中采用：

1）公共娱乐场所、中庭环廊。

2）医院、疗养院的病房及治疗区域，老年、少儿、残疾人的集体活动场所。

3）超出水泵接合器供水高度的楼层。

4）地下商业场所。

（5）关于喷头选型的其他要求：

1）为防止混装不同喷头对系统的启动与操作造成不良影响，同一隔间内应采用相同热敏性能、规格及安装方式一致的喷头。

2）为及时更换已动作或损坏的喷头，自动喷水灭火系统应有备用喷头，其数量不应少于总数的1%，且每种型号均不得少于10个。

3）有特殊要求的场合，应根据安装环境的特点选用特殊喷头。如燃烧比较猛烈的场所，可选用大水滴喷头；高架仓库或火灾对生命会产生严重威胁的场所，要求喷头快速动作的，可选用快速反应喷头；有冻结危险的场所，要求喷头向下安装时，应选用干式下垂型喷头；走道、标准客房等狭长场所，可选用边墙型喷头等。

3. 喷头布置

（1）喷头布置形式。喷头的布置原则是在所保护的区域内任何部位发生火灾都能得到一定强度的水量。喷头布置根据顶棚、吊顶的装修要求，喷头的最大保护面积，喷头的最大、最小间距等，并结合建筑平面形状进行，一般有正方形、长方形和菱形等三种布置形式，如图3-9所示。

（2）一般布置规定。

1）喷头应布置在顶板或吊顶下易于接触到火灾热气流并有利于均匀布水的位置。当喷头附近有障碍物时，应符合喷头与障碍物的距离的规定或增设补偿喷水强度的喷头。

2）直立型、下垂型标准覆盖面积喷头的布置，包括同一根配水支管上喷

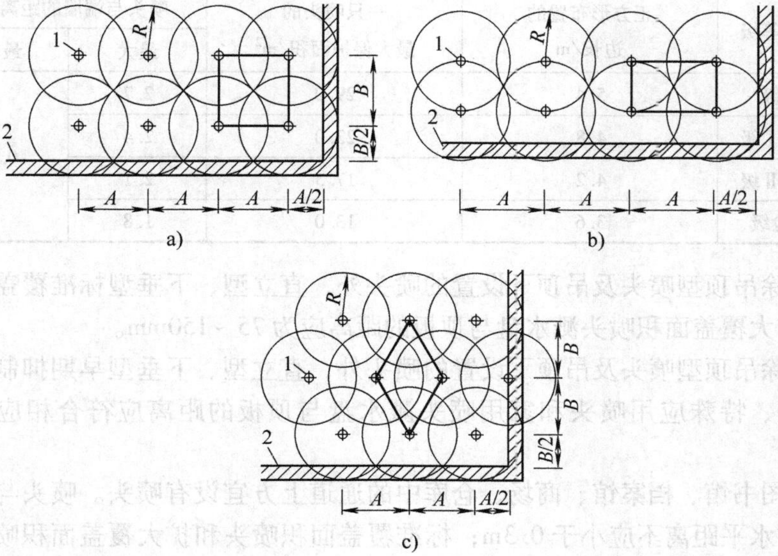

图 3-9　喷头布置示意图

a）喷头正方形布置（$A = B = 2R\cos45°$）　b）喷头长方形布置（$A^2 + B^2 \leqslant 4R^2$）

c）喷头菱形布置（$A = 4R\cos30°\sin30°$，$B = 2R\cos30°\cos30°$）

1—喷头　2—侧墙

头的间距及相邻配水支管的间距，应根据设置场所的火灾危险等级、喷头类型和工作压力确定，并不应大于表 3-5 的规定，且不应小于 1.8m。而直立型、下垂型扩大覆盖面积喷头应采用正方形布置，其布置间距不应大于表 3-6 的规定，且不应小于 2.4m。

表 3-5　直立型、下垂型标准覆盖面积喷头的布置

火灾危险等级	正方形布置的边长/m	矩形或平行四边形布置的长边边长/m	一只喷头的最大保护面积/m²	喷头与端墙的距离/m 最大	喷头与端墙的距离/m 最小
轻危险级	4.4	4.5	20.0	2.2	0.1
中危险级Ⅰ级	3.6	4.0	12.5	1.8	
中危险级Ⅱ级	3.4	3.6	11.5	1.7	
严重危险级、仓库危险级	3.0	3.6	9.0	1.5	

注：1. 设置单排喷头的闭式系统，其喷头间距应按地面不留漏喷空白点确定。

2. 严重危险级或仓库危险级场所宜采用流量系数大于 80 的喷头。

表 3-6　直立型、下垂型扩大覆盖面积喷头的布置间距

火灾危险等级	正方形布置的边长/m	一只喷头的最大保护面积/m^2	喷头与端墙的距离/m	
			最大	最小
轻危险级	5.4	29.0	2.7	0.1
中危险级Ⅰ级	4.8	23.0	2.4	
中危险级Ⅱ级	4.2	17.5	2.1	
严重危险级	3.6	13.0	1.8	

3）除吊顶型喷头及吊顶下设置的喷头外，直立型、下垂型标准覆盖面积喷头和扩大覆盖面积喷头溅水盘与顶板的距离应为75～150mm。

4）除吊顶型喷头及吊顶下设置的喷头外，直立型、下垂型早期抑制快速响应喷头、特殊应用喷头和家用喷头溅水盘与顶板的距离应符合相应规范规定。

5）图书馆、档案馆、商场、仓库中的通道上方宜设有喷头。喷头与被保护对象的水平距离不应小于0.3m；标准覆盖面积喷头和扩大覆盖面积喷头溅水盘与保护对象的最小垂直距离不应小于0.45m，特殊应用喷头和早期抑制快速响应喷头不应小于0.90m。

6）净空高度大于800mm的闷顶和技术夹层内应设置喷头，当闷顶内敷设的配电线路采用不燃材料套管或封闭式金属线槽保护，风管保温材料等采用不燃、难燃材料制作，且无其他可燃物时，可不设置喷头。

7）当局部场所设置自动喷水灭火系统时，局部场所与相邻不设自动喷水灭火系统场所连通的走道和连通门窗的外侧，应设喷头。

8）装设网格、栅板类通透性吊顶的场所，当通透面积占吊顶总面积的比例大于70%时，喷头应设置在吊顶上方，并且通透性吊顶开口部位的净宽度不应小于10mm、开口部位的厚度不应大于开口的最小宽度，同时喷头间距及溅水盘与吊顶上表面的距离应符合相应规范规定。

9）顶板或吊顶为斜面时，喷头应垂直于斜面，并应按斜面距离确定喷头间距。尖屋顶的屋脊处应设一排喷头。喷头溅水盘至屋脊的垂直距离，屋顶坡度不小于1/3时，不应大于0.8m；屋顶坡度小于1/3时，不应大于0.6m。如图3-10所示。

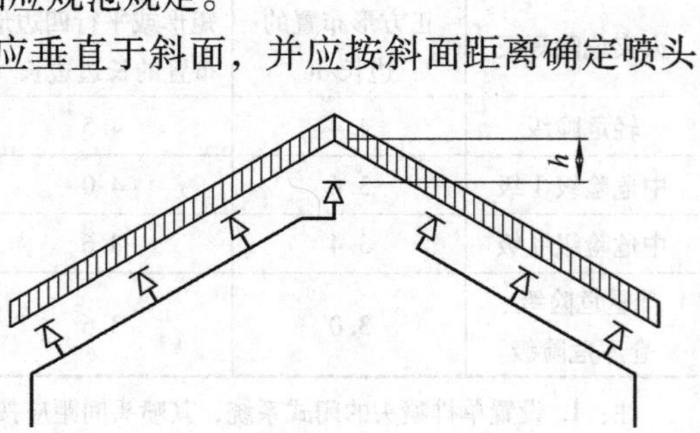

图 3-10　尖屋顶屋脊处喷头设置示意图

10）货架内置喷头宜与顶板下喷头交错布置，其溅水盘与上方层板的距离，应符合规范的相应规

定，与其下方货品顶面的垂直距离不应小于150mm。

（3）系统中挡水板的布置规定。

挡水板应为正方形或圆形金属板，其平面面积不宜小于0.12m²，周围弯边的下沿宜与洒水喷头的溅水盘平齐。除下列情况和相关规范另有规定外，其他场所或部位不应采用挡水板：

1）当仓库的货架内置喷头上方有孔洞、缝隙时，为防止上部的喷头动作后淋湿下方的喷头而影响喷头动作，可在内置喷头的上方设置挡水板。

2）因附近有障碍物而增设的喷头，其上方有孔洞、缝隙时，可在该喷头的上方设置挡水板。

（4）边墙型喷头布置规定。

1）边墙型喷头的两侧1m及正前方2m范围内，顶板或吊顶下不应有阻挡喷水的障碍物。

2）边墙型标准覆盖面积喷头的最大保护跨度与间距，应符合表3-7的规定，平面布置示意如图3-11所示。

表3-7　边墙型标准喷头的最大保护跨度与间距

设置场所火灾危险等级	轻危险级	中危险级Ⅰ级
配水支管上喷头的最大间距/m	3.6	3.0
单排喷头的最大保护跨度/m	3.6	3.0
两排相对喷头的最大保护跨度/m	7.2	6.0

注：1. 两排相对喷头应交错布置。
2. 室内跨度大于两排相对喷头的最大保护跨度时，应在两排相对喷头中间增设一排喷头。

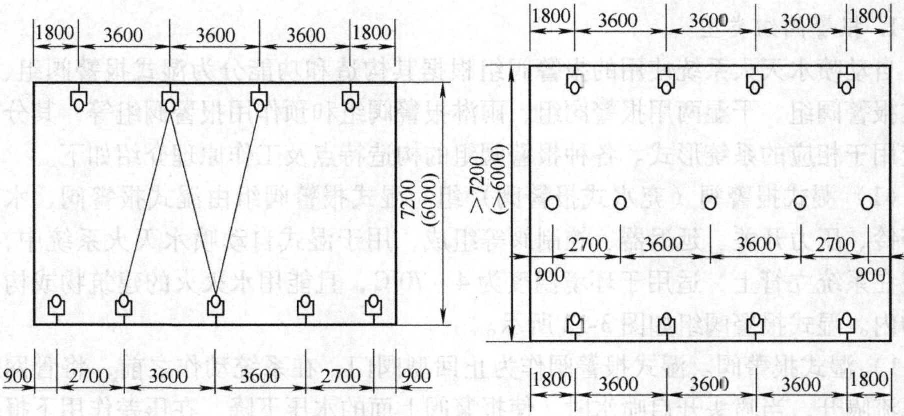

图3-11　边墙型喷头平面布置示意图

3）边墙型扩大覆盖喷头的最大保护跨度和配水支管上的喷头间距，应按喷头工作压力下能够喷湿对面墙和邻近端墙距溅水盘 1.2m 高度以下的墙面确定，且保护面积内的喷水强度应符合相应的系统设计参数的规定。

4）边墙型标准覆盖面积喷头、边墙型扩大覆盖面积喷头和边墙型家用喷头的溅水盘与顶板和背墙的距离应符合规范相关规定。

（5）汽车库、修车库喷头布置规定：

1）喷头应设置在汽车库停车位的上方或侧上方。

2）机械式立体停车库的喷头除在屋面板或楼板下按停车位的上方或侧上方布置外，还应按停车的载车板分层布置，且应在喷头的上方设集热板。

3）错层式、斜楼板式的汽车库的车道、坡道上方均应设置喷头。

3.3.2 报警阀组

在自动喷水灭火系统中，报警阀也是至关重要的组件，与报警信号管路、延迟器、压力开关、水力警铃、泄水及试验装置、压力表及控制阀等组成报警阀组。《自动喷水灭火系统设计规范》（GB 50084—2017）中规定，自动喷水灭火系统应设报警阀组。报警阀安装在总供水干管上，连接在供水设备和配水管网之间，是一种只允许水流单方向流入配水管网，并在规定流量下报警并启动消防水泵的止回型阀门。报警阀平时处于关闭状态、发生火灾时自动开启。

报警阀具有三个基本作用。首先是接通或切断水源，即在系统动作前，它将管网与水流隔开，避免用水和可能的污染；当系统开启时，报警阀打开，接通水源和配水管。其次，输出报警信号，即在报警阀开启的同时，部分水流通过阀座上的环形槽，经信号管道送至水力警铃，发出音响报警信号。第三，对于湿式系统还可防止水流倒回水源。

1. 报警阀组类型

自动喷水灭火系统使用的报警阀组根据其构造和功能分为湿式报警阀组、干式报警阀组、干湿两用报警阀组、雨淋报警阀组和预作用报警阀组等，其分别应用于相应的系统形式。各种报警阀组的构造特点及工作原理介绍如下。

（1）湿式报警阀（充水式报警阀）组。湿式报警阀组由湿式报警阀、水力警铃、压力开关、延迟器、控制阀等组成，用于湿式自动喷水灭火系统中，安装在系统立管上，适用于环境温度为 4～70℃，且能用水灭火的建筑物或构筑物内。湿式报警阀组如图 3-12 所示。

1）湿式报警阀。湿式报警阀作为止回型阀门，在系统动作之前，将管网与水流隔开，当喷头开启喷水时，使报警阀上面的水压下降，在压差作用下报警阀自动打开，使水流进入水力警铃，并发出报警信号。其形式有隔板座圈型和导阀型两种。导阀型湿式报警阀原理图如图 3-13 所示。

湿式报警阀平时阀芯前后水压相等，水通过导向杆中的水压平衡小孔保持

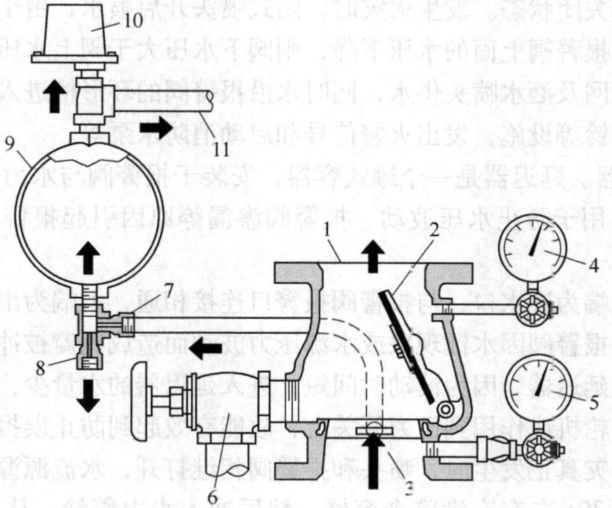

图3-12　湿式报警阀

1—报警阀接管网的出口　2—阀瓣　3—报警阀接供水管的入口　4—阀后压力表　5—阀前压力表　6—主排水阀　7—限流件入流孔口　8—限流件出流孔口　9—延迟器　10—水流压力报警开关　11—水力警铃接口

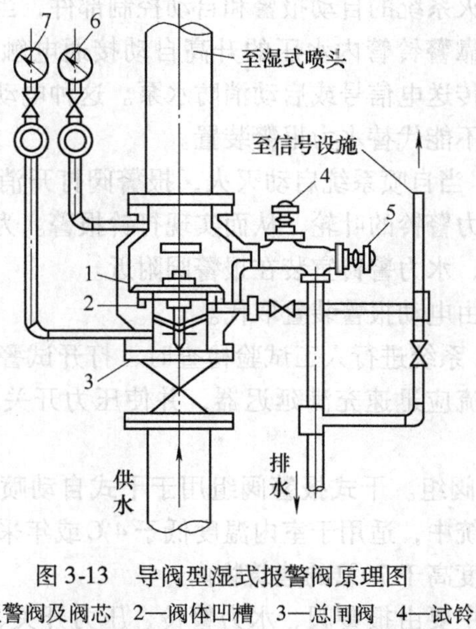

图3-13　导阀型湿式报警阀原理图

1—报警阀及阀芯　2—阀体凹槽　3—总闸阀　4—试铃阀　5—排水阀　6—阀后压力表　7—阀前压力表

阀板前后水压平衡，由于阀芯的自重和阀芯上面的总压力大于阀芯下面的总压力，阀芯处于关闭状态。发生火灾时，闭式喷头开启喷水，由于水压平衡小孔来不及补水，报警阀上面的水压下降，则阀下水压大于阀上水压，于是阀板开启，向配水管网及洒水喷头供水，同时水沿报警阀的环形槽进入延迟器、压力开关及水力警铃等设施，发出火警信号和启动消防水泵等。

2）延迟器。延迟器是一个罐式容器，安装于报警阀与水力警铃（或压力开关）之间，用于防止水压波动、报警阀渗漏等原因引起报警阀开启而导致的虚假报警。

延迟器下端为进水口，与报警阀报警口连接相通，上端为出水口，接水力警铃。当湿式报警阀因水锤现象或水源压力波动而造成阀瓣被冲开时，水流由报警支管进入延迟器，因为波动时间短，进入延迟器的水量少，压力水不会推动水力警铃的轮机或作用到压力开关上，故能有效起到防止误报警的作用。

只有在火灾真正发生时，喷头和报警阀相继打开，水流源源不断地大量流入延迟器，经30s左右充满整个容器，然后冲入水力警铃，从而发出报警信号。延迟器延迟时间可以控制在5～90s之间，并要求延迟器每次使用后排水时间不大于5min。

3）压力开关（压力继电器）。压力开关应垂直安装在报警阀和水力警铃之间，如果报警管路上安装了延迟器，则压力开关应安装在延迟器之后。压力开关是自动喷水灭火系统的自动报警和自动控制部件，当系统启动，在水力警铃报警的同时，依靠警铃管内水压的升高自动接通电触点，完成电动警铃报警，向消防控制室传送电信号或启动消防水泵。这种电动报警在系统中可作为辅助报警装置，但不能代替水力报警装置。

4）水力警铃。当自喷系统启动灭火，报警阀打开消防水源后，具有一定压力的水流冲动水力警铃的叶轮，从而实现打铃报警。为保证驱动水力警铃的水流有一定的水压，水力警铃宜装在报警阀附近。

水力警铃不得由电动报警装置取代。

5）试警铃阀。系统进行人工试验检查时，打开试警铃阀泄水，要求报警阀能自动打开，水流应迅速充满延迟器，并使压力开关及水力警铃立即动作报警。

（2）干式报警阀组。干式报警阀组用于干式自动喷水灭火系统、干湿两用自动喷水灭火系统中，适用于室内温度低于4℃或年采暖期超过240天的建筑物内，或室内温度高于70℃的建筑物内。

干式报警阀组主要由报警阀、水力警铃、压力开关、充气塞、信号管网、控制阀等组件组成。

1）干式报警阀。干式报警阀上设有进水口、报警口、供气口、排水口和出水口，阀内部设有阀、水密封阀座等阀瓣组件，是控制水流方向及隔断水、气的主要可动密封件，其构造原理如图 3-14 所示。在平时准工作状态，报警阀处于关闭位置，使喷水管网保持干管状态，此时报警阀橡胶面的阀瓣紧紧地合于两个同心的水、气密封阀座上，内侧为水密封圈，外侧为气密封圈，之间的环形隔离室与大气相通。只要管道的气压保持一定的值，阀瓣就始终处于关闭状态。当火灾发生、喷头开启时，管网空气压力下降，供水压将干式阀阀瓣打开，压力水通过报警阀进入喷水管网。同时，部分水流经过隔离室进入报警接口的配管，启动压力开关和水力警铃。

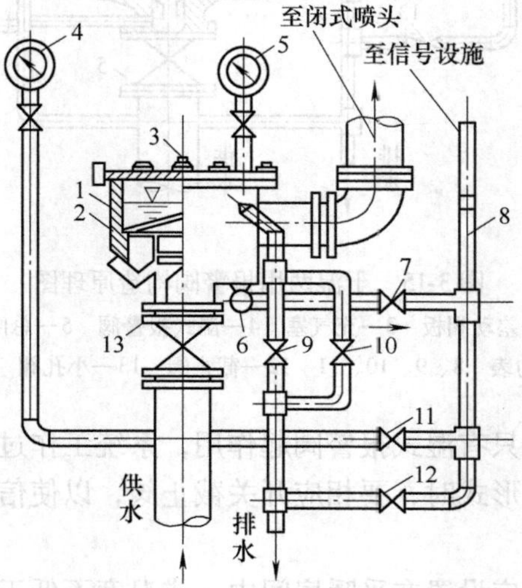

图 3-14　干式报警阀构造原理图

1—阀体　2—差动双盘关阀板　3—充气塞　4—阀前压力表　5—阀后压力表　6—角阀　7—止回阀　8—信号管　9、10、11—截止阀　12—小孔阀　13—总闸阀

2）放水阀。放水阀用于排空报警阀内及上方管网内的水。系统完成灭火工作后，需要排干管道中的水，以便重新充装气体。放水阀需与控制阀联合使用。

（3）干湿两用报警阀组。干湿两用报警阀组用于干湿式自动喷水灭火系统。

干湿两用报警阀由干式报警阀、湿式报警阀上下叠加串联而成，干式阀在上，湿式阀在下，安装在供水管道上，其构造原理如图 3-15 所示。

当系统为干式系统时，干式报警阀室注水口上方及喷水管网充满压缩空气，阀瓣下方及湿式报警阀全部充满压力水。当有喷头开启时，空气从打开的喷头泄出，管道系统的气压下降，直至干式报警阀的阀瓣被下方的压力水开启，水流进入喷水管网，喷头喷水灭火。部分水流同时通过环形隔离室进入报警信号管，启动压力开关和水力警铃。当系统为湿式系统时，干式报警阀的阀

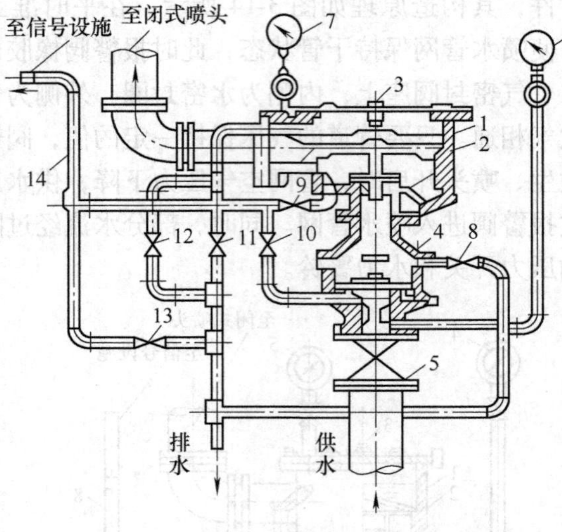

图 3-15　干湿两用报警阀构造原理图

1—干式报警阀　2—差动阀板　3—充气塞　4—湿式报警阀　5—总闸阀　6—阀前压力表　7—阀后压力表　8、9、10、11、12—截止阀　13—小孔阀　14—信号管

瓣被置于开启状态，只有湿式报警阀起作用，系统工作过程与湿式系统完全相同。当系统变化系统形式时，要相应开关截止阀，以使信号管与起作用的报警阀接通。

干湿两用报警阀应设置在采暖房间中，或温度不低于 4℃、不高于 70℃的环境中。

（4）雨淋报警阀组。在自动喷水灭火系统中，雨淋报警阀组是除湿式报警阀组外应用较多的报警阀组。雨淋报警阀组不仅用于雨淋系统，还用于预作用系统、水幕系统及水喷雾灭火系统。

雨淋报警阀组主要由雨淋阀、水力警铃、压力开关、启动管道与装置、控制阀等组件构成，如图 3-16 所示。雨淋阀是雨淋报警阀组的核心部分，有隔膜式和双圆盘式两种，其构造图如图 3-17 所示。雨淋阀分为 A、B、C 三室，A 室与供水管相通，B 室与喷水灭火管网相连，C 室与传动管网相连。平时 A、B、C 三个室内均由直径 3mm 的小孔阀与供水管相通。B 室内仅充满具有静水压力（位能）的水，此静水压力是由喷水灭火管网的水平管道与雨淋阀之间的高差造成的。雨淋阀大圆盘（或隔膜）面积一般为小圆盘面积的两倍以上，因此，在相同水压的作用下，雨淋阀平时处于关闭状态。发生火灾时，通过传动设备自动将传动管网中的水压释放，即 C 室内水被放出，由于直径为 3mm 的小孔阀来不及补水，使传动室中大圆盘上的水压骤然降低，于是雨淋阀在供水管的水压推动下自动开启，迅速向喷水灭火管网内自动供水。隔膜

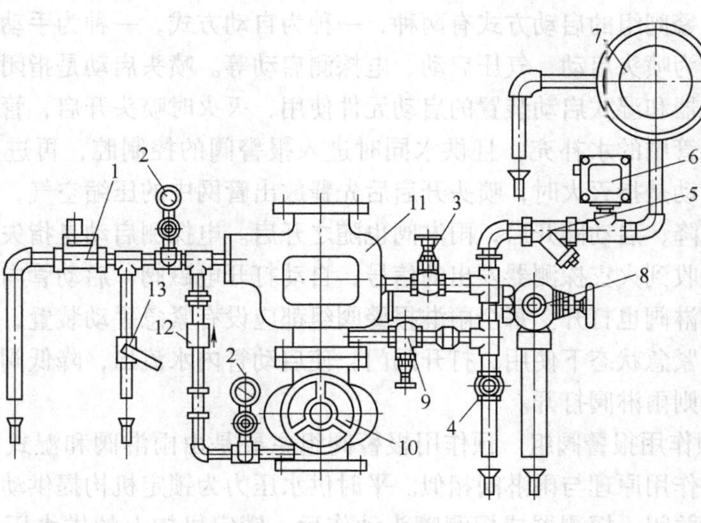

图 3-16　雨淋报警阀组

1—电磁泄压阀　2—压力表　3—警铃管闸阀　4—放水阀　5—过滤器　6—压力开关　7—水力警铃　8—供水阀　9—试警铃闸阀　10—信号阀　11—雨淋阀　12—高压止回阀阀　13—手动开关阀

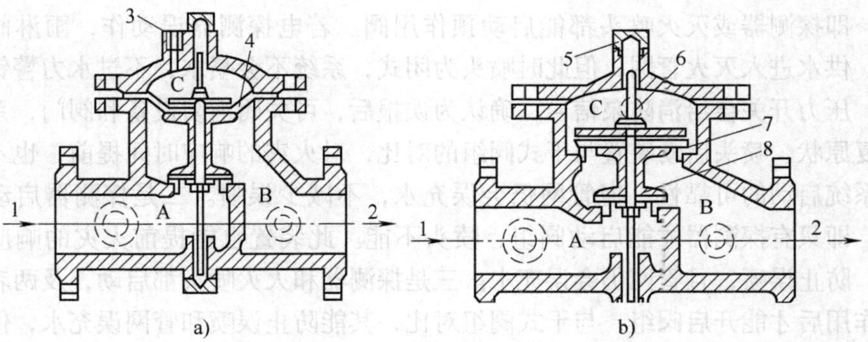

图 3-17　雨淋阀构造图

a）隔膜式　b）双圆盘式

1—接供水干管　2—接配水管网　3—接传动管网　4—橡胶隔膜　5—工作塞　6—接传动管网　7—大圆盘　8—小圆盘

式雨淋阀在火灾结束后，只要向传动管网中重新充压力水，即自动复位；而双圆盘式雨淋阀的复位必须关闭总进水闸阀，并卸开雨淋阀盖上的工作塞，人工把阀芯顶回关闭状态，然后向传动管网中充水，才能复位。当进水管中水压波动（骤降骤升），特别是当水源停水后再来水时，这些阀门都可能发生误动作现象。隔膜式雨淋阀在短暂开启后即能自动关闭，而双圆盘式雨淋阀由于误动作所造成的水渍损失比较严重。

雨淋报警阀组的启动方式有两种，一种为自动方式，一种为手动。其中自动方式又分为喷头启动、气压启动、电探测启动等。喷头启动是指闭式喷头作为火灾探测器和湿式启动装置的启动元件使用，灭火时喷头开启，管网中水流出后，供水管中的水补充，且供水同时进入报警阀的控制腔，再进入启动管网。气压启动是指灭火时，喷头开启后先释放出管网中的压缩空气，使管中的气压迅速下降，启动阀开启，雨淋阀也随之开启。电探测启动是指失火时，消防控制系统收到火灾探测器发出的信号，自动打开电磁阀，启动管内压力水流出，从而雨淋阀也打开。每个雨淋报警阀组都应设有紧急手动装置，其为手动阀门，可在紧急状态下使用，打开阀门，使启动管内水流出，降低阀体控制腔内的水压，则雨淋阀打开。

（5）预作用报警阀组。预作用报警阀组主要是由雨淋阀和湿式阀上下串接而成的，作用原理与雨淋阀相似。平时供水压力为锁定机构提供动力，将预作用阀阀瓣关闭。探测器或探测喷头动作后，锁定机构上的供水压力迅速降低，阀瓣脱落并开启，则供水进入消防管网。预作用报警阀组组件基本与雨淋报警阀组相同。

预作用报警阀组启动装置可以分为三种形式。一是探测器或灭火喷头启动，即探测器或灭火喷头都能启动预作用阀。若电探测器误动作，雨淋阀打开，供水进入灭火管网，但此时喷头为闭式，系统不会喷水，不过水力警铃报警，压力开关会给消防泵信号，确认为误报后，可关闭消防设备和阀门，系统恢复原状。喷头启动装置与干式阀组的对比，对火灾的响应时间提前，也不降低系统启动的可靠性，但管网仍会误充水，不减少误喷。二是探测器启动装置，即只有探测器才能启动阀组，喷头不能。此装置也能提前火灾的响应时间，防止误喷，且管网仍会误充水。三是探测器和灭火喷头都启动，及两者共同作用后才能开启阀组，与干式阀组对比，其能防止误喷和管网误充水，但阀组的开启时间不提前，而且灭火喷头不能单独开启阀组。

2. 报警阀组的规格与设置

（1）报警阀组的公称直径。报警阀的公称直径有50mm、65mm、80mm、100mm、125mm、150mm、200mm、250mm八种规格。

（2）报警阀组对喷头的控制。自动喷水灭火系统由于检修、维修等各种原因，有时需要停止工作。如果一个报警阀组控制的喷头过多，会导致系统停止工作时的火灾危险性增大。因此，为了不使停止工作的喷头范围过多，应对每个报警阀控制的最大喷头数有所限制。

湿式系统和预作用系统中每个报警阀组控制的喷头数不宜超过800只。对于干式系统，若单个干式报警阀组控制的管网过大，则管网泄压时间变长，干式报警阀开启更晚，而且也会导致水流经过管网到达开启喷头所花的时间更长。所以，要求干式系统每个报警阀组控制的喷头数不宜超过500只，且配水管道应设快速排气阀。

当配水支管同时安装保护吊顶下方和上方空间的喷头时，应只将数量较多一侧的喷头计入报警阀组控制的喷头总数。

（3）报警阀组的设置要求。

1）自动喷水灭火系统应设报警阀组。保护室内钢屋架等建筑构件的闭式系统，应设独立的报警阀组。

2）串联接入湿式系统配水干管的其他自动喷水灭火系统，应分别设置独立的报警阀组，其控制的喷头数计入湿式阀组控制的喷头总数。

3）每个报警阀组供水的最高与最低位置喷头，高程差不宜大于50m。

4）报警阀组宜设在安全及易于操作的地点，不宜设置在消防控制中心。设置报警阀的房间温度应在4℃以上，无腐蚀和振动。报警阀距地面的高度宜为1.2m，安装报警阀的部位应设有排水设施。

5）当高层建筑中有多个报警阀时，宜分层设置，且在每个报警阀上应注明相应的编号。

6）湿式系统报警阀组不多于3套时，宜集中设置；多于3套时，宜分散设置。对于干式、预作用和雨淋阀组宜分散设置，以便减少报警阀后管网的容积。

7）连接报警阀进出口的控制阀应采用信号阀，不采月时，控制阀应设锁定阀位的锁具。

8）水力警铃的工作压力不应小于0.05MPa，且应设在有人值班的地点附近或公共通道的外墙上。与报警阀连接的管道，管径应为20mm，总长不宜大于20m。

3.3.3 水流指示器

水流指示器是自动喷水灭火系统中将水流信号转换成电信号的一种报警装置。

1. 工作原理

水流指示器通常设在自喷系统的分区配水管上，当喷头开启喷水灭火时，有大于预定流量的水流通过管道，水流指示器发出电信号，向消防控制室指示开启喷头所处的位置分区。可用于检测自动喷水灭火系统运行状况及确定火灾发生区域的部位。

2. 类型及规格型号

目前世界上使用最多的是桨片式水流指示器，如图3-18所示，其由桨片、法兰底座、螺栓、本体和电气线路等构成，桨面与水流方向垂直。当管道内有

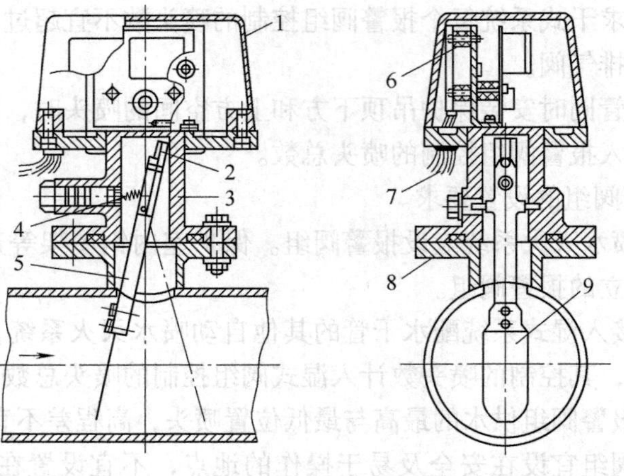

图 3-18 浆片式水流指示器构造示意图

1—罩盒 2—永久磁铁 3—本体 4—弹簧 5—杠杆 6—接线板 7—外接电线 8—法兰底座 9—浆片

水流流动时，水流推动浆片，使常开触点接通，输出报警电信号。浆片式水流指示器多用于湿式自动喷水灭火系统，不宜用于干式系统和预作用系统，因为平时管道中没有水，火灾发生时，报警阀自动开启，由于管道中水流的突然冲击，有可能使浆片或其他机械部件遭到损坏。因此当湿式系统第一次充水或检修后重新充水时，都应该防止水流的突然冲击。为了防止水流指示器因水压瞬时波动而误报，应该经 15～20s 延时后才报警。其规格有七种，公称直径为 50mm、70mm、80mm、100mm、125mm、150mm、200mm。

还有一种水流动作阀式的水流指示器。当管道中有水流通过时，阀板摆动，阀的主轴随之旋转，由微型开关动作而发出电信号。水流动作阀可用于任何系统中，不会因水流冲击而造成损坏。但灵敏度不如浆片式水流指示器，较少使用。

3. 设置要求

（1）除报警阀组控制的喷头只保护不超过防火分区面积的同层场所外，设有自动喷水灭火系统的每个防火分区和每个楼层均应设置水流指示器。因为当一个报警阀组仅控制一个防火分区或一个层面的喷头时，报警阀组的水力警铃和压力开关已能发挥报告火灾部位的作用，故此种情况允许不设水流指示器。

（2）仓库内顶板下喷头与货架内置喷头应分别设置水流指示器，这样有利于判断喷头的状况。

（3）当水流指示器入口前设置控制阀时，应采用信号阀。信号阀能显示阀门的状态，可防止因误操作而造成配水管道断水的故障。

3.3.4　末端试水装置

末端试水装置专用于测试系统能否在开放1只喷头的最不利条件下可靠报警并正常启动，对水流指标器、报警阀、压力开关、水力警铃的动作是否正常，配水管道是否畅通，以及最不利点处的喷头工作压力等，进行综合检验。

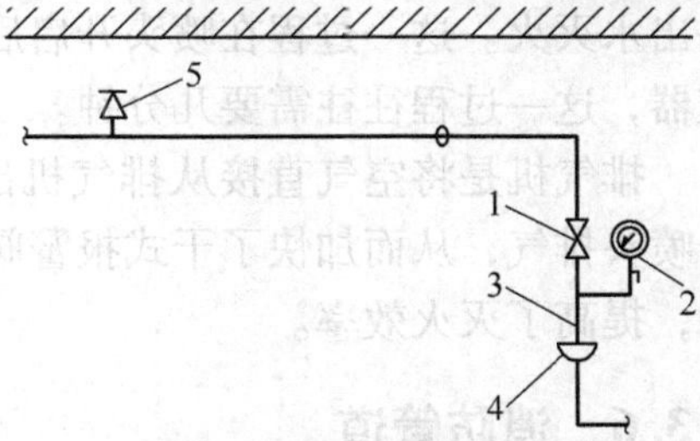

图3-19　末端试水装置示意图

1—试水阀　2—压力表　3—试水接头　4—排水漏斗　5—最不利点喷头

1. 构造和技术参数

末端试水装置由试水阀、压力表及试水接头组成，如图3-19所示。

为使末端试水装置能够模拟实际情况，进行开放1只喷头启动系统等试验，要求其试水接头出水口的流量系数等同于同楼层或防火分区内。

末端试水装置的额定工作压力为1.2MPa，公称直径为10mm、15mm、20mm，对应的流量系数为57、80、115，与洒水喷头一致。

2. 设置要求

在系统每个报警阀组控制的最不利点喷头处，应设置末端试水装置，以检验系统的可靠性。其他防火分区、楼层的最不利点喷头处，均应设直径为25mm的试水阀。有标识，距地面的高度宜为1.5m，便于操作，并应采取不被他用的措施。

对于干式系统，末端试水装置完全开启到水流出的时间不宜大于1min；对于预作用系统，从火灾探测器启动到末端试水装置出水，所用时间不宜大于2min。

末端试水装置的出水，应采取孔口出流的方式排入排水管道，因为若出水口与管道或软管连接时，将改变试水接头出水口的水力状态，影响测试结果。排水立管宜设伸顶通气管，且管径不应小于75mm。

3.3.5　快速排气阀

干式系统、干湿两用系统和预作用系统的配水管道应设快速排气阀，便于系统启动后管道尽快排气及时充水。有压充气管道的快速排气阀入口前应设电动阀，平时关闭，系统充水时开启。

其他系统应在其管道的最高点设置排气阀或排气口。

干式系统和干湿两用系统均应装设快速排气装置，目的在于增大作用在阀板上的上举力，以使系统能在火灾初期阶段出水灭火。快速排气装置主要有加速器和排气机两种，目的是尽快启动干式报警阀。

加速器连接干式报警阀上部充气管网和差动阀板的中间室，当系统管网气压下降时，加速器动作，使压缩空气从充气管网进入差动阀的中间室，致使上阀板下部水流以 8 倍于上侧压缩空气的压力举起阀板，使报警阀迅速开启，喷头出水灭火。这一过程在喷头开启后，只需要几秒钟即可完成，而如果不设加速器，这一过程往往需要几分钟。

排气机是将空气直接从排气机出口排入大气，其效果相当于同时开启 15 个喷头排气，从而加快了干式报警阀的开启速度，缩短了喷头开启到出水的时间，提高了灭火效率。

3.3.6 消防管道

1. 管道分类

自动喷水灭火系统的管道，若以报警阀为单元划分，报警阀前的管道称为供水管道，报警阀后的管道称为配水管道。配水管道则由直接安装喷头的配水支管、向配水支管供水的配水管、向配水管供水的配水干管及垂直立管组成，其管径由小到大，分布于整个保护场所，连通全部喷头，输送灭火所需的喷水量。

2. 管道布置

报警阀前的管网可分为环状管网和枝状管网。采用环状管网的目的是提高系统的可靠性。当自动喷水灭火系统中设有 2 个及以上报警阀组时，报警阀组前宜设环状供水管道。报警阀后的配水管网可分为枝状管网、环状管网和格栅状管网，采用环状管网的目的是减少系统管道的水压损失和使系统布水更均匀。

自动喷水灭火系统的配水管道，根据喷头布置情况，配水支管与配水管的连接、配水管与配水干管的连接等，又可采用侧边中心型给水、侧边末端型给水、中央中心型给水、中央末端型给水等布置方式，如图 3-20a、b 所示。环状管网和格栅状管网布置形式如图 3-20c 所示。

一般自动喷水灭火系统是根据系统的设计流量来进行管网的选择。流量大则系统管网的配水管径大，投资也较大；为减少投资，可采用配水较均匀的枝状管网或环状管网。

中心型给水方式力求两边配水支管安装的喷头数相等，优点是压力均衡、水力条件好。喷头数为奇数时，两边配水支管的喷头数量不相等，这时只要配水支管的管径不过大，宜采用末端供水。一般情况下，在布置配水支管时应尽可能使用中心型给水方式，尽量避免采用末端给水方式。在布置配水干管时，尽量采用中央给水方式。不论采用何种方式，配水管道的布置，均应使配水管入口的压力均衡。

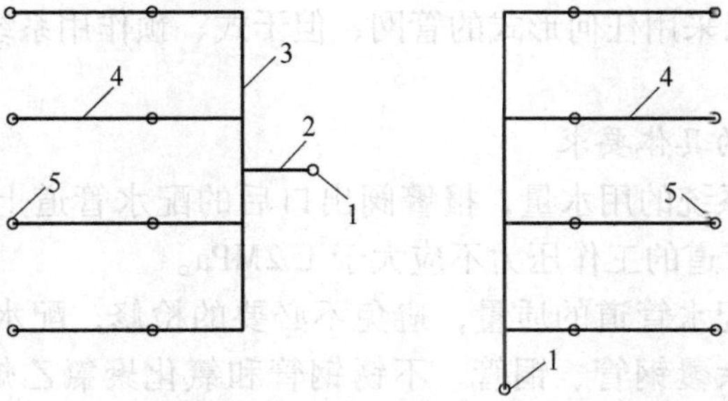

a) 侧边中心型和侧边末端型给水方式

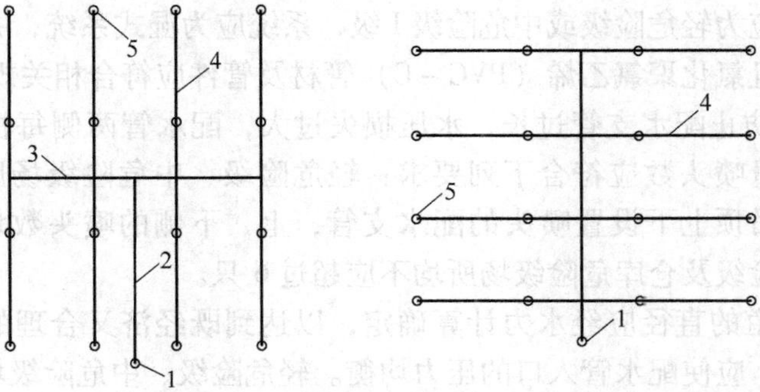

b) 中央中心型和中央末端型给水方式

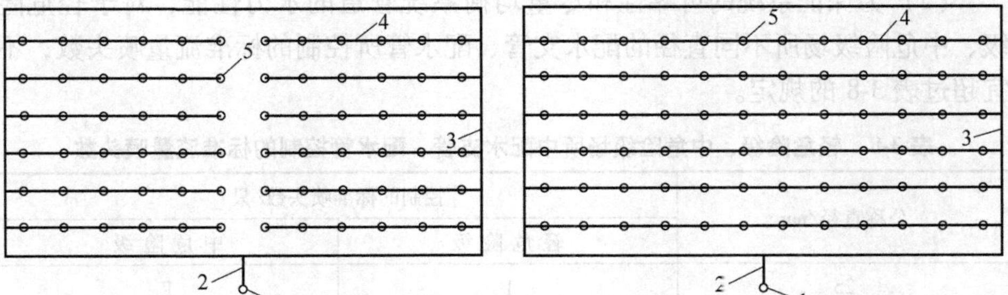

c) 环状管网和格栅状管网形式

图3-20　自动喷水灭火系统配水管网布置图

1—立管　2—配水干管　3—配水管　4—配水支管　5—喷头

若按危险等级来选择管网，可考虑以下规定：

（1）轻危险等级宜采用枝状管网中的任一种形式。

（2）中危险Ⅰ级宜采用枝状管网中的中央中心型和侧边中心型两种形式。

（3）中危险Ⅱ级宜采用枝状管网中的中央中心型、侧边中心型和环状管网三种形式。

（4）严重危险等级和仓库危险等级宜采用环状管网和格栅状管网两种形式。

湿式系统可以采用任何形式的管网，但干式、预作用系统不应采用格栅状管网。

3. 管道设置的具体要求

（1）为保证系统的用水量，报警阀出口后的配水管道上不应设置其他用水设备，且配水管道的工作压力不应大于1.2MPa。

（2）为保证配水管道的质量，避免不必要的检修，配水管道应采用内外壁热镀锌钢管、涂覆钢管、铜管、不锈钢管和氯化聚氯乙烯（PVC－C）管材。当报警阀入口前管道采用不防腐的钢管时，应在报警阀前设置过滤器。自动喷水灭火系统采用氯化聚氯乙烯（PVC－C）管材及管件时，设置场所的火灾危险等级应为轻危险级或中危险级Ⅰ级，系统应为湿式系统，并应采用快速响应喷头，且氯化聚氯乙烯（PVC－C）管材及管件应符合相关规范要求。

（3）为防止配水支管过长，水压损失过大，配水管两侧每根配水支管控制的标准流量喷头数应符合下列要求：轻危险级、中危险级场所不应超过8只，同时在吊顶上下设置喷头的配水支管，上、下侧的喷头数均不应超过8只；严重危险级及仓库危险级场所均不应超过6只。

（4）管道的直径应经水力计算确定，以达到既经济又合理的要求。配水管道的布置，应使配水管入口的压力均衡。轻危险级、中危险级场所中各配水管入口的压力均不宜大于0.40MPa。

（5）为保证系统的可靠性和尽量均衡系统管道的水力性能，对于轻危险级、中危险级场所不同直径的配水支管、配水管所控制的标准流量喷头数，不宜超过表3-8的规定。

表3-8　轻危险级、中危险级场所中配水支管、配水管控制的标准流量喷头数

公称直径/mm	控制的标准喷头数/只	
	轻危险级	中危险级
25	1	1
32	3	3
40	5	4
50	10	8
65	18	12
80	48	32
100	—	64

（6）为控制小管径管道的水头损失和防止杂物堵塞管道，短立管及末端试水装置的连接管，其管径不应小于25mm。

（7）为满足系统启动后立即喷水的要求，干式系统、由火灾自动报警系统和充气管道上设置的压力开关开启预作用装置的预作用系统，其配水管道充水时间，不宜大于1min；雨淋系统和仅由火灾自动报警系统联动开启预作用装置的预作用系统的配水管道充水时间，不宜大于2min。干式系统、预作用系统的供气管道，采用钢管时，管径不宜小于15mm；采用铜管时，管径不宜小于10mm。

（8）为保证自动喷水灭火系统充水时易于排气，维修时易于排尽管内积水，水平安装的管道宜有坡度，并应坡向泄水阀。充水管道的坡度不宜小于2‰，准工作状态不充水管道的坡度不宜小于4‰。

3.3.7 消防供水及加压设施

自动喷水灭火系统的供水及加压设施主要是消防水池、消防水箱、气压给水设备、消防水泵和水泵接合器等。

自动喷水灭火系统的用水应无污染、无腐蚀、无悬浮物，可由市政或企业的生产、消防给水管道供给，也可由消防水池或天然水源供给，并应确保持续喷水时间内的用水量。与生活用水合用的消防水箱和消防水池，其储水的水质，应符合饮用水标准。严寒与寒冷地区，对系统中遭受冰冻影响的部分，应采取防冻措施。当自动喷水灭火系统中设有2个以上报警阀组时，报警阀组前应设环状供水管道。环状供水管道上设置的控制阀应采用信号阀；当不采用信号阀时，应设锁定阀位的锁具。

1. 消防水池

设有自动喷水灭火系统的建筑物，在下列情况下应设置消防水池：

（1）无给水管道或天然水源。

（2）给水管道和天然水源不能满足消防用水量。

（3）给水管道为枝状或管网只有一条进水管道。

自动喷水灭火系统的消防水池容量应以火灾延续时间不小于1h计算，但在发生火灾时能保证连续送水时，水池容量可减去火灾延续时间内连续补充的水量。

消防用水与其他用水合用水池时，应有确保消防用水不被他用的技术措施。

2. 消防水箱

采用临时高压给水系统的自动喷水灭火系统，应设高位消防水箱，自动喷水灭火系统可与消火栓系统合用高位消防水箱，其设置应符合现行《消防给水及消火栓系统技术规范》的要求。

高位消防水箱的设置高度不能满足系统最不利点处喷头的工作压力时，系统应设置增压稳压设施，其设置应符合现行《消防给水及消火栓系统技术规范》的要求。

自动喷水灭火系统消防用水与其他用水合用水箱时，应有确保消防用水不被他用的技术措施。

高位消防水箱的出水管应设止回阀，并应与报警阀入口前管道连接；出水管管径应经计算确定，且不应小于100mm。

3. 气压给水设备

采用临时高压水系统的自动喷水灭火系统，当按规范规定可不设置高位消防水箱时，系统应设气压供水设备。气压供水设备的有效水容积，应按系统最不利处4只喷头在最低工作压力下的5min用水量确定。

干式系统、预作用系统设置的气压供水设备，应同时满足配水管道的充水要求。

4. 消防水泵

采用临时高压给水系统的自动喷水灭火系统宜设独立的消防水泵，并应按一用一备或二用一备，及最大一台消防水泵的工作性能设置备用泵。对系统独立设置消防水泵确有困难的场所，可与消火栓系统合用消防水泵，但合用时系统管道应在报警阀前分开，并采取措施确保消火栓系统用水不会影响自动喷水灭火系统用水。

系统的消防水泵、稳压泵，应采用自灌式吸水方式。采用天然水源时，水泵的吸水口应采取防止杂物堵塞的措施。

系统每组消防水泵的吸水管不应少于2根。报警阀入口前设置环状管道的系统，每组消防水泵的出水管不应少于2根。消防水泵的吸水管应设控制阀和压力表，出水管应设控制阀、止回阀和压力表。出水管上还应设置流量和压力检测装置或预留可供连接流量和压力检测装置的接口。必要时，还应采取控制消防水泵出口压力的措施。

5. 水泵接合器

自动喷水灭火系统应设置水泵接合器，当自动喷水灭火系统消防水泵因检修、停电、发生故障或消防用水量不足时，需要利用消防车从消火栓、消防水池或天然水源处取水，通过水泵接合器送至室内管网，供灭火用水。

水泵接合器设置数量应根据自动喷水灭火系统的设计流量确定，每个水泵接合器的流量宜按10～15L/s计算。若计算出来数量少于2个，仍应采用2个，以利安全。

当水泵接合器的供水能力不能满足最不利点处作用面积的流量和压力要求时，应采取增压措施。

3.4　自动喷水灭火系统的设计计算

3.4.1　设计基本参数

自动喷水灭火系统的设计基本参数通常包括喷水强度、作用面积、喷头间距及最不利喷头工作压力等。

喷水强度是指火灾发生后系统工作时单位时间内单位面积上喷放的水量。喷水强度是体现自动喷水灭火系统控火能力的重要参数，是喷水灭火系统最重要的控制数据。

作用面积是指一次火灾中系统按喷水强度保护的最大面积。作用面积内系统的喷水强度、喷水的均匀性都能得到保证，其大小与建筑物的燃烧特性（包括建筑物内储存的可燃物）、可燃物的多少及燃烧时间等因素有关。

其他设计基本参数参看相关表格中的规定。

1. 民用建筑和厂房采用湿式系统的设计基本参数

民用建筑和厂房采用湿式系统的设计基本参数不应低于表3-9的规定。

表3-9　民用建筑和厂房采用湿式系统的设计基本参数

火灾危险等级		最大净空高度 h/m	喷水强度 /[L/(min·m²)]	作用面积 /m²
轻危险级		$h\leqslant8$	4	160
中危险级	Ⅰ级		6	
	Ⅱ级		8	
严重危险级	Ⅰ级		12	260
	Ⅱ级		16	

注：系统最不利点处喷头的工作压力不应低于0.05MPa。

2. 民用建筑和厂房高大空间场所采用湿式系统的设计基本参数

民用建筑和厂房高大空间场所采用湿式系统的设计基本参数不应低于表3-10的规定。

3. 系统的其他设计基本参数的规定

（1）仅在走道设置喷头的闭式系统，其作用主要是防止火灾蔓延和保护疏散通道，因此系统的作用面积应按最大疏散距离所对应的走道面积确定。

（2）商场等公共建筑由于内装修的需要，通常装设网格状、条栅状等不挡烟的通透性吊顶。此类吊顶会严重阻碍喷头的洒水分布性能，进而影响系统的控、灭火性能，因此系统的喷水强度应按表 3-9 及其他规范相应场所的规定值的 1.3 倍确定。

表 3-10 民用建筑和厂房高大空间场所采用湿式系统的设计基本参数

<table>
<tr><th colspan="2">适用场所</th><th>最大净空高度
h/m</th><th>喷水强度
/[L/min · m²]</th><th>作用面积
/m²</th><th>喷头间距
S/m</th></tr>
<tr><td rowspan="4">民用建筑</td><td rowspan="2">中庭、体育馆、航站楼等</td><td>$8 < h \leqslant 12$</td><td>12</td><td rowspan="6">160</td><td rowspan="6">$1.8 \leqslant S \leqslant 3.0$</td></tr>
<tr><td>$12 < h \leqslant 18$</td><td>15</td></tr>
<tr><td rowspan="2">影剧院、音乐厅、会展中心等</td><td>$8 < h \leqslant 12$</td><td>15</td></tr>
<tr><td>$12 < h \leqslant 18$</td><td>20</td></tr>
<tr><td rowspan="2">厂房</td><td>制衣制鞋、玩具、木器、电子生产车间等</td><td rowspan="2">$8 < h \leqslant 12$</td><td>15</td></tr>
<tr><td>棉纺厂、麻纺厂、泡沫塑料生产车间等</td><td>20</td></tr>
</table>

注：1. 表中未列入的场所，应根据本表规定场所的火灾危险性类比确定。
2. 当民用建筑高大空间场所的最大净空高度为 $12 < h \leqslant 18$ 时，应采用非仓库型特殊应用喷头。

（3）干式系统的配水管道内平时维持一定气压，所以系统启动后将滞后喷水，这将增大灭火难度。因此，对干式系统，作用面积应按表 3-9 及其他对应规定值的 1.3 倍确定，即通过扩大作用面积的办法补偿滞后喷水对灭火能力的影响。干式系统的喷水强度应按对应规定值确定。

（4）预作用系统的喷水强度应按表 3-9 及其他规范的规定值确定。当系统采用仅由火灾自动报警系统直接控制预作用装置时，系统的作用面积按规范规定值确定；当系统采用由火灾自动报警系统和充气管道上设置的压力开关控制预作用装置时，其不能保证在闭式喷头动作前完成管道充满水的预作用过程，与干式系统相同，作用面积应按对应规定值的 1.3 倍确定。

（5）仓库及类似场所采用湿式系统、采用早期抑制快速响应喷头或仓库型特殊应用喷头时，系统的设计基本参数应分布符合相对应的规范规定。最大净空高度超过 8m 的超级市场采用湿式系统的设计基本参数应按仓库及类似场所的规定执行。仓库内设置自动喷水灭火系统时，宜设消防排水设施。

（6）除规范另有规定的情况外，自动喷水灭火系统的持续喷水时间应按火灾延续时间不小于 1h 确定。

3.4.2 水力计算

自动喷水灭火系统水力计算的目的是：确定管网各管段管径；计算火灾初期及大火时期的供水压力；确定高位水箱的设置高度，选择消防水泵。

1. 喷头流量计算

喷头的流量应按下式计算：

$$q = K\sqrt{10p} \tag{3-1}$$

式中　q——喷头流量（L/min）；

p——喷头工作压力（MPa）；

K——喷头流量系数。

2. 管道流量计算及管网水力计算

（1）自动喷水灭火系统设计流量计算时，宜符合以下规定：

1）自动喷水灭火系统流量宜按最不利位置作用面积和喷水强度计算。作用面积宜采用正方形或长方形。当采用长方形布置时，其长边应平行于配水支管，其长度不宜小于作用面积平方根的1.2倍。

2）系统设计流量的计算，应保证任意作用面积内的平均喷水强度不低于表3-9、表3-10和仓库及类似场所设计基本参数中的规定值。最不利点处作用面积内任意4只喷头围合范围内的平均喷水强度，轻危险级、中危险级不应低于表3-9规定值的85%；严重危险级和仓库危险级分别不应低于表3-9和仓库及类似场所的相关喷水强度规定值。

3）设置货架内置喷头的仓库，顶板下喷头与货架内置喷头应分别计算设计流量，并应按其设计流量之和确定系统的设计流量。

4）建筑内设有不同类型的系统或有不同危险等级的场所时，系统的设计流量应按其设计流量的最大值确定。

5）当原有系统延伸管道、扩展保护范围时，应对增设喷头后的系统重新进行水力计算。

（2）系统管网水力计算的方法主要有作用面积法和特性系数法两种。作用面积法适用于轻、中危险级建筑的自喷系统计算，特性系数法适用于中、严重危险级建筑的自喷系统计算。

（3）特性系数法水力计算步骤：

1）确定设置场所火灾危险等级、选择系统类型。

2）确定设计基本参数，如作用面积和喷水强度。

3）选择和布置喷头，并进行管网布置。

4）从系统设计最不利点开始，进行节点编号（节点是指喷头处、管道分支连接处及变径处）。

5）从最不利点开始累计流量，增加到设计秒流量为止，以后管段中流量不再增加，仅计算水头损失。初选管径时可参见表3-8。

系统设计秒流量应满足下式要求：

$$Q_{设计} = (1.15 \sim 1.30)Q_{理论} \tag{3-2}$$

式中 $Q_{设计}$——系统设计秒流量（L/s）；

$Q_{理论}$——喷水强度与假定作用面积（即表3-9、表3-10中规定的最小作用面积）的乘积（L/s）。

6）管道流量计算。在特性系数法中考虑喷头出流属于管嘴出流，其出流量参考流体力学中管嘴流量公式得：

$$q = \mu\omega\ \sqrt{2gH} = \sqrt{BH} \tag{3-3}$$

式中 q——喷头出流量（L/s）；

μ——喷头作为管嘴的流量系数；

ω——喷头作为管嘴的出流断面面积（m^2）；

H——喷头处的水压（MPa）；

B——喷头的特性系数，对玻璃型标准喷头，其值为1.77×10^{-5}。

喷头的特性系数确定后，便可由喷头处管网的水压值求得喷头的出流量。计算过程通过图3-21的管网举例说明如下：

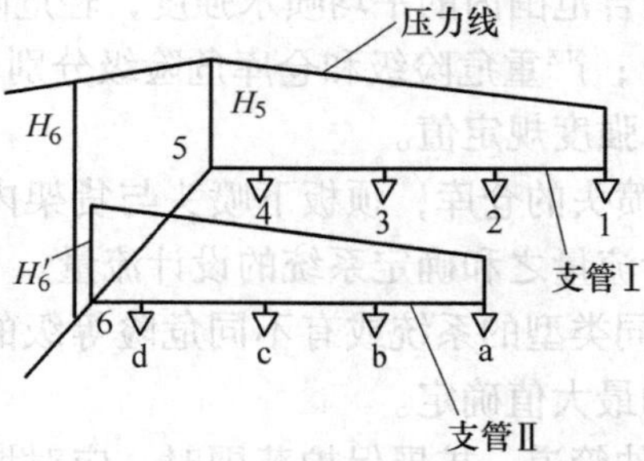

图3-21 特性系数法管网计算原理图

① 支管Ⅰ尽端的喷头1为整个管系的最不利点，在规定的工作水头H_1作用下，其出流量为：

$$q_1 = \sqrt{BH_1}$$

② 喷头2的出流量为：

$$q_2 = \sqrt{B(H_1 + h_{1\text{-}2})} = \sqrt{BH_2}$$

③ 喷头3和喷头4的出流量为：

$$q_3 = \sqrt{B(H_2 + h_{2\text{-}3})} = \sqrt{BH_3}$$

$$q_4 = \sqrt{B(H_3 + h_{3\text{-}4})} = \sqrt{BH_4}$$

④ 支管Ⅰ节点5的水头和支管Ⅰ的管段流量为：

$$H_5 = H_4 + h_{4\text{-}5}$$

$$Q_{4\text{-}5} = q_1 + q_2 + q_3 + q_4$$

$h_{1\text{-}2}$、$h_{2\text{-}3}$、$h_{3\text{-}4}$分别是 $Q_{1\text{-}2}=q_1$、$Q_{2\text{-}3}=q_1+q_2$、$Q_{3\text{-}4}=q_1+q_2+q_3$通过各管段所造成的水头损失。

⑤ 同样，若以支管Ⅱ尽端喷头 a 为最不利点，H_1为规定的喷头工作水头，则可对支管Ⅱ进行计算，得到 H_6及 $Q_{d\text{-}6}$之值。

为计算管系流量，定义管系特性系数 B_g，其大小可由管系流量总输出处/点的流量与该处/点所应具有的水头值求得：

$$B_g=\frac{Q^2_{(n-1)\text{-}n}}{H_n}$$

式中　B_g——管系特性系数[$L^2/(s^2\cdot m)$]；

$Q_{(n-1)\text{-}n}$——（$n-1$）-n 管段流量（L/s）；

H_n——节点 n 处的水头（m）。

B_g值表明管系的输水性能。当管系在另一水头（H'_n）作用下时，则可由已知的 B_g值算得此时管系的流量：

$$Q'_{(n-1)\text{-}n}=\sqrt{B_gH'_n}$$

以图 3-21 为例说明管系特性系数的应用。

① 通过节点 5 处的流量，就是支管Ⅰ的管系流量 $Q_{4\text{-}5}$。

② 在节点 6 处，水头为 $H_6=H_5+h_{5\text{-}6}$，通过管段 5-6 的流量为 $Q_{5\text{-}6}=Q_{4\text{-}5}$。

③ 支管Ⅱ的管系特性系数为：

$$B_{g\text{Ⅱ}}=\frac{Q^2_{d\text{-}6}}{H'_6}$$

④ 由于计算节点 6 接出支管Ⅱ，那么在水头 H_6作用下，通过该点应输出流量为：

$$q_6=Q_{5\text{-}6}+\sqrt{B_{g\text{Ⅱ}}H_6}$$

⑤ 将管系特性系数 $B_{g\text{Ⅱ}}$代入上式，得：

$$q_6=Q_{5\text{-}6}+Q_{d\text{-}6}\sqrt{\frac{H_6}{H'_6}}$$

该式意义在于，通过计算节点 6 的流量有两部分，其中供给支管Ⅱ的流量的实际水压不是 H'_6，而是 H_6，所以必须修正，修正系数为 $\sqrt{\frac{H_6}{H'_6}}$。

⑥ 由于支管Ⅰ和Ⅱ的水力条件（喷头构造、数量、管段长度、管径、标高等）完全相同，所以存在下列等式：

$$Q_{d\text{-}6}=Q_{4\text{-}5}，H'_6=H_5$$

也就是支管Ⅰ和Ⅱ的管系特性系数相等，$B_{g\text{Ⅰ}}=B_{g\text{Ⅱ}}$，则：

$$q_6 = Q_{5\text{-}6} + Q_{5\text{-}6}\sqrt{\frac{H_6}{H_5}} = Q_{5\text{-}6}\left(1 + \sqrt{\frac{H_6}{H_5}}\right)$$

⑦ 对其后各段流量再依次逐段进行计算，直至系统规定的设计秒流量为止。

7）管网水头损失计算。管道内的水流速度宜采用经济流速，必要时可超过5m/s，但不应大于10m/s。采用较高的管道流速，不利于均衡系统管道的水力特性并加大能耗；为降低管道摩阻而放大管径、采用低流速，将导致管道重量的增加，使设计的经济性能降低。

管道单位长度的沿程阻力损失应按下式计算：

$$i = 6.05\left(\frac{q_g^{1.85}}{C_h^{1.85} d_j^{4.87}}\right) \times 10^4 \tag{3-4}$$

式中 i—— 管道单位长度的水头损失（MPa/m）；

d_j—— 管道的计算内径（mm）；

q_g——管道设计流量（L/min）；

C_h——海澄－威廉系数，见表3-11。

表3-11 不同类型管道的海澄－威廉系数

管道类型	C_h 值
镀锌钢管	120
铜管、不锈钢管	140
涂覆钢管、氯化聚氯乙烯（PVC－C）管	150

沿程水头损失按下式计算：

$$h = il \tag{3-5}$$

式中 h—— 管道沿程水头损失（MPa）；

l——计算管段长度（m）。

管道的局部水头损失宜采用当量长度法计算，镀锌钢管件和阀门的当量长度表见附录3。

8）根据系统的设计流量计算系统供水压力或水泵扬程。

水泵扬程或系统入口的供水压力应按下式计算：

$$H = (1.20 \sim 1.40)\sum P_p + P_0 + Z - h_c \tag{3-6}$$

式中 H——水泵扬程或系统入口的供水压力（MPa）；

$\sum P_p$ ——管道沿程和局部水头损失的累计值（MPa），报警阀的局部水头损失应按照产品样本或按检测数据确定。当无上述数据时，湿式报警阀取值0.04MPa、干式报警阀取值0.02MPa、预作用装置取值0.08MPa、雨淋报警阀取值0.07MPa、水流指示器取值0.02MPa；

P_0——最不利点处喷头的工作压力（MPa）；

Z——最不利点处喷头与消防水池的最低水位或系统入口管水平中心线之间的高程差，当系统入口管或消防水池最低水位高于最不利点处喷头时，Z应取负值（MPa）；

h_c——从城市市政管网直接抽水时城市管网的最低水压（MPa）；当从消防水池吸水时，h_c取0。

【例3-1】 某建筑火灾危险等级为中危险级Ⅰ级，最不利配水区域的喷头布置如图3-22所示，试用特性系数法确定自动喷水灭火系统的设计流量。

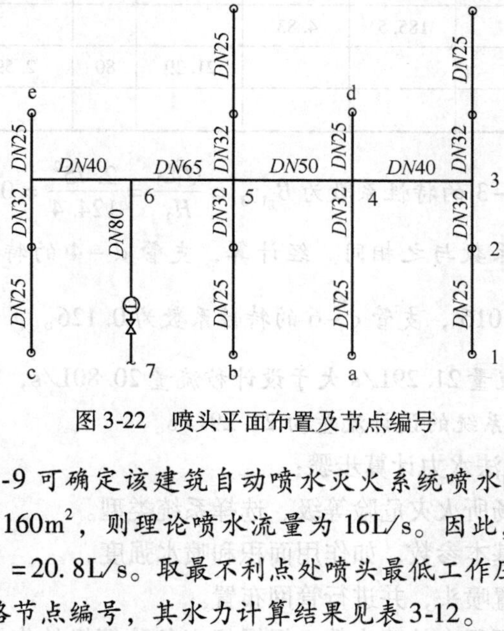

图3-22　喷头平面布置及节点编号

【解】 由表3-9可确定该建筑自动喷水灭火系统喷水强度为6L/(min·m²)，作用面积为160m²，则理论喷水流量为16L/s。因此，系统设计秒流量应不小于1.3×16 =20.8L/s。取最不利点处喷头最低工作压力为0.1MPa。如图3-22所示对管路节点编号，其水力计算结果见表3-12。

表3-12　【例3-1】系统水力计算表

节点编号	管段编号	特性系数	节点压力/kPa	节点流量/(L/s)	管段流量/(L/s)	管径/mm	单位长度水头损失/(kPa/m)	管长/m	沿程水头损失/kPa
1		0.0177	100.0	1.33					
	1-2				1.33	25	4.426	3.2	14.2
2		0.0177	114.2	1.42					
	2-3				2.75	32	5.100	2.0	10.2

（续）

节点编号	管段编号	特性系数	节点压力/kPa	节点流量/(L/s)	管段流量/(L/s)	管径/mm	单位长度水头损失/(kPa/m)	管长/m	沿程水头损失/kPa
3		0.061	124.4	2.75					
	3-4				5.50	40	6.201	3.6	22.3
4		0.016（d-4）	146.7	1.53					
		0.061（a-4）		2.99					
	4-5				10.02	50	6.346	3.6	22.8
5		0.061	169.5	3.22					
	5-6				16.46	65	4.430	3.6	15.9
6		0.126	185.5	4.83					
	6-7				21.29	80	2.594	10.0	25.9
7									

表中，支管1-3的特性系数为 $B_{g1-3}=\frac{Q_{1-3}^2}{H_3}=\frac{2.75^2}{124.4}=0.061$，支管a-4、支管b-5的特性系数与之相同。经计算，支管d-4的特性系数为 $B_{gd-4}=\frac{Q_{d-4}^2}{H'_4}=\frac{1.33^2}{108.9}=0.016$，支管c-6的特性系数为0.126。

管段6-7的流量21.29L/s大于设计秒流量20.80L/s，所以节点7后管段流量不再变化，即系统的设计流量为21.29L/s。

（4）作用面积法水力计算步骤：

1）确定设置场所火灾危险等级、选择系统类型。

2）确定设计基本参数，如作用面积和喷水强度。

3）选择和布置喷头，并进行管网布置。

4）确定作用面积内的喷头数。根据相应危险等级的作用面积及每只喷头保护面积，可获得作用面积内的喷头数。

5）确定作用面积的形状。根据规定，作用面积采用正方形或矩形。若计算出配水支管上喷头数有小数则进位取整；若配水支管的实际长度小于边长的计算值，作用面积要扩展到该配水支管邻近支管上的喷头。由此确定的作用面积不得小于规范规定的作用面积。

6）按式（3-1）计算最不利点处喷头流量。

7）依次计算第一根支管各管段的沿程水头损失、支管上各喷头的压力和流量、支管总流量。

对轻危险级、中危险级的系统进行水力计算时，假定作用面积内各喷头的水量相等，即都等于最不利点喷头的喷水量。从最不利点开始，直至作用面积内最后一个喷头为止，以后流量不再增加，仅计算管道的水头损失，并应满足前述喷水强度的相关规定。对严重危险级和仓库危险级进行水力计算时，作用面积内每个喷头喷水量按该喷头处的实际水压计算确定，并应满足前述喷水强度的相关规定。

8）系统的设计流量应按最不利点处作用面积内喷头同时喷水的总流量确定：

$$Q_s = \frac{1}{60}\sum_{i=1}^{n} q_i \tag{3-7}$$

式中 Q_s——系统设计秒流量（L/s）；

q_i——最不利点处作用面积内各喷头节点的流量（L/min）；

n——最不利点处作用面积内的喷头数。

管网损失及系统压力计算等步骤见特性系数法。

【例3-2】 一栋仅在走道设自动喷水灭火系统喷头的5层宾馆，各层楼梯间分别设于两端头，中间走道宽2.4m，长42m，第五层走道吊顶标高15m，设置标准响应吊顶型喷头，喷头工作压力为0.05MPa。试计算设计计算作用面积内的喷头数，走道内应布置的喷头总数，以及消防水箱的最小箱底标高（假设管道沿程水头损失为0.0215MPa）。

【解】 由附录1可知，该宾馆的火灾危险等级为轻危险级。由表3-9可确定宾馆自动喷水灭火系统的喷水强度为4L/(min·m²)。

由题可知宾馆走道宽为2.4m，所以走道上只能设单排喷头。而根据规范规定，仅在走道设置喷头的闭式系统，作用面积应按最大疏散距离所对应的走道面积确定，本题最大疏散距离为走道长度的一半，即21m。因此，作用面积$F = 21\times2.4\text{m}^2 = 50.4\text{m}^2$。

根据喷头工作压力大小，每个喷头的流量为：

$$q = K\sqrt{10P} = (80\times\sqrt{10\times0.05})\text{L/min} = 56.57\text{L/min}$$

再由喷水强度，确定每个喷头的保护面积为$f = q/D = (56.57/4)\text{m}^2 = 14.14\text{m}^2$，则每个喷头的保护半径为$R = \sqrt{f/\pi} = \sqrt{14.14/3.14}\text{m} = 2.12\text{m}$。火灾时要求喷头喷水覆盖整个走道，不留空白点，所以喷头间距为$S = 2\sqrt{R^2-(b/2)^2} = (2\times\sqrt{2.12^2-1.2^2})\text{m} = 3.5\text{m}$。

作用面积内的喷头数为$n = 21/3.5$个$=6$个，走道内布置的喷头数为$N = 42/3.5$个$=12$个。

消防水箱的最小箱底标高为 $Z=(15+0.05+0.0215)/0.01\text{m}=22.15\text{m}$。

【例 3-3】 某火灾危险等级为中危险级Ⅰ级的商场的最不利配水区域的喷头布置如图 3-23 所示，试用作用面积法确定自动喷水灭火系统的设计流量。

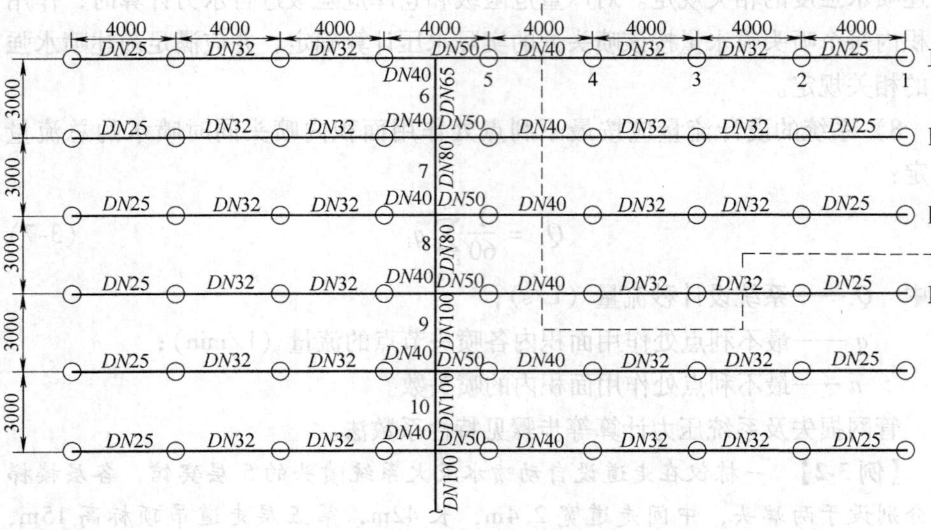

图 3-23　水力计算图

【解】 由表 3-9 可确定商场的自动喷水灭火系统喷水强度为 $6\text{L}/(\text{min}\cdot\text{m}^2)$，作用面积为 160m^2。由喷头布置图 3-23 可知，每个喷头的保护面积为 $3\times4\text{m}^2=12\text{m}^2$，小于规定的最大保护面积 12.5m^2，符合规范要求。

采用矩形作用面积，则长边长度为 $1.2\times(160)^{1/2}\text{m}=15.18\text{m}$，支管上计算喷头数量为(15.18/4)个 = 3.8 个，取 4 个，长边实际长度为 16m。短边长度为(160/16)m = 10m，计算支管数量为(10/3)排 = 3.3 排，取 3 排，计算喷头数为 12 个，喷头总保护面积为 144m^2，小于规定的 160m^2，需增补的喷头数量为[(160 − 144)/12]个 = 1.33 个，取 2 个。实际作用面积为 $14\text{m}\times12\text{m}=168\text{m}^2$，符合规范要求。由此，实际作用面积为图 3-23 中所示虚线所包围的面积。

根据表 3-8 确定图 3-23 的管网中各管段管径，并在图中找到最不利管路，给各节点编号。

取最不利点处喷头工作压力为 0.1MPa，则第一个喷头流量：

$$q=K\sqrt{10P}=(80\times\sqrt{1})\text{L/min}=80\text{L/min}=1.33\text{L/s}$$

根据规范规定，对中危险级的系统进行水力计算时，假定作用面积内各喷头的水量相等，则作用面积内的设计流量为：$Q_s=nq=(14\times1.33)\text{L/s}=18.62\text{L/s}$。

核算：

（1）理论流量为：$Q=\frac{160\times6}{60}$L/s = 16L/s，则设计流量为理论流量的1.16倍，符合（1.15～1.30）倍的要求。

（2）作用面积内的平均喷水强度为：$\frac{14\times80}{168}$L/(min · m²) = 6.67L/(min · m²)，大于规定的6 L/（min · m²）。

（3）最不利点处作用面积内4只喷头围合成的保护面积为：(2+4+2)×(1.5+3+1.5)m² = 48m²；每个喷头的保护面积为：48÷4 = 12m²；则4只喷头围合范围内的平均喷水强度为：(80÷12) L/(min · m²) = 6.67L/(min · m²)，大于规定的(6×85%)L/(min · m²) = 5.1L/(min · m²)。

经核算，所有参数均符合规范要求，所以，该自动喷水灭火系统的设计流量为18.62L/s。

3.5　高层建筑自动喷水灭火系统布置与减压

3.5.1　高层建筑自动喷水灭火系统的供水方式及布置

高层建筑自动喷水灭火系统的供水方式根据条件的不同有以下几种分类：

（1）根据自动喷水灭火系统的压力状态，即保证系统最不利喷头处的工作压力，系统可分为高压（常高压）给水系统、临时高压给水系统两种。

（2）系统报警阀处的工作压力大于1.60MPa或喷头处的工作压力大于1.20MPa时，应进行分区供水。

根据轻、中危险级场所中各配水管入口的压力均不宜大于0.40MPa的规定，采用适当的减压措施进行配水管压力控制，可以形成一次供水系统和分区供水系统，而分区供水系统又可分为串联、并联、减压分区等供水方式。如图3-24所示为串联分区、并联分区、减压阀减压分区和减压水箱减压分区的供水方式。

（3）按服务范围，系统还可分为独立和区域集中的自动喷水灭火系统。

（4）由于报警阀的存在，使自动喷水灭火系统在同样的供水方式下，具有多个报警阀分别服务于建筑中不同区域的形式，主要有以下四个方面：

1）报警阀组服务于建筑中某些特定的区域，如保护室内钢屋架等建筑构件，需设置独立的报警阀组。

2）串联接入湿式系统配水干管的其他自动喷水灭火系统，应分别设置独立的报警阀组，其控制的喷头数计入湿式阀组控制的喷头总数。

3）为尽量避免影响喷头出水的均匀性，服务范围不宜过大，限制单个报

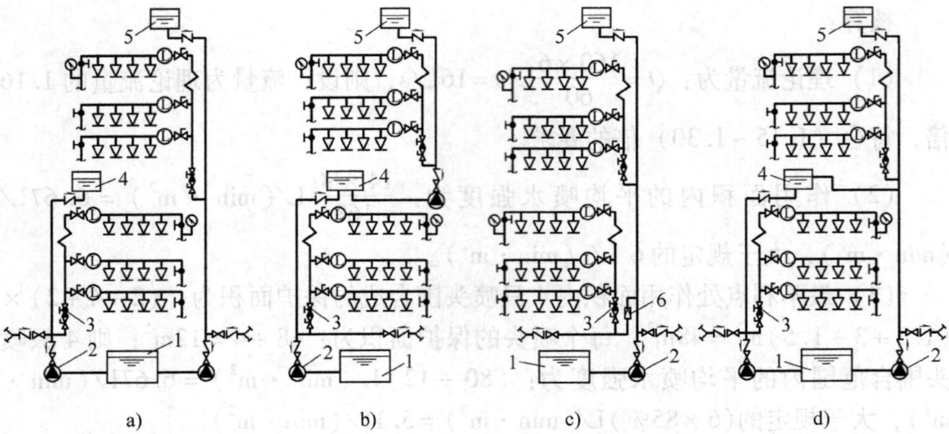

图 3-24 高层建筑自动喷水灭火系统分区供水方式

a）消防水泵并联分区供水 b）消防水泵串联分区供水

c）减压阀减压分区供水 d）减压水箱减压分区供水

1—水池 2—消防水泵 3—报警阀 4—分区消防水箱 5—屋顶消防水箱 6—减压阀

警阀组服务的喷头个数的总和——湿式系统、预作用系统不宜超过 800 只，干式系统不宜超过 500 只。若配水支管同时安装保护吊顶下方和上方空间的喷头时，应只将数量较多一侧的喷头计入报警阀组控制的喷头总数。

4）服务高差不宜过大，单个报警阀组供水的最高与最低位置喷头，高程差不宜大于 50m，否则应分区。每个分区至少应有 2 个以上报警阀组，而且报警阀前的所有供水管道应在报警阀前形成环状。

（5）自动喷水灭火系统采用分区给水的高层建筑，每个分区的消防给水管网应分别设置水泵接合器。

（6）高层建筑的自动喷水灭火系统实行分区供水时，系统的中间储水池作为有限水源。用于轻火灾危险级建筑物，水池容量不小于 5m^3；用于中火灾危险级建筑物，水池容量不小于 20m^3；用于严重火灾危险级建筑物，水池容量不小于 70m^3。

3.5.2 高层建筑自动喷水灭火系统的减压

高层建筑自动喷水灭火系统的减压可采用减压孔板、节流管、减压阀等。减压孔板、节流管一般设置于水流指示器后，两者都只能减动压，不能减静压。减压孔板应采用不锈钢板制作，并应设在直径不小于 50mm 的水平直管段上，前、后管段的长度均不宜小于该管段直径的 5 倍，孔口的直径不应小于设置管段直径的 30%，且不应小于 20mm。节流管的直径宜按上游管段直径的一半确定，长度不宜小于 1m，管内水的平均流速不应大于 20m/s。

减压阀应设置在报警阀组入口前，其减压原理类似水箱，不仅减动压，还能减静压。减压阀做消防用时，比例式减压阀宜垂直设置，水流方向宜向下；可调式减压阀宜水平设置。

减压阀入口前应设过滤器，且便于排污；当连接两个及以上报警阀组时，应设置备用减压阀；减压阀前后应设控制阀和压力表，当减压阀主阀体自身带有压力表时，可不设压力表；减压阀和前后的阀门宜有保护或锁定调节配件的装置。

思 考 题

1. 简述自动喷水灭火系统的分类，并列出闭式系统中各种系统的适用范围。
2. 不同的闭式自动喷水灭火系统各自特点如何，组成部分有何不同？
3. 试述闭式喷头的种类及其适用场所。
4. 报警阀的作用有哪些，分为哪些类型，其中湿式报警阀的工作原理如何？
5. 报警阀组有哪些组件，每个组件的作用是什么？
6. 湿式自动喷水灭火系统中的水流报警装置有哪些，如何起到报警作用？
7. 自动喷水灭火系统的末端试水装置的组成和作用是什么？
8. 自动喷水灭火系统的管网布置形式有哪些，如何选择？
9. 消防水箱储存10min消防用水的依据是什么？
10. 火灾发生10min前后，自动喷水灭火系统在设计方面如何体现其不同？
11. 自动喷水灭火系统有哪两种水力计算方法，有何不同，各自适用条件是什么？
12. 高层建筑自动喷水灭火系统的供水方式有哪些？

4

第4章 雨淋灭火及水幕系统

根据喷头开闭形式的不同，自动喷水灭火系统分为闭式和开式两大类。其中开式系统由喷头常开而得名，管网中平时无水，火灾发生时，系统由火灾探测装置启动，所有喷头同时喷水，达到灭火或其他目的。根据喷水形式不同，开式系统又分为雨淋系统、水幕系统、水喷雾系统。由于水喷雾喷头的结构和性能的独特性，本书将水喷雾系统单独列于下一章详述。

4.1 雨淋灭火系统的工作原理与设置

雨淋灭火系统为喷头常开的灭火系统，当建筑物发生火灾时，由火灾自动报警系统或传动管控制，自动开启雨淋报警阀并启动供水泵后，使整个保护区域所有喷头喷水灭火，形似下雨降水，故称雨淋系统。

4.1.1 系统的组成及工作原理

雨淋系统通常由两部分组成：火灾探测传动控制系统；带雨淋报警阀组和开式喷头的自动喷水灭火系统。雨淋系统组件包括开式喷头、管道系统、雨淋阀、火灾探测器、报警控制装置、控制组件和供水设备等。

雨淋系统由开式洒水喷头、雨淋报警阀组等组成，由配套设置的火灾自动报警系统或传动管联动雨淋阀，由雨淋阀控制配水管道上的全部开式喷头同时喷水。发生火灾时，被保护的区域急速上升的热气流使感烟或感温探测器探测到火灾区的燃烧粒子，并立即向报警控制器发出报警信号，经报警控制器分析确认后发出声、光报警信号，同时开启雨淋阀的电磁阀，使高压腔压力水快速排出。由于经单向阀补充流入高压腔的水流缓慢，因而高压腔水压快速下降，供水作用在阀瓣上的压力将迅速打开雨淋阀门，水流立即充满整个雨淋管网，使该雨淋阀控制的管网上所有开式喷头同时喷水，可以在瞬间像下暴雨般喷出大量的水覆盖火区，达到灭火目的。雨淋阀打开后，水同时流向报警管网，使水力警铃发出声响报警，在水压作用下，接通压力开关，并通过报警控制器切换，给值班室发出电信号或直接启动水泵。在消防主泵启动前，火灾初期所需的消防用水由高位水箱或气压罐供给。

4.1.2　系统的特点及设置场所

1. 雨淋系统的特点

（1）系统灭火控制面积大，出水量大，灭火及时。由于开式喷头向系统保护区域内同时喷水，能有效地控制火灾，防止火灾蔓延，耗水量也较大。

（2）系统反应速度快，灭火效率高。由于是采用火灾探测传动控制系统来开启系统，从火灾发生到探测装置动作并开启雨淋系统灭火的时间，比闭式系统喷头开启的时间短。如果采用充水式雨淋系统，反应速度更快，更有利于快速出水灭火。

（3）在实际应用中，系统形式的选择比较灵活。但不论哪种形式，其自动控制部分需要很高的可靠性，否则易产生误动作。因喷水面积过大，且没有过火之处也喷水，因此会造成极大的水渍损失，其应用应慎重。

2. 雨淋系统的适用场所

（1）火灾的水平蔓延速度快、闭式喷头的开放不能及时使喷水有效覆盖着火区域的高度危险的场所或部位。

（2）设置场所的净空高度超过表3-4的规定，且必须迅速扑救初期火灾的场所。

（3）火灾危险等级为严重危险级Ⅱ级的场所。

3. 雨淋系统的设置范围

（1）火柴厂的氯酸钾压碾厂房；建筑面积大于100m^2且生产或使用硝化棉、喷漆棉、火胶棉、赛璐珞胶片、硝化纤维的厂房。

（2）乒乓球厂的轧坯、切片、磨球、分球检验部位。

（3）建筑面积大于60m^2或储存量大于2t的硝化棉、喷漆棉、火胶棉、赛璐珞胶片、硝化纤维的仓库。

（4）日装瓶数量大于3000瓶的液化石油气储配站的灌瓶间、实瓶库。

（5）特等、甲等或超过1500个座位的其他等级剧场和超过2000个座位的会堂或礼堂的舞台葡萄架下部。

（6）建筑面积不小于400m^2的演播室，建筑面积不小于500m^2的电影摄影棚。

4.1.3　系统的分类与选型

雨淋系统可分为空管式雨淋系统和充水式雨淋系统两大类型。在实际应用中，雨淋系统可能有许多不同的组成形式，但其工作原理大致相同。通常有以下几种组成形式：

1. 立式雨淋阀系统

平时喷水管网为干管状态，属于空管式雨淋系统。该系统雨淋阀为直立式安装，结构较简单，但在水源压力不稳定时，易发生误动作。空管系统的雨淋阀起动后，水流要先充满管道，才喷水灭火，在时间上有一定的滞后。

2. 由湿式报警阀和雨淋阀组成的雨淋系统

平时喷水管网为干管状态，属于空管式雨淋系统，该系统的报警阀组由湿式报警阀和雨淋阀组成，能有效地防止水源压力不稳定而造成系统的误动作，系统工作比较稳定。

3. 充水式雨淋系统

系统雨淋阀后管网内平时充以静压水，水面低于开式喷头的出口，并由溢流管保持恒定平面。雨淋管网中总是充满水，一旦雨淋阀起动即立即喷水，能有效地提高系统出水灭火的速度。

充水式雨淋系统的灭火速度比空管式雨淋系统快。空管管网用于一般的严重危险场所，要求配水空管的充水时间不超过2min；充水管网用于易燃易爆的严重危险场所，要求快速动作，高效灭火。

4.1.4 系统的控制方式

由于雨淋系统一旦开启将大面积出水，系统出现误喷可能导致极大的水渍损失，因此系统控制的可靠性显得尤为重要。目前常用的控制方式有以下三种，可根据生产、加工、储存易燃物品的性质、数量、火灾危险程度、建筑物面积、建筑结构的耐火等级及操作情况等进行选择。

1. 闭式喷头的充水或充气传动管控制

在系统保护区上方均匀布置闭式喷头，闭式喷头的配水管作为雨淋阀开启的传动控制管。一旦发生火灾，任一闭式喷头开启喷水，传动管中水压降低就会立即打开雨淋阀，开式系统便喷水。传动管内也可充压缩空气代替充水，启动雨淋阀，如图4-1所示。

2. 电动控制

依靠保护区内火灾探测器的电信号，通过继电器开启传动管上的电磁阀，使传动管泄压、打开雨淋阀、向系统供水。为保证探测系统信号可靠，电磁阀应由2个独立设置的火灾探测器同时控制，如图4-2所示。

规模较小的雨淋系统中，还可以不设雨淋阀，改由电动阀或电磁阀直接控制：火灾探测信号通过电控装置启动水泵，打开电动阀，同时电动警铃报警。

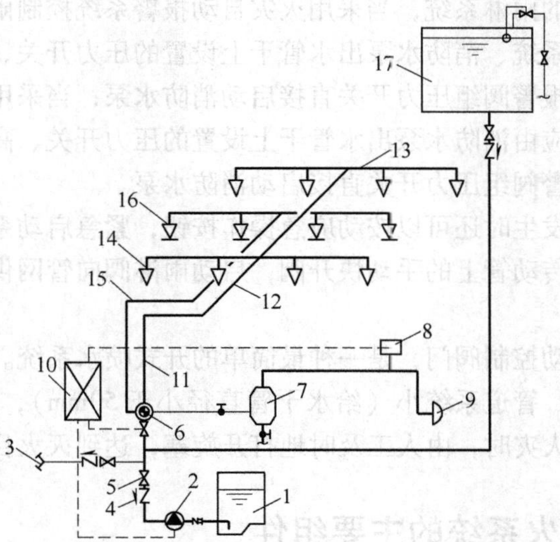

图 4-1　传动管控制的雨淋灭火系统示意图

1—水池　2—消防水泵　3—水泵接合器　4—止回阀　5—闸阀　6—雨淋报警阀　7—延迟器　8—压力开关　9—水力警铃　10—报警控制器　11—立管　12—配水管　13—配水支管　14—开式洒水喷头　15—传动管　16—闭式洒水喷头　17—水箱

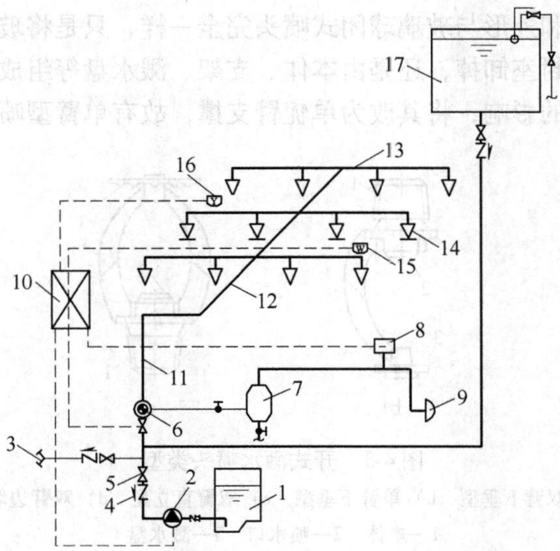

图 4-2　电动控制的雨淋灭火系统示意图

1—水池　2—消防水泵　3—水泵接合器　4—止回阀　5—闸阀　6—雨淋报警阀　7—延迟器　8—压力开关　9—水力警铃　10—报警控制器　11—立管　12—配水管　13—配水支管　14—开式洒水喷头　15—感温探测器　16—感烟探测器　17—水箱

对自动控制的雨淋系统，当采用火灾自动报警系统控制雨淋报警阀时，应由火灾自动报警系统、消防水泵出水管干上设置的压力开关、高位水箱出水管上的流量开关和报警阀组压力开关直接启动消防水泵；当采用充水传动管控制雨淋报警阀时，应由消防水泵出水管干上设置的压力开关、高位水箱出水管上的流量开关和报警阀组压力开关直接启动消防水泵。

此外，火灾发生时还可以按动应急操作按钮，紧急启动系统喷水灭火，或直接开启雨淋阀传动管上的手动快开阀，启动雨淋阀向管网供水。

3. 手动控制

系统仅设手动控制阀门，是一种最简单的开式喷水系统。适用于工艺和所在场所危险性小，管道系统小（给水干管直径小于50mm），24 小时有人值班的场所。当发生火灾时，由人工及时地打开旋塞，达到灭火目的。

4.2 雨淋灭火系统的主要组件

4.2.1 开式洒水喷头

开式洒水喷头有双臂下垂、双臂直立、双臂边墙和单臂下垂型四种，如图 4-3 所示，其公称口径有 10mm、15mm、20mm 三种。开式洒水喷头规格、型号、接管螺纹和外形与玻璃球闭式喷头完全一样，只是将玻璃球闭式喷头上的感温元件和密封座卸掉，还是由本体、支架、溅水盘等组成，有时为了减少喷头轭臂对喷头的影响，将其改为单轭臂支撑，故有单臂型喷头。

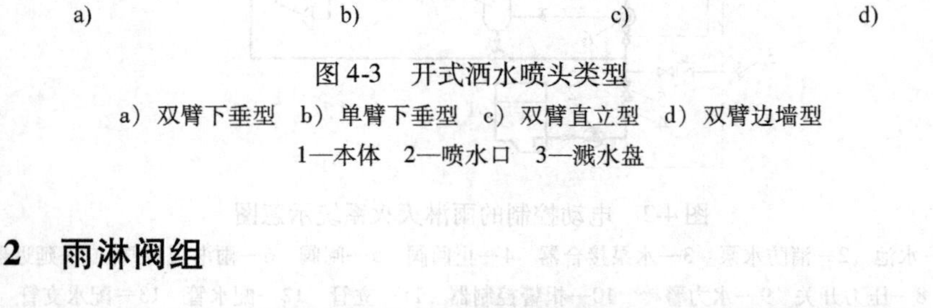

图 4-3 开式洒水喷头类型

a）双臂下垂型 b）单臂下垂型 c）双臂直立型 d）双臂边墙型

1—本体 2—喷水口 3—溅水盘

4.2.2 雨淋阀组

雨淋阀组是开式自动喷水灭火系统中的关键设备，具有接通和关断系统供水，驱动水力警铃报警，启动消防泵等功能。雨淋阀组由信号蝶阀、雨淋阀、电磁阀、水力警铃、压力开关、放水阀和压力表等组件组成。

雨淋阀组类型及启动方式在上一章已介绍，此处不再赘述。

4.2.3　火灾探测传动控制系统

雨淋系统中常用的探测传动控制系统主要有：带易熔锁封的钢丝绳传动控制系统，带闭式喷头的充气或充水的传动管网控制系统，感烟、感温、感光火灾探测器电动控制系统，还有手动控制系统等。

1. 带易熔锁封的钢丝绳传动控制系统

安装在房间的整个顶棚下面，通过拉紧弹簧和连接器，使钢丝绳保持一定的拉力，并使传动阀保持密闭状态。当易燃物着火时，室内温度升高，易熔锁封被熔化，钢丝绳断开，传动阀开启放水，传动管网内水压骤降，雨淋阀自动开启，所有开式喷头一起自动喷水灭火。

2. 带闭式喷头的传动控制系统

用带易熔元件的闭式喷头或带玻璃球的闭式喷头，作为开式自动喷水灭火系统探测火灾的感温元件，是一种较好的控制系统。当易燃物着火后，室内温度上升至一定值时，闭式喷头的闭锁装置自行脱落并放水，使传动管网中的水压降低，雨淋阀即自动开启。

3. 感温、感烟、感光等火灾探测器电动控制系统

该系统由电气或自控专业设计，此处不作介绍。

4. 手动旋塞传动控制系统

发生火灾时，如果感温、感烟、感光等火灾探测器尚未动作，已经有人发现火灾，可由人工打开旋塞，使传动管网放水泄压，启动成组作用阀喷水灭火。手动旋塞开关旋转90°即可放水泄压，可以快速启动雨淋系统灭火。

在设计时，采用何种火灾探测传动控制系统，或把哪几种系统联合使用，应视具体情况而定，但不论设置何种自动控制系统，都必须同时设置手动控制装置。

4.3　雨淋灭火系统的设置规定及设计计算

雨淋灭火系统适用于严重危险场合，其设置按严重危险建筑的要求考虑，当被保护面积大于规定值时，对于没有爆炸危险的场所，为了减少消防用水量和相应的设备容量，可分区设置若干雨淋系统。雨淋灭火系统的供水设施、局部加压、减压及防超压措施，管路系统、管材选用等，均应满足与闭式自动喷水灭火系统相同的规定。

4.3.1 系统供水方式

当室外管网的流量和水压能满足室内最不利点灭火用水量和水压要求时，可不设屋顶水箱等贮水设施；当采用临时高压系统时，火灾初期10min的消防用水量可由屋顶水箱、局部增压设备等提供，然后再由消防水池和消防水泵主要供水设施提供，而水泵接合器则是系统不可缺少的补充供水设施。

4.3.2 喷头的设置

雨淋灭火系统的防护区内应采用相同的喷头。

喷头布置的主要任务是将一定强度的水均匀地喷淋于整个被保护的面积上，雨淋系统的喷水强度大小与湿式自喷系统相同，按火灾危险等级选用。开式喷头在竖向上布置时，必须充分考虑屋盖或楼板的结构特点，喷头一般安装在建筑物凸出部位（如梁）的下面。在空管式雨淋系统中，喷头可向上或向下安装，但在充水式雨淋系统中，喷头应向上安装并应安装在同一标高上。当喷头直接安设在梁底时，喷头顶盖与梁底或其他结构凸出物之间的距离一般不应小于0.08m。

为防止火灾蔓延，雨淋系统在同一层内有两个或两个以上喷水保护区域时，相邻保护区域边缘喷头的布置应有效地扑灭分界区的火灾，如图4-4所示。

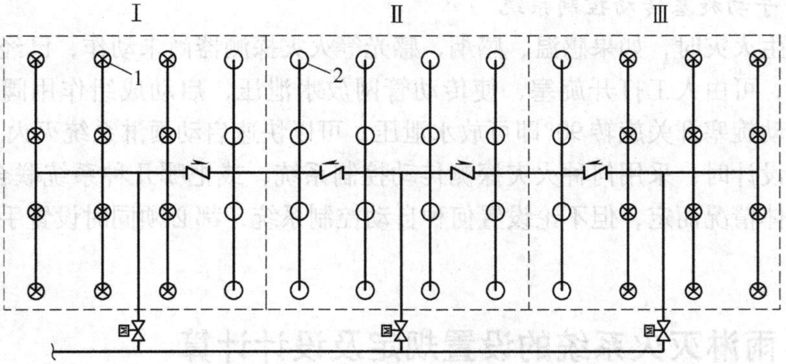

图4-4 多个喷水保护区域的喷头及阀门布置

1—未喷水的喷头 2—正在喷水的喷头

喷头一般采用正方形布置，并根据每个喷头的保护面积决定喷头的各种间距，其要求与湿式系统的喷头相同。

系统中最不利点喷头的供水压力不小于0.05MPa。

4.3.3　雨淋阀的设置

雨淋报警阀的设置与湿式报警阀基本相同。雨淋系统的雨淋阀组应设置在环境温度大于4℃、有排水设施的场所，对于充水式雨淋系统，要求保护区域的环境温度也应大于4℃。其位置应尽量更靠近保护对象，尤其是舞台和摄影棚，以保证火灾发生时立即起动。

雨淋阀可以并联设置，当单个雨淋阀的供水能力不能满足系统要求时，可将几个雨淋阀并联安装来满足要求，如图4-5所示。雨淋阀的并联安装方法有雨淋阀并联法和用传动管网连接使雨淋阀并联两种。并联设置雨淋阀组的雨淋系统，其雨淋阀的入口应设止回阀，防止因水流波动使雨淋阀产生误动作。雨淋阀组的电磁阀入口、雨淋阀前、后均应设过滤器，且滤网应采用耐腐蚀金属材料。当防护面积较大需设多组雨淋阀组时，阀组最好集中设置，而且不同防火分区应有各自独立的系统，即应有各自单独控制的雨淋阀门。

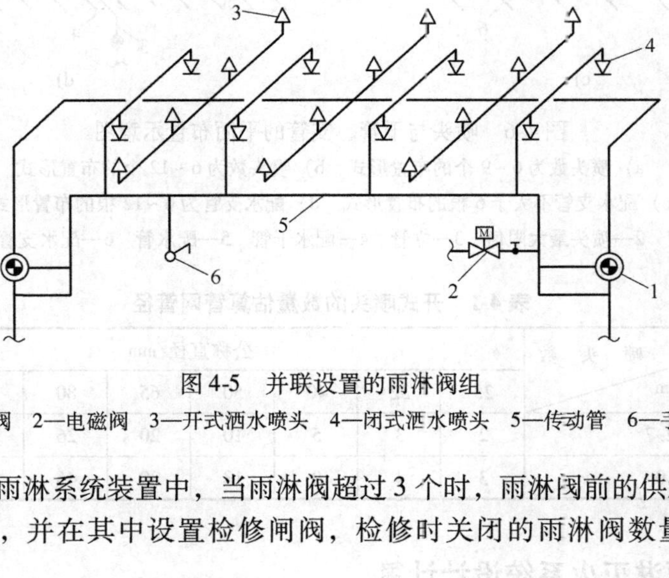

图4-5　并联设置的雨淋阀组

1—雨淋阀　2—电磁阀　3—开式洒水喷头　4—闭式洒水喷头　5—传动管　6—手动开关

在一组雨淋系统装置中，当雨淋阀超过3个时，雨淋阀前的供水干管应采用环状管网，并在其中设置检修闸阀，检修时关闭的雨淋阀数量不应超过2个。

雨淋阀组的传动管上安装闭式喷头，当用闭式喷头启动雨淋阀时，每个闭式喷头探测火灾的服务面积规定：无爆炸危险的房间采用9m^2；有爆炸危险的房间采用6m^2。闭式喷头的传动管直径：传动管充气时采用*DN*15，充水时采用*DN*25，传动管上闭式喷头间距不宜大于2.5m。传动管应有不小于0.005的坡度坡向雨淋阀，传动管长度不宜大于300m。

雨淋阀组手动控制时，手动旋塞应设于通道口附近或其他便于开启的地点。水力传动控制时，由于雨淋阀组有相应的附属阀件，安装时要占一定面积；电动传动控制时，电磁阀的安装应注意电气的防爆和防火要求。

4.3.4 管网的设置

每根配水支管上装设的喷头不应超过 6 个，每根配水干管上所接的配水支管数也不宜超过 6 根，以免影响配水的均匀性。干管、支管的平面布置如图 4-6 所示。管网系统在任何时间的压力波动不应超过工作压力的 10%，以免系统误动作。雨淋管网直径可按喷头数估算，见表 4-1。

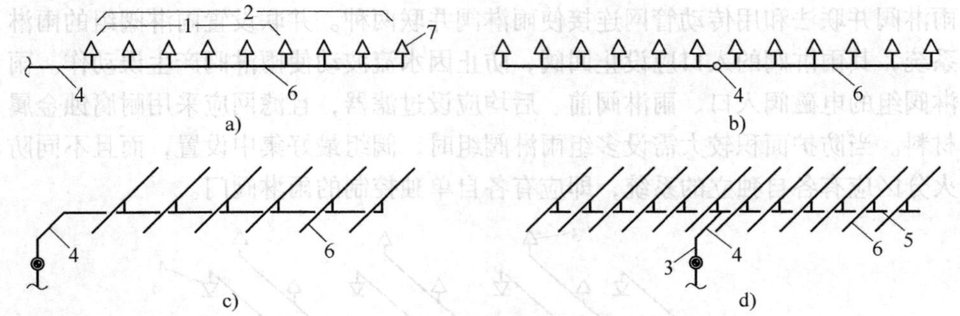

图 4-6 喷头与干管、支管的平面布置示意图

a）喷头数为 6 ~ 9 个的布置形式 b）喷头数为 6 ~ 12 个的布置形式

c）配水支管不大于 6 根的布置形式 d）配水支管为 6 ~ 12 根的布置形式

1—喷头常用值 2—喷头最大限值 3—立管 4—配水干管 5—配水管 6—配水支管 7—开式喷头

表 4-1 开式喷头的数量估算管网管径

喷头数 / 喷头直径/mm	公称直径/mm							
	25	32	40	50	65	80	100	150
12.7	2	3	5	10	20	26	40	>40
10	3	4	9	18	30	46	80	>80

4.3.5 雨淋灭火系统设计计算

雨淋系统的设计基本参数、计算方法及步骤与闭式自动喷水灭火系统完全相同。

雨淋系统中每个雨淋阀控制的喷水面积不宜大于表 3-8 中的作用面积。雨淋系统设计流量为雨淋阀控制面积内的所有喷头同时开启喷水的流量之和；设有多组雨淋系统时，应按可能同时作用的雨淋阀的流量之和的最大值来计算系统设计流量，系统工作压力应满足设计流量下最不利喷头的最小工作压力，并以此作为消防水箱、消防水池和消防水泵等的设计依据。

4.4　水幕系统的工作原理与设置

水幕系统是利用水幕喷头密集喷洒所形成的水墙或水帘，起到挡烟、阻火和冷却防火分隔物作用的一种自动喷水灭火系统，也是自动喷水灭火系统中唯一的一种不以灭火为主要目的的系统。

4.4.1　系统的组成及工作原理

水幕系统由开式洒水喷头或水幕喷头、雨淋报警阀组或感温雨淋阀、管道、供水设备及火灾探测控制装置等组成。

水幕系统的工作原理和控制方式与雨淋系统类似。发生火灾后，由火灾探测器或人员发现火灾，电动或手动开启控制阀，然后系统通过水幕喷头喷水，进行阻火、隔火或冷却防火分隔物。与雨淋系统不同的是：水幕系统雨淋阀后的配水管道是沿门、窗或孔洞的开口部位布置，采用特制的水幕喷头。

4.4.2　系统的特点及设置场所

1. *水幕系统的特点*

（1）主要目的不是直接灭火，而是利用密集喷洒所形成的水墙或水帘，配合防火卷帘等分隔物，阻断烟气和火势的蔓延，同时水墙或水帘本身具有防火分隔作用，并利用水的冷却作用，保持分隔物在火灾中的完整性和隔热性。

（2）水幕系统以水帘作为防火分隔物时，不影响火灾区的人员向外疏散，也不影响消防人员进入火区灭火。

（3）水幕系统利用幕状水流吸收火灾产生的热量，并阻止火舌卷流和烟气的扩散，同时吸附烟气中的烟粒子及一些有害气体。

2. *水幕系统的适用场所*

水幕系统多用于有化工生产装置，大型的火灾危险性大的厂房、仓库，大型剧院、会堂、礼堂的舞台口，建筑物的门、窗、洞口等部位，以及与防火幕、防火卷帘配合使用的场所或部位。

下列部位宜设置水幕系统：

（1）特等、甲等或超过1500个座位的其他等级剧场和超过2000个座位的会堂和高层建筑内超过800个座位的剧场或礼堂的舞台口及上述场所内与舞台相连的侧台、后台的洞口。

（2）应设置防火墙等防火分隔物而无法设置的局部开口部位。

（3）需要防护冷却的防火卷帘或防火幕的上部。

4.4.3 系统的分类与选型

根据阻火作用的不同，水幕系统分为防火分隔水幕和防护冷却水幕。

（1）防火分隔水幕：密集喷洒形成水墙或水帘的水幕。主要用于需要而无法设置防火分隔物的部位，例如商场营业厅、展览厅、剧院舞台、起重机的行车道等部位，用以阻止火焰和高温烟气穿过，防止火灾向相邻区域蔓延。

（2）防护冷却水幕：冷却防火卷帘、防火玻璃墙等防火分隔设施的水幕。作用是向防火卷帘、防火钢幕、门窗、檐口等保护对象喷水，冷却降温，增强保护对象的耐火能力。

根据管内是否充水，水幕系统还可分为充水式和空管式水幕系统，其形式与雨淋系统类似。

4.5 水幕系统的主要组件及设置要求

4.5.1 水幕喷头

1. 喷头类型

水幕喷头是一种开式喷头，按构造和用途分为幕帘式、窗口式和檐口式水幕喷头，如图 4-7 所示；按口径分为小口径水幕喷头（包括 6mm、8mm、10mm 三种规格）、大口径水幕喷头（常见的是 12.7mm、16mm、19mm 三种规格，实际产品中还有 11mm、12mm、15mm 或更大口径的水幕喷头）。

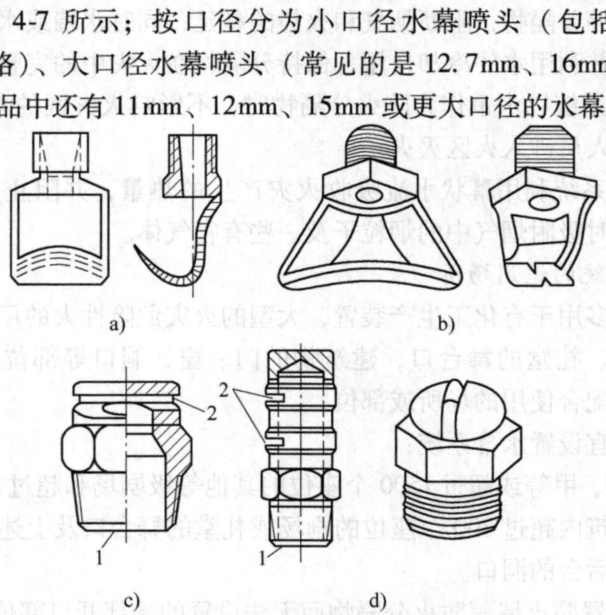

图 4-7 水幕喷头类型

a）檐口式喷头 b）窗口式喷头 c）单、双缝隙式喷头 d）缝隙式下垂型喷头

1—进水口 2—缝隙

（1）幕帘式水幕喷头。幕帘式水幕喷头分为缝隙式和雨淋式，其中缝隙式又分单隙式和双隙式两种。

单隙式水幕喷头有一条出水缝隙，喷洒角度为190°；双隙式水幕喷头有两条平行的出水缝隙，水喷出后形成两层水流，之间由于互相的引射作用很快汇合成150°的板状水幕，同时汇合时碰撞形成良好的水雾，加强了冷却和隔断辐射热的效果。缝隙式水幕喷头适于设在舞台口分隔舞台和观众厅，或设在露天生产装置区，将其分隔成多个小区，或保护局部个别建筑物或设备等。

雨淋式水幕喷头即开式洒水喷头，因其特点，可用于保护开口部位较大、采用防火水幕带的部位，如商场等公共场所的自动扶梯、螺旋楼梯穿过楼板的开口部位，或由于工艺要求而开设的较大开口部位（这些部位用一般的水幕喷头难以阻止火势的蔓延和扩大）。

（2）窗口式水幕喷头。窗口式水幕喷头是为了防止火灾通过窗口蔓延扩大，或为了增强窗扇、防火卷帘、防火幕的耐火性能而增设的喷头。

（3）檐口式水幕喷头。檐口式水幕喷头是用于防止邻近建筑物发生火灾时，对屋檐的威胁或增加屋檐的耐火能力而设置的向屋檐洒水的水幕喷头。

2. 喷头选型

防火分隔水幕应采用开式洒水喷头或水幕喷头；防护冷却水幕应采用水幕喷头。

3. 喷头布置

水幕喷头应根据设计喷水强度要求按直线分布衡量实现均匀布置，不出现空白点，以防止火焰穿过被保护部位。喷头的布置要符合下列要求：

（1）水幕作防护冷却使用时，喷头宜呈单排布置，设在防火卷帘、防火幕或其他保护对象的上方，并应保证水流直接均匀地喷向保护对象。

（2）由于工艺要求无法设置防火分隔物（例如地下铁道、地下隧道、设有起重机的车间等）的场所或部位，需要形成水幕防火带，以代替防火分隔物，应保证水幕保护宽度不应小于6m，如图4-8所示。采用水幕喷头时，其喷头布置不应少于3排；采用开式洒水喷头时，喷头布置不应少于2排。防火分隔水幕不宜用于尺寸超过15m（宽）×8m（高）的开口（舞台口除外）。

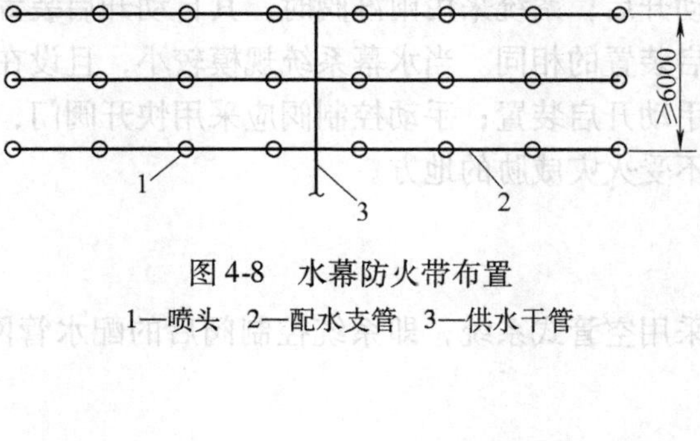

图4-8 水幕防火带布置

1—喷头 2—配水支管 3—供水干管

（3）檐口式水幕喷头用于保护上方平面（如屋檐和吊顶灯），应设置在顶层窗口或檐口板下约200mm 处。其口径和数量应根据檐口下挑檐梁的间距来选择，具体应符合表4-2 的规定。

表 4-2　檐口下挑檐梁间水幕喷头的布置

檐口下挑檐梁间距/m	2.5	2.5～3.5	>3.5	
檐口水幕喷头口径/mm	12.7	16	12.7	16
水幕喷头数/个	1	1	每2.5m一个	每3.5m一个

（4）窗口式水幕喷头用于保护立面或斜面（墙、窗、门、防火卷帘等），应设在窗口顶下50mm 处，中间层和底层窗口的水幕喷头与窗口玻璃面的距离及窗宽有关。窗口式水幕喷头的口径大小应根据楼层高低来选择。

（5）在同一配水支管上应布置相同口径的水幕喷头，以便于施工、维护管理和保证系统喷水均匀。

4.5.2　控制阀及其开启装置

水幕系统的控制阀可采用手动闸阀、电磁阀、雨淋阀或感温雨淋阀等。

感温雨淋阀是一种用玻璃球洒水喷头作支撑封堵的小口径自动雨淋阀，由进水口、阀体、玻璃球洒水喷头、滑动轴及密封片等组成。感温雨淋阀安装在配水管上，平时靠玻璃球通过滑动轴支撑密封片封闭进水口，火灾时温度升高，玻璃球受热炸裂，滑动轴及密封片失去支撑而脱落，进水管中的压力水进入配水管，从水幕喷头喷出，进行灭火。

控制阀应设在不发生冰冻、管理方便、火灾时能够接近、安全的场所，且应有防止误启动装置。

当建筑物内设有其他自动喷水灭火系统，或水幕系统与防火卷帘和防火幕配合使用时，水幕系统的控制阀一般应与该区域或者同一保护对象的上述设施联动，必要时也可单独设置。

水幕系统控制阀的开启可采用自动或手动开启装置。在无人看管和易燃易爆场所，应采用自动开启装置，但必须同时设有手动开启装置，以保证自动开启失灵时还可手动开启；系统采用雨淋阀时，其自动开启装置的设计要求与雨淋系统的自动开启装置的相同。当水幕系统规模较小，且设在经常有人逗留的场所时，可采用手动开启装置；手动控制阀应采用快开阀门，且应设在火灾时人员便于接近和不受火灾威胁的地方。

4.5.3　管网

水幕系统常采用空管式系统，即系统控制阀后的配水管网内平时不充水，当发生火灾时，打开控制阀后水才进入管网，由水幕喷头喷出。

每组水幕的管道直径按其水幕喷头同时开放计算。如果建筑物设有多组水幕系统，应根据具体情况来确定同时开放的水幕组数。同一给水系统内消防水幕超过 3 组时，控制阀前的供水管网应布置成环状，且应利用阀门分成若干独立段，其阀门的布置应保证管道检修或发生故障时关闭的控制阀不超过 2 个。阀门应设在便于管理、维护方便和易于接近的地方。水幕系统控制阀后的管网可布置成枝状或环状。

设在舞台口上方的防火分隔水幕系统，根据消防水源设置情况，控制阀后管网的供水方式可采用单管单侧供水、单管双侧供水和双管单侧供水，如图 4-9 所示。

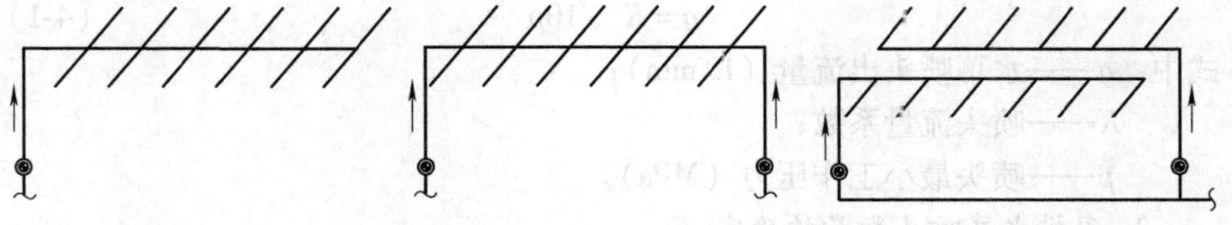

a)　　b)　　c)

图 4-9　防火分隔水幕供水方式

a）单管单侧供水　b）单管双侧供水　c）双管单侧供水

4.6　水幕系统的设计计算

4.6.1　系统设计基本参数

水幕系统的设计喷水强度和喷头工作压力与水幕系统的类型、喷水点高度有关，设计时应按表 4-3 的规定确定。

表 4-3　水幕系统的设计基本参数

水 幕 类 型	喷水点高度 h/m	喷水强度/[L/(s · m)]	喷头工作压力/MPa
防火分隔水幕	$h \leqslant 12$	2.0	0.1
防护冷却水幕	$h \leqslant 4$	0.5	

注：1. 防护冷却水幕的喷水点高度每增加 1m，喷水强度应增加 0.1L/(s · m)，但超过 9m 时，喷水强度仍采用 1.0L/(s · m)。

2. 系统持续喷水时间不应小于系统设置部位的耐火极限要求。

3. 喷头布置应符合前述相关规定。

4.6.2 系统水力计算

水幕系统中水幕喷头的流量计算公式是由孔口出流的基本公式推导获得，由于单位制的不同，流量系数的取值不同，公式会相应地变化，但其本质上和闭式喷头的计算公式是一致的。目前水幕喷头的流量系数由生产厂家提供，注意计量单位，即可按闭式喷头流量公式计算。当建筑物内同时设有自动喷水灭火系统和水幕系统时，系统的设计流量应按同时启用的自动喷水灭火系统和水幕系统的用水量计算，并取两者之和中的最大值确定。

水幕系统设计计算步骤如下。

1. 水幕喷头流量的确定

$$q = K\sqrt{10p} \tag{4-1}$$

式中 q——水幕喷头出流量（L/min）；

K——喷头流量系数；

p——喷头最小工作压力（MPa）。

2. 每排水幕喷头数量的确定

$$N = \frac{60DL_1}{q} \tag{4-2}$$

式中 N——水幕喷头数量；

D——设计喷水强度(L/(s·m))，按表 4-3 取值；

L_1——水幕的保护长度（m）；

q——按式（4-1）求得的水幕喷头流量（L/min）。

3. 防火分隔水幕的喷头排数的确定

$$M = \frac{60DL_2}{q} \tag{4-3}$$

式中 M——防火分隔水幕喷头排数，采用洒水喷头不少于 2 排，采用缝隙式喷头不少于 3 排；

L_2——水幕的保护宽度（m），不得小于 6m。

4. 水幕系统设计喷水区域的确定

当建筑物内设有多组水幕系统时，应根据具体情况确定需要同时开启的水幕组数。水幕系统的设计喷水区域即为需要同时开启的水幕组数。

5. 水幕系统的水力计算

从系统最不利点喷头开始，依次计算各节点处的水压和喷头出流量，计算方法与闭式系统的水力计算相同。管内水流速度规定同闭式系统。

将全部喷头在实际工作压力下的实际流量之和作为系统设计流量，计算管网水头损失。最后根据最不利喷头的实际工作压力、最不利喷头与储水池最低工作水位的高程差及设计流量下管路的总水头损失三者之和确定水泵扬程。

思　考　题

1. 试述雨淋系统的组成及其工作原理。
2. 雨淋系统与湿式自喷系统在类型和设置场所方面有何不同？
3. 雨淋系统常用的探测传动控制系统有哪些？
4. 水幕系统由哪些组件构成，其工作原理是什么？
5. 试述水幕系统的特点、分类及其设置场所。
6. 试述水幕喷头的类型及各自特点。
7. 水幕喷头的设置应符合哪些规定？
8. 起防火分隔作用的水幕系统有何设置要求？
9. 如何进行雨淋系统、水幕系统的设计计算，其与闭式自喷系统的设计计算有何不同？
10. 结合性能化设计工程实例，阐述水幕系统可以如何设计达到要求。

第5章　水喷雾灭火系统

5.1　水喷雾灭火系统的灭火原理及应用范围

水喷雾灭火系统是利用水雾喷头在较高压力作用下，将水流分离成0.2～1mm的细小水雾滴，喷向保护对象，从而达到灭火或冷却的目的。水喷雾灭火系统的应用发展，实现了用水扑救油类、电气设备火灾。水喷雾灭火系统分为局部应用系统、面积应用系统和双应用系统，主要用于扑救固体火灾、闪点大于60℃的液体火灾、电气设备火灾和防护冷却等。

5.1.1　灭火原理

在以水为灭火剂的自动灭火系统中，水喷雾灭火系统是唯一兼有直接灭火和冷却双重功能的固定灭火系统。它能够扑救固体火灾，还可扑救液体火灾和电气火灾。虽然水喷雾灭火系统组成、工作原理、设计方法等方面与其他自动喷水灭火系统相似，但因它是以喷射水雾的形式实现灭火和冷却的，与其他系统喷水方式有较大差别，灭火原理也不完全相同。

1. *冷却*

水雾的冷却作用体现在冷却火焰和燃烧区的气态物质。当喷雾水喷射到燃烧物表面时，会吸收大量的热而迅速汽化，水雾的外表面积与高温气体、火焰产生热交换，夺取气体、火焰的热量。雾滴越小，同体积的水所产生的雾滴越多，其外表面积就越大，雾滴就越容易汽化，热效率越高，冷却作用越明显。当火焰和气态燃烧区被冷却后，燃烧反应速度降低，使燃烧的氧化反应难以维持。燃烧物表面温度迅速降至燃点以下，燃烧即停止。

2. *窒息*

喷雾水喷射到燃烧区后，遇热汽化，生成比原液体体积大1700倍的水蒸气，包覆在燃烧物周围，使燃烧物周围空气中的氧气浓度不断下降，燃烧因窒息而停止。

3. 冲击乳化

冲击乳化只适用于不溶于水的可燃液体。喷雾水喷射到正在燃烧的液体表面时，由于水雾滴的冲击，在液体表面产生搅拌作用，从而在液体表面形成一层由水滴和非水溶性可燃液体组成的乳化混合物，其中夹杂着大量气泡，这种乳化物不燃烧，覆盖在可燃液体表面上，可使燃烧中断。

4. 稀释

对于水溶性液体火灾，喷雾水由于与水溶性液体能很好溶合，因而可使水溶性液体浓度降低，达到灭火的目的。

应该指出，水喷雾灭火不是单一因素在起作用，是上述四种因素同时发生作用。对于不同性质燃烧物发生的火灾，其中有一个或两个因素起主要作用，其他因素起辅助作用。

5.1.2 系统的应用范围

就防护目的而言，水喷雾系统依其效果可分为两类：一类是直接灭火；一类是冷却防护。水喷雾灭火系统，用于灭火时的适用范围是扑救固体火灾、闪点高于60℃的液体火灾和电气火灾。用于防护冷却时的适用范围是可燃气体和甲、乙、丙类液体的生产、储存装置或装卸设施的防护冷却。按照《建筑设计防火规范》（GB 50016—2006）规定，一般建筑的下列部位应设水喷雾灭火系统：

（1）单台容量在40MW及以上的厂矿企业的可燃油浸电力变压器，单台容量在90MW及以上的可燃油浸电厂电力变压器，或单台容量在125MW及以上的独立变电所油浸电力变压器。

（2）飞机发动机试车台的试车部位。

高层建筑的下列部位应设水喷雾灭火系统：①燃油、燃气锅炉房；②可燃油浸电力变压器；③充可燃油的高压电容器和多油开关；④自备发电机房。

水喷雾灭火系统不得用于扑救遇水后能发生化学反应造成燃烧、爆炸的物质（如金属钾、钠及磷石灰、生石灰等），以及水雾对保护对象造成严重破坏的火灾。

5.2 水喷雾灭火系统的组成及控制方式

水喷雾灭火系统由雨淋阀组、水源控制阀、试验阀、回流阀、管网、水雾喷头、火灾探测器、供水设备、控制柜等设备和组件组成。水喷雾灭火系统如图 5-1 所示。

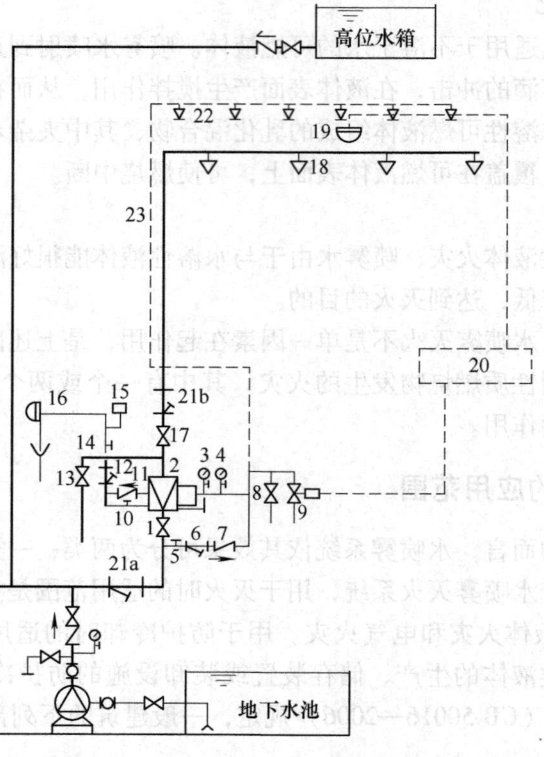

图 5-1　水喷雾灭火系统

1—水源控制阀　2—雨淋阀　3—下腔压力表　4—传动腔压力表　5—补水阀　6—过滤器　7—限量止回阀　8—手动阀　9—电磁阀　10—试警铃阀　11—止回阀　12—过滤器　13—试验回流阀　14—信号阀　15—压力开关　16—水力警铃　17—试验阀　18—水雾喷头　19—火灾探测器　20—控制柜　21a、21b—过滤器　22—传动闭式喷头或温控释放器　23—传动管

5.2.1　水喷雾灭火系统

1. 水雾喷头

水雾喷头是将具有一定压力的水，通过离心作用、机械撞击作用或机械强化作用，形成雾状后喷向保护对象的一种开式喷头。可以说水喷雾灭火系统的特点集中体现在水雾喷头上。在所有的喷头中，只有水雾喷头是喷水雾的。水雾的形成完全依靠水雾喷头的特殊结构。高压水进入喷头后，这些特殊结构使水在流动过程中经冲击、碰撞、回转、搅拌等作用，被击碎成为细小的水雾雾滴，并以一定的速度从喷头喷出。因此，水雾喷头的结构不同，产生水雾的机

理也不完全相同。水雾雾滴的粒径和水雾锥的形状都有差别，所以应根据不同的防护目的和防护对象来选用与之相适应的水雾喷头。

(1) 水雾喷头的类型。

按照水流特点，水雾喷头可以分为离心式喷头和撞击式喷头。其中离心式水雾喷头，一般都是高速喷头，而撞击式水雾喷头主要是中速喷头。

按照喷雾雾滴粒径大小可以分为一般水雾喷头、细水雾和超细水雾喷头。

根据我国产品标准，按照喷出的雾滴流速可分为高速水雾喷头（ZSTWB）和中速水雾喷头（ZSTWC）。

1）高速水雾喷头。离心式高速水雾喷头由使水流产生旋转流动的雾化芯和决定雾化角的喷口构成，水进入喷头后，一部分沿内壁的流道高速旋转形成旋转水流，另一部分仍沿喷头轴向直流，两部分水流从喷口喷出后成为水雾。如图5-2a、b所示。它主要用于保护大型充油电力变压器、液化石油气储罐及扑灭电气设备、可燃液体（闪点在66℃以上）的火灾。它可以水平安装，也可以下垂安装。该类型喷头分为带滤网和不带滤网两种。水雾喷头规格、型号及性能参数见附录4。

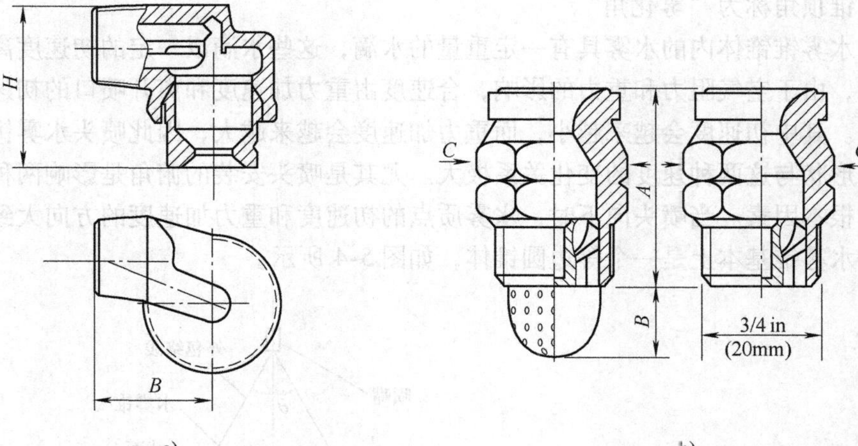

图5-2 两种类型的离心雾化喷头

离心式水雾喷头的体积小，喷射速度高，雾化均匀，雾滴直径小，贯穿力强，适用于扑灭电气设备的火灾和闪点高于60℃的可燃液体的火灾。

离心式水雾喷头的喷口的喷射角一般在30°~180°，有30°、60°、90°、120°、140°等规格。

2）中速水雾喷头。撞击式中速水雾喷头，由射水口和溅水盘组成雾化装置，水从一个渐缩口喷出，形成充实的细水柱，直射到锥形的溅水盘上，溅散成小粒径的雾滴，同时由于惯性作用，溅散成雾滴，沿锥形面射出，使雾锥的外包络线成圆锥形，圆锥内充满水滴，形成水雾锥。溅水盘的锥角不同，雾锥的雾化角也不相同，一定锥角的溅水盘和一定口径的射水口组成一定规格的喷头。

撞击式喷头从射水口射出的充实水柱，通过在溅水盘上的撞击才能雾化，因此使射流的速度减小，雾化后的水雾流速也降低，因而称为“中速喷头”。它的雾化性能次于离心式喷头。由于射流速度中等，所以贯穿能力也稍差，但可有效地作用在液面上，又不会产生较大的挠动。所以可以用于甲、乙、丙类可燃液体及液化石油气装置的防护冷却，以及开口容器可燃液体的火势控制，主要用于保护球形储罐和大型储箱等储存设备，喷头以锥形反射角向火灾附近的容器外露吸热表面喷洒水雾，进行冷却，防止容器内部压力升高而引起爆炸。一般用于扑救闪点66℃以上的易燃液体、气体和固体火灾，也可与干粉、泡沫灭火系统配合使用。反作用中速水雾喷头如图5-3所示。水雾喷头规格、型号及性能参数见附录5。

（2）水雾喷头的水力特性参数。

1）水雾锥和雾化角。在水雾喷头有效射程内水雾形成的圆锥体为水雾锥，锥顶角称为“雾化角”。

水雾锥锥体内的水雾具有一定重量的水滴，这些水滴以一定的初速度离开喷口，由于空气阻力和重力的影响，合速度由重力加速度和离开喷口的初速度合成。其中初速度会越来越小，而重力加速度会越来越大，因此喷头水雾锥的几何形状与这两种速度的变化关系极大。尤其是喷头安装的俯角是影响两种速度的根本因素。当喷头向下时，水雾质点的初速度和重力加速度的方向大致相同，水雾锥基本上是一个等边圆锥体，如图5-4所示。

图5-3　中速水雾喷头

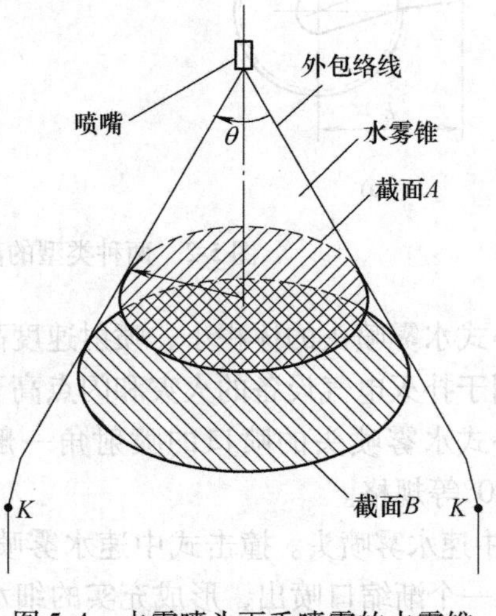

图5-4　水雾喷头下垂喷雾的水雾锥

当保护平面与地平面呈竖直状态时，水雾喷头必须水平安装，其俯角为90°。这时喷雾锥的情况就有一定差别。由于重力作用方向与质点运动方向成90°角，重力的作用变得非常明显，使喷雾锥有了一定的改变。如图5-5所示，水雾从喷口 O 处喷出，在中心轴 CO 以上部分的水雾在惯性力的作用下，仍沿喷头喷射角向前并向上运动，其运动轨迹如图中的 OA 线。当质点到达 A 点后，其向上的分速度为零，在惯性力和重力的作用下，质点做向前并向下的运动，其运动轨迹如图中的 ACD 线，A 点是弧线 $OACD$ 的顶点。研究认为，从 A 点处作一截面 AGB，在这个截面上的水雾，密度适中，雾滴直径小，并具有一定的运动速度，不易产生漂移，是适合于灭火和冷却的；当然，在这截面之前，靠近喷头截面上的水雾仍可利用，但必须从经济、安全距离和减少喷射反弹的因素考虑。AGB 截面以外，距喷头更远处，仍然有水雾，但这些水雾的密度小，不能满足喷雾强度的要求，水雾运动速度慢，易产生漂移，因而无利用价值。因此称 AGB 截面为“最大有效圆锥截面”，以它为底面，以喷头嘴为顶点的水雾锥与图5-4的水雾锥有一定差异。

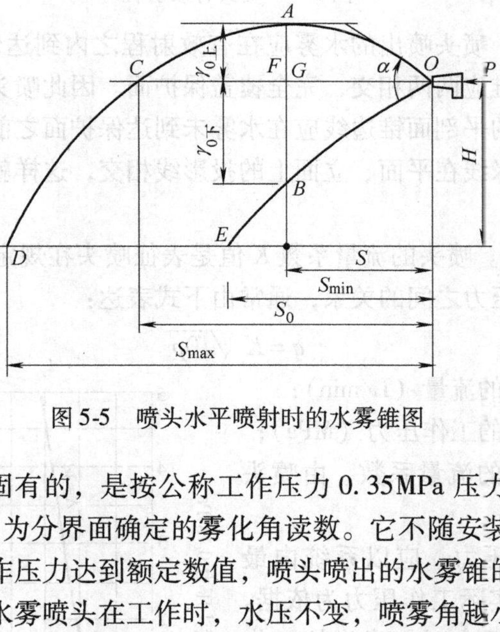

图5-5 喷头水平喷射时的水雾锥图

喷雾角是喷头固有的，是按公称工作压力0.35MPa压力下，以最低洒水密度6L/(min·m²)为分界面确定的雾化角读数。它不随安装高度和俯角的变化而改变，只要工作压力达到额定数值，喷头喷出的水雾锥的锥顶夹角就是固定的。但应注意，水雾喷头在工作时，水压不变，喷雾角越小，其有效射程越远；反之喷雾角越大，有效射程则越短。但在有效射程内，喷雾角越大，保护面积也越大。使用喷雾角大的喷头，可以节省喷头数，但它的射程短，应接近保护面安装。在实际工程中，都是以不同的喷雾角的喷头配合来保护形状复杂的专用设备。

2）有效射程。喷头水平喷射时，水雾达到的最高点与喷头之间的水平距离即为水雾喷头的有效射程；喷头中心轴线与水雾锥上包络线的交点至喷头的水平距离即固有射程。在喷头处于一定的安装高度水平喷射时，在一定的工作压力下，对一定型号、规格的喷头是固定不变的，如图5-6所示。喷头有效射程与雾化角有直接的关系。同一水雾喷头，雾化角小，射程则远，反之则近。有效射程是水雾喷头的重要性能参数。在有效射程范围内的水雾比较密集、雾滴细，可保证灭火和防护冷却效果。因此，水雾喷头与保护对象的距离不应大于水雾喷头的有效射程。

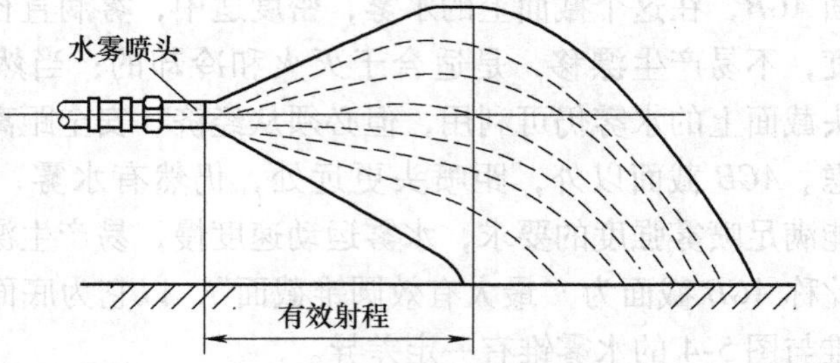

图5-6　喷头有效射程

按规范要求，喷头喷出的水雾应在有效射程之内到达保护对象的保护面，若干喷头的水雾锥应两两相交，完全覆盖保护面。因此喷头的喷雾锥是指向保护面的。水雾锥的平剖面锥边线应在水雾未到达保护面之前两两相交。实际上以水雾锥的锥边缘线在平面、立面上的投影线相交，这样就能完全把保护对象淹没在水雾之中。

3）流量系数。喷头的流量系数K值是表征喷头在规定的试验条件下，喷头的流量与工作压力之间的关系，通常由下式表达：

$$q = K\sqrt{10p} \tag{5-1}$$

式中　q——喷头的流量（L/min）；

p——喷头的工作压力（MPa）；

K——喷头的流量系数，由喷头生产厂家提供。

喷头的工作压力，应以系统内最不利点处喷头的实际工作压力为依据。规范规定，用于灭火时，喷头的工作压力不小于0.35MPa；用于防护冷却时，喷头的工作压力不小于0.2MPa。

从式（5-1）可知，水雾喷头的K值、流量、工作压力是相关的，图5-7就是它们之间的关系曲线。

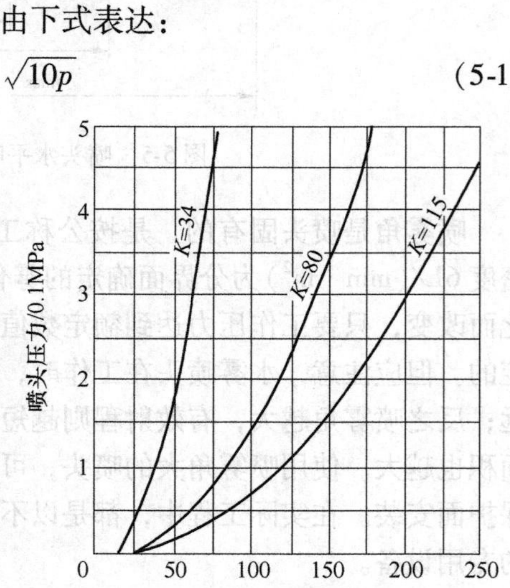

图5-7　喷头压力、K值、流量图

从图5-7可知：①当K值不变时，流量q随工作压力p的增大而增大；②在同一工作压力下，K值越大的喷头流量也越大；③喷头的K值越大，其流量—压力曲线的斜度（向右倾斜）越大；喷头的K值越小，曲线的斜度越小。这表明对K值小的喷头，当提高工作压力时，流量的增加是不大的；而K值大的喷头，只需稍加提高压力，流量增加就比较明显。

2. 雨淋阀组

（1）雨淋阀组应具备的功能。功能包括：①接通或关闭系统的供水；②接收电控信号可电动开启雨淋阀，手动或气动开启雨淋阀；③具有手动应急操作阀；④显示雨淋阀的启、闭状态；⑤驱动水力警钟；⑥监测供水压力。

（2）雨淋阀组的设置位置。雨淋阀应设在环境温度不低于4℃，且没有排水设施的室内或专用阀室。阀室设置宜靠近保护对象，并便于人员操作、确保其安全。

3. 供水管网

（1）供水管网的组成。

水喷雾灭火系统的管网由配水干管、主管道和供水管道组成：

1）配水干管：直接安装水雾喷头的管道。根据保护对象的特点，配水干管可采用枝状管或环状管。

2）主管道：从雨淋阀后到配水干管间的管道。对于在火灾或爆炸时容易受到损坏的地方，应将主管道敷设在地下或接近地面处。

3）供水管道：从消防供水水源或消防水泵出口到雨淋阀前的管道。

（2）供水管网的设置要求。

供水管网的设置要求为：

1）雨淋阀后的管道不应设置其他用水设施。

2）雨淋阀后的管道应采用内外镀锌钢管。

3）在寒冷地区，为了防止管道内的积水结冰后造成管道破裂，其系统管道应设泄水阀及相应的排水设施，以排出积水。

4）为便于清除管道内的杂物和锈蚀物，在锈蚀物易于沉积且便于排出的部位设置排渣口。

4. 过滤器

雨淋阀的控制和电磁阀的流道通径都较小，极易堵塞。为防止杂物堵塞造成雨淋阀控制失效，应在雨淋阀前的水平管段设置过滤器。当水雾喷头无滤网时，为防止水中杂物堵塞喷头，也应在雨淋阀后的水平管道设置过滤器。选择过滤器时，既要求通水性能好，能长时间连续使用，且水头损失不能过大。过滤器滤网应为耐腐蚀金属材料，同时应根据系统设备和水质情况，选择合适的滤网孔径。

5.2.2 水喷雾灭火系统的控制方式

水喷雾灭火系统应设有自动、手动和应急操作三种启动方式。

从火灾自动报警系统发出火灾信号起，至系统中最不利点处喷头喷出水的这段时间称为“响应时间”。由于水喷雾灭火系统经常用于火灾危险大、火灾蔓延快、灭火难度大、火灾损失严重的保护对象，一旦有险情，如不立即启动系统进行灭火或冷却防护，将会造成重大损失，为此规范根据防护目的和防护对象的不同，明确地提出不同的响应时间，并要求控制方式与响应时间相适应。当水喷雾灭火系统用于灭火时，响应时间不应大于45s；用于液化石油气的生产、输送、装卸、储存设施的防护冷却，其响应时间不大于60s；其他场所的防护冷却的响应时间不大于300s。由于响应时间不同，其控制方式有很大差别。响应时间要求不大于60s 的，都应采用自动控制方式，即采用火灾自动探测装置与雨淋阀、供水装置自动联锁操作的系统控制方式。但采用自动控制时，应设手动控制装置。对于响应时间大于60s 的，可采用手动控制装置。自动控制方式和手动控制方式都是通过对雨淋阀传动管上的控制元件的控制来实现的。

手动控制方式有两种：第一种是发现火情后由人工在雨淋阀处或现场打开传动管上的应急手动阀门，使雨淋阀传动腔排水降压从而启动雨淋阀；另外一种是消防控制中心接到火灾报警信号后，在联动控制柜处发出信号，打开雨淋阀处传动管上的电磁阀进行降压从而启动雨淋阀，这种控制方式是硬线控制。实际上常称第一种方式为应急操作方式，第二种方式为手动远程控制方式。

自动控制应全部由火灾报警装置自动启动雨淋阀及供水设施。这种自动启动也分为两种方式：第一种方式是由独立的两个火灾信号来共同启动电磁阀。先期的火灾信号传输至消控中心报警，后面一个信号则是确认信号，两个信号都传输到消防中心，再经联动控制柜发出信号，启动雨淋阀处的电磁阀，这一过程是自动进行的。如果消防中心在接到第一个火灾信号时就能予以核实，确认火灾发生，消控中心也可以立即发出启动电磁阀的信号，启动雨淋阀，但这个过程也只能是人工手动。第二种方式是把传动管延伸至保护区，在传动管上安装闭式喷头，通过它们的动作来降低雨淋阀传动腔的压力，从而开启雨淋阀。闭式喷头和差温压力释放器都是感温元件，都具有探测和释放功能。

5.3 水喷雾灭火系统的设计与计算

5.3.1 水雾喷头的布置

水雾喷头的布置，应根据保护对象的类别、保护面积、喷雾强度和喷头的水力特性确定，水雾应均匀喷射到保护对象的表面，并能完全覆盖保护对象，不应出现空白点。

1. 保护液化石油气灌装间、实瓶库和危险品仓库、汽车库等场所的喷头布置

保护液化石油气灌装间、实瓶库和危险品仓库、汽车库等场所的喷头宜按平面布置。平面布置方式可为矩形或菱形，如图5-8所示。

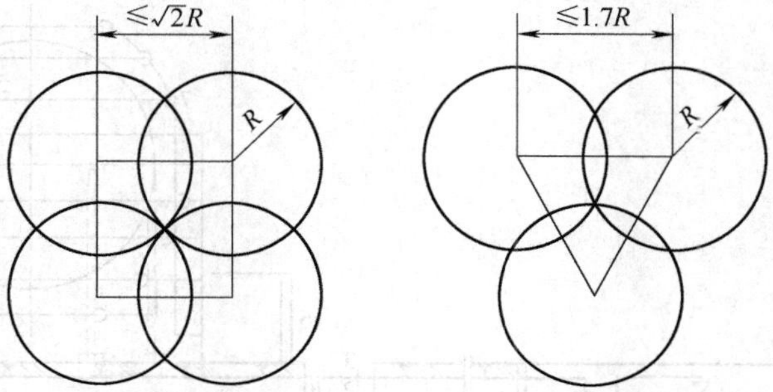

图5-8 水雾喷头布置形式

当按矩形布置时，水雾喷头的布置间距不应大于1.4倍水雾喷头的水雾锥底圆半径。布置间距可按下式计算：

$$S=\sqrt{2}R \tag{5-2}$$

当按菱形布置时，水雾喷头的布置间距可按下式计算：

$$S=\sqrt{3}R \tag{5-3}$$

式中 S——水雾喷头的布置间距（m）；

R——水雾锥底圆半径（m）。水雾锥底圆半径可按下式计算：

$$R=B\tan\frac{\theta}{2} \tag{5-4}$$

式中 B——喷头至保护面的距离（m），一般不应大于喷头的有效射程；

R——喷头的喷射半径（m），应小于或等于喷头的最大有效圆锥面的圆直径之半；

θ——喷头的雾化角或喷射角（°）。

2. 保护液化气储罐的喷头布置

水喷雾灭火系统用于液化气储罐，主要作用是防护冷却。储存液化石油气的装置，容易发生燃烧爆炸。一旦燃烧，不但储罐自身的火难以扑灭，还会威胁到相邻储罐。因此规范规定，凡总容积超过50m³或单罐容积超过20m³的液化石油气罐或储罐区，以及设置在储罐室内的小型储罐，均应设固定喷淋装置，即水喷雾冷却系统。其喷头布置须符合以下要求：

1）喷头与储罐外壁的距离不应大于0.7m，以减少火焰的热气流和风对水雾的影响，减少水雾穿越被火焰加热空间时的汽化损失。

2）当储罐为球形储罐时，管路可分几层环绕罐体，喷头均匀布置在每层水平环管上，如图5-9所示。水雾喷头的喷口应面向球心；水雾锥应沿纬线方向相交，沿经线方向相接。

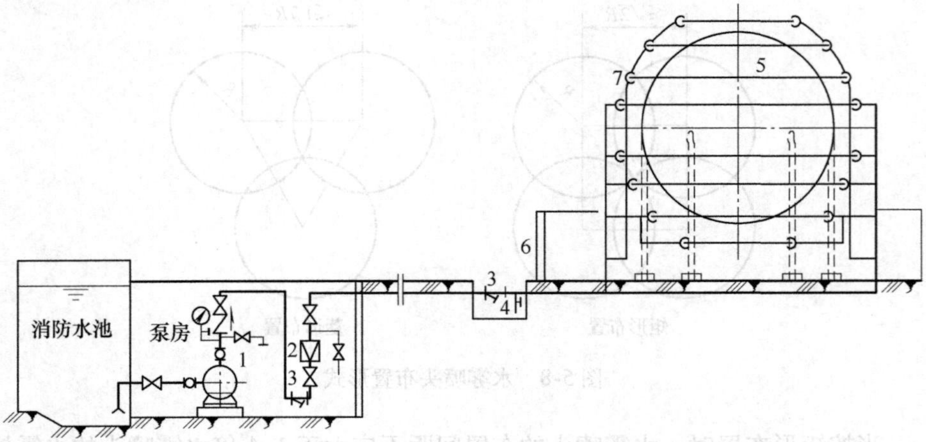

图5-9　液化气球罐水喷雾冷却系统图

1—消防泵　2—雨淋阀　3—过滤器　4—放空阀　5—球罐　6—防火堤　7—冷却环管

3）对容积等于或大于1000m^3的储罐，喷头喷射的水雾锥应沿纬线方向相交，宜沿经线方向相接。球形储罐赤道以上环管之间的距离不应大于3.6m。

4）喷头布置除考虑对罐体进行保护外，对附属设备，如无保护层的球罐支柱、液位计、罐底阀门组等最容易发生泄漏的部位也应同时设置喷头进行保护。

环管是球罐水喷雾灭火系统的重要组成部分，环管供水管道的设计应考虑水量的供水均匀。当一个雨淋阀组控制多台液化石油气罐的冷却系统时，应在每台罐的总供水管设控制阀。因为一旦某台球罐发生爆炸，冷却系统会随之破坏，失去作用。这时需要及时切断水源，故水源控制阀应设在距球罐防火堤不应小于5m、距罐体不小于15m的地方。

水喷雾保护时，应全面积保护，用水雾喷头向表面喷水雾和保护罐体一样，应满足喷雾强度的要求。对于可燃气体生产、输送、装卸、储存设施和灌瓶间、瓶库，当规范规定需要设置水喷雾系统时，其喷雾强度均为9L/(min·m^2)。

3. 保护油浸式电力变压器的喷头布置

油浸式电力变压器中充注了许多可燃的变压器油，这些油起到绝缘和散热的作用，而变压器的油枕则是起着储油和补油的作用，使油箱中始终充盈着变压器油。变压器油是饱和的碳氢化合物，其闪点在135℃左右。因此这种电力变压器，具有火灾危险性。

变压器的油箱四周焊装有一定数量的散热管，在一定程度上阻挡了水雾喷向箱壁，造成部分箱壁得不到水雾的直接喷射或喷雾不均，所以应将冷却器的面积作为保护面积，增加喷头数量。油枕在变压器上部的一侧，一般是单独按其外表面积设置喷头。油坑设在变压器油箱下面，油坑内装有卵石层，防止变压器在炸裂、喷油故障时，以及在燃油泄露时火灾蔓延。变压器周围的油坑应按油坑要求的喷水强度设置保护油坑的喷头。

在布管时，一般采用两种布置管道方式，一是在底层环网上设置立管，在立管上安装喷头；二是分层设置水平环网。小容量的变压器可设单层环网，大容量的变压器设双层或多层环网。保护油坑的喷头安装在底层水平环网上，由于油坑尺寸比变压器尺寸大，所以底层环网的尺寸比保护变压器的上层环网的尺寸要大。油枕的保护一般是从上层环网的一侧引出管道并安装喷头进行的。水喷雾管道布置如图 5-10 所示。如果喷头支管是从环管上部接出，喷头位置高于环管时，则应在该层环管上的底部设向下的45°喷头，让喷口指向变压器。

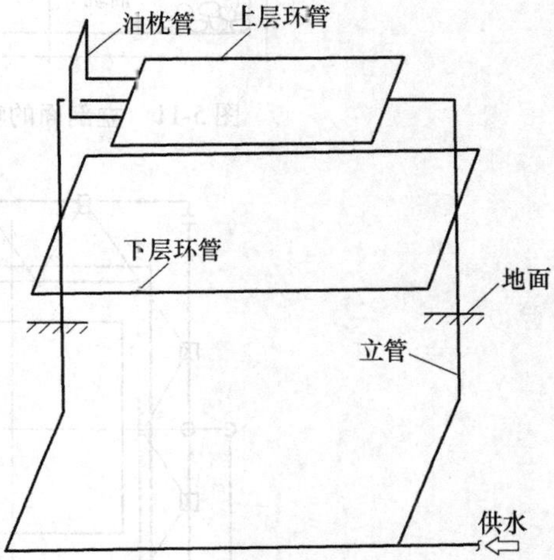

图 5-10　水喷雾管道布置

如果设计时掌握了喷头的详细资料，如喷雾角、有效射程、最大有效圆锥面直径、喷头 K 值等，就可以画出喷头水雾锥在变压器和油坑各保护面上的相互重叠相交的覆盖图，也就是水雾锥锥边线的相交图，这一步工作必须细致。

喷头和环管布置的间距受两个条件的限制：①环管和喷头与高压带电设备的裸露部分的距离不应小于规定的安全净距；②环管的位置应满足喷头至变压器和油坑的保护面之间距离不大于喷头的有效射程的要求。因此在环管上布置喷头时，应同时满足这两个条件。同时，还要保证各侧边管道上的喷头水雾锥两两相交，不出现空白点，如图 5-11、图 5-12 所示。由于变压器的形状不规则，喷头到变压器的距离，在各侧边是不完全相等的，所以即使采用同一规格的喷头，在各侧边上喷头的间距并不相等。另外，在布置时往往配合使用不同型号的喷头，进行保护。

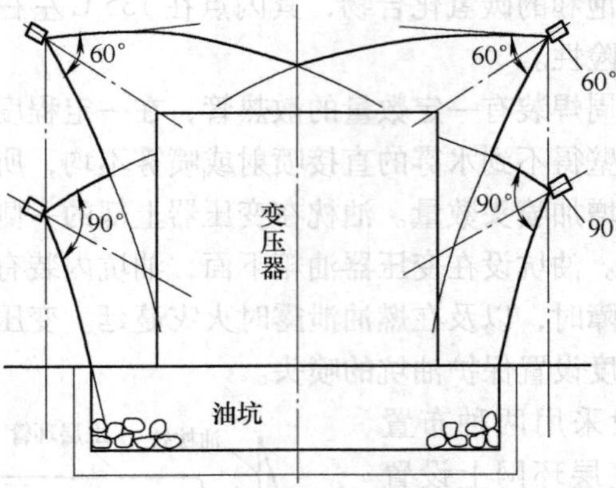

图 5-11　立剖面的喷头包络线相交图

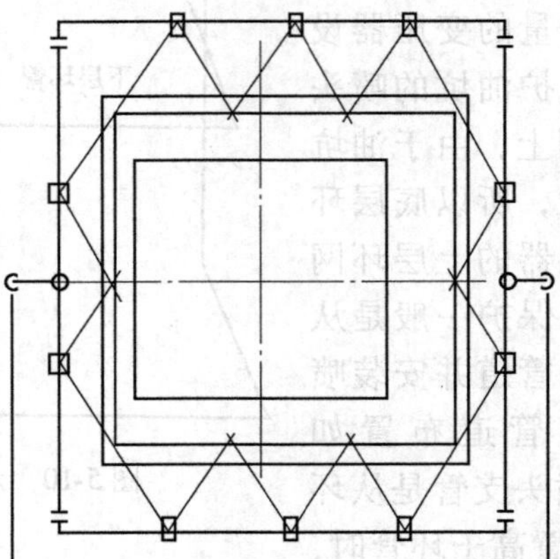

图 5-12　变压器油坑的喷雾锥平面

4. 保护输送机传送带的喷头布置

保护对象为输送机传送带时，喷头应完全包围输送机的机头、机尾和上下行传送带。由于输送机传送带是一种平面的往返运动的保护对象，在没有停机前传送带的着火部位可能随之往返运动，极易造成火灾蔓延，故其喷头的布置应采用包围式（如图 5-13 所示），使水雾覆盖上行传送带、输送物、下回传送带及支架构件等全部表面。

有的带式输送机很长，若设置一个雨淋阀时，系统的用水量将很大；同时，由于一处起火，全程喷水，会造成很大的水渍损失。为此，可以设置多个雨淋阀，分别控制保护区内的喷头，分段保护带式输送机。当火灾探测器报警后，在带式输送机停机前，引燃的传送带或输送物将继续前移，并可能移至起

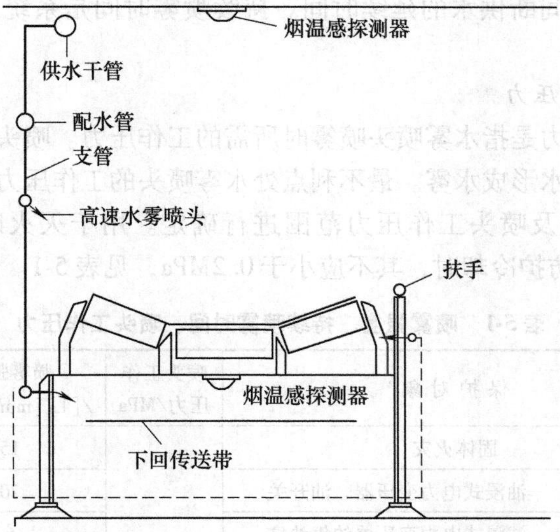

图5-13　输送机传送带水喷雾管网布置图

火区域下游一段距离。因此在控制启动雨淋阀时，不仅要启动起火区域的雨淋阀，还要同时启动起火点下游相邻区域的雨淋阀，同时向这两个保护区域喷水。另外，在火灾报警装置动作后，应联动控制带式输送机停机，并切断电源，将停机信号送至控制中心。

5. 保护电缆的喷头布置

电缆的绝缘材料多数是可燃的，一旦着火会迅速向远端传播蔓延，所以对重要部位的电缆隧道、电缆夹层、电缆竖井要进行水喷雾灭火保护。电缆保护的原则是，保证电缆处于水雾的包围之中，以使着火电缆的火焰窒息。因此，喷头应布置在水平电缆的上下、竖直电缆的左右，并在电缆支架处另增喷头，防止支架遮挡水雾。喷头沿电缆走向布置时，其间距应保证水雾锥相交。

水喷雾灭火系统的喷水强度，相对于雨淋系统、水幕系统来说要小，但是由于保护面积大，持续喷雾时间长，耗水量大，所以也必须考虑排水设施。要求排水设施有足够的排水能力。

5.3.2　设计技术参数

1. 喷雾强度

喷雾强度是指系统在单位时间内向每平方米保护面积上提供的最低限度的喷雾量，是达到灭火和防护冷却目的的最重要的参数，它可以根据国家规范按照防护目的和防护对象进行确定，见表5-1。

2. 持续喷雾时间

持续喷雾时间是指系统全面喷雾时起至喷雾结束时不间断的喷雾时间，也是水泵向系统不间断供水的延续时间。持续喷雾时间是系统最重要的参数之一，见表5-1。

3. 喷头工作压力

喷头工作压力是指水雾喷头喷雾时所需的工作压力。喷头只有在一定的工作压力下才能使水形成水雾。最不利点处水雾喷头的工作压力，应根据系统所选用的喷头性能及喷头工作压力范围进行确定。用于灭火时，其不应小于0.35MPa；用于防护冷却时，其不应小于0.2MPa，见表5-1。

表5-1　喷雾强度、持续喷雾时间、喷头工作压力

<table>
<tr><th>防护目的</th><th colspan="2">保护对象</th><th>喷头工作压力/MPa</th><th>喷雾强度/[L/(min·m²)]</th><th>持续喷雾时间/h</th></tr>
<tr><td rowspan="6">灭火</td><td colspan="2">固体火灾</td><td rowspan="6">0.35</td><td>15</td><td>1</td></tr>
<tr><td rowspan="3">电气火灾</td><td>油浸式电力变压器、油开关</td><td>20</td><td rowspan="3">0.4</td></tr>
<tr><td>油浸式电力变压器的集油坑</td><td>6</td></tr>
<tr><td>电缆</td><td>13</td></tr>
<tr><td rowspan="2">液体火灾</td><td>闪点为60～120℃的液体</td><td>20</td><td rowspan="2">0.5</td></tr>
<tr><td>闪点高于120℃的液体</td><td>13</td></tr>
<tr><td rowspan="4">防护冷却</td><td colspan="2">甲、乙、丙类液体生产、输送、储存、装卸设施</td><td rowspan="4">0.2</td><td>6</td><td>4</td></tr>
<tr><td rowspan="2">甲、乙、丙类液体储罐</td><td>直径20m以下</td><td rowspan="2">6</td><td>4</td></tr>
<tr><td>直径20m及以上</td><td>6</td></tr>
<tr><td colspan="2">可燃气生产、输送、装卸、储存设施和灌瓶间、瓶库</td><td>9</td><td>6</td></tr>
</table>

4. 保护面积

保护面积是指被保护对象需要喷雾的平面或归纳圆整后的平面的面积之和。保护面积是直接影响水雾喷头布置、确定喷头数量及系统供水量的重要参数，由设计人员按照被保护对象的实体，根据规范的计算规则确定。

不同保护对象的保护面积：

（1）可燃气体和甲、乙、丙类液体的灌装间、装卸台、泵房、压缩机房等的保护面积应按使用面积确定。

（2）液化气储罐的保护面积，着火罐应按全部外表面面积计算，相邻罐应按外表面面积的一半计算。

（3）变压器的保护面积除应包括扣除底面面积以外的变压器外表面面积外，还应包括油枕、冷却器的外表面面积和集油坑的投影面积。

（4）分层敷设的电缆的保护面积应按整体包容的最小规则形体的外表面面积确定。

（5）输送机传送带的保护面积应按上行传送带的上表面面积确定。

（6）开口容器的保护面积应按液面面积确定。

5.3.3 水力计算

1. 保护对象的水雾喷头设置数量确定

保护对象的水雾喷头设置数量应按下式计算：

$$N=\frac{SW}{q} \tag{5-5}$$

$$q=K\sqrt{10p} \tag{5-6}$$

式中 K——喷头流量系数；

N——喷头数量（个）；

S——保护对象的保护面积（m^2）；

W——保护对象的设计喷雾强度［L/（min·m^2）］；

q——水雾喷头的流量（L/min）；

p——按防护目的选用的喷头工作压力（MPa）。

以上计算只是初步确定喷头的数量，便于喷头的布置。按照水雾喷头数量的计算公式所得出的喷头数，是按规则的平面确定的，而实际的平面是不规则的，要两两相接或相交，还需要通过喷头实际布置时水雾锥的交接图来确定其数量，实际布置的喷头数与公式计算值之间的误差较大。

【例5-1】 如图5-14所示，某电厂变压器用水喷雾灭火系统来控制火灾，变压器本体尺寸 $B=6.31\text{m}$、$A=4.92\text{m}$，高 $H=4.96\text{m}$。设水雾喷头流量系数 $K=53.13$，喷雾强度为 $15\text{L/(m}^2\cdot\text{min)}$，水雾喷头工作压力为0.5MPa，求需要布置的最少水雾喷头数 n。

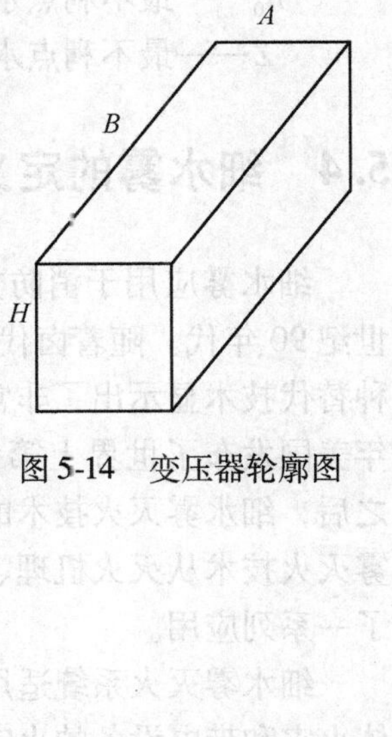

图5-14 变压器轮廓图

【解】 $A_{面积}=AB+(BH+AH)\times 2$

$=[4.92\times 6.31+(6.31\times 4.96+4.92\times 4.96)\times 2]\text{m}^2=142.45\text{m}^2$

$$q=K\sqrt{10p}=(53.13\times\sqrt{10\times 0.5})\text{L/min}=118.8(\text{L/min})$$

$$n=\frac{Aq_{\text{u}}}{q}=\frac{142.45\times 15}{118.8}=18$$

2. 系统计算流量的确定

系统的设计流量应按下式计算：

$$Q_{\text{j}}=\frac{1}{60}\sum_{i=1}^{n}q_i \tag{5-7}$$

式中 q_i——水雾喷头的实际流量（L/min），应按该水雾喷头的实际工作压力

p_i（MPa）计算；

Q_j——系统的计算流量（L/s）；

n——系统启动后同时喷雾的水雾喷头总数（个）。

按上式计算时，必须从最不利点水雾喷头开始，用沿程计算法把同时开启的所有水喷雾喷头的流量都计算出来，计算方法与自动喷水灭火系统相同。

此外，由于水喷雾灭火系统的计算流量是按每个喷头的实际流量相加而得的，因此计算流量与设计流量接近。其不均衡系数（又称为安全系数）η 取值较小，$\eta = 1.05 \sim 1.10$。

$$Q_s = \eta Q_j \tag{5-8}$$

式中 Q_s——系统设计流量（L/s）；

η——安全系数，1.05 ~ 1.10；

Q_j——系统的计算流量（L/s）。

除上述计算方法外，其他计算均与自动喷水灭火系统相同。

3. 消防水泵扬程计算

消防水泵扬程应按下式计算：

$$H = \sum h + h_0 + Z \tag{5-9}$$

式中 H——消防水泵的扬程（m）；

$\sum h$——系统管道沿程水头损失和局部水头损失（m）；

h_0——最不利点水雾喷头的实际工作水头（m）；

Z——最不利点水雾喷头与系统管道入口之间的高程差（m）。

5.4 细水雾的定义及分类

细水雾应用于消防方面始于 20 世纪 40 年代，但此项技术的发展是在 20 世纪 90 年代。随着卤代烷灭火技术被淘汰，细水雾自动灭火系统作为新的一种替代技术显示出了非常优越的特点，而引起了国际消防界的广泛重视。1996 年美国发布了世界上第一个细水雾灭火系统的设计标准（NFPA 750—1996）之后，细水雾灭火技术的应用得到了快速发展。我国是在 90 年代开始对细水雾灭火技术从灭火机理、应用方式、产品设计等方面进行了系统的研究，开展了一系列应用。

细水雾灭火系统适用于扑救相对封闭空间内的可燃固体表面火灾、可燃液体火灾和带电设备的火灾，不适用于扑救下列物质的火灾：

（1）能与水发生剧烈反应或产生大量有害物质的活泼金属及其化合物。

（2）低温状态下的液化气体。

（3）其他可能因细水雾造成严重损失的物质。

5.4.1　细水雾定义

细水雾是指水在最小设计工作压力下，经喷头喷出并在喷头轴线向下1.0m处的平面上形成的直径$D_{v0.50}$小于200μm、$D_{V0.99}$小于400μm的水雾滴。

描述喷雾雾滴大小的有以下三种表示方法：

1. 体积中值粒径（VMD）

VMD也可表示为$D_{v0.5}$，是一种以被喷雾液体的体积来表示雾滴大小的方法。当用体积测量时，体积中值粒径雾滴大小是一种数值，即表示喷雾体积中，50%是直径大于中位数值的雾滴，另50%是由直径小于该数值的雾滴组成。再如$D_{v0.9}=100\mu m$，表示占总体积90%的水雾直径小于100μm、占总体积10%的水雾直径大于100μm。目前喷雾雾滴大小常用VMD表示。

2. 邵特平均粒径（SMD）

SMD也可表示为$D32$，是一种以喷雾产生表面面积来表示水雾精细度的方法。其含义是一颗雾滴的体积与表面积之比和所有雾滴的总体积与表面积之比相等。

3. 数目中值粒径（NMD）

NMD也可表示为$DN0.5$，是一种以喷雾中雾滴数量表示雾滴大小的方法。从数目上讲，50%雾滴直径小于该数目中值粒径，另50%液滴大于该中值粒径。

5.4.2　分类

美国NFPA750标准规定，在喷头最小工作压力下，距喷头1m处的平面上，测得水雾最粗部分的水微粒直径$D_{v0.99}$不大于1000μm。D_{vf}值所描述的是雾滴的大小，f是雾滴粒径从0到某一数值（D_{vz}的值）的累计体积与总累计体积之比，如图5-15所示。

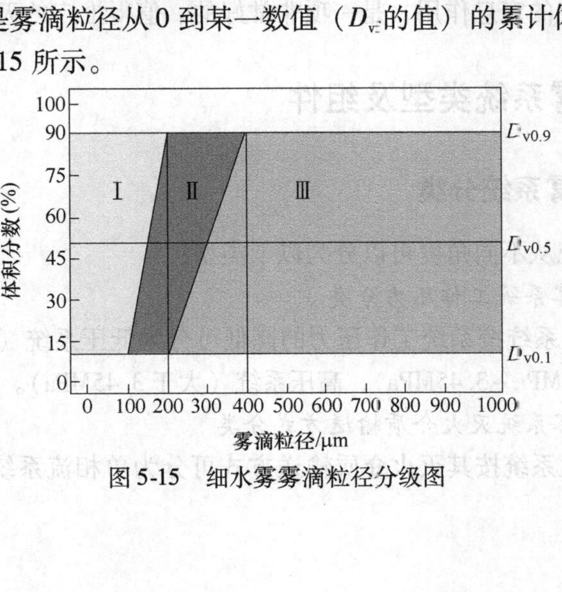

图5-15　细水雾雾滴粒径分级图

细水雾按雾滴粒径大小可分三级：

（1）Ⅰ级：累积百分容积分布曲线全部位于连接 $D_{v0.1}=100\mu m$ 和 $D_{v0.9}=200\mu m$ 连线的左边，这代表了最精细的水雾。

（2）Ⅱ级：累积百分容积分布曲线的一部分，位于Ⅰ级喷雾界限以外，但全部在连接 $D_{v0.1}=200\mu m$ 和 $D_{v0.9}=400\mu m$ 连线的左边。这类细水雾可以通过压力喷射喷头、双相流喷头及许多冲击式喷头产生，由于有较大水滴出现，相对于Ⅰ级细水雾，Ⅱ级细水雾更容易产生较大的流量。

（3）Ⅲ级：$D_{v0.9}$ 大于 $400\mu m$ 或者曲线任何部分超过Ⅱ级分界线的右边（但 $D_{v0.9}<1000\mu m$），这种细水雾主要由中压、小孔喷头、各种冲击式喷头产生，可以得到较大流量。这类细水雾适于 A 类易燃物火灾扑灭，在某些特定环境下，也可用来控制或扑灭 B 类火灾。

5.4.3 灭火机理

细水雾是将压力水从喷射孔中高速喷出，与周边的空气产生强烈的摩擦，水流被撕裂，从而形成直径非常小的雾滴，通常在几十微米到几百微米之间。由于雾滴直径很小，相对同样体积的水，其表面积剧增，从而加强了热交换的效能，起到了非常好的降温作用。细水雾吸收热量后迅速被汽化，使得体积急剧膨胀，通常达到原有体积的 1700 多倍，从而降低了空气中的氧气浓度，抑制了燃烧中氧化反应的速度，起到了窒息的作用。由此可见，细水雾的灭火机理：一是降温效能，吸收热量；二是窒息作用，阻断氧化反应。此外，细水雾具有非常优越的阻断热辐射传递的效能，能有效地阻断强烈的热辐射。细水雾在冷却和窒息的双重作用下达到灭火、控火和抑火的目的，所以细水雾灭火系统具有水喷淋和气体灭火的双重作用和优点，既有水喷淋系统的冷却作用，又有气体灭火系统的窒息作用，是一项非常好的、值得推广的灭火技术。

5.5 细水雾系统类型及组件

5.5.1 细水雾系统分类

细水雾系统从不同角度可以分为以下类型：

1. 按细水雾系统工作压力分类

细水雾灭火系统按系统工作压力的高低可分为低压系统（小于 1.21MPa），中压系统（1.21MPa～3.45MPa），高压系统（大于 3.45MPa）。

2. 按细水雾系统灭火介质输送方式分类

细水雾灭火系统按其灭火介质输送方式可分为单相流系统和双相流系统。

单相流系统：采用输送管网将压力水输送至喷头，在喷头的作用下产生细水雾来实施灭火的系统。双相流系统：采用输送管网将水-气混合的双相流体输送至喷头，或采用双管道将水和气两种介质分别送至喷头，在喷头的作用下产生细水雾来实施灭火的系统。

3. 按细水雾系统供水方式分类

细水雾灭火系统供水有多种不同的方式，目前常见的有：

（1）泵组式供水：根据系统所需的工作压力和流量，选用多级离心泵或柱塞泵供水，是目前最常用的一种供水方式，如图5-16所示。水泵供水方式的特点是：压力选用范围宽，供水流量大，水源储存方便，在灭火过程中还可不断补充水源，但需要有可靠的强电供电系统来保障系统运行。

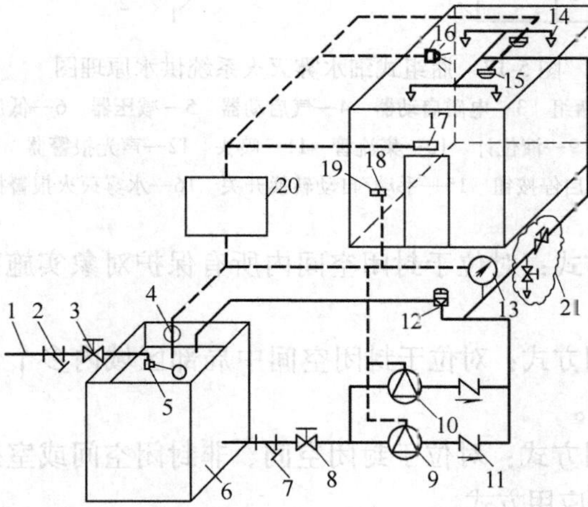

图5-16 泵组式细水雾灭火系统供水原理图

1—进水管 2—进水过滤器 3—进水阀 4—液位计 5—浮球阀 6—水箱 7—出口过滤器 8—水箱出水阀 9—主消防泵 10—备用消防泵 11—单向阀 12—溢流阀 13—压力传感器 14—细水雾喷头 15—火灾探测器 16—声光报警器 17—喷放指示灯 18—手动/自动转换开关 19—紧急启动按钮 20—水雾灭火报警控制器 21—系统动作试验装置

（2）瓶组式供水：根据系统所需的工作压力和流量，选用瓶组分别储存压缩氮气和水，采用气顶水的方式给系统供水，常用于双相流系统，如图5-17所示。压缩气体供水的特点是：系统简单可靠，无需强电供电系统来保障系统运行，可实现双相流输送方式，但水源储存需要耐腐蚀性能的压力容器，储存水的水质要求高，灭火过程中不能给系统补充水源。

除以上两种常见的供水方式外，还有气泵供水等其他形式的供水方式。

4. 按细水雾系统应用方式分类

根据不同的防护区域和保护对象，细水雾系统可采用不同的应用方式。

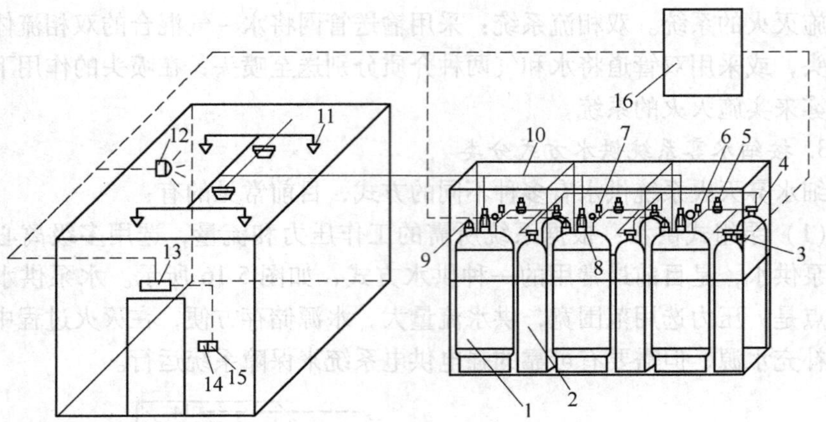

图 5-17 瓶组式细水雾灭火系统供水原理图

1—储水瓶组 2—储气瓶组 3—电磁启动器 4—气启动器 5—减压器 6—低压泄漏阀 7—压力表 8—多功能容器阀 9—液位计 10—集流管 11—喷头 12—声光报警器 13—喷放指示灯 14—紧急启停按钮 15—手动/自动转换开关 16—水雾灭火报警控制器

（1）全淹没方式：对位于封闭空间内所有保护对象实施整体防护的应用方式。

（2）分区应用方式：对位于封闭空间中局部区域内多个保护对象实施整体防护的应用方式。

（3）局部应用方式：对位于封闭空间、非封闭空间或室外独立的保护对象实施局部防护的应用方式。

5.5.2 细水雾系统主要组件

1. 细水雾喷头

细水雾喷头是指含有一个或多个孔口，在一定的工作压力下，通过旋转、撞击和射流等机械方式，将水进行物理性雾化的喷水部件，它是系统中最为关键的部件。其喷头类型主要有三种：螺旋式喷头、离心式喷头和撞击式喷头，如图 5-18 所示。

喷头在布置时宜按矩形、正方形或菱形均衡布置，应能保证细水雾喷放均匀，并完全覆盖保护区域；当喷头周围有其他遮挡物时，应保证遮挡物不影响喷头正常喷放细水雾；当无法避免时，应采取补偿措施；局部应用系统的喷头布置应能保证细水雾完全包络或覆盖被防护对象或部位，喷头与防护对象的距离不宜小于 0.5m。细水雾灭火系统设备与非绝缘带电体之间的绝缘净距离应符合相关的规定。

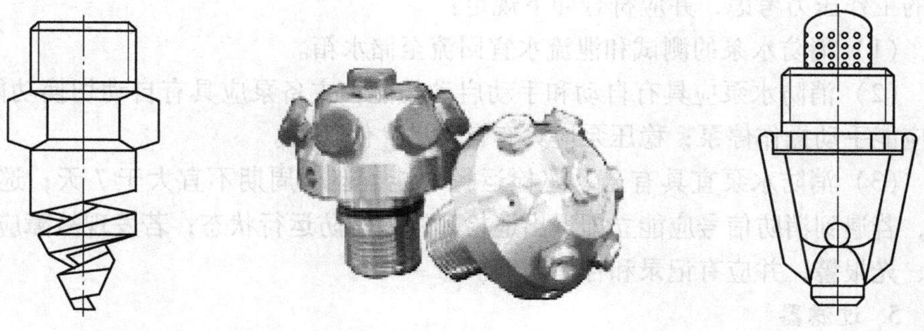

图5-18 细水雾喷头

a）螺旋式喷头 b）离心式喷头 c）撞击式喷头

2. 控制阀组

控制阀组是单相流集中控制组合分配系统中主要组件之一，主要功能是接收水雾报警控制器的控制信号，开启相应的选择阀，向防护区释放灭火剂实施灭火。控制阀上宜设置系统动作信号反馈装置。当控制阀上无系统动作信号反馈装置时，应在控制阀后的配水干管上设置系统动作信号反馈装置。对于组合分配系统，每个防护区应设一个区域控制阀，控制阀上应设有对应防护区的永久性铭牌。

控制阀应设置在环境温度不低于4℃的室内，其安装位置应在防护区外，宜靠近防护区并便于操作的地点。

控制阀应具有如下功能：①接通或关断细水雾系统的供气和供水；②接收控制器的信号启、停控制阀；③具有机械、电动和手动应急操作装置；④反馈控制阀启闭状态及储气容器压力。

3. 水箱

水箱一般采用组合式水箱，根据工程实际需要设计，其储存量应满足系统所需的最低水量的要求：①储水箱应采用密封结构，并应采用不锈钢或其他能保证水质的材料；②储水箱应具有防尘、防藻的技术措施；③储水箱应具有保证自动补水的装置，并应设置液位显示、高、低液位报警装置和溢流、透气及放空装置。

4. 泵组式供水装置

系统的泵组应根据工程设计选用，高、中压系统一般采用柱塞泵，中、低压系统可采用多级离心泵，系统泵组的扬程和流量应满足系统的要求。泵组配置的基本要求应满足水喷淋设计规范中的供水要求，需注意的是对水质的过滤要求。水泵的流量按最大保护区的用水量考虑，扬程按确保最不利区细水雾喷头的工作压力考虑，并应符合如下规定：

（1）消防水泵的测试和泄流水宜回流至储水箱。

（2）消防水泵应具有自动和手动启动功能，主备泵应具有自动切换功能，并应能手动操作停泵；稳压泵应具有自动启、停功能。

（3）消防水泵宜具有自动巡检运行功能，巡检周期不宜大于7天；巡检时，若遇到消防信号应能立即退出巡检，进入消防运行状态；若发现故障应有声、光报警，并应有记录和存储功能。

5. 过滤器

过滤器是细水雾灭火系统关键部件之一。过滤器的材质应为不锈钢、铜合金或其他耐腐蚀性能相当的材料。为防止管路中的固体颗粒物累积造成系统水压损失的增大或堵塞，在水泵进水口之前、系统的供水干管或立管上应设置过滤器。

过滤器的尺寸应满足在规定的最低灭火时间内、在最低压力和流量下系统正常工作。过滤器的网孔直径不应大于喷头最小喷孔直径的80%。

6. 管道和管件

高、中压细水雾系统的管道材质应为不锈钢。低压细水雾系统的管道材质应为不锈钢、铜或铜合金。系统最大工作压力大于等于3.50MPa时，应采用含碳量低于0.030%的奥氏体不锈钢无缝钢管。对于规模较大采用多区独立控制方式的中低压细水雾系统，其通径大、管线长的主管道（是指控制阀组之前的管道）允许使用经热镀锌处理的输送流体用无缝钢管。

系统管道连接件的材质应与管道相同。系统管道应采用专用接头或法兰连接，也可采用焊接；焊接时应使用氩弧焊工艺。当系统最大工作压力小于等于1.20MPa时，系统管道可采用螺纹连接。

5.6 细水雾系统的设计与计算

5.6.1 系统设计参数

1. 喷雾时间

系统的设计喷雾时间应符合下列规定：

（1）用于保护室内油浸电力变压器、可燃液体储存装置和液压站，以及柴油发电机、涡轮机、引擎测试间等含有可燃液体的机械设备间时，系统的设计喷雾时间不应小于20min。

（2）用于保护计算机房、通信机房、变配电室等电子、电气设备间，以及文物库、图书资料库、档案库、电缆隧道和电缆夹层等场所时，系统的设计喷雾时间不应小于30min。

（3）用于保护厨房内烹饪设备及其排烟罩和排烟管道部位时，系统的持续喷雾时间不应小于15s，冷却时间不应小于15min。

（4）对于瓶组式系统，系统的设计喷雾时间可按其实体火灾模拟试验灭火时间的2倍确定，且不宜小于10min。

2. 响应时间

响应时间是指报警控制器发出启动指令后，至喷头开始喷水所需的时间。开式系统的响应时间不应大于30s。

3. 设计参数

（1）闭式系统的设计参数应根据实体火灾模拟试验结果确定，也可根据表5-2的规定确定。

表5-2 闭式系统的设计参数

应用场所		系统的最小喷雾强度/[L/(min·m²)]	喷头的最大安装高度/m	喷头的最低工作压力/MPa	喷头的最小布置间距/m	喷头的最大布置间距/m	系统作用面积/m²
图书资料库、档案库、文物库、博物馆、艺术馆		3.0	5.0	10	2.5	不宜大于3.0	140
		2.0	3.0				
计算机房、通信机房	主机工作空间	5.0	1.8				
		3.0	0.8				
	吊顶	0.8	1.4				
	地板夹层	0.5	0.8				

（2）开式系统的设计参数应根据实体火灾模拟试验结果确定，也可根据表5-3、表5-4的规定确定。

表5-3 开式全淹没（区域）系统的设计参数（中、低压系统）

应用场所	系统的最小喷雾强度/[L/(min·m²)]	喷头的最大安装高度/m	喷头的最低工作玉力/MPa	喷头的最大布置间距/m
油浸电力变压器室、液压站、润滑油站（库）、柴油发电（发动）机室、燃油锅炉房等	2.0	7.5	1.2	2.5
电气设备间	1.5	5.0		
电缆隧道、电缆夹层	2.0	5.0		
图书资料库等	0.55	3.0	2.0	

表 5-4 开式全淹没（区域）系统的设计参数（高压系统）

<table>
<tr><th>应用场所</th><th>系统的最小喷雾强度/[L/(min·m²)]</th><th>喷头的最大安装高度/m</th><th>喷头的最低工作压力/MPa</th><th>喷头的最大布置间距/m</th></tr>
<tr><td rowspan="3">油浸电力变压器室、液压站、柴油发电（发动）机室、燃油锅炉房、涡轮机室等</td><td>2.0</td><td>10.0</td><td rowspan="13">10</td><td rowspan="13">3.0</td></tr>
<tr><td>1.5</td><td>7.0</td></tr>
<tr><td>1.0</td><td>5.0</td></tr>
<tr><td rowspan="2">电气设备间</td><td>1.0</td><td>7.0</td></tr>
<tr><td>0.5</td><td>5.0</td></tr>
<tr><td>计算机房、通信机房</td><td>0.5（主机工作空间）
0.19（吊顶/夹层）</td><td>3.0</td></tr>
<tr><td rowspan="2">电缆隧道、电缆夹层</td><td>1.0</td><td>5.0</td></tr>
<tr><td>0.8</td><td>3.0</td></tr>
<tr><td rowspan="3">图书资料库、档案库、文物库、博物馆、艺术馆等</td><td>2.0</td><td>7.0</td></tr>
<tr><td>1.5</td><td>5.0</td></tr>
<tr><td>0.75</td><td>3.0</td></tr>
</table>

4. 保护范围

（1）采用全淹没应用方式的系统，其保护范围就是防护区本身。

（2）采用局部应用方式的系统，其保护范围应包含保护对象的外表面或按包含保护对象的规则形体外表面。

（3）采用分区应用方式的系统，其保护范围应包含保护区域本身和区域以外宽度不小于1.2m 的面积范围。

5.6.2 水力计算

（1）低压系统管道的水压损失。

按下式计算：

$$p_f = 6.05\frac{LQ^{1.85}}{C^{1.85}d^{4.87}} \times 10^4 \tag{5-10}$$

式中 p_f——管道的总水压损失（MPa）；

Q——管道的流量（L/min）；

L——管道计算长度（m）；

C——管道摩阻系数，对于不锈钢管，$C=150$；

d——管道内径（mm）。

（2）中压、高压系统管道的水压损失。

按下式计算：

$$p_{\mathrm{f}}=0.2252\frac{fL\rho Q^{2}}{d^{5}} \tag{5-11}$$

$$Re=21.22\frac{Q\rho}{d\mu} \tag{5-12}$$

$$\Delta=\frac{\varepsilon}{d} \tag{5-13}$$

式中 f——摩阻系数，根据 Re 和 Δ 值按附录6确定；

ρ——流体密度（kg/m^3），根据表5-5确定；

Re——雷诺数；

μ——动力粘度（cP），根据表5-5确定；

Δ——管道相对粗糙度；

ε——管道粗糙度（mm）；对于铜管，取0.0015mm；对于不锈钢管，取0.045mm。

注：当系统的管径大于等于20mm且流速小于7.6m/s时，其管道水压损失（沿程损失）也可按式（5-10）计算。

表5-5 水的密度及其动力粘度系数

温度/℃	水的密度/（kg/m^3）	水的动力粘度系数/cP
4.4	999.9	1.50
10.0	999.7	1.30
15.6	998.7	1.10
21.1	998.0	0.95
26.7	996.6	0.85
32.2	995.4	0.74
37.8	993.6	0.66

（3）管件和阀门的局部水头损失宜根据其当量长度计算。

（4）系统的设计供水压力。

按下式计算：

$$p_{\mathrm{t}}=p_{\mathrm{f}}+p_{\mathrm{e}}+p_{\mathrm{s}} \tag{5-14}$$

式中 p_{t}——系统的设计供水压力（MPa）；

p_{e}——最不利点处喷头与储水箱或储水容器最低水位的静压差（MPa）；

p_{s}——最不利点处喷头的工作压力（MPa）。

（5）喷头的设计流量。

按下式计算：

$$q=K\sqrt{10p} \tag{5-15}$$

式中 q——喷头的设计流量（L/min）；

K——喷头流量系数[L/min/(MPa)$^{1/2}$]；

p——喷头的设计工作压力（MPa）。

（6）系统的设计流量。

按下式计算：

$$Q_s = \sum_{i=1}^{n} q_i \tag{5-16}$$

式中 Q_s——系统的设计流量（L/min）；

n——累计计算喷头数；

q_i——计算喷头的设计流量（L/min）。

注：对于全淹没系统，应为最大一个防护区内喷头的流量之和；对于区域应用系统，应为系统被保护区及相邻防护区内的喷头同时开放时的流量之和，取其中最大值；对于局部应用系统，应为系统保护面积内所有喷头的流量之和；对于闭式系统，应为水力计算最不利的作用面积内所有喷头的流量之和。

（7）系统储水箱或储水容器的设计。

所需有效容积应按下式计算：

$$V = Q_s t \tag{5-17}$$

式中 V——储水箱或储水容器的设计所需有效容积（L）；

t——系统的设计喷雾时间（min）。

当火灾情况下能保证连续可靠补水时，泵组式系统储水箱的储水容量可减去火灾时系统持续喷雾时间内的补充水量，但不应小于设计所需用量的50%。

思 考 题

1. 试述水喷雾的原理及应用范围。
2. 试述水喷雾灭火系统的组成及各组成的作用功能。
3. 水雾喷头有哪几种类型，各有什么特点？
4. 试述水喷雾灭火系统的控制方式。
5. 水雾喷头的设置应符合哪些规定？
6. 阐述细水雾的定义及细水雾灭火系统的灭火机理。
7. 试述细水雾灭火系统的分类及主要组件。
8. 如何进行水喷雾灭火系统和细水雾灭火系统设计计算？

第 6 章　泡沫及泡沫联用灭火系统

19 世纪末 20 世纪初，随着石油工业的发展及人们对于液体燃料火灾扑灭方法的需求，泡沫灭火系统开始出现并迅速发展。同时，随着新型材料的开发，新型的泡沫灭火系统也在不断发展中。泡沫灭火系统是通过机械作用将泡沫灭火剂、水与空气充分混合，产生泡沫后实施灭火的灭火系统，是水灭火系统的应用扩展，具有水灭火系统的许多特点。它是用于甲、乙、丙类液体储罐或生产装置区等场所的主要灭火设施。

6.1　泡沫灭火剂

与水混溶，并可通过化学反应或机械方法产生泡沫的灭火剂，称为泡沫灭火剂。泡沫灭火剂一般由发泡剂、泡沫稳定剂、降粘剂、抗冻剂、助溶剂、防腐剂及水等组成。

6.1.1　泡沫灭火剂分类

1. 按发泡机制分类

泡沫灭火剂按发泡机制的不同，分为化学泡沫灭火剂和空气泡沫灭火剂。

化学泡沫灭火剂是利用化学反应的方法产生泡沫的；空气泡沫灭火剂是利用泡沫产（发）生装置吸入或吹进空气而生成泡沫的。空气泡沫灭火剂一般为液态，通常称其为泡沫液。

2. 按发泡倍数分类

发泡倍数为 20 以下的泡沫液称为低倍数泡沫液，发泡倍数为 21 ~ 200 的称为中倍数泡沫液，发泡倍数为 201 ~ 1000 的称为高倍数泡沫液。

高倍数泡沫液与中倍数泡沫液一般情况下共用，形成一种合成型泡沫液。

按其适用水源情况的不同分为耐海水型和不耐海水型；按发泡所适用空气状况的不同分为耐烟型和不耐烟型。

低倍数泡沫液按其适用燃烧物类型的不同分为普通泡沫液和抗溶泡沫液。普通泡沫液主要适用于扑救非水溶性甲、乙、丙类液体火灾。

3. 按混合比分类

泡沫液与水按一定比例混合后的溶液被称为泡沫混合液。泡沫液在泡沫混合液中的体积百分比被称为混合比。目前普通泡沫液的混合比有6%型、3%型及少部分1%型等，抗溶泡沫液通常为6%型。

6.1.2 泡沫灭火剂灭火机理

低倍数泡沫的主要灭火机理是通过泡沫的隔断作用，将燃烧液体等燃烧物与空气隔离实现灭火；高倍数泡沫的主要灭火机理是通过大量密集状态的高倍数泡沫封闭火灾区域，以阻断新空气的流入，从而达到窒息灭火的目的。由于泡沫混合液中水的成分占97%以上，所以它同时伴有冷却和降低燃烧液体蒸发的作用，而且灭火过程中产生的水蒸气还有窒息作用。中倍数泡沫的灭火机理取决于其发泡倍数和使用方式，当以较低的倍数用于扑救甲、乙、丙类液体流淌火灾时，其灭火机理与低倍数泡沫相同；当以较高的倍数用于全淹没方式灭火时，其灭火机理与高倍数泡沫相同。

6.1.3 常用泡沫灭火剂

1. 蛋白泡沫液

蛋白泡沫液是由动物的蹄、角、毛、血及豆饼、草籽饼等动、植物蛋白质水解产物为基料制成的泡沫液，一般储存期为2~3年，用于扑救诸如原油、汽油、柴油、苯、甲苯等非水溶性甲、乙、丙类液体火灾，也可扑救如纸张、木材等A类火灾。

2. 氟蛋白泡沫液

在蛋白泡沫液中添加氟碳表面活性剂可制成氟蛋白泡沫液，由于氟碳表面活性剂的表面张力较低，并具有较好的疏油性，所以氟蛋白泡沫液与蛋白泡沫液相比，其泡沫流动性与封闭性好，灭火效力提高了一倍，可用于液下喷射泡沫系统，并能与干粉联合使用。

3. 抗溶氟蛋白泡沫液

抗溶氟蛋白泡沫液是在氟蛋白泡沫液的基础上添加了高分子多糖和其他添加剂等制成的，它兼有氟蛋白泡沫液和凝胶型抗溶泡沫液的特点，主要用于扑救水溶性甲、乙、丙类液体火灾，也可用于扑救非水溶性甲、乙、丙类液体火灾和A类火灾。

4. 成膜氟蛋白泡沫液

成膜氟蛋白泡沫液以水解蛋白为基础，添加适宜的氟碳表面活性剂制成的，它具有蛋白灭火剂抗烧性能好的优点，同时还具有成膜性，它作为高性能的氟蛋白泡沫液，可配非吸气式泡沫喷射装置使用。由于它的基料为水解蛋白，所以储存期与蛋白泡沫液相同。

5. 抗溶成膜氟蛋白泡沫液

抗溶成膜氟蛋白泡沫液是在成膜氟蛋白泡沫液的基础上，添加高分子抗醇化合物制成的，主要用于扑救水溶性甲、乙、丙类液体火灾。当其被用于扑救非水溶性甲、乙、丙类液体火灾时，可视为普通成膜氟蛋白泡沫液。

6. 水成膜泡沫液

水成膜泡沫液主要适用于扑灭汽油、煤油、柴油、苯等非水溶性甲、乙、丙类液体火灾。由于其渗透性强，它对于A类火灾比纯水的灭火效率高，所以也适用于扑灭木材、织物、纸张等燃烧引起的A类火灾。

7. 抗溶水成膜泡沫液

抗溶水成膜泡沫液主要用于扑救水溶性甲、乙、丙类液体火灾，也可用于扑救非水溶性甲、乙、丙类液体火灾和A类火灾。

8. A类泡沫灭火剂

A类泡沫灭火剂是指专门为扑救A类火灾而设计的一种低混合比的灭火剂，在扑救最常见的A类火灾时具有灭火速度快、用水量小、水渍损失低等优点。

6.1.4 泡沫灭火剂的技术要求

泡沫灭火剂的主要性能指数有：泡沫发泡倍数、析液时间、灭火时间、抗烧时间等，见表6-1～表6-3。

表6-1 泡沫液及泡沫溶液的物理和化学性能

项目		要求
抗冻结、溶化性能（不受冻结、融化影响的泡沫液）		无可见分层、非均相或沉淀
pH值		6.0～9.5
沉淀物（体积分数,%）	老化前	不大于0.25；沉淀物能通过180μm筛
	老化后	不大于1.0；沉淀物能通过180μm筛
流动性		流量大于标准参比液体
扩散系数（成膜型）		正值

表 6-2 低倍数泡沫灭火剂性能

项 目		泡沫液种类	要 求
发泡倍数			≥5.0
25% 析液时间/min			
灭火时间/min	汽油火	P、S、S/AR、P/AR	≤5.0
		FP、FP/AR	≤4.0
		FFFP、AFFF/AR、FFFP/AR	≤3.0
	丙酮火	AFFF/AR、S/AR	≤3.0
		FFFP/AR、FP/AR、P/AR	≤5.0
25%抗烧时间/min	汽油火	S、S/AR	≥3.0
		FP、FFFP、AFFF/AR、FFFP/AR	≥5.0
		P、P/AR	≥10.0
	丙酮火	S/AR	≥5.0
		AFFF/AR、FFFP/AR、FP/AR P/AR	≥10.0

表 6-3 高、中倍数泡沫灭火剂性能

项 目	要 求	
	中倍数泡沫溶液	高倍数泡沫溶液
发泡倍数	≥20	≥200
25% 析液时间/min	≥5.0	—
50% 析液时间/min	≥10.0	≥10.0
灭火时间/s	≤120	≤150
1% 抗烧时间/s	≥30	—

6.1.5 泡沫灭火剂储存

1. 标志

包装容器上必须清晰、牢固地注明泡沫液名称及型号；泡沫液类型（AFFF、FFFP、FP、P、S 或 AR）；推荐使用浓度；毒性、避免方法和造成中毒后的救护方法；推荐储存温度和使用温度；受不受冻结和融化的影响；净重；生产厂名称和地址；批量、生产日期；适用或不适用海水；腐蚀性；有效期。有些项如无毒、无腐蚀性可不列。

2. 包装

泡沫灭火剂应密封盛在铁桶或塑料桶中，最大包装 100kg；最小包装 25kg。

3. 运输和储存

泡沫灭火剂应储存在通风、阴凉、干燥处，储存温度应高于泡沫灭火剂最低使用温度。运输应避免雨淋，防止受潮和包装桶受损。产品在运输、储存期间不得混入其他物质和其他类型的灭火剂。所有泡沫灭火剂配成预混液后，有效期会大大缩短，尤其是蛋白类泡沫灭火剂，很快会腐败，所以通常应以原液状态储存。

6.2 泡沫灭火系统类型

根据发泡倍数，泡沫灭火系统可分为低倍数、中倍数和高倍数三种系统类型。

6.2.1 低倍数泡沫灭火系统

低倍数泡沫灭火系统是指泡沫发泡倍数小于20倍的泡沫灭火系统。其发泡倍数一般为3~8倍。应用低倍数泡沫灭火系统时要注意：气体火灾、沸点低于0℃的液化气火灾和低温液体火灾，以及带电设备火灾，不宜用低倍数泡沫灭火系统扑救。低倍数泡沫灭火系统不宜与水枪和水喷雾灭火系统同时使用。

1. 按泡沫喷射方式分类

低倍数泡沫灭火系统按泡沫喷射方式不同分为以下类型。

（1）液上喷射泡沫灭火系统。

液上喷射泡沫灭火系统是指将泡沫产生器安装在罐体的上边，使得泡沫从储罐的上部被喷入罐内，并顺罐壁流下，将燃烧油品的液面覆盖进行灭火的系统形式，如图6-1所示。

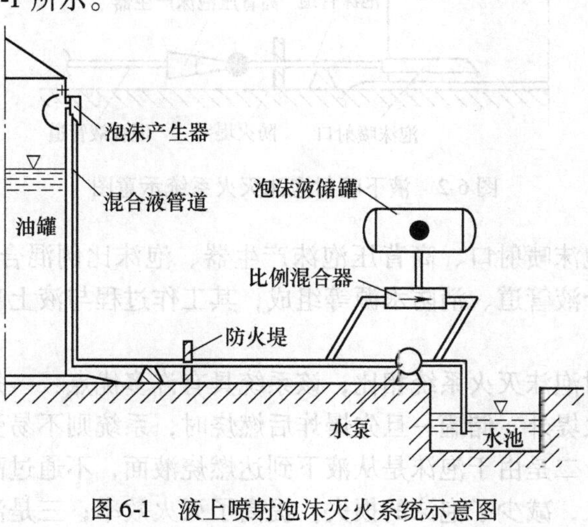

图6-1　液上喷射泡沫灭火系统示意图

该系统由泡沫产生器、泡沫比例混合器、泡沫混合液管道、泡沫液储罐、消防水泵、消防水源等组成，其工作过程是：油罐起火后，自动或手动启动消防水泵（混合液泵），打开出口阀门，水流经过泡沫比例混合器后，将泡沫液与水按规定比例混合形成混合液，然后经混合液管道输送至泡沫产生器，产生的泡沫沿油罐内壁流淌至燃烧油面上，将油面覆盖，从而实施灭火。另外，灭火同时还必须对着火罐和邻近罐进行冷却。

液上喷射泡沫灭火系统的应用历史较长，它是泡沫灭火系统中的主要系统形式，具有结构较简单、安装检修便利、易调试且各种类型的泡沫液均可使用等优点，其缺点是系统的泡沫产生器和部分管线易受到储罐燃烧爆炸的破坏而失去灭火作用。该系统主要适用于独立油库的地上固定顶立式储罐、浮顶罐和水溶性甲、乙、丙类液体储罐，以及石油化工企业的燃料罐等。

（2）液下喷射泡沫灭火系统。

液下喷射泡沫灭火系统是指将泡沫通过管道从罐体下部直接喷入油品中，在油品的浮力作用下，泡沫上浮将燃烧油品液面覆盖进行灭火的系统形式，如图 6-2 所示。

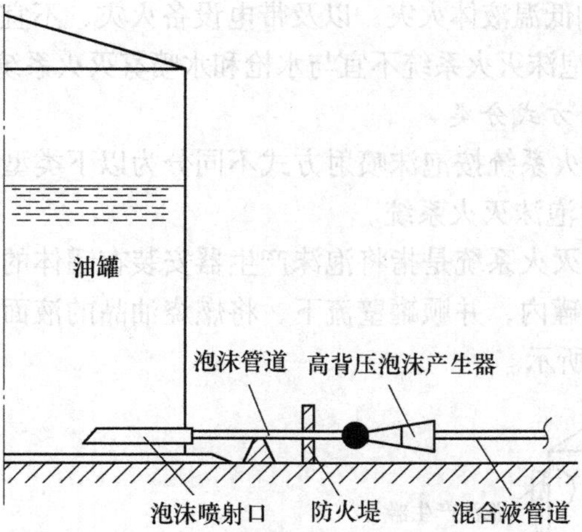

图 6-2　液下喷射泡沫灭火系统示意图

该系统由泡沫喷射口、高背压泡沫产生器、泡沫比例混合器、消防水泵、泡沫管道、混合液管道、消防水源等组成，其工作过程与液上喷射泡沫灭火系统完全相同。

与液上喷射泡沫灭火系统相比，该系统具有许多优点：一是泡沫产生器安装在储罐的防火堤外，储罐一旦先爆炸后燃烧时，系统则不易受到破坏，从而提高了可靠度；二是由于泡沫是从液下到达燃烧液面，不通过高温火焰，不沿灼热的罐壁流入，减少了泡沫的损失，提高了灭火效率；三是泡沫在上浮过程中，使罐内冷油和热油对流，起到一定的冷却作用，有利于灭火。

液下喷射泡沫灭火系统仅适用于非水溶性甲、乙、丙类液体的地上固定顶储罐。不适用于水溶性甲、乙、丙类液体储罐，也不适用于外浮顶和内浮顶储罐。

液下喷射泡沫灭火系统须选用氟蛋白泡沫液或水成膜泡沫液，其泡沫产生器应采用高背压泡沫产生器。系统应有泡沫喷射口，以便将泡沫喷入罐内。泡沫喷射口宜采用向上45°的斜口型，泡沫喷射管伸入罐内的长度不得小于其直径的20倍，安装高度应位于储罐积水层0.3m以上，以避免泡沫遭到破坏。

（3）半液下喷射泡沫灭火系统。

半液下喷射泡沫灭火系统是将一轻质软带卷存于液下喷射管内，当使用时，在泡沫压力和浮力的作用下，软带漂浮到燃液表面，使泡沫从燃液表面上释放出来实现灭火（如图6-3所示）。

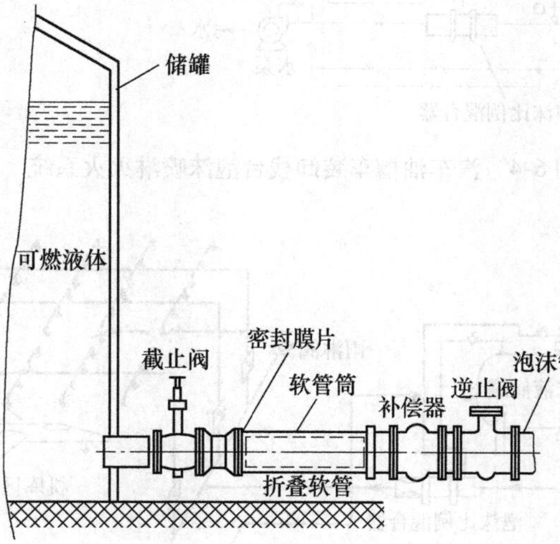

图6-3　半液下喷射泡沫灭火系统

半液下喷射泡沫灭火系统主要是为水溶性甲、乙、丙类液体固定顶储罐而设计的，它同样适用于非水溶性甲、乙、丙类液体固定顶储罐。但由于其结构比液下喷射泡沫灭火系统复杂，一般非水溶性甲、乙、丙类液体固定顶储罐不采用。

（4）泡沫喷淋灭火系统与泡沫-水喷淋联用系统。

泡沫喷淋灭火系统是一种以泡沫喷头为喷洒装置的自动低倍泡沫灭火系统（如图6-4和图6-5所示）。它主要由火灾自动报警及联动控制系统、消防供水系统、泡沫比例混合装置、雨淋阀组、泡沫喷头等组成，多为顶喷式，其工作原理与雨淋系统类似。该系统主要用来扑救室内外甲、乙、丙类液体初期溢流火灾。

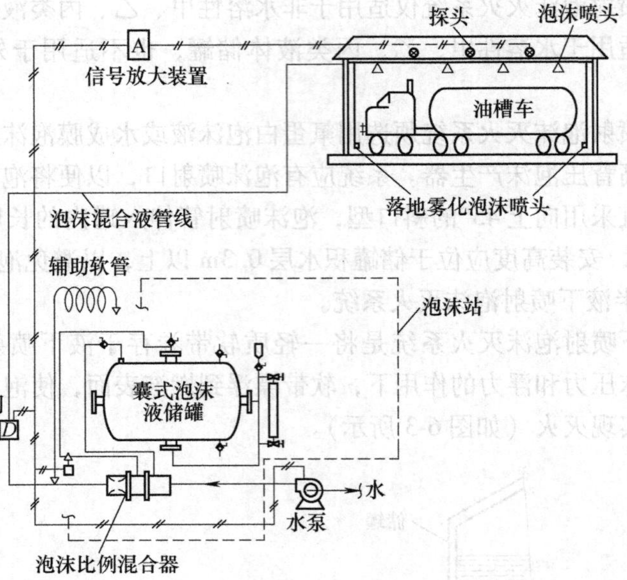

图 6-4　汽车油槽车装卸栈台泡沫喷淋灭火系统

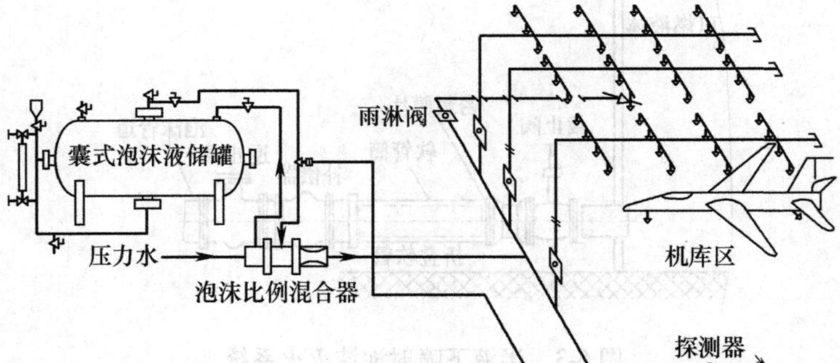

图 6-5　飞机库泡沫-水喷淋联用系统

传统的泡沫喷淋灭火系统是采用吸气型喷头，主要以泡沫来灭火。成膜类泡沫液研制成功后，相继出现了采用泡沫-水两用喷头、甚至水喷头的泡沫-水喷淋联用系统。泡沫-水喷淋联用系统是将传统泡沫喷淋灭火系统与自动喷水灭火系统相结合，喷洒一定时间的泡沫实施灭火，再喷洒水冷却防护以防复燃。按所用喷头的不同，泡沫-水喷淋联用系统又分为泡沫-水喷淋系统和闭式泡沫-水喷淋系统。

泡沫-水喷淋联用系统具备灭火、冷却双功效，并且可采用标准水喷头，使系统安装方便、造价低，该系统正在取代传统的泡沫喷淋系统。

非水溶性甲、乙、丙类液体可能泄漏的室内场所，以及泄漏厚度不超过25mm或泄漏厚度超过25mm，但有缓冲物的水溶性甲、乙、丙类液体可能泄漏的室内场所，宜选用泡沫喷淋系统。缓冲物可以是专门设置的缓冲装置，也可以是非专门设置的固定设备、金属物品或其他固体不燃物。通过公安部天津消防科学研究所的试验，对于泄露厚度超过25mm，但有金属板或金属桶之类的缓冲物时，灭火切实可行，否则难以灭火。

汽车槽车或火车槽车的甲、乙、丙类液体装卸栈台，以及卧式储罐、某些石化工艺装置等设有围堰的甲、乙、丙类液体室外场所，可选用泡沫喷淋系统。

Ⅰ类飞机库飞机停放和维修区内应设置泡沫-水喷淋系统。

Ⅰ类飞机库飞机停放和维修区设置泡沫-水喷淋系统，其开式喷头安装在屋面板下，既可灭飞机库地面油火，又可冷却屋顶承重钢结构，还可保护工作人员疏散和消防救援人员的安全，这是其他系统难以比拟的。

汽车库等甲、乙、丙类液体潜在泄漏量较小，并伴有橡胶轮胎等物质的火灾场所，宜设置闭式泡沫-水喷淋系统。

（5）固定泡沫炮灭火系统。

固定泡沫炮灭火系统由安装在固定支座（平台、消防炮塔）上的消防炮和相应配套的动力源、控制装置、消防泵组、泡沫液储存与混合装置、混合液供水管网等组成，具有射程远、保护范围大、灭火能力强、机动灵活等特点，适用于工艺装置区、储罐区、油码头等场合。固定泡沫炮灭火系统近几年发展较快，根据其操作控制方式划分，该系统有远控系统和手动系统两种。

远控固定泡沫炮灭火系统是指通过控制装置人可远距离操作控制消防炮的俯仰和旋转的固定泡沫炮灭火系统。该系统可保证灭火操作人员避免火灾的威胁，适用于具有爆炸危险性和火灾后人员接近时可能威胁其安全或难以及时到达固定消防炮位的场所。

手动固定泡沫炮灭火系统是指没有远控能力，火场上由人来操作消防炮的俯仰和旋转的固定泡沫炮灭火系统。适用于无爆炸危险性和火灾后人员接近时不会威胁其安全并能及时到达固定消防炮位的场所。

2. 按系统设备安装情况分类

根据保护对象的规模、火灾危险性、总体布置、扑救难易程度、消防站的设置情况等因素，保护对象需要安装全部或部分泡沫灭火设备，甚至不安装固定泡沫灭火设备，采用移动式灭火力量，这样就形成以下三种系统形式：

（1）固定式泡沫灭火系统。

固定式泡沫灭火系统具有永久固定的消防水泵（混合液泵）、泡沫比例混合器、泡沫产生器、管道、阀门等完整组成设施及可靠、充足的水源，火灾时，只需启动水泵，开启有关阀门，即可实施灭火。

固定式泡沫灭火系统具有启动及时、安全可靠、长期处于战备状态，且操作方便及自动化程度高等优点。但固定式泡沫灭火系统投资大，设备利用率低，平时维护管理复杂。因此，当甲、乙、丙类液体总储量或单罐的容量大、火灾危险性大、布置集中、扑救困难，且机动消防设施不足的场所，即符合下列情况之一时，宜选用固定式泡沫灭火系统：

1）总储量不小于 $500m^3$ 的独立非水溶性甲、乙、丙类液体储罐区。

2）总储量不小于 $200m^3$ 的独立水溶性甲、乙、丙类液体储罐区。

3）机动消防设施不足的企业附属非水溶性甲、乙、丙类液体储罐区。

由于上述场所的火灾危险性较大、燃烧情况复杂，所以尽管设有固定式泡沫灭火系统，同时还应设置泡沫栓，配备泡沫枪，保证必要的移动式灭火力量，用于扑救流散液体火灾。

（2）半固定式泡沫灭火系统。

半固定式泡沫灭火系统仅设有泡沫产生器及部分混合液管道，并留有接口，如图 6-6 所示。火灾时，需临时调集泡沫消防车或机动消防水泵等，在火场组织泡沫灭火力量，将混合液通过水带打入预留的接口，进入管道内，经泡沫产生器产生泡沫，实施灭火。半固定式泡沫灭火系统的工作过程如图 6-7 所示。

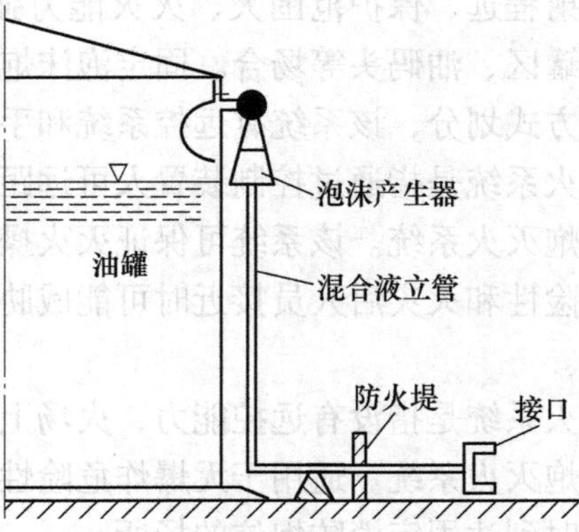

图 6-6　半固定式泡沫灭火系统组成示意图

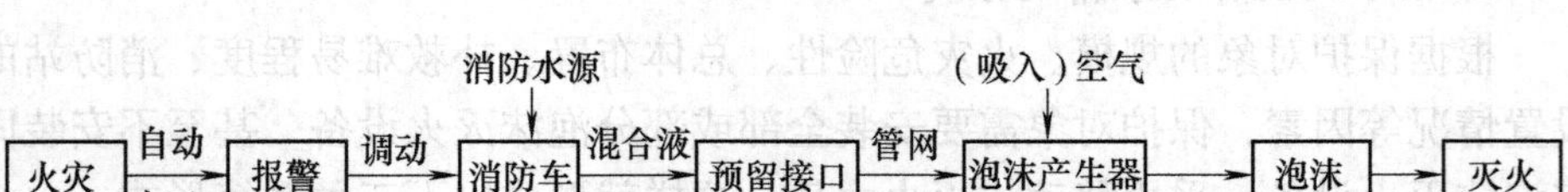

图 6-7　半固定式泡沫灭火系统的工作过程

半固定式泡沫灭火系统具有设备简单、投资省、不需经常维护、管理方便、机动灵活等特点。与移动式泡沫灭火系统相比，其灭火效率高，操作便利，火场上劳动强度低。但与固定式泡沫灭火系统相比，其扑救火灾不及时，不适用于特别大的储罐。

采用半固定式泡沫灭火系统时，其储罐区应有足够的消防力量和充足的消防水源，灭火需要的泡沫液一般由消防车携带（若使用泵浦消防车，还应配备泡沫液）。另外，预留接口应设在防火堤外，接口上应有闷盖。

（3）移动式泡沫灭火系统。

移动式泡沫灭火系统是在储罐上不安装任何固定泡沫灭火设备，火灾时完全由消防车或机动消防泵、泡沫比例混合器、泡沫枪或泡沫炮等组成，通过水带连接的移动式泡沫灭火力量扑救火灾，如图6-8所示。

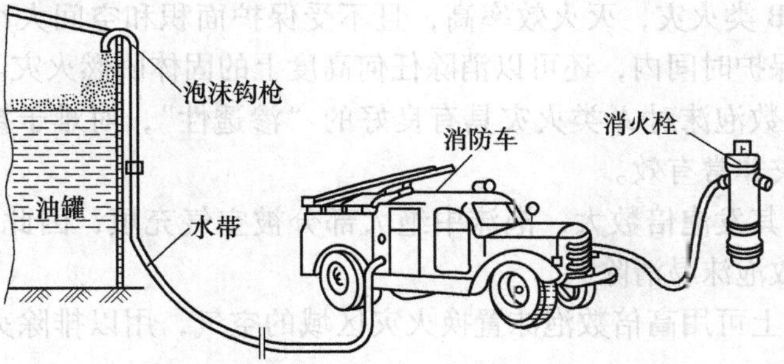

图6-8　移动式泡沫灭火系统示意图

符合下列情况的储罐区可选择移动式泡沫灭火系统：

总储量不大于500m³，单罐容量不大于200m³且罐壁高度不大于7m的地上非水溶性甲、乙、丙类液体立式储罐；总储量不大于200m³、单罐容量不大于100m³且罐壁高度不大于5m的水溶性甲、乙、丙类液体立式储罐；卧式储罐；甲、乙、丙类液体装卸区易泄漏的场所。

6.2.2　中倍数泡沫灭火系统

中倍数泡沫灭火系统是指泡沫发泡倍数为21～200的泡沫灭火系统。该系统有以下两种类型：

1. *局部应用式中倍数泡沫灭火系统*

局部应用式中倍数泡沫灭火系统由固定或半固定中倍数泡沫产生器、泡沫比例混合器、消防泵组、管路及其附件等组成，通过固定或半固定的中倍数泡沫产生器直接或通过导泡筒将泡沫喷放到火灾部位实施灭火。该系统适用保护场所包括：大范围内的局部封闭空间；大范围内的局部设有阻止泡沫流失围挡设施的场所；流散的B类火灾场所；不超过100m²流淌的B类火灾场所。

2. 移动式中倍数泡沫灭火系统

移动式中倍数泡沫灭火系统是由水罐消防车或手抬机动泵、比例混合器或泡沫消防车、手提式或车载式泡沫产生器、泡沫液桶、水带及其附件等组成，可通过移动式中倍数泡沫产生装置直接或通过导泡筒将泡沫喷放到火灾部位，实施灭火。该系统适用场所包括：发生火灾的部位难以确定或人员难以接近的较小火灾场所；流散的B类火灾场所；不超过$100m^2$流淌的B类火灾场所。

6.2.3 高倍数泡沫灭火系统

高倍数泡沫灭火系统是指泡沫发泡倍数大于200的泡沫灭火系统。该系统的灭火原理类似于气体灭火系统。其具有比较鲜明的特点：

1）高倍数泡沫能迅速地充满较大面积的火灾区域，以淹没和覆盖的方式扑救A类或B类火灾，灭火效率高，且不受保护面积和空间大小的限制。在高倍数泡沫保护时间内，还可以消除任何高度上的固体阴燃火灾。

2）高倍数泡沫对A类火灾具有良好的“渗透性”，对难于接近或难以找到火源的火灾非常有效。

3）由于其发泡倍数大，泡沫中绝大部分被空气充填，因此水渍损失小，灭火后高倍数泡沫易清除。

4）火场上可用高倍数泡沫置换火灾区域的空气，用以排除火场的烟气和有毒气体。

5）高倍数泡沫绝热性能好，能防止火焰蔓延到邻近区域。

6）高倍数泡沫无毒，人在其中可以自由呼吸。因此，可以对陷于火区的人员提供就地保护，使之避免火焰的危害。

7）灭火时对被保护区域重量负荷增加极少。因此，高倍数泡沫灭火系统可以用于保护固体物质仓库、飞机检修库和飞机发动机试验车间、船舱、地下工程、矿井、地下坑道，以及有火灾危险性的厂房等场所。

高倍数泡沫灭火系统按灭火时泡沫覆盖方式及设备安装方式分为以下三种类型。

1. 全淹没式高倍数泡沫灭火系统

全淹没式高倍数泡沫灭火系统是指由固定的高倍数泡沫产生装置将高倍数泡沫喷放到封闭或被围挡的防护区内，并在规定的时间内达到一定泡沫淹没深度的泡沫灭火系统。该系统适用于保护在不同高度上都存在火灾危险性的大范围的封闭空间和大范围内设有阻止泡沫流失的固定围墙或其他围挡设施的局部场所，如仓库、高架库房、汽车库、飞机检修库、工业生产厂房，以及地下工程等。

全淹没式高倍数泡沫灭火系统宜采用自动控制方式启动，其组成示意如图6-9所示。其工作原理是：当防护区发生火灾，火灾探测器报警并发出火灾信号到消防控制中心，消防控制中心接到此信号，立即启动消防水泵、泡沫液泵和相应的电动阀门，具有一定压力的水和泡沫液进入泡沫比例混合器，按设定的比例混合形成混合液，再经混合液管道输送至高倍数泡沫产生器，产生的高倍数泡沫被喷放到防护区，以淹没和覆盖两种方式实施灭火。

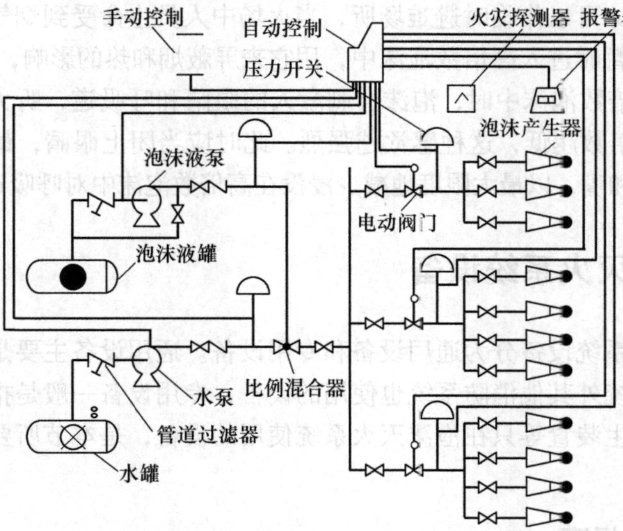

图6-9　全淹没式高倍数泡沫灭火系统示意图

2. *局部应用式高倍数泡沫灭火系统*

局部应用式高倍数泡沫灭火系统是指由固定或半固定的高倍数泡沫产生装置直接或通过导泡筒将泡沫喷放到火灾部位的灭火系统，其组成与全淹没式高倍数泡沫灭火系统相同。该系统所保护对象的表面高度差不大，如储罐区的防火堤、矿口、沟渠等处的火灾。其适用于：

1）大范围内的局部封闭空间，如地下室、地板下面的空间，发动机试验室，封闭的发电机组，大型仓库或厂房中某个需要重点保护的区域。

2）没有完全封闭空间的火灾，如扑救或控制由可燃液体、液化石油气及普通A类可燃物的火灾。该系统在室内或室外都可以使用，但在室外设置时应防止风对高倍数泡沫产生器发泡和泡沫分布的影响。

3. *移动式高倍数泡沫灭火系统*

移动式高倍数泡沫灭火系统是指由移动式高倍数泡沫产生装置直接或通过导泡筒将泡沫喷放到火灾部位的灭火系统。该系统的装置可以是车载式，也可以是便携式。发生火灾时，由消防车携带一台或数台高倍数泡沫产生器及与之相配套使用的泡沫比例混合器、泡沫液桶、导泡筒等赶赴火场，利用水带、分水器等将这些设备连接好，在确保消防车的供水压力下，即可产生泡沫，进行灭火。该系统可以作为固定式灭火系统的补充来使用。在无固定式灭火系统时，其作为主要灭火设施。

移动式高倍数泡沫灭火系统适用于：①发生火灾的部位难以确定或人员难以接近的火灾场所；②流淌的 B 类火灾场所；③发生火灾时需要排烟、降温或排除有害气体的封闭空间。

高倍数泡沫可以作临时避难场所，当火场中人员生命受到烟气和热辐射的威胁时，可以暂时进入高倍数泡沫中，用它来屏蔽烟和热的影响，以保存生命。人员浸没在高倍数泡沫中时，泡沫会刺激人的眼睛和呼吸道，听力困难，辨不清方向，发泡倍数越低，这种感觉越强烈。此时应当闭上眼睛，最好用一块布或手帕盖住鼻和嘴，以最大限度地减少浸没在高倍数泡沫中对呼吸道的影响。

6.3 泡沫灭火系统设备

泡沫灭火系统设备分为通用设备和专用设备。通用设备主要是消防水泵等除泡沫灭火系统外其他消防系统也使用的设备；专用设备一般是指泡沫比例混合器和泡沫产生装置等只在泡沫灭火系统使用的设备，是本节所要论述的主要对象。

6.3.1 一般规定

1. 泡沫灭火系统设备型号的编制

泡沫灭火系统设备型号是根据《消防产品型号编制方法》（GN 11—1982）编制的。其型号由类、组、特征代号与主参数等部分组成，如图 6-10 所示。类、组、特征代号用其有代表性的汉字的大写汉语拼音字头表示。为了简化型号，每组内仅有一个品种不加特征代号；主参数是反映该设备的主要技术性能或主要结构的参数，用阿拉伯数字表示。例如 PH48，表示环泵式泡沫比例混合器，最大泡沫混合液流量为 48L/s。

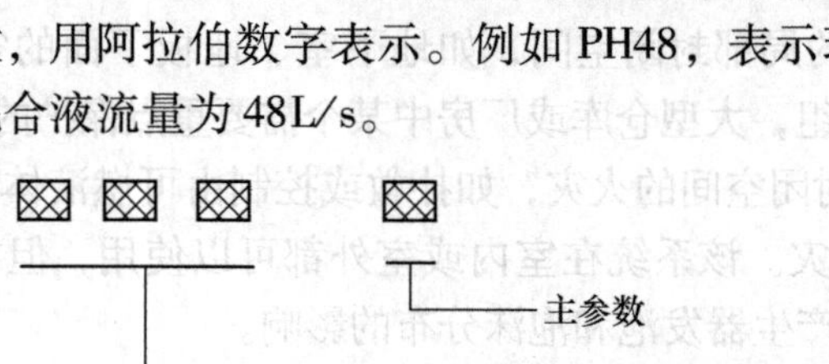

图 6-10 泡沫灭火设备型号的编制

2. 设备涂色规定

系统主要组件宜按下列规定涂色：

（1）泡沫混合液泵、泡沫液泵、泡沫比例混合器（装置）、泡沫液储罐、泡沫产生器、压力开关、泡沫液管道、泡沫混合液管道、泡沫管道、管道过滤器宜涂红色。

（2）泡沫消防水泵、给水管道宜涂绿色。

（3）当管道较多，泡沫系统管道与工艺管道涂色有矛盾时，可涂相应的色带或色环。隐蔽工程管道可不涂色。

6.3.2　泡沫比例混合装置

泡沫比例混合装置的功用是将泡沫液与水按比例混合成泡沫混合液，使用时可根据混合流程选择。但同时应注意，所选用的泡沫比例混合器应能使泡沫混合液在设计流量范围内的混合比不小于其额定值，也不得大于其额定值的30%，且实际混合比与额定混合比之差不得大于一个百分点。常用的泡沫比例混合装置有以下几种：

1. 环泵式泡沫比例混合装置

环泵式泡沫比例混合装置如图6-11所示，是利用文丘里管原理工作的。它安装在泵的旁路上，进口接泵的出口，出口接泵的进口，泵工作时大股液流流向系统终端，小股液流回流到泵的进口。当回流的小股液流经过比例混合器时，在其腔内形成一定的负压，泡沫液储罐内的泡沫液在大气压力作用下被吸到腔内与水混合，再流到泵进口与水进一步混合后抽到泵的出口，如此循环往复一定时间后，泡沫混合液的混合比就能达到产生灭火泡沫要求的正常值（其流程如图6-12所示）。根据其工作原理，消防泵进出口压力、泡沫液储罐液面与比例混合器的高度差是影响其泡沫混合液混合比的两方面因素。消防泵进口压力由泵轴心与水池、水罐等储水设施液面的高度差决定，进口压力越小，在一定范围内混合比越大，反之混合比越小，零或负压较理想；进口压力一定时，出口压力越高，在一定范围内混合比就越高，反之越小；在重力的作用下，泡沫液储罐液面越高，混合比就越高，反之越小。

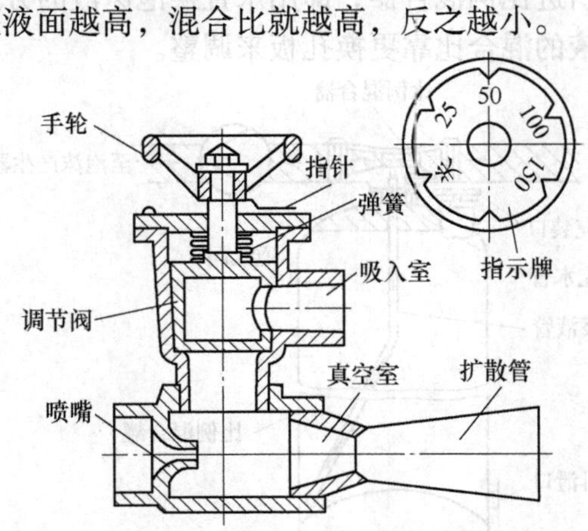

图6-11　环泵式泡沫比例混合装置

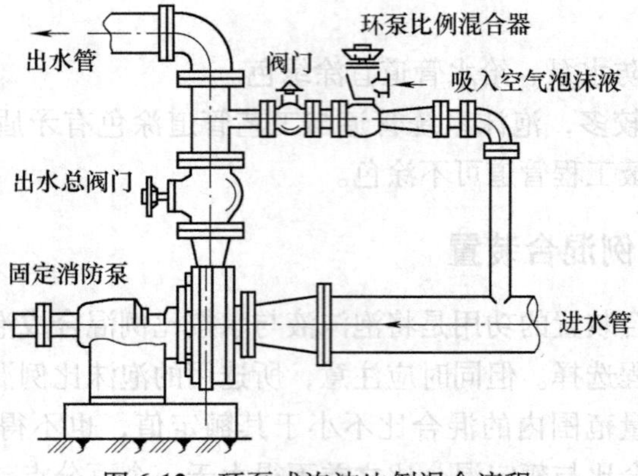

图 6-12 环泵式泡沫比例混合流程

采用环泵泡沫比例混合装置的系统，其消防泵的工作介质是泡沫混合液，必须单独配置泡沫消防泵，且泡沫消防泵进水管必须与其他水泵的进水管隔开，否则，当泡沫消防泵与其他泵同时工作时，部分泡沫液可能会被其他水泵吸走，从而影响泡沫混合液的混合比。确定泡沫消防泵的额定流量时，应将回流部分的流量计算在内，通常取系统设计流量的 1.1 倍。另外系统宜设置备用比例混合器。

2. 压力式泡沫比例混合装置

压力式泡沫比例混合装置分为标准压力比例混合装置（如图 6-13 所示）和囊式压力比例混合装置（如图 6-14 所示）两种。它们主要由比例混合器与泡沫液压力储罐及管路构成，从比例混合器向泡沫液储罐内分别引入两根管路，用文丘里管、孔板或文丘里管与孔板组合，在其比例混合器内的两根管路之间制造流体动压差。系统工作时，压力高的管路向泡沫液储罐内充水，压力低的管路将泡沫液引进比例混合器，即用水置换泡沫液的方式实现泡沫液与水混合，其泡沫混合液的混合比靠更换孔板来调整。

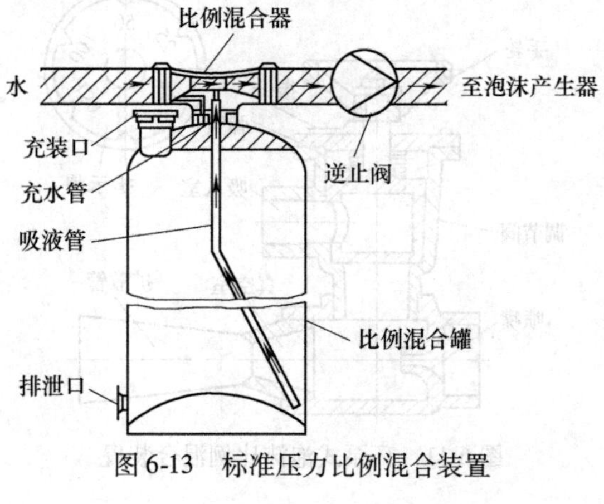

图 6-13 标准压力比例混合装置

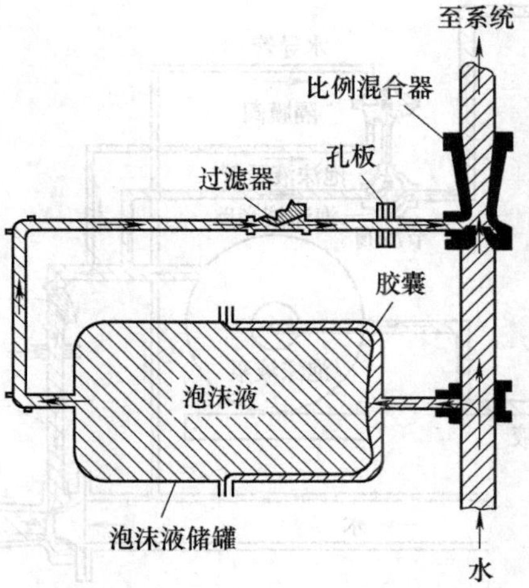

图 6-14　囊式压力比例混合装置

标准压力比例混合装置是利用泡沫液与水短时间内不混合，能在两者之间形成分界面的现象，工作时将压力水直接充入储罐内泡沫液液面上。它适用于蛋白类泡沫液，不适用于与水之间不能形成稳定界面，水充入储罐后很快与泡沫液混合的某些合成类泡沫液，如高倍数泡沫液、水成膜泡沫液等。由于该比例混合装置工作时泡沫液与水直接接触，泡沫灭火系统一经使用，储罐内泡沫液即使剩余也不能再用，所以不便于系统调试及日常试验等。

囊式压力比例混合装置克服了标准压力比例混合装置的缺点，它用胶囊将泡沫液与水隔开，系统工作时泡沫液与水不直接接触，泡沫液一次未使用完可再次使用，便于调试、日常试验等。

3. 平衡压力式泡沫比例混合装置

平衡压力式泡沫比例混合装置通常由泡沫液泵、混合器、平衡压力流量控制阀及管道等组成（如图 6-15 所示）。平衡压力流量控制阀由隔膜腔、阀杆和节流阀组成，隔膜腔下部通过导管与泡沫液泵出口管道相连，上部通过导管与水管道相通，其作用是通过控制泡沫液的回流量来控制泡沫混合液的混合比。平衡压力式泡沫比例混合装置的工作原理是：泡沫液泵供给的泡沫液有一股进入混合器，另一股经平衡压力流量控制阀回流到泡沫液储罐，当水压升高时，说明系统供水量增大，泡沫液供给量也应增大，平衡压力流量控制阀的隔膜带动阀杆向下，节流阀的节流口减小，泡沫液回流量减小，而供给系统的量增大；同理，水压降低时供给系统的泡沫液量减小。平衡压力式泡沫比例混合装置的比例混合精度较高，适用的泡沫混合液流量范围较大，泡沫液储罐为常压储罐。

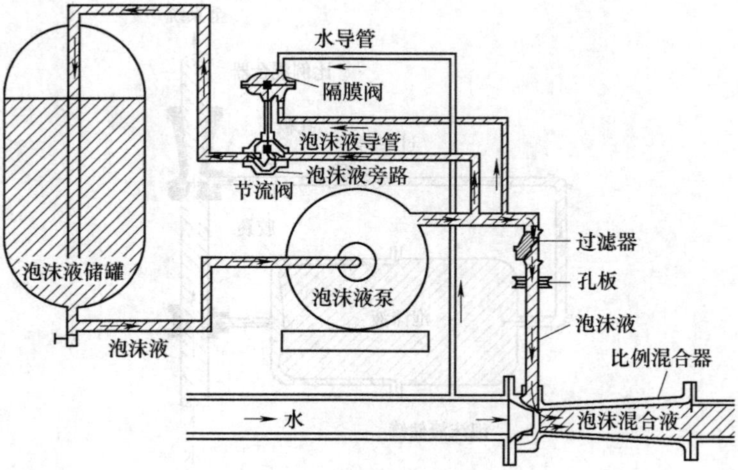

图 6-15 平衡压力式泡沫比例混合器

4. 管线式泡沫比例混合器

管线式泡沫比例混合器与环泵式泡沫比例混合器的工作原理相同，它们都是利用文丘里管的原理在混合腔内形成负压，在大气压力作用下将容器内的泡沫液吸到腔内与水混合。不同的是，环泵式泡沫比例混合器是装在泡沫消防泵的回流管上的，而管线式泡沫比例混合器则直接装在主管线上。

管线式泡沫比例混合器的工作压力通常在 0.7 ~ 1.3MPa 范围内，压力损失在进口压力的三分之一以上，混合比精度通常较差。因此，其主要用于移动式泡沫灭火系统，且许多是与泡沫炮、泡沫枪、泡沫产生器装配一体使用的，而在固定式泡沫灭火系统中很少使用它。管线式泡沫比例混合器如图 6-16 所示。

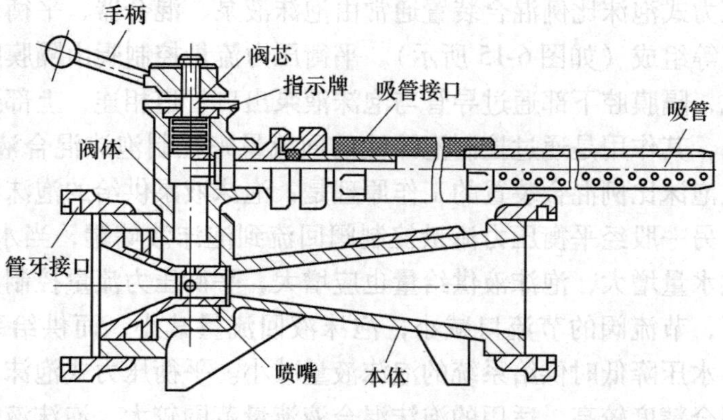

图 6-16 管线式泡沫比例混合器

5. 计量注入式泡沫比例混合器

计量注入式泡沫比例混合装置是近年发展起来的一种新型泡沫比例混合装置。该装置主要由泡沫液泵、水泵、流量计、电子控制器、泡沫液储罐等组成。其基本原理为：利用流量计实时监控系统运行条件，并向电子控制器反馈流量信号，电子控制器接收到相应流量数据的电信号后，会控制泡沫液泵按相应流量供给泡沫液，以达到维持恒定混合比的目的。其运行不受水压影响，并且也不会因补充泡沫液而中断。图6-17为一典型计量注入式泡沫比例混合装置流程，该流程在水管道上设有流量计，主要监测水的流量，并利用变量泡沫液泵控制泡沫液的流量。在工程中，也可同时在泡沫液管路上设置流量计，进行泡沫液流量的监测。另外，可使用变频技术来控制泡沫液泵的流量。对于该类型的装置来说，流量测量的准确性将直接影响混合比的精确性。因此，要求流量计的进口前和出口后直管段的长度不小于10倍的管径。

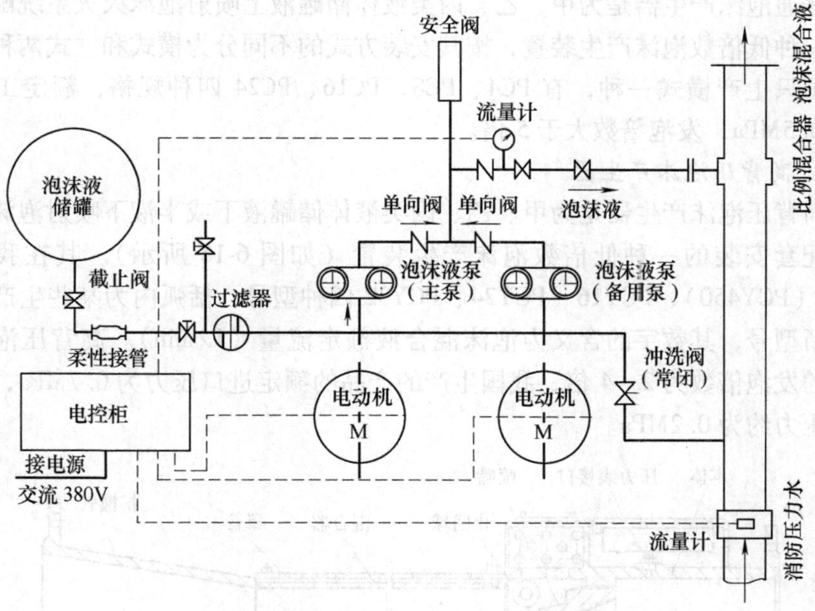

图6-17　计量注入式泡沫比例混合器流程

6.3.3 泡沫产生装置

将空气混入并产生一定倍数泡沫的设备称为泡沫产生装置。泡沫产生装置分为吸气型和吹气型。低倍数泡沫产生装置和部分中倍数泡沫发生装置是吸气型的，高倍数和部分中倍数泡沫产生装置是吹气型的。

吸气型泡沫产生装置由液室、气室、变截面喷嘴或孔板、混合扩散管等部分组成。其工作原理是基于紊流理论，当一股压力泡沫混合液流经喷嘴或孔板时，由于通流截面的急剧缩小，液流的压力位能迅速转变为动能，从而使液流成为一束高速射流。射流中的流体微团无规则运动，当微团横向运动时，与周围空气间相互摩擦、碰撞、掺混，将动量传给射流边界接触的空气层，并将这部分空气连续携带进入混合扩散管，形成气—液混合流。由于空气不断被带走，气室内形成一定负压，在大气压作用下外部空气不断进入气室，这样就会连续不断地产生一定倍数的泡沫。

吹气型泡沫产生装置主要由喷嘴、发泡筒、发泡网、风叶等组成，其工作原理是：一定压力泡沫混合液通过喷嘴以雾化形式均匀喷向发泡网，在网的内表面上形成一层混合液薄膜，由风叶送来的气流将混合液薄膜吹胀成大量的气泡（泡沫群）。

1. 横、立式泡沫产生器

普通泡沫产生器是为甲、乙、丙类液体储罐液上喷射泡沫灭火系统配套安装的一种低倍数泡沫产生装置，按其安装方式的不同分为横式和立式两种，目前我国只生产横式一种，有 PC4、PC8、PC16、PC24 四种规格，额定工作压力为 0.5MPa，发泡倍数大于 5 倍。

2. 高背压泡沫产生器

高背压泡沫产生器是为甲、乙、丙类液体储罐液下或半液下喷射泡沫灭火系统配套安装的一种低倍数泡沫产生装置（如图 6-18 所示）。其在我国有 PCY8（PCY450）、PCY16、PCY24、PCY32 四种型号，括弧内为某些生产厂使用的新型号，其数字的含义为泡沫混合液额定流量（L/min）。高背压泡沫产生器的发泡倍数为 2～4 倍，我国生产的产品的额定进口压力为 0.7MPa，最大出口压力约为 0.2MPa。

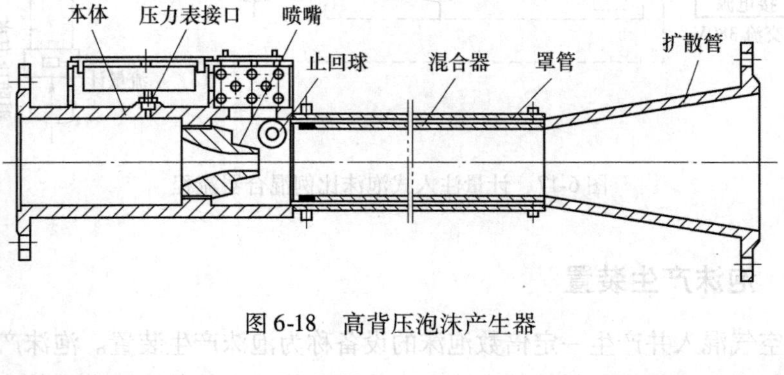

图 6-18　高背压泡沫产生器

3. 泡沫喷头

泡沫喷淋系统使用的是吸气型泡沫喷头，第一代泡沫喷头因其体积大、物耗高，已逐步被体积小的第二代喷头所取代，图 6-19 所示的泡沫喷头是国外较常用的泡沫喷头。随着成膜类泡沫的出现，非吸气型喷头的使用成为可能，如近年来的一些大型系统采用的水成膜泡沫-水喷淋系统，其喷头多使用洒水喷头或水雾喷头（见图6-20）。

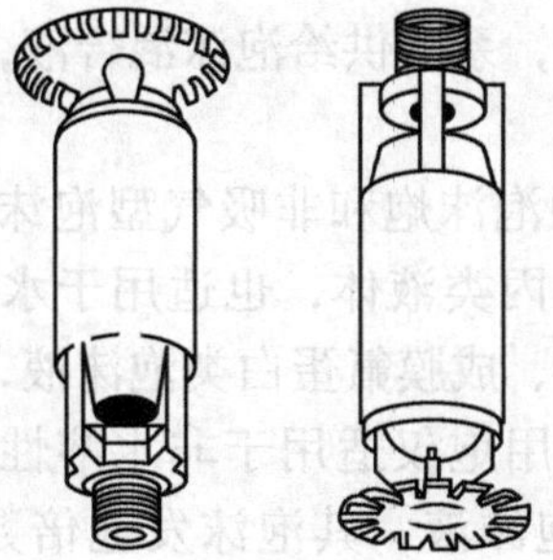

图6-19　泡沫喷头

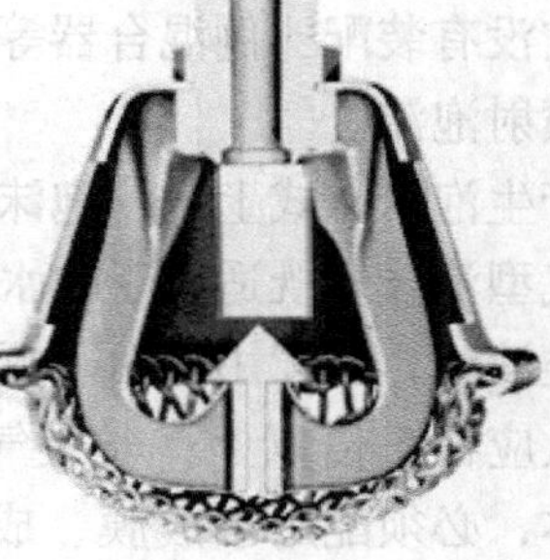

图6-20　泡沫水雾喷头

4. 泡沫炮

泡沫混合液流量大于16L/s，以射流形式喷射泡沫的装置称为“泡沫炮”。

泡沫炮按安装方式分为固定式与移动式两种。固定式泡沫炮是安装在固定支座上的（如图6-21所示）；移动式泡沫炮是安装在可移动支座上的，包括车载式、拖车式、手抬式等。

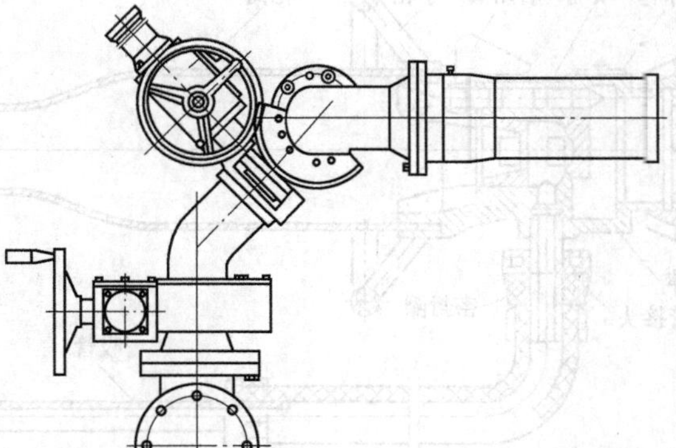

图6-21　固定式泡沫炮

固定式泡沫炮通常应能在水平和垂直两个方向上进行摆动，控制其摆动的方式分为手动控制、电动控制、液动控制、气动控制等。手动泡沫炮要就地进行控制，电动、液动、气动泡沫炮可实现有线或无线远距离控制，所以又称它们为“远控炮”。远控炮是以电驱动、液压驱动或气压驱动为主，同时配有手动机构，需要时也可就地手动。

泡沫炮按泡沫液吸入方式可分为自吸式泡沫炮、非自吸式泡沫炮。自吸式泡沫炮多为移动式的，它装配了负压比例混合器和吸液管，工作时，系统供给压力水，靠泡沫炮自身的负压比例混合器和吸液管从泡沫液容器中吸取泡沫液后，形成泡沫混合液，再产生泡沫。固定泡沫炮系统基本上是采用非自吸式泡沫炮，它没有装配比例混合器等部件，工作时，系统供给泡沫混合液，由该炮产生并喷射泡沫。

从产生泡沫方式上分，泡沫炮分为吸气型泡沫炮和非吸气型泡沫/水两用炮。吸气型泡沫炮既适用于非水溶性甲、乙、丙类液体，也适用于水溶性甲、乙、丙类液体，可配用蛋白、氟蛋白、水成膜、成膜氟蛋白类泡沫液，其泡沫发泡倍数应在5倍以上；非吸气型泡沫/水两用炮仅适用于非水溶性甲、乙、丙类液体，必须配用水成膜、成膜氟蛋白类泡沫液，其泡沫发泡倍数在2倍以下。

5. 泡沫枪

泡沫枪是一种小流量的泡沫产生与喷射装置，主要用来辅助扑救一些小面积的甲、乙、丙类液体流散火灾。从构造上看，有带管线式比例混合器的组合式泡沫枪（如图6-22所示）与泡沫枪两种，目前我国主要生产的泡沫枪有PQ4、PQ8两种规格型号。

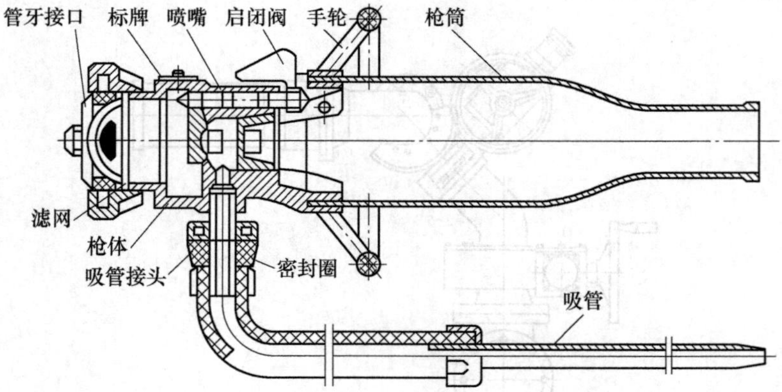

图6-22　带管线式比例混合器的组合式泡沫枪

6. 高倍数泡沫产生器

驱动风叶的原动机目前有电动式和水力驱动式两种。

所谓电动式就是用电动机拖动的，因电动机不耐火，电动式高倍数泡沫产生器通常不能装在防护区内，所以全淹没式高倍数泡沫灭火系统一般不用它。它配装的导泡筒可用于局部应用式或移动式高倍数泡沫灭火系统。

如图6-23所示，水力驱动式高倍数泡沫产生器是将系统供给的高倍数泡沫混合液注入水轮机，驱动安装在主轴上的转轮并带动同轴上的叶轮旋转产生运动气流，然后高倍数泡沫混合液由水轮机出口经管道进入喷嘴，以雾状喷向发泡网，在网的内表面上形成一层混合液薄膜，由风叶送来的气流将混合液薄膜吹胀成大量的气泡（泡沫群）。另有一种移动式高倍数泡沫产生器，它本身装配有负压比例混合器和吸液管，其工作原理是将系统供给的一部分压力水注入水轮机用以驱动转轮，另一部分压力水进入比例混合器用以吸取高倍数泡沫液，然后进入水轮机的压力水与出自比例混合器的泡沫混合液汇合，进一步混合后，由喷嘴以雾状喷向发泡网。

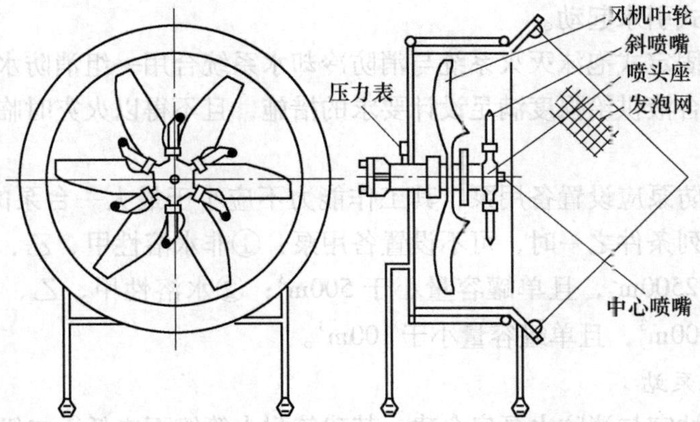

图6-23　水力驱动式高倍数泡沫产生器

7. 中倍数泡沫产生器

吹气型中倍数泡沫产生器与高倍数泡沫产生器的发泡原理相同，吸气型中倍数泡沫产生器的发泡原理与低倍数泡沫产生器的原理相同，吸气型的发泡倍数要低于吹气型的。

中倍数泡沫装置通常被作为移动使用的辅助灭火设施。图6-24所示为一便携式中倍数泡沫产生器。

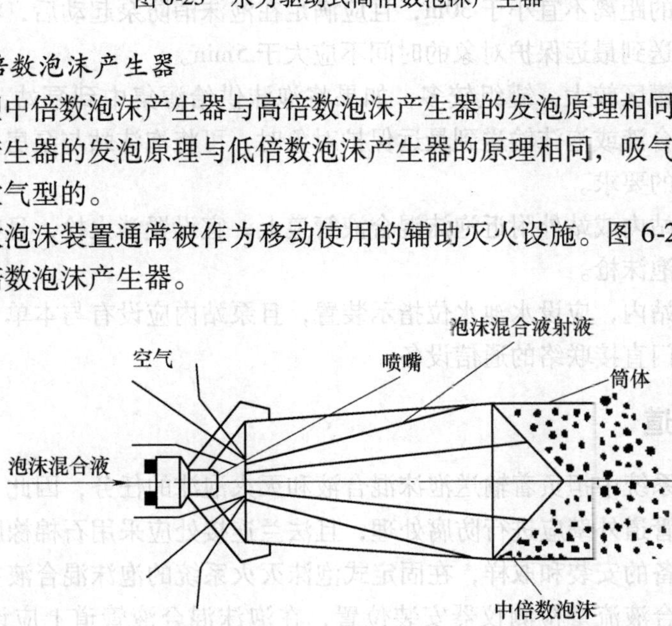

图6-24　便携式中倍数泡沫产生器

6.3.4 泡沫消防泵和泡沫泵站

1. 泡沫消防泵

泡沫消防泵宜选用特性曲线平缓的离心泵。一组泡沫消防泵的吸水管不应少于两条，当其中一条损坏时，其余的吸水管应能通过全部用水量。在泡沫消防泵进水管上，还应设置真空压力表或真空表，在其出水管上应设置压力表、单向阀和带控制阀的回流管。当泡沫消防泵出水管的直径大于300mm时，其阀门宜采用电动、气动或液动阀门，并应有明显的阀门启闭标志。泡沫消防泵宜采用自灌式引水起动。

储罐区固定式泡沫灭火系统与消防冷却水系统合用一组消防水泵时，应有保障泡沫混合液供给强度满足设计要求的措施，且不得以火灾时临时调整的方式来保障。

泡沫消防泵应设置备用泵，其工作能力不应小于最大一台泵的工作能力。但当符合下列条件之一时，可不设置备用泵：①非水溶性甲、乙、丙类液体的总储量小于2500m^3，且单罐容量小于500m^3；②水溶性甲、乙、丙类液体总储量小于1000m^3，且单罐容量小于100m^3。

2. 泡沫泵站

泡沫泵站宜与消防水泵房合建，其建筑耐火等级不应低于二级。泡沫泵站与保护对象的距离不宜小于30m，且应满足在泡沫消防泵起动后，将泡沫混合液或泡沫输送到最远保护对象的时间不应大于5min。

有些储罐区较大，罐组较多，如果将泡沫供给源集中到泵站，5min内不能将泡沫混合液或泡沫输送到最远保护对象时，可将泡沫站与泵房分建，以满足输送时间的要求。

泡沫泵站内或站外附近泡沫混合液管道上，宜设置消火栓，且在泡沫泵站内，宜配置泡沫枪。

泡沫泵站内，应设水池水位指示装置，且泵站内应设有与本单位消防站或消防保卫部门直接联络的通信设备。

6.3.5 管道

管道在系统中担负着输送泡沫混合液和灭火泡沫的任务，因此，其管道应采用钢管，管道外壁应进行防腐处理，且法兰连接处应采用石棉橡胶垫片。为便于检测设备的安装和取样，在固定式泡沫灭火系统的泡沫混合液主管道上应留出泡沫混合液流量检测仪器安装位置，在泡沫混合液管道上应设置试验检测口。

6.3.6 其他附件

1. 火灾报警控制装置

采用全淹没式或局部应用式高倍数泡沫灭火系统保护的防护区，设置泡沫喷淋灭火系统的场所，可根据防护区或保护场所的重要程度、被保护对象的性质、发生火灾的特点、系统使用情况及人员安全等因素，确定系统的启动控制方式，一般宜设置火灾自动报警控制装置，以便更有效地对防护区进行监控，并及时启动系统进行灭火。

对于高倍数泡沫灭火系统，其消防自动控制设备宜与防护区内的门窗的关闭装置、排气口的开启装置，以及生产、照明电源的切断装置等联动。

2. 泡沫缓冲装置

保护水溶性甲、乙、丙类液体储罐的泡沫灭火系统，应在储罐内安装泡沫缓冲装置，以避免泡沫与液面的直接冲击，减少泡沫的破损，保证泡沫通过缓冲装置缓慢地铺到液面上，扑灭火灾。常用的泡沫缓冲装置有泡沫浮筒、泡沫溜槽、泡沫降落槽、泡沫带发射器等。

3. 泡沫堰板

泡沫堰板是设置在浮顶储罐的浮顶上靠外缘的一圈挡板，其作用就是围封泡沫，将泡沫的覆盖面积控制在罐壁与浮顶之间的环形面积内，这样可以减小泡沫覆盖面积，避免不必要的浪费。因为浮顶罐发生火灾后，仅在浮顶与罐壁的密封槽燃烧，浮顶的中部为不燃材料，不会燃烧。

4. 管道过滤器

为确保高倍数泡沫灭火系统正常工作，在泡沫比例混合器和泡沫产生器前的管路上均应设置管道过滤器，以防止杂质、颗粒进入泡沫比例混合器和泡沫产生器，堵塞孔板和喷嘴。

安装时管道过滤器的箭头方向与水流方向应一致，同时应在管道过滤器进口和出口处安装压力表，压力降超过规定值时，应立即检查，取出过滤器内的杂物。每次使用后用清水冲洗，另外应定期检查过滤器本体内表面防腐漆是否脱落，如有脱落现象应重新涂防腐漆。

6.4 储罐区液上喷射泡沫灭火系统的设计

6.4.1 设计技术数据

液上喷射泡沫灭火系统设计技术数据包括泡沫混合液供给强度和泡沫混合液连续供给时间。

1. 泡沫混合液供给强度和连续供给时间的分析

泡沫混合液供给强度是指单位时间内单位燃烧面积所需的最小混合液供给量，单位为 L/(m^2 · min)。泡沫混合液供给强度与灭火时间、泡沫液需要量有着密切的关系，是一个非常重要的设计参数，其大小对系统规模、灭火剂用量等都有直接的影响。一般来讲，混合液供给强度越大，灭火时间就越短；混合液供给强度越小，灭火时间就越长。

泡沫混合液连续供给时间是指泡沫灭火系统灭火时连续不断提供混合液的最短时间间隔。泡沫混合液连续供给时间为灭火时间乘以一个安全系数。从试验情况看，当泡沫混合液供给强度符合一定的要求时，灭火时间为 5min 左右，安全系数取 6，因此，泡沫混合液连续供给时间为 30min 左右。

2. 泡沫混合液供给强度与连续供给时间的确定

(1) 固定顶储罐、浅盘式和浮盘采用易熔材料制作的内浮顶储罐，当储存非水溶性甲、乙、丙类液体时，其混合液供给强度和连续供给时间不应小于表 6-4 的要求。

表 6-4　液上喷射泡沫灭火系统设计技术数据 (1)

泡沫液种类	供给强度/[L/(min · m^2)]	连续供给时间/min	
		甲、乙类液体	丙类液体
蛋白	6.0	40	30
氟蛋白、水成膜、成膜氟蛋白	5.0	45	30

(2) 固定顶储罐和设有泡沫缓冲装置的内浮顶储罐，当储存水溶性甲、乙、丙类液体时，其泡沫混合液供给强度和连续供给时间不应小于表 6-5 的要求。

表 6-5　液上喷射泡沫灭火系统设计技术数据 (2)

液体类别	供给强度/[L/(min · m^2)]	连续供给时间/min
丙酮、丁醇	12	30
甲醇、乙醇、丁酮、丙烯腈、醋酸乙酯	12	25
含氧添加剂含量体积比大于 10% 的汽油	6	40

(3) 浅盘式和浮盘采用易熔材料制作的内浮顶储罐，当储存水溶性甲、乙、丙类液体且未设泡沫缓冲装置时，其泡沫混合液供给强度应按表 6-5 的规定确定，但连续供给时间应在表 6-6 规定的基础上增加 50%。

表6-6 泡沫混合液连续供给时间

储罐直径/m	连续供给时间/min
≤10	10
>10且≤20	20
>20且≤30	20
>30且≤40	30
>40	30

（4）外浮顶储罐和单、双盘式内浮顶储罐，其泡沫混合液供给强度不应小于12.5L/(min·m^2)，连续供给时间不应小于30min。

（5）扑救流散液体火灾泡沫枪混合液连续供给时间不应小于表6-6的规定。

6.4.2 设计计算要求

1. 燃烧面积确定

燃烧面积是指火灾时的着火面积，也就是灭火时需要用泡沫覆盖的面积。由于液体的燃烧特性，一旦着火将会在液体的整个自由表面燃烧，确定燃烧面积时应充分考虑这一点。各种储罐燃烧面积的确定如下。

（1）固定顶储罐。固定顶储罐发生火灾后，其燃烧是在所储存液体的自由表面上进行，因此，其燃烧面积应为储罐的横截面面积，可按圆的面积计算燃烧面积。

（2）浅盘式和浮盘采用易熔材料制作的内浮顶储罐。浅盘式和浮盘采用易熔材料制作的内浮顶储罐发生火灾，其罐顶可能全部或部分被掀开，浮盘由于受力不平衡倾斜沉没或被烧坏，产生与固定顶储罐一样的全面积燃烧，燃烧面积的确定同固定顶储罐。

（3）外浮顶储罐。外浮顶储罐的浮顶本身不可燃烧，并且比较稳定，因此，发生火灾时仅仅在浮顶与罐壁之间的缝隙着火，需要泡沫覆盖灭火的面积为紧贴罐壁的环形面积。利用浮顶上的泡沫堰板阻挡泡沫向浮顶中间扩散。因此，外浮顶储罐的燃烧面积应为罐壁与泡沫堰板间的环形面积。

（4）单、双盘式内浮顶储罐。单、双盘式内浮顶储罐的燃烧面积确定同外浮顶储罐。

（5）卧式罐区。卧式储罐区有可能发生液体流淌火灾，因此，燃烧面积按防火堤的实际面积确定。若防火堤的实际面积超过120m^2，考虑到着火初期不可能一下蔓延到整个防火堤或防护区内，燃烧面积仍按120m^{2}计。

2. 泡沫产生器设置数量确定

（1）固定顶储罐、浅盘式和浮盘采用易熔材料制作的内浮顶储罐的泡沫产生器设置数量。对于固定顶储罐、浅盘式和浮盘采用易熔材料制作的内浮顶储罐，确定其泡沫产生器型号和数量时，应根据储罐燃烧液面上所需的泡沫混合液流量和每个泡沫产生器的混合液流量按下式计算确定：

$$\sum_{i=1}^{n} q_i \geqslant q_g A \tag{6-1}$$

式中 q_i——每个泡沫产生器的混合液流量（L/min）；

q_g——泡沫混合液供给强度[L/(min·m²)]；

A——燃烧面积（m²）；

n——泡沫产生器的数量。

应该指出，在选择泡沫产生器的型号时，应注意型号不宜过大，以免泡沫产生器设置数量太少。这样可以减小泡沫的流动距离，有利于喷出的泡沫快速覆盖燃烧面积，从而灭火。另外，按式（6-1）计算出的泡沫产生器设置数量不应小于表6-7的要求。

表 6-7　储罐安装泡沫产生器设置数量

储罐直径/m	泡沫产生器设置数量/个
≤10	1
>10 且≤25	2
>25 且≤30	3
>30 且≤35	4
>35	截面面积每增加 300m²，应至少增加 1 个泡沫产生器

（2）外浮顶储罐和单、双盘式内浮顶储罐的泡沫产生器设置数量。外浮顶储罐和单、双盘式内浮顶储罐的泡沫产生器设置数量可根据每个泡沫产生器的最大保护周长确定，但应保证泡沫混合液供给强度。泡沫产生器的最大保护周长见表6-8。

表 6-8　泡沫产生器最大保护周长

泡沫喷射口设置部位	堰板高度/m		保护周长/m
罐壁顶部、密封或挡雨板上方	软密封	≥0.9	24
	机械密封	<0.6	12
		≥0.6	24
金属挡雨板下部	<0.6		18
	≥0.6		24

3. 泡沫枪设置数量的确定

设有固定式泡沫灭火系统的储罐区，应配备一定数量的泡沫枪，用于扑救流散液体火灾。其泡沫枪的设置数量，应按储罐区内直径最大的储罐确定，具体不小于表6-9的规定。

表6-9　泡沫枪数量

储罐直径/m	配备泡沫枪数/支
≤10	1
>10且≤20	1
>20且≤30	2
>30且≤40	2
>40	3

4. 泡沫混合液流量计算

系统扑救储罐区一次火灾的泡沫混合液流量，应按满足扑救储罐泡沫混合液流量和扑救该储罐流散液体火灾所需辅助泡沫枪泡沫混合液用量之和的最大的一个罐考虑。因此，有下述计算公式：

$$Q_h=\alpha(Q_{h1}+Q_{h2})=\alpha(n_1q_1+n_2q_2) \tag{6-2}$$

式中　Q_h——系统泡沫混合液设计流量（L/min）；

α——裕度系数，取$\alpha\geqslant1.05$；

Q_{h1}——扑救储罐火灾的泡沫产生器混合液流量（L/min）；

Q_{h2}——扑救流散液体火灾泡沫枪混合液流量（L/min）。

n_1——储罐上设置的泡沫产生器数量；

q_1——每个泡沫产生器的额定混合液流量（L/min）；

n_2——泡沫枪设置数量；

q_2——每支泡沫枪的混合液流量，一般不小于240L/min。

5. 泡沫液储量计算

泡沫灭火系统的泡沫液储量应满足扑救一次火灾所需最大用量和管道内混合液剩余量之和的要求，有下述计算公式：

$$W_p=10^{-3}f(n_1q_1t_1+n_2q_2t_2+V_s) \tag{6-3}$$

式中　W_p——泡沫液储量（m^3）；

f——混合比，3%或6%；

t_1——泡沫产生器混合液延续供给时间（min）；

t_2——泡沫枪混合液延续供给时间（min）；

V_s——系统管道内泡沫混合液剩余量（L）。

6. 灭火用水储量计算

灭火用水储量可按下式计算：

$$W_s = 10^{-3}(1-f)(n_1q_1t_1 + n_2q_2t_2 + V_s) \quad (6\text{-}4)$$

式中 W_s——灭火用水储量（m^3）。

7. 泡沫产生器与泡沫枪的进口压力

（1）泡沫产生器的进口压力。泡沫产生器的进口压力可根据需要的泡沫产生器的混合液流量确定，有下述计算公式：

$$p_c = Kq^2 \quad (6\text{-}5)$$

式中 p_c——泡沫产生器的进口压力（MPa）；

K——泡沫产生器的流量系数；

q——泡沫产生器的混合液流量（L/min）。

泡沫产生器的进口压力应符合最小进口压力要求，以保证泡沫质量。

（2）泡沫枪的进口压力。泡沫枪的进口压力根据产品要求确定。目前使用的PQ8型泡沫枪的进口压力一般不小于0.7MPa。

8. 泡沫混合液管道内的流速确定

泡沫混合液管道内的流速不宜大于3m/s。

9. 泡沫混合液管道压力损失计算

由于混合液的流动特性与水基本相同，所以泡沫混合液管道的压力损失计算按水管道考虑。

10. 泡沫泵或水泵流量和扬程的确定

（1）泡沫泵或水泵流量的确定。当采用环泵式负压比例混合流程时，泡沫泵流量应为系统泡沫混合液设计流量的1.1倍。

当采用平衡压力比例混合流程时，水泵的流量为：

$$Q_S = (1-f)Q_h \quad (6\text{-}6)$$

泡沫液泵的流量为：

$$Q_p = fQ_h \quad (6\text{-}7)$$

式中 Q_S——水泵流量（L/min）；

Q_p——泡沫液泵流量（L/min）。

（2）水泵扬程的确定。水泵扬程一般可按下式计算确定：

$$H = H_\triangle + p_c/\gamma + \sum h \quad (6\text{-}8)$$

式中 H——水泵扬程（m）；

$H_\triangle$——最不利点泡沫产生装置与水池最低水位间的静压头（m）；

p_c——泡沫产生装置的进口压力（m）；

γ——水的重度；

$\sum h$——水泵至泡沫产生装置间的管路总水头损失（m）。

11. 泡沫消火栓数量的确定

泡沫消火栓为泡沫枪提供混合液，以扑救储罐区防火堤内流散液体火灾。因此，泡沫消火栓应沿防火堤外侧均匀布置，其间距不应大于60m，且不应少于4个。

6.4.3　设计程序

液上喷射泡沫灭火系统的设计可参考以下程序进行：

（1）选择泡沫液。

（2）确定系统设计技术数据。

（3）计算各储罐的燃烧面积。

（4）确定各储罐泡沫产生器的设置数量。

（5）确定各储罐泡沫枪的设置数量。

（6）选定泡沫液与水的混合方式。

（7）进行管网布置并绘制管网平面布置图和轴测图。

（8）计算泡沫混合液管道所通过的流量，并确定管径。

（9）确定系统的泡沫混合液设计流量。

（10）计算泡沫液储量并确定泡沫液储罐容积。

（11）计算灭火用水储量。

（12）选择最不利计算管路并进行水力计算。

（13）确定泡沫泵或水泵扬程和流量并选定其型号。

（14）计算消防水池容积。

（15）确定泡沫枪和泡沫栓设置数量。

6.4.4　设计示例

某油罐区，设有两个地上钢质油罐，罐内储存液体为汽油，容量均为5000m³，直径也均为23m，平面布置如图6-25所示，试进行泡沫灭火系统和冷却给水系统的设计。

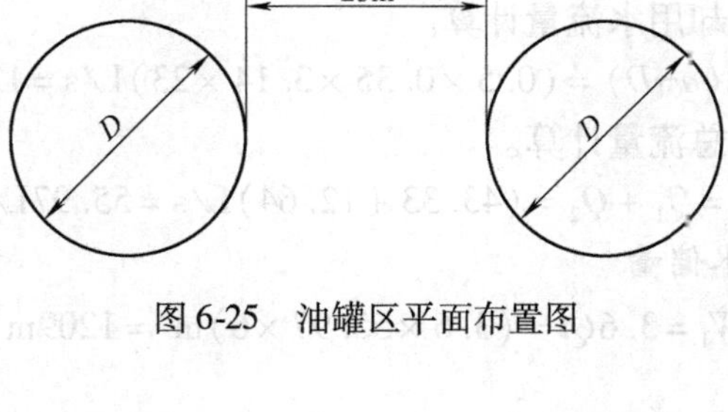

图6-25　油罐区平面布置图

设计程序如下：

1. 选用系统类型和泡沫液种类

该储罐区选用液上喷射泡沫灭火系统保护，且采用蛋白泡沫液。

2. 确定系统设计技术参数

（1）泡沫混合液供给强度：$q_g = 6.0\text{L}/(\text{min}\cdot\text{m}^2)$。

（2）混合液连续供给时间：$t_1 = 40\text{min}$。

3. 确定泡沫产生器数量

（1）油罐横截面面积计算。

$$A = \pi D^2/4 = (3.14 \times 23^2/4)\text{m}^2 = 415\text{m}^2$$

（2）确定泡沫产生器设置数量。选用 PC16 型泡沫产生器，所需数量为：

$$n_1 = q_g A/q_c = 6.0 \times 415/960 \approx 3(\text{个})$$

每个泡沫产生器的混合液流量：

$$q_1 = (6.0 \times 415/3)\text{L/min} = 830\text{L/min}$$

4. 确定泡沫枪设置数量及其混合液连续供给时间

该油罐需设置 2 支 PQ8 型泡沫枪，其混合液连续供给时间为 20min，每支泡沫枪混合液流量 $q_2 = 480\text{L/min}$。

5. 计算混合液设计流量

$$Q_h = \alpha(n_1 q_1 + n_2 q_2) = [1.05(3 \times 830 + 2 \times 480)/60]\text{L/s} = 61\text{L/s}$$

6. 确定泡沫液储量

$$W_p = f(n_1 q_1 t_1 + n_2 q_2 t_2)10^{-3} = 0.06 \times (3 \times 830 \times 40 + 2 \times 480 \times 20) \times 10^{-3}\text{m}^3 = 7.2\text{m}^3$$

7. 确定灭火用水储量

$$W_s = (1 - f)(n_1 q_1 t_1 + n_2 q_2 t_2)10^{-3} = 112.8\text{m}^3$$

8. 泡沫泵流量计算

采用环泵比例混合流程，则：

$$Q = 1.1Q_h = 1.1 \times 61\text{L/s} = 67\text{L/s}$$

9. 冷却用水流量计算

采用移动式冷却方式。

（1）着火罐冷却用水流量计算。

$$Q_1 = q\pi D = (0.6 \times 3.14 \times 23)\text{L/s} = 43.33\text{L/s}$$

（2）邻近罐冷却用水流量计算。

$$Q_2 = 1/2(q\pi D) = (0.5 \times 0.35 \times 3.14 \times 23)\text{L/s} = 12.64\text{L/s}$$

（3）冷却用水总流量计算。

$$Q = Q_1 + Q_2 = (43.33 + 12.64)\text{L/s} = 55.97\text{L/s}$$

10. 确定冷却水储量

$$W_1 = 3.6Qt = (3.6 \times 55.97 \times 6)\text{m}^3 = 1209\text{m}^3$$

11. 确定消防水池容积

$$V = W_s + W_1 = (112.8 + 1209)\text{m}^3 = 1322\text{m}^3$$

6.5 泡沫喷淋系统与泡沫-水喷淋联用系统设计

泡沫喷淋系统与泡沫-水喷淋联用系统和自动喷水系统相比，它们的适用场所不同，前者主要是以B类火灾场所为保护对象，后者是以A类火灾场所为保护对象，因此其设计作用面积、灭火剂供给强度和灭火剂喷射时间等设计参数不同。但在系统构成上除前者比后者多一套泡沫比例混合装置外，其余两者是基本相同的，且二者的设计方法也相同。

6.5.1 设计作用面积

《泡沫灭火系统设计规范》（GB 50151—2010）规定，泡沫喷淋系统设计作用面积按一个防火分区内的水平面面积或水平面投影面积确定。

《飞机库设计防火规范》（GB 50284—2008）规定，Ⅰ类飞机库飞机停放和维修区内，应分区设置泡沫-水喷淋系统，每个分区的最大保护地面面积不应大于1400m²。泡沫-水喷淋系统的用水量必须满足以火源点为中心，30m半径水平范围内所有分区系统的雨淋阀组同时启动时的最大用水量。据此推算其作用面积约为3000m²，即该规范规定的一个防火分区的下限面积。

6.5.2 泡沫液与泡沫喷头的选择

泡沫喷淋系统保护非水溶性甲、乙、丙类液体时，选用蛋白、氟蛋白、水成膜或成膜氟蛋白泡沫液均可。当选用蛋白、氟蛋白泡沫液时，必须采用吸气型泡沫喷头；当选用水成膜、成膜氟蛋白泡沫液时，可采用吸气型喷头，也可采用开式非吸气型喷头。为减轻泡沫对保护液体的冲击，当选用非吸气型喷头时，宜选用带溅水盘的喷头。

保护水溶性甲、乙、丙类液体时必须选用抗溶泡沫液。抗溶泡沫在扑灭水溶性液体火灾时，尽可能减轻泡沫对液体的冲击是非常重要的，显然，泡沫倍数越高对液体的冲击越小，所以要选用吸气型泡沫喷头。

6.5.3 灭火剂用量计算

泡沫喷淋系统或泡沫-水喷淋联用系统的设计作用面积确定后，可按下式计算确定系统的泡沫混合液流量：

$$Q_2 = A_2 R_2 \tag{6-9}$$

式中 Q_2——系统泡沫混合液流量（L/min）；

A_2——系统设计作用面积（m^2）；

R_2——系统泡沫混合液供给强度[L/(min·m^2)]。

但强调指出，在最终确定系统的流量时，要稍大于按式（6-9）计算的流量。

泡沫混合液供给强度和连续供给时间的确定：《泡沫灭火系统设计规范》（GB 50151—2010）规定，保护非水溶性甲、乙、丙类液体的泡沫混合液供给强度和连续供给时间不应小于表6-10的规定；保护水溶性甲、乙、丙类液体的混合液供给强度和连续供给时间宜由试验确定。

表6-10　泡沫混合液供给强度和连续供给时间

泡沫液种类	喷头设置高/m	泡沫混合供给强度/[L/(min·m^2)]	供给时间/min
蛋白、氟蛋白	≤10	8	10
	>10	10	
水成膜、成膜氟蛋白	≤10	6.5	
	>10	8	

《飞机库设计防火规范》（GB 50284—2008）规定，泡沫混合液供给强度及连续供给时间、连续供水时间不应小于表6-11的规定。

表6-11　泡沫混合液供给强度及连续供给时间、连续供水时间

泡沫液种类	混合液供给强度/[L/(min·m^2)]	混合液供给时间/min	供水时间/min
蛋白泡沫液	8	10	设翼下系统时：45
水成膜泡沫液	6.5		无翼下系统时：60

6.5.4 泡沫喷头的布置

泡沫混合液流量除以单个泡沫喷头的额定流量就等于泡沫喷头的数量。综合其他要求，泡沫喷头的实际布置数量要略大于计算数量，如果实际布置数量过多，应考虑所选喷头是否适宜。

泡沫喷头的布置应使同一防护区内各喷头的工作压力较为接近，这样设计，系统泡沫混合液流量可能较小且喷洒较为均匀。通常用限制任意四个相邻喷头组成的四边形保护面积内的平均泡沫混合液供给强度的方法来限制喷头的工作压力，这涉及管道直径与走向，需要进行详尽的水力计算方可确定。

泡沫喷头的布置一般应保证无喷洒盲区，并应使泡沫直接喷洒到保护对象上；泡沫喷头周围不应有影响泡沫喷洒的障碍物；泡沫喷头的保护面积和间距应符合表6-12的规定。

表 6-12　泡沫喷头的保护面积和间距

喷头设置高度/m	每只喷头的最大保护面积/m^2	喷头的最大水平距离/m
≤10	12.5	3.6
>10	10	3.2

《飞机库设计防火规范》（GB 50284—2008）规定：喷头应设置在靠近屋面处，每个喷头的保护面积不应大于12.1m^2，喷头的间距不应大于3.7m；吸气式泡沫喷头的保护面积和喷头间距应根据试验确定；经水力计算后的任意四个喷头的实际保护面积内的平均供给强度不应小于设计供给强度，且不宜大于设计供给强度的1.2倍。

6.6　泡沫炮系统设计

国家标准《石油化工企业设计防火规范》（GB 50160—2008）和交通部行业标准《装卸油品码头防火设计规范》（JTJ 237—1999）分别对企业装卸油品码头和专业油品装卸码头的泡沫炮系统设计或设置进行了规定。

6.6.1　泡沫炮系统设计参数

不同场所泡沫炮系统的泡沫混合液供给强度和连续供给时间见表6-13。

表 6-13　泡沫炮系统的泡沫混合液供给强度和连续供给时间

保护场所	泡沫液种类	泡沫混合液最小供给强度/[L/(min·m^2)]	最小供给时间/min	
直径小于18mm非水溶性液体固定顶储罐	蛋白、氟蛋白	8	甲、乙类液体	60
			丙类液体	45
	水成膜、成膜氟蛋白	6.5	甲、乙类液体	65
			丙类液体	45
易燃、可燃液体装卸栈台	蛋白、氟蛋白	6.5	非水溶性液体	20
	水成膜、成膜氟蛋白	5.0		
	抗溶性泡沫	12	水溶性液体	30
围堰区内非水溶性液体流淌火灾	蛋白、氟蛋白	6.5	甲、乙类液体	40
			丙类液体	30
	水成膜、成膜氟蛋白	6.5	甲、乙类液体	30
			丙类液体	20

（续）

保护场所	泡沫液种类	泡沫混合液最小供给强度 /［L/（min·m^2）］	最小供给时间 /min	
室外液体流淌火灾	蛋白、氟蛋白	6.5	非水溶性液体	15
	水成膜、成膜氟蛋白	5.0		
	抗溶性泡沫	12	水溶性液体	15
飞机库	蛋白、氟蛋白	6.5	非水溶性液体	10
	水成膜、成膜氟蛋白	4.0		

6.6.2 系统保护面积

1. 非水溶性甲、乙、丙类液体固定顶储罐

直径小于18m的非水溶性甲、乙、丙类液体固定顶储罐选用泡沫炮系统作为主要灭火设施时，其保护面积为储罐的横截面面积。

2. 围堰内的甲、乙、丙类液体流淌火灾

泡沫炮系统作为有围堰限制的非水溶性甲、乙、丙类液体流淌火灾场所的主要灭火设施时，保护面积应按围堰包围的地面面积与其中不燃固体占据的面积之差计算。

3. 甲、乙、丙类液体汽车槽车栈台或火车槽车栈台

泡沫炮系统用作汽车槽车栈台主灭火设施时，其保护面积为栈台的全部地表面积。

对于火车槽车栈台来说，一节槽车着火后可能会殃及相邻槽车，不管是采用泡沫炮系统还是采用其他类型的泡沫灭火系统作为主灭火设施，其保护面积均应按栈台宽乘以5节槽车长确定较为适宜。

4. 室外甲、乙、丙类液体流淌火灾

泡沫炮系统作为甲、乙、丙类液体泄漏导致的室外流淌火灾场所的主要灭火设施时，由于这类场所没有围堰限制，流淌面几何形状受限于其流淌的地面，且液体流淌厚度通常不超过25mm，所以，应根据保护场所的具体情况确定最大流淌面积。

5. 飞机检修库

泡沫炮系统用作Ⅰ类飞机库的翼下泡沫灭火系统时，保护面积为飞机机翼下的地面面积。泡沫炮系统用作Ⅱ类飞机库飞机停放和维修区内的主灭火系统时，保护面积为最大一个防火分区的全部地面面积。

6.6.3 系统泡沫混合液初始流量的计算

用泡沫炮灭火时，受风等环境因素的影响，喷出的泡沫会有一定的损失，

且风力越大、射程越远，损失也越大，所以，确定泡沫炮的泡沫混合液流量时，应将其损失计算在内。泡沫炮系统的泡沫混合液初始设计流量可按下式计算：

$$Q = 1.2A_3R_3 \tag{6-10}$$

式中 Q——泡沫炮系统的泡沫混合液设计流量（L/min）；

A_3——泡沫炮系统的最大保护面积（m^2）；

R_3——泡沫炮系统泡沫混合液供给强度［L/(min · m^2)］。

6.6.4 泡沫炮选择与布置

1. 非水溶性甲、乙、丙类液体固定顶储罐

对于直径小于18m的非水溶性甲、乙、丙类液体固定顶储罐，选择泡沫炮系统作为灭火设施并不是最佳方案，当综合某些因素必须选用时，宜选择机动性强的移动式泡沫炮，特别是储罐数目较多的储罐区，选择移动式泡沫炮更实用些。

2. 围堰内的甲、乙、丙类液体流淌火灾

有围堰限制的甲、乙、丙类液体流淌的场所，其围堰内的具体装置或设施情况可能有较大差异，如卧式储罐、炼油装置、化工装置等，所以应根据场所的具体情况综合确定是选择固定式泡沫炮还是移动式泡沫炮。

单台泡沫炮保护范围应根据泡沫炮的流量、射程、风向与保护装置的影响等确定。防护区泡沫炮设置数量应根据单台泡沫炮的保护范围确定。固定式泡沫炮的设置位置要保证发生火灾时操作人员的安全，否则不能计入有效泡沫炮台数。

3. 甲、乙、丙类液体汽车槽车栈台或火车槽车栈台

采用泡沫炮系统作汽车槽车栈台主灭火设施时，选择固定式泡沫炮或移动式泡沫炮均可。泡沫炮在设置上除应能保护栈台的全部地表面外，还应能在栈台发生溢流火灾时，对顶盖、泵、计量仪器、车辆及与装卸产品有关的各种设备起到保护作用。

火车槽车栈台采用泡沫炮系统作为主灭火设施时，选择固定式泡沫炮或移动式泡沫炮均可，但由于火车槽车栈台较长，具体着火点不确定，选移动式泡沫炮可能较为方便且设置的台数也会少些。尽管泡沫炮系统是按一个着火点设计的，但它的保护对象是每节槽车，所以泡沫炮在设置上应能对所有槽车及与装卸产品有关的各种设备起到保护作用。

4. 室外甲、乙、丙类液体流淌火灾

这类场所如果能基本确定流淌区域，并且在泡沫炮的有效射程内，可选择固定式泡沫炮；否则，选择移动式泡沫炮较为适宜。

泡沫炮台数应根据单台泡沫炮的流量和最大保护面积确定，潜在流淌面积较大的场所，宜设置两台或多台泡沫炮，以满足从不同方向灭火的需要。

5. 飞机检修库

根据《飞机库设计防火规范》（GB 50284—2008）的规定，泡沫炮系统用作Ⅰ类飞机库的翼下泡沫灭火系统时，宜选用水力驱动的固定低位自摆泡沫炮，其设置数量和规格应根据飞机停放位置和飞机机翼下的地面面积由计算确定。

泡沫炮系统用作Ⅱ类飞机库飞机停放和维修区内的主灭火系统时，应选用在消防控制室内人工操作的电动或液动远控泡沫炮。泡沫炮的配置应保证不少于两股泡沫射流能同时到达飞机停放和维修区内任一部位。

6.6.5 泡沫炮系统的泡沫混合液设计用量

泡沫炮系统扑救一次火灾的泡沫混合液设计用量应按下式计算。

$$V = \sum qt \tag{6-11}$$

$$q = K\sqrt{10p} \tag{6-12}$$

式中 V——泡沫炮系统扑救一次火灾的泡沫混合液设计用量（L）；

q——单台泡沫炮的泡沫混合液流量（L/s）；

t——泡沫炮系统的泡沫混合液连续供给时间（s）；

p——泡沫炮的进口压力（MPa）；

K——泡沫炮的流量特性系数。

6.7 高、中倍数泡沫灭火系统设计

6.7.1 高倍数泡沫淹没体积

高倍数泡沫淹没体积是指防护区的地面至高倍数泡沫最高淹没点之间的空间体积。淹没体积可按下式计算：

$$V = SH - V_g \tag{6-13}$$

式中 V——淹没体积（m^3）；

S——防护区地面面积（m^2）；

H——泡沫淹没厚度（m）；

V_g——不燃固体所占据的体积（m^3）。

6.7.2 高倍数泡沫淹没时间

淹没时间是指从高倍数泡沫产生器开始释放泡沫至泡沫达到淹没体积所需

的时间，不包括系统响应时间。淹没时间越长，灭火速度则越慢，财产损失就越大；反之，灭火速度越快，财产损失越小，但灭火系统造价增大。淹没时间的确定原则是在被保护对象出现不允许的火灾损失之前，将高倍数泡沫充满防护区或局部应用场所，实现控火或灭火。高倍数泡沫灭火系统的最大淹没时间见表6-14。

表6-14　高倍数泡沫淹没时间

可　燃　物	高倍数泡沫灭火系统单独使用	高倍数泡沫灭火系统与自动喷水灭火系统联合使用
闪点不超过40℃的液体	2	3
闪点超过40℃的液体	3	4
发泡橡胶、发泡塑料、成卷的织物或皱纹纸等低密度可燃物	3	4
成卷的纸、压制牛皮纸、涂料纸、纸板箱、纤维圆筒、橡胶轮胎等高密度可燃物	5	7

6.7.3　高倍数泡沫最小供给速率

泡沫最小供给速率是指在充分考虑因析液、燃烧、浸润干燥表面等导致高倍数泡沫破裂而引起的泡沫消失及防护区内的泡沫漏损等因素的情况下，在规定的淹没时间内达到泡沫淹没体积所需的单位时间最小泡沫释放体积，也就是防护区内设置的全部高倍数泡沫产生器在单位时间内施放高倍数泡沫体积之和。泡沫最小供给速率应按下式计算：

$$R=\left(\frac{V}{T}+R_{\mathrm{S}}\right)C_{\mathrm{N}}C_{\mathrm{L}} \tag{6-14}$$

$$R_{\mathrm{S}}=L_{\mathrm{S}}Q_{\mathrm{Y}} \tag{6-15}$$

式中　R——泡沫最小供给速率（m^3/min）；

T——淹没时间（min）；

C_{N}——泡沫破裂补偿系数，宜取1.15；

C_{L}——泡沫泄漏补偿系数，宜取1.05～1.2；

R_{S}——与自动喷水系统联合使用时喷水造成的泡沫破泡率（m^3/min），高倍数泡沫灭火系统单独使用时取零；

L_{S}——泡沫破泡率与水喷头排放速度之比，取0.0748（m^3/min）/(L/min)；

Q_{Y}——预计动作最多喷头数目的总流量（L/min）。

6.7.4　高倍数泡沫产生器设置

防护区泡沫产生器的最小设置数量应按下式计算：

$$N = R/r \tag{6-16}$$

式中 N——防护区泡沫产生器最小设置台数（台）；

r——每台泡沫产生器在设定的平均进口压力下的发泡量（m^3/min）。

一个防护区需要2台或2台以上的泡沫产生器时，为利于高倍数泡沫均匀淹没被保护对象，泡沫产生器应沿防护区均匀布置。

6.7.5 高倍数泡沫液与水用量

防护区泡沫混合液设计流量应按下式计算：

$$Q_h = Nq_h \tag{6-17}$$

式中 Q_h——防护区的泡沫混合液流量（L/min）；

q_h——设定进口压力下每台泡沫产生器泡沫混合液流量（L/min）。

泡沫液和水用量有如下计算公式：

$$V_P = kQ_ht \tag{6-18}$$

$$V_S = (1-k)Q_ht \tag{6-19}$$

式中 V_P——泡沫液用量（L）；

V_S——水用量（L）；

k——泡沫液的混合比；

t——泡沫混合液供给时间（最小供给时间见表6-15，min）。

当系统保护几个防护区时，其用量应按最大一个防护区计算。

表6-15 泡沫混合液最小供给时间

火灾类别	泡沫混合液最小供给时间/min
防护区内A类火灾	25
防护区内B类火灾	15
A或B类局部火灾	12
控制液化烃流淌火灾	40

6.7.6 移动式高倍数泡沫灭火系统泡沫液和水储备

移动式高倍数泡沫灭火系统与全淹没式或局部应用式高倍数泡沫灭火系统配合使用时，泡沫液和水的储备量可在全淹没式高倍数泡沫灭火系统或局部应用式高倍数泡沫灭火系统中的泡沫液和水的储备量上增加5%～10%；在消防车配备时，每套系统的泡沫液储备量不宜小于0.5t；扑救煤矿火灾时，每个矿山救护大队的泡沫液储备量应大于2t。

移动式高倍数泡沫灭火系统的供水压力可根据泡沫比例混合器和泡沫产生器的进口工作压力，以及比例混合器和水带的压力损失确定。

6.7.7　中倍数泡沫灭火系统

中倍数泡沫灭火系统以全淹没方式可用在较小的封闭空间内，其规定保护非水溶性液体流淌火灾时，泡沫混合液最小供给强度为 4[L/(min · m^2)]，泡沫混合液最小供给时间见表 6-16。

表 6-16　中倍数泡沫混合液最小供给时间

火灾类别	最小供给时间/min
100m^2 以内室内外液体流淌火灾	10
其他室内防护区域及室外场所防护	15

6.7.8　系统控制

高、中倍数泡沫全淹没系统和部分局部应用系统为自动灭火系统，所以应同时设置符合现行国家标准要求的火灾自动报警与联动控制系统。控制系统应具备自动、手动和应急机械启动功能，在自动控制状态下，系统应满足一定的响应时间要求，响应时间不大于 30s。

6.8　泡沫灭火系统的管理

泡沫灭火系统的管理非常重要，必须从审核、验收、检查等各个方面把好关。

6.8.1　系统的审核及验收

系统的审核就是消防监督机构依据国家有关技术规范，对泡沫灭火系统的设计图样进行审核，这是一项技术性、政策性非常强的工作，必须予以重视，以避免建筑工程消防安全的先天性不足。对设计中存在的问题、缺陷应及时更改，必要时对重要的技术难题可进行专题研究。只有审核合格方可施工。

泡沫灭火系统竣工后，应及时对其进行验收。验收合格方可使用，未经验收或验收不合格的不得投入使用。

验收工作由设计者、安装人员、使用单位、消防监督部门、生产厂家，以及对该系统有丰富实践经验的有关人员和上级主管部门的人员等共同参与。检查的主要内容有：系统安装检查、水源、电源及泵的检查、管道压力试验、部件检查、冷喷射试验和系统复原等内容。

6.8.2 系统的操作

1. 系统操作说明

为保证着火时操作人员迅速启动泡沫灭火系统，最大限度地避免泡沫灭火系统误操作，泡沫灭火系统投入使用前，应编制好设备使用与维护说明、系统操作程序与示意图，并制成牌匾悬挂在易于阅读处；对系统设备、控制阀门等进行编号，并制作相关标牌安放到泡沫设备、控制阀门等上面或旁边；用较醒目的标志指示出系统管道的走向。系统操作说明等所有文件应存档。

2. 系统管理与操作训练

泡沫灭火系统投入使用后，应有专人负责系统的使用与维护，建立相应的管理、检查、操作、维护等规程及其档案，以对系统进行有效监管。为了避免非操作人员对系统使用的影响，应有防止无关人员进入重要地点的措施，同时还应注意飞禽等非人为因素的影响。系统使用与维护人员必须经过严格训练，并且这种训练必须是经常性的。

6.8.3 系统的维护检查

泡沫灭火系统验收完毕后，应编制系统流程图、操作规程并建立技术档案，岗位操作规程公布在消防泵房的设备附近。同时培训专职和兼职消防人员，这些人员应熟悉系统的操作使用、保养、检查和试验方法。系统的定期维护保养应由具备从事消防设备维护保养资质的企业承担。日常和定期检查一般包括周检、月检、季检、半年检及年检等。

思 考 题

1. 高倍数泡沫灭火系统为什么要控制高倍数泡沫最小供给速率？
2. 液下喷射泡沫灭火系统能否用于水溶性甲、乙、丙类液体储罐和浮顶罐，为什么？
3. 比较液上喷射泡沫灭火系统和液下喷射泡沫灭火系统的优缺点。
4. 分析液下喷射泡沫灭火系统的适用范围，并解释原因。
5. 泡沫喷淋系统的喷头有哪几类？各自对泡沫液有何要求？
6. 简述液上喷射泡沫灭火系统的优缺点及适用范围。
7. 简述泡沫泵站的防火设置要求。
8. 泡沫液年检的主要目的是什么？
9. 泡沫系统管道检查的主要内容和要求是什么？
10. 根据易燃、可燃液体燃烧特点分析低倍数泡沫灭火剂扑救油罐火灾的机理。
11. 泡沫灭火系统施工质量验收时的一般内容？
12. 某一小型油库，采用直径 20m（地表面积为 $314m^2$）的固定顶储罐存汽油，设计采用液下喷射泡沫灭火系统。问：

（1）应采用什么泡沫产生器？

（2）应采用什么泡沫液？

（3）混合液供给强度是多少？

13. 有一个总容积 $100m^3$ 的液化石油气储罐，其单罐容积为 $50m^3$，共计 2 个卧式罐，每个罐设置固定喷淋装置，供水强度不小于 0.15L/(m^2·s)。问：

（1）着火储罐的保护面积应如何计算？

（2）多大范围内的相邻储罐保护面积按其表面面积的一半计算？

（3）储罐区消防用水量应按什么计算？

（4）设固定喷淋装置行不行，为什么？

14. 某储罐区，设有 4 个固定顶储罐，储存物质为汽油，单罐储量为 $10000m^3$。问：

（1）该储罐区应选用何种类型泡沫灭火系统？

（2）当采用液下喷射泡沫灭火时，选用氟蛋白泡沫混合液的供给强度和连续供给时间是多少？

（3）当采用液下喷射泡沫灭火时，必须选用何种泡沫产生器，为什么？

（4）泡沫泵站与保护对象的距离应是多少？泡沫消防泵起动后，将泡沫混合液或泡沫输送到最远储罐的时间应是多少？

15. 变性燃料乙醇是用于调入汽油中作车用乙醇汽油的原料，是无水乙醇，沸点为 78℃，自燃点为 420℃。现有直径为 36m、容积 $10000m^3$ 的 2 个无水乙醇固定顶储罐。问：

（1）该变性燃料乙醇的火灾危险性属于哪一类？

（2）设置泡沫灭火系统时应选择什么灭火系统形式和泡沫液？

（3）如果将泡沫炮和泡沫枪作为上述储罐的主要灭火设施是否符合要求，为什么？

16. 某储罐区，设有 2 个固定顶储罐，单罐容积为 $1000m^3$，储存物质为乙醇，拟采用液下喷射泡沫灭火系统。问：

（1）储存物品的火灾危险类别？

（2）储罐间的防火间距是多少？

（3）采用液下喷射泡沫灭火系统是否可行？

17. 已知一外浮顶罐，内储存汽油，罐直径为 26m，浮顶直径为 24m，采用蛋白泡沫灭火剂 [泡沫混合液供给强度为 12.5L/(min·m^2)，供给时间为 30min]。试确定：

（1）泡沫液类型。

（2）泡沫混合液供给强度及连续供给时间。

（3）泡沫产生器型号、数量。

（4）泡沫枪型号、数量及混合液连续供给时间。

（5）混合液设计流量。

（6）泡沫液储量。

（7）灭火用水储量。

（8）冷却用水流量。

（9）冷却用水储量。

（10）消防水池容积。

18. 某储罐区容积最大的是一个直径 40m 的拱顶汽油罐，两侧 30m 与其相邻的有两个直径 30m 的汽油罐，如为其设置液上喷射泡沫灭火系统，采用 19mm 水枪冷却（着火罐冷却水供给强度为 0. 8L/(s · m)，相邻罐冷却水供给强度为 0. 5L/(s · m)，连续冷却时间为 6h，试确定：

（1）泡沫液类型。

（2）泡沫混合液供给强度及连续供给时间。

（3）泡沫产生器型号、数量。

（4）泡沫枪型号、数量及混合液连续供给时间。

（5）混合液设计流量。

（6）泡沫液储量。

（7）灭火用水储量。

（8）冷却用水流量。

（9）冷却用水储量。

（10）消防水池容积。

7

第7章　气体灭火系统

7.1　气体灭火系统的组成和作用原理

7.1.1　概述

灭火剂是能够有效地破坏燃烧条件、中止燃烧的物质。灭火剂按照聚集态可以分为液态灭火剂（如水）、泡沫灭火剂（如空气泡沫和化学泡沫）、固态灭火剂（如干粉）和气态灭火剂（如二氧化碳、七氟丙烷和惰性气体等）。

气体灭火剂是以气体状态进行灭火。在气体灭火剂中，卤代烷（Halon）灭火剂以其灭火效率高、安全洁净、毒性低、腐蚀性小、适用广泛等优点而得到了广泛应用。但是由于卤代烷对大气臭氧层的破坏作用，自1985年以来，受到世界各国的普遍关注，并相继制定了《关于保护臭氧层的维也纳公约》《关于破坏臭氧层物质的蒙特利尔议定书》，以及伦敦、哥本哈根修订案等国际公约。根据蒙特利尔议定书和我国的淘汰哈龙战略，我国已于2004年实现完全停止哈龙生产。目前，国际上已用于实际的哈龙替代品主要有IG541灭火剂、七氟丙烷灭火剂、气溶胶灭火剂、三氟丙烷灭火剂、SDE灭火剂、二氧化碳灭火剂和细水雾灭火剂等。这些产品有的可以全部，有的仅能部分替代哈龙灭火剂。

7.1.2　气体灭火剂灭火机理

气体灭火剂的灭火机理分为物理作用和化学作用。物理作用主要是冷却作用和通过降低燃烧区中氧的浓度到维持燃烧所需低氧浓度值以下，实现窒息灭火。化学作用在于减少和惰化火焰中的活性自由基的数量，实现断链灭火。

7.1.3 气体灭火系统的组成与作用原理

1. 气体灭火系统的组成

气体灭火系统一般由储存瓶、液体单向阀、高压软管、集流管、安全阀、气体单向阀、选择阀、管网、喷头及自动灭火控制装置等部件组成。

2. 系统工作原理

气体灭火系统的工作原理是：防护区一旦发生火灾，首先火灾探测器报警，消防控制中心接到火灾信号后，启动联动装置（关闭开口、停止空调等），延时约30s后，打开启动气瓶的瓶头阀，利用气瓶中的高压氮气将灭火剂储存容器上的容器阀打开，灭火剂经导流管、集流管、管道输送到喷头喷出，实施灭火。延时时间主要是考虑防护区内人员的疏散。另外，通过压力开关监测系统是否正常工作，若启动指令发出，而压力开关的信号迟迟不返回，说明系统故障，值班人员听到事故报警，应尽快到储瓶间，手动开启储存容器上的容器阀，实施人工启动灭火。气体灭火原理如图7-1所示。

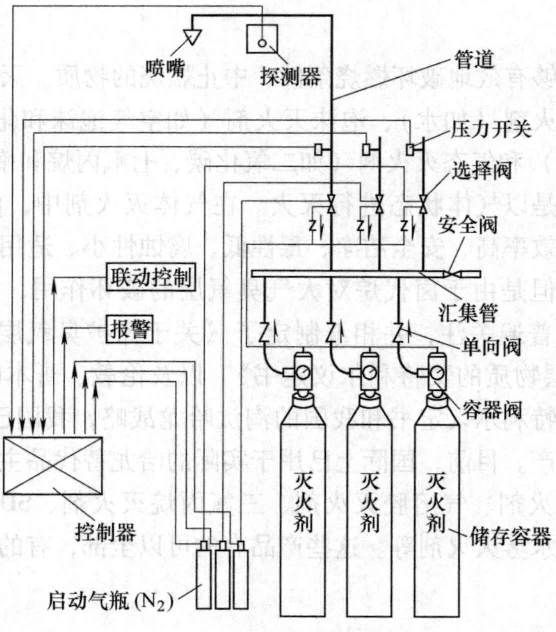

图7-1 气体灭火原理图

7.1.4 气体灭火系统的应用范围

气体灭火系统适用于扑救的火灾：电气火灾；固体表面火灾；液体火灾；灭火前能切断气源的气体火灾。

气体灭火系统不适用于扑救的火灾：硝化纤维、硝酸钠等氧化剂或含氧化剂的化学制品火灾；钾、镁、钠、钛、锆、铀等活泼金属火灾；氰化钾、氰化钠等金属氢化物火灾；过氧化氢、联胺等能自行分解的化学物质火灾；可燃固体物质的深位火灾。热气溶胶预制灭火系统不应设置在人员密集场所、有爆炸危险性的场所，以及有超净要求的场所。K型及其他型热气溶胶预制灭火系统不得用于电子计算机房、通信机房等场所。

7.1.5 气体灭火系统的主要组件及设置要求

1. 灭火剂储存容器

灭火剂储存容器既要储存灭火剂，同时又是系统工作的动力源，为系统正常工作提供足够的压力，它是气体灭火系统的主要组件之一，对系统能否正常工作影响很大。

同一防护区的灭火剂储存容器，其尺寸大小、灭火剂充装量和充装压力应相同，以便相互替换和维护管理储存容器布置如图7-2所示。

2. 容器阀

容器阀是指安装在灭火剂储存容器出口的控制阀门，其作用是平时用来封存灭火剂，火灾时自动或手动开启释放灭火剂。

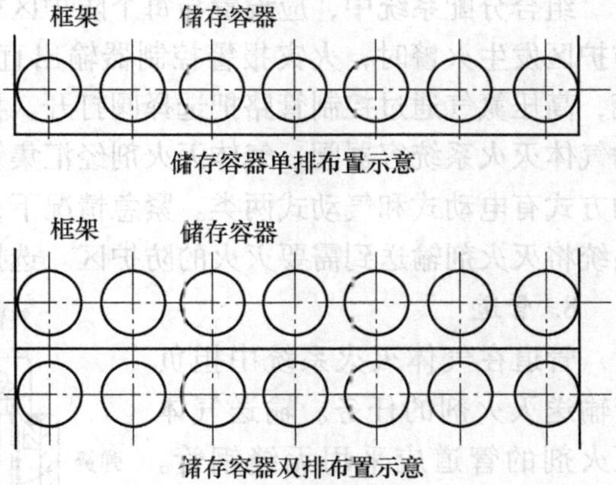

图7-2 储存容器布置

容器阀有机械型、电动型、气动型和电引爆型四类，其开启是一次性的，打开后不能关闭，需要重新更换膜片或重新支撑后才能关闭。另外，容器阀上都安装有导液管，以保证压力气体能够将储存容器内的液态灭火剂喷出。

3. 汇集管

汇集管是将同时开启的储瓶施放出的气体灭火剂汇集起来，然后通过分配管道向防护区施放。汇集管为一较粗的管道，工作压力不小于最高环境温度时的储存容器内的压力。汇集管上应设有安全阀，防止管道超压，起安全防护作用。

4. 单向阀

单向阀用于组合分配系统，是用来控制介质流向的。当防护区发生火灾时，相应的驱动气瓶打开，气体通过气体单向阀进入气控管路，防止灭火剂回流到空瓶，每个储存容器都应设有单向阀。单向阀可设置在连接软管的前边或后边。启动气体管路中根据需要设置必要的单向阀，用以控制启动气瓶放出的高压气体来开启相应的阀门。

5. 连接软管

为了便于进行储存容器的安装与维护，减缓施放灭火剂时对管网系统的冲击力，一般在单向阀与容器阀或单向阀与汇集管之间采用软管连接。连接软管应为钢丝编织的耐压胶管，两端装有接头，组成连接软管组。

6. 启动气瓶

启动气瓶充有高压氮气，用以打开灭火剂储存容器上的容器阀及相应的选择阀。组合分配系统和灭火剂储存容器较多的单元独立系统，多采用这种设置启动气瓶启动的方式。启动气瓶容积较小，发生火灾时，由火灾报警控制器输出直流电流，启动启动器开启驱动阀，使启动气瓶的氮气施放，经过控制管路，将选择阀和气体灭火剂储存瓶打开，实施灭火。

7. 选择阀

组合分配系统中，应设置与每个防护区相对应的选择阀。当选择阀对应的防护区发生火警时，火灾报警控制器输出直流电流打开选择阀对应的启动气瓶，高压氮气通过控制管路把选择阀打开，再通过控制气管、气体单向阀去启动气体灭火系统容器阀，气体灭火剂经汇集管、选择阀进入管网。选择阀的启动方式有电动式和气动式两类。紧急情况下，也可扳动手柄，打开阀门，保证系统将灭火剂输送到需要灭火的防护区。选择阀如图 7-3 所示。

8. 管道

管道在气体灭火系统中担负着输送灭火剂的任务。输送气体灭火剂的管道应采用无缝钢管。其质量应符合现行国家标准《输送流体用无缝钢管》（GB/T 8163—2008）、《高压锅炉用无缝钢管》（GB 5310—2008）等的规定。管道的连接，当公称直径小于或等于 80mm 时，宜采用螺纹连接；大于 80mm 时，宜采用法兰连接。钢制管道附件应内、外进行防腐处理，防腐处理宜采用符合环保要求的方式。在腐蚀性较大的环境中，应采用不锈钢的管道附件。

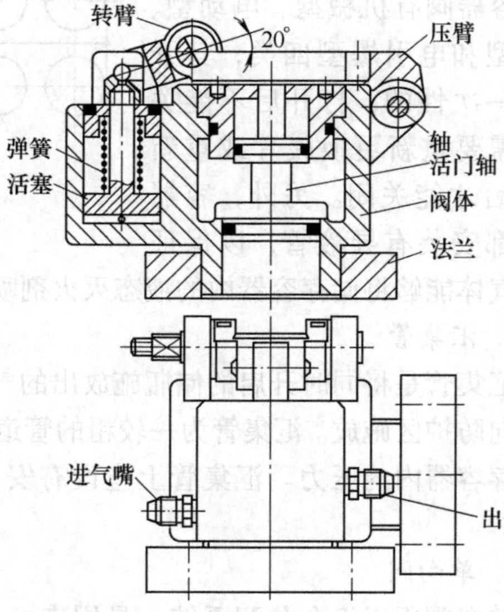

图 7-3 选择阀

气体灭火系统管网布置时，管道应尽量短、直，避免绕流；管网宜布置成均衡管网；管路不应采用四通分流；阀门之间的封闭管段应设置泄压装置；设置在有爆炸危险的可燃气体、蒸气或粉尘场所内的气体灭火系统，其管网应设防静电接地装置。

9. 喷头

喷头安装在管网的末端防护区，其作用是保证灭火剂以特定的射流形式喷出，促使灭火剂迅速气化，并在保护空间内达到灭火浓度。根据灭火方式不同，分为全淹没喷头和局部应用喷头，如图7-4、图7-5所示。

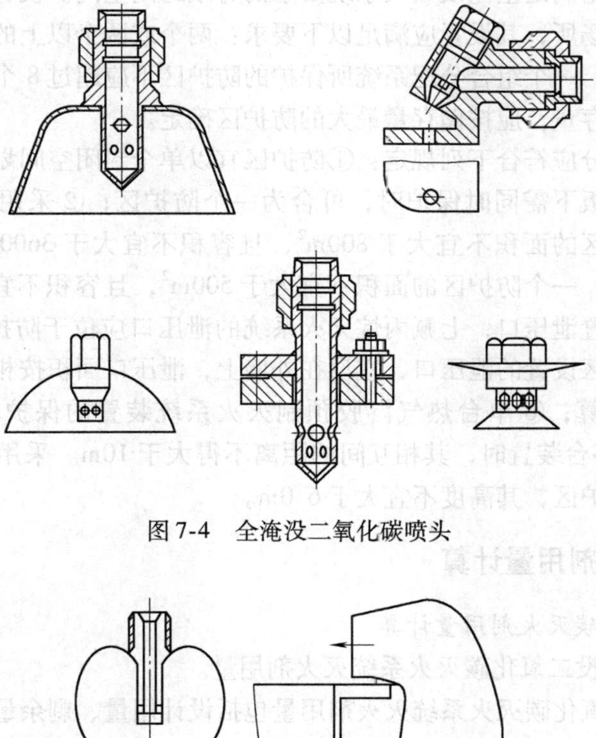

图7-4　全淹没二氧化碳喷头

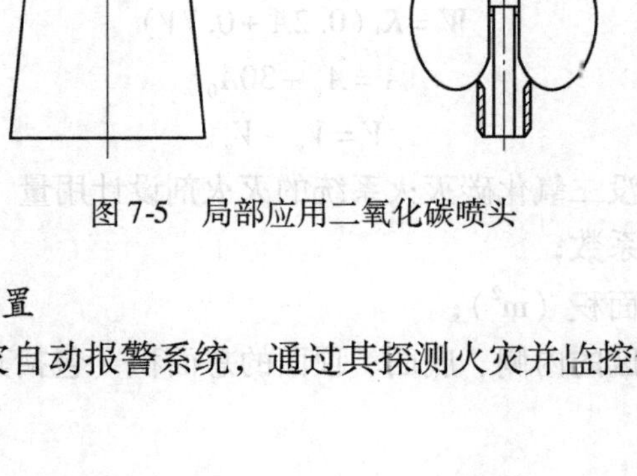

图7-5　局部应用二氧化碳喷头

10. 火灾报警装置

防护区应有火灾自动报警系统，通过其探测火灾并监控气体灭火系统，实现气体灭火系统的自动启动。火灾自动报警系统可以单独设置，也可以利用建筑物的火灾自动报警系统集中控制。气体灭火系统还应有监测系统工作状态的流量或压力监测装置，常用的是压力开关。

7.2 防护区及灭火剂用量

7.2.1 防护区的设置要求

防护区是指满足全淹没灭火系统要求的有限封闭空间。设置全淹没气体灭火系统保护的场所，其设置应满足以下要求：两个或两个以上的防护区采用组合分配系统时，一个组合分配系统所保护的防护区不应超过 8 个；组合分配系统的灭火剂储存量，应按储存量最大的防护区确定。

防护区划分应符合下列规定：①防护区宜以单个封闭空间划分，同一区间的吊顶层和地板下需同时保护时，可合为一个防护区；②采用管网灭火系统时，一个防护区的面积不宜大于 800m^2，且容积不宜大于 3600m^3；③采用预制灭火系统时，一个防护区的面积不宜大于 500m^2，且容积不宜大于 1600m^3；④防护区应设置泄压口，七氟丙烷灭火系统的泄压口应位于防护区净高的 2/3 以上；⑤防护区设置的泄压口，宜设在外墙上，泄压口面积按相应气体灭火系统设计规定计算；⑥单台热气溶胶预制灭火系统装置的保护容积不应大于 160m^3；设置多台装置时，其相互间的距离不得大于 10m。采用热气溶胶预制灭火系统的防护区，其高度不宜大于 6.0m。

7.2.2 灭火剂用量计算

1. 二氧化碳灭火剂用量计算

（1）全淹没二氧化碳灭火系统灭火剂用量。

全淹没二氧化碳灭火系统灭火剂用量包括设计用量、剩余量和储存量。

1）设计用量。全淹没二氧化碳灭火系统的灭火剂设计用量应按下式计算：

$$W = K_b(0.2A + 0.7V) \tag{7-1}$$

$$A = A_v + 30A_0$$

$$V = V_v - V_g$$

式中 W——全淹没二氧化碳灭火系统的灭火剂设计用量（kg）；

K_b——物质系数；

A——折算面积（m^2）；

A_v——防护区的内侧、底面、顶面的总面积（包括其中的开口）（m^2）；

A_0——开口总面积（m^2）；

V——防护区的净容积（m^3）；

V_v——防护区容积（m^3）；

V_g——防护区内非燃烧体和难燃烧体的总体积（m^3）。

式（7-1）是二氧化碳设计用量基本计算公式，包括了灭火用量和开口流失补偿量。其中系数0.2是二氧化碳设计用量的面积系数（单位为kg/m^2）；系数0.7是二氧化碳设计用量的体积系数（单位为kg/m^3）；系数30是开口面积的补偿系数。物质系数K_b是二氧化碳设计浓度（指体积分数，下同）与其基本设计浓度之间的换算系数，它们之间符合下述关系式：

$$K_b = \frac{\ln(1-\Phi)}{\ln(1-0.34)} \tag{7-2}$$

式中　Φ——该物质的二氧化碳设计浓度。

某些可燃物和设置场所的二氧化碳物质系数见附录7。表中未列出的可燃物，其灭火浓度应通过试验确定。二氧化碳的设计浓度不应小于灭火浓度的1.7倍，且不得低于34%。当防护区存在两种或两种以上的可燃物时，该防护区的二氧化碳设计浓度应按这些可燃物中最大的考虑。

另外，防护区的环境温度对二氧化碳设计用量也有影响。当防护区环境温度超过100℃时，二氧化碳设计用量应在式（7-1）计算值的基础上，每超过5℃增加2%；当防护区环境温度低于－20℃时，二氧化碳设计用量应在式（7-1）计算值的基础上，每降低1℃增加2%。

2）剩余量。全淹没二氧化碳灭火系统的剩余量一般不详细计算，取设计用量的10%即可。

3）储存量。二氧化碳灭火系统的灭火剂储存量应为设计用量和剩余量之和，可按下式计算：

$$W_h = 1.1W \tag{7-3}$$

式中　W_h——全淹没二氧化碳灭火系统灭火剂储存量（kg）；

W——全淹没二氧化碳灭火系统灭火剂设计用量（kg）。

【例7-1】 一散装乙醇储存库，侧墙上有一个2m×1m的不能关闭的开口，库房尺寸为长16m、宽10m、高3.5m。采用全淹没二氧化碳灭火系统保护，试计算二氧化碳灭火剂储存量。

【解】 从附录7中可查得，$K_b=1.34$。

防护区净容积　$V=(16\times10\times3.5-0)m^3=560m^3$

总表面积 $A_v=(16\times10+16\times3.5+10\times3.5)\times2m^2=502m^2$

开口总面积　$A_0=2\times1m^2=2m^2$

折算面积　$A=(502+30\times2)m^2=562m^2$

设计用量：

$$
\begin{aligned}
W &= K_b(0.2A + 0.7V) \\
&= 1.34 \times (0.2 \times 562 + 0.7 \times 560)\text{kg} \\
&= 675.9\text{kg}
\end{aligned}
$$

储存量为：$W_h = 1.1W = 1.1 \times 675.9\text{kg} = 743.49\text{kg}$

（2）局部应用二氧化碳灭火系统灭火剂用量

1）设计用量。局部应用灭火系统采用面积法设计时，二氧化碳灭火剂设计用量应按下式计算：

$$W = NQ_i t \tag{7-4}$$

式中 W——二氧化碳灭火剂设计用量（kg）；

N——喷头数量；

Q_i——单个喷头设计流量（kg/min）；

t——二氧化碳灭火剂喷射时间（min）。

局部应用灭火系统采用体积法设计时，用量应按下式计算：

$$W = V_t q_v t \tag{7-5}$$

式中 W——二氧化碳灭火剂设计用量（kg）；

V_t——保护对象的计算体积（m^3）；

q_v——二氧化碳体积喷射强度［$kg/(min \cdot m^3)$］；

t——二氧化碳喷射时间（min）。

保护对象的计算体积应采用假定的封闭罩体积。封闭罩体积为假想将保护对象包围起来的设定空间，其封闭面为实体面或假定面。在确定计算体积时，封闭罩的底应为保护对象下边的实际地面，各个侧面和顶面为距保护对象的距离不小于0.6m的假定面。在这个设定空间内的物体体积不能被扣除。

二氧化碳体积喷射强度应按下式计算：

$$q_V = K_b\left(16 - \frac{12A_p}{A_t}\right) \tag{7-6}$$

式中 q_V——二氧化碳体积喷射强度［$kg/(min \cdot m^3)$］；

K_b——物质系数；

A_p——假定的封闭罩内存在的实体墙等实际围封面的面积（m^2）；

A_t——假定封闭罩侧面围封面积（m^2）。

2）二氧化碳管道蒸发量。当管道敷设在环境温度超过45℃的场所且无绝热层保护时，应考虑二氧化碳在管道中的蒸发量。因为对于局部应用二氧化碳灭火系统，只有液态和固态二氧化碳才能有效地灭火。二氧化碳在管道中的蒸发量可按下式计算：

$$W_v = \frac{M_g C_p (T_1 - T_2)}{H} \tag{7-7}$$

式中 W_v——二氧化碳在管道中的蒸发量（kg）；

M_g——受热管网的管道质量（kg）；

C_p——管道的比热容［kJ/(kg·℃)］；

T_1——二氧化碳喷射前管道的平均温度（℃），可取环境平均温度；

T_2——二氧化碳的平均温度（℃），可取15.5℃；

H——二氧化碳汽化热（kJ/kg），可取150.7kJ/kg。

3）储存量。局部应用二氧化碳灭火系统储存量按下式计算：

$$W_h = K_v W + W_v \tag{7-8}$$

式中 K_v——裕度系数，高压系统取1.4，低压系统取1.1；

W——局部应用二氧化碳灭火系统设计用量（kg）。

（3）系统剩余量

系统剩余量是指在灭火剂喷射时间内不能释放到防护区空间而残留在灭火系统中的灭火剂量，包括灭火剂储存容器剩余量和管网剩余量两部分。

喷射时间终了时，残留在储存容器内的灭火剂量可按下式计算：

$$W' = \rho V_d \tag{7-9}$$

式中 W'——储存容器内灭火剂剩余量（kg）；

ρ——灭火剂液态密度（kg/m^3）；

V_d——储存容器导液管入口以下部分容器的容积（m^3）。

一般生产厂家在产品出厂时，对储存容器内灭火剂剩余量进行测定，为用户提供出该储存容器灭火剂剩余量。

2. 七氟丙烷灭火剂用量计算

（1）防护区灭火设计用量或惰化设计用量。

防护区灭火设计用量或惰化设计用量应按下式计算：

$$W = K_h \frac{V}{S} \frac{C_1}{100 - C_1} \tag{7-10}$$

式中 W——灭火设计用量或惰化设计用量（kg）；

C_1——灭火设计浓度或惰化设计浓度（%）；

S——灭火剂过热蒸气在101kPa大气压和防护区最低环境温度下的质量体积（m^3/kg），$S = 0.1269 + 0.000513t$，t为防护区最低环境温度（℃）；

V——防护区净容积（m^3）；

K_h——海拔高度修正系数，可按规范规定取值。

（2）系统灭火剂储存量。

系统灭火剂储存量应按下式计算：

$$W_0 = W + \Delta W_1 + \Delta W_2 \tag{7-11}$$

式中 W_0——系统灭火剂储存量（kg）；

ΔW_1——储存容器内的灭火剂剩余量（kg），可按储存容器内引升管管口以下的容器容积量换算；

ΔW_2——管道内的灭火剂剩余量（kg）。

均衡管网和只含一个封闭空间的非均衡管网，其管网内的灭火剂剩余量均可不计。防护区中含两个或两个以上封闭空间的非均衡管网，其管网内的灭火剂剩余量可按各支管与最短支管之间长度差值的容积量计算。

3. IG541 灭火剂用量计算

（1）防护区灭火设计用量或惰化设计用量。

防护区灭火设计用量或惰化设计用量应按下式计算：

$$W = K_h \frac{V}{S} \ln \frac{100}{100 - C_1} \tag{7-12}$$

式中 W——灭火设计用量或惰化设计用量（kg）；

C_1——灭火设计浓度或惰化设计浓度（%）；

S——灭火剂气体在 101kPa 大气压和防护区最低环境温度下的质量体积（m^3/kg），$S = 0.6575 + 0.0024t$，t 为防护区最低环境温度（℃）；

V——防护区净容积（m^3）；

K_h——海拔高度修正系数。

（2）系统灭火剂储存量，应为防护区灭火设计用量及系统灭火剂剩余量之和。系统灭火剂剩余量应按下式计算：

$$W_s \geqslant 2.7V_0 + 2.0V_p \tag{7-13}$$

式中 W_s——系统灭火剂剩余量（kg）；

V_0——系统全部储存容器的总容积（m^3）；

V_p——管网的管道内容积（m^3）。

（3）无管网灭火系统灭火剂用量为设计灭火剂用量和流失补偿量之和。

设计灭火剂用量按下式计算：

$$M = mK_1K_2V \tag{7-14}$$

式中 K_1——容积系数，当 $V > 100m^3$ 时 $K_1 = 1.2$；当 $V < 100m^3$ 时 $K_1 = 1$；

K_2——重要系数，电子计算机房、通信机房、变（配）电室等 $K_2 = 1$；文物档案室、图书室等 $K_2 = 1.5$；

m——灭火剂灭火浓度（kg/m^3）。

流失补偿量的计算：对气体、液体、电气火灾和固体火灾，在喷放 SDE

灭火剂前不能自动关闭的开口的总面积，不应大于保护区内总内表面积的3%，且开口不应设在底面；当不能关闭开口面积超过3%时，开口面积比允许开口面积每增加1%，增加设计用量15%进行流失量补偿。

7.3 气体灭火系统设计参数的确定

7.3.1 储存压力

储存压力是指系统启动前灭火剂储存容器内具有的设计压力。

（1）高压二氧化碳灭火系统的储存条件要求在0~49℃，20℃设计储存压力为5.17MPa。低压二氧化碳灭火系统的储存条件要求在-18~20℃，设计储存压力为2.0~2.2MPa。

（2）IG541灭火系统储存压力分为两个等级，一级储存压力为15MPa，二级储存压力为20MPa。

（3）七氟丙烷灭火系统储存压力有如下三个等级：①一级的储存压力为(2.5+0.2)MPa（表压）；②二级的储存压力为（4.2+0.2）MPa（表压）；③三级的储存压力为（5.6+0.2)MPa（表压）。

7.3.2 充装率

充装率又称为“充装密度”，是指储存容器内灭火剂的质量与储存容器的容积之比，单位为“kg/m^3”或“kg/L”。充装率的大小对储存容器的安全和系统灭火剂释放过程的压力变化有影响，特别是卤代烷灭火系统。充装率越小，对灭火剂释放越有利，但所需的灭火剂储存容器的容量应随之增加，系统总的造价就随之提高，因此要合理确定充装率。

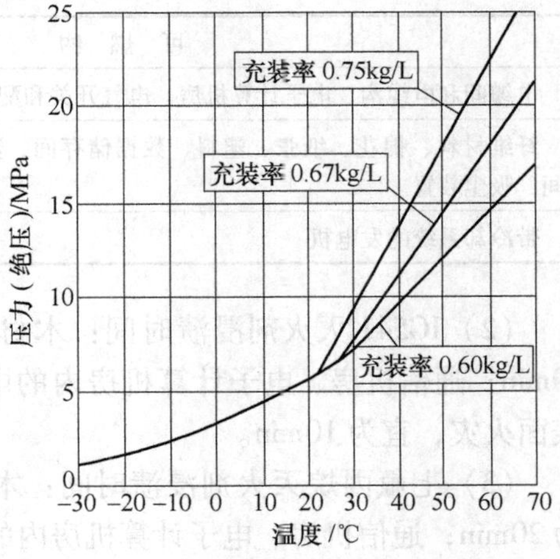

图7-6 二氧化碳温度、压力曲线

（1）二氧化碳灭火剂的充装率应为0.6~0.67kg/L，如图7-6所示。当储存容器工作压力不小于20MPa时，其充装率可为0.75kg/L。

（2）IG541灭火系统的充装率：一级充压储瓶充装率不大于211.15kg/m^3；二级充压储瓶充装率不大于281.06kg/m^3。

（3）七氟丙烷灭火系统的充装

率不大于1150kg/m³。

7.3.3 灭火剂喷射时间

灭火剂喷射时间是指从全部喷嘴开始喷射液态灭火剂到其中任何一个喷嘴开始喷射驱动气体为止的一段时间间隔。灭火剂喷射时间是气体灭火系统设计计算的一个主要技术参数，设计时根据系统类型和保护对象的具体情况选择。

（1）全淹没二氧化碳灭火系统的灭火剂喷射时间，一般不应大于1min。当扑救固体深位火灾时，喷射时间不应大于7min，并应在前2min内使二氧化碳的浓度（体积分数）达到30%。局部应用二氧化碳灭火系统的灭火剂喷射时间，一般不应小于0.5min。对于燃点温度低于沸点温度的液体（含可熔化的固体）火灾，灭火剂喷射时间不应小于1.5min。

（2）当IG541混合气体灭火剂喷放至设计用量的95%时，其喷放时间不应大于60s，且不应小于48s。

（3）七氟丙烷灭火系统灭火剂喷射时间，在通信机房和电子计算机房等防护区，设计喷放时间不应大于8s；在其他防护区，设计喷放时间不应大于10s。

7.3.4 灭火剂浸渍时间

灭火剂浸渍时间是指在防护区内维持设计规定的灭火剂浓度，使火灾完全熄灭所需的时间。

（1）二氧化碳灭火剂浸渍时间：对固体物质火灾，不应小于10min；对可燃气体火灾和甲、乙、丙类液体火灾，必须大于1min。各种可燃物所需的灭火剂抑制时间见表7-1。

表7-1 二氧化碳灭火剂抑制时间

可 燃 物	抑制时间/min
电缆间和电缆沟、电子计算机房、电气开关和配电室、电气绝缘材料	10
纤维材料、棉花、纸张、塑料、数据储存间、数据打印设备间、皮毛储存间、吸尘装置	20
带冷却系统的发电机	至停转止

（2）IG541灭火剂浸渍时间：木材、纸张、织物等固体表面火灾，宜为20min；通信机房、电子计算机房内的电气设备火灾，宜为10min；其他固体表面火灾，宜为10min。

（3）七氟丙烷灭火剂浸渍时间：木材、纸张、织物等固体表面火灾，宜为20min；通信机房、电子计算机房内的电气设备火灾，宜为5min；其他固体表面火灾，宜为10min；气体和液体火灾，不应小于1min。

7.3.5 系统平均设计流量

气体灭火系统属于储压系统，靠气体的膨胀驱动。因此，在灭火剂释放过程中，系统的流量是变化的，随着时间延续逐渐减小。系统设计时，灭火剂的流量是以平均设计流量作为计算的依据。实践证明，这样做可以满足系统计算精度要求，并且使计算工作量大为简化。

气体系统主干管平均设计流量可按下式计算：

$$Q_z = \frac{0.95W}{t} \tag{7-15}$$

式中 Q_z——系统平均设计流量（kg/s）；

W——灭火剂设计用量（kg）；

t——灭火剂喷射时间（s）。

管网支管平均设计流量可按下式计算：

$$Q_{i-j} = \sum_{1}^{n_g} q_i \tag{7-16}$$

式中 Q_{i-j}——支管平均设计流量（kg/s）；

n_g——安装在计算支管下游的喷头数量（个）；

q_i——第 i 个喷头的设计流量（kg/s）。

7.3.6 管道直径确定

（1）二氧化碳灭火系统管道直径。

二氧化碳灭火系统管道直径可按下式计算：

$$D_{ij} = K_d \sqrt{Q_{i-j}} \tag{7-17}$$

式中 D_{ij}——管道内径（mm）；

K_d——管径系数，取值范围为 1.41 ~ 3.78；

Q_{i-j}——管道流量（kg/min），为所负担的喷头流量之和。

（2）IG541 灭火系统管道直径。

IG541 灭火系统管道直径按下式计算：

$$D = (24 \sim 36)\sqrt{Q_p} \tag{7-18}$$

式中 D——管道内径（mm）；

Q_p——管道设计流量（kg/s）。

（3）七氟丙烷灭火系统管道直径。

管道初选管径可根据管道设计流量，参照下列公式计算：

当 $Q \leq 6.0$kg/s 时，$D = (12 \sim 20)\sqrt{Q}$；

当 $6.0\text{kg/s} < Q < 160.0\text{kg/s}$ 时，$D = (8 \sim 16)\sqrt{Q}$。

7.3.7 系统工作压力

（1）二氧化碳灭火系统储存容器工作压力按其蒸气压确定，高压二氧化碳灭火系统的工作压力为5.17MPa，低压二氧化碳灭火系统的工作压力为2.07MPa。

（2）IG541灭火系统以减压孔板后压力作为系统设计工作压力。减压孔板前的压力，应按下式计算：

$$p_1 = p_0 \left(\frac{0.525 V_0}{V_0 + V_1 + 0.4 V_2} \right)^{1.45} \tag{7-19}$$

式中 p_1——减压孔板前的压力（MPa，绝对压力）；

p_0——灭火剂储存容器充压压力（MPa，绝对压力）；

V_0——喷放前全部储存容器内的气相总容积（m^3）；

V_1——减压孔板前管网管道容积（m^3）；

V_2——减压孔板后管网管道容积（m^3）。

减压孔板后的压力应按下式计算：

$$p_2 = \delta p_1 \tag{7-20}$$

式中 p_2——减压孔板后的压力（MPa，绝对压力）；

δ——落压比（临界落压比为0.52），一级充压（15.0MPa）的系统可在0.52～0.60中选用，二级充压（20.0MPa）的系统可在0.52～0.55中选用。

（3）七氟丙烷灭火系统储存容器工作压力。计算时，管网阻力损失宜采用过程中点时储存容器内压力和平均设计流量，该瞬时流量等于平均设计流量。

过程中点时储存容器内压力宜按下式计算：

$$p_m = \frac{p_0 V_0}{V_0 + V_p + \frac{W}{2\gamma}} \tag{7-21}$$

$$V_0 = n V_b \left(1 - \frac{\eta}{\gamma} \right) \tag{7-22}$$

式中 p_m——过程中点时储存容器内压力（MPa，绝对压力）；

p_0——灭火剂储存容器增压压力（MPa，绝对压力）；

V_0——喷放前，全部储存容器内的气相总容积（m^3）；

γ——七氟丙烷液体密度（kg/m^3），20℃时为1407kg/m^3；

V_p——管网的管道内容积（m^3）；

n——储存容器的数量（个）；

V_b——储存容器的容量（m^3）；

η——充装量（kg/m^3）。

7.3.8 系统压力损失计算

（1）二氧化碳灭火系统管道压力损失。

二氧化碳灭火系统管道的压力损失可按照以下公式计算：

$$Y_2 = Y_1 + AlQ^2 + B(Z_2 - Z_1)Q^2 \tag{7-23}$$

$$A = \frac{1}{0.8725 \times 10^{-4} D^{5.25}} \tag{7-24}$$

$$B = \frac{495}{D^4} \tag{7-25}$$

式中 Y_2——管段末端二氧化碳压力系数（$MPa \cdot kg/m^3$）；

Y_1——管段始端二氧化碳压力系数（$MPa \cdot kg/m^3$）；

Z_2——管段末端二氧化碳密度系数；

Z_1——管段始端二氧化碳密度系数；

Q——二氧化碳流量（kg/min）；

l——管段长度（m）；

A、B——二氧化碳灭火系统管道简化系数。

二氧化碳灭火系统各压力点的 Y 和 Z 值见表7-2。

表7-2 压力系数和密度系数

压力/MPa	Y/（$MPa \cdot kg/m^3$）	Z	压力/MPa	Y/（$MPa \cdot kg/m^3$）	Z
5.17	0	0	3.50	927.7	0.830
5.10	55.4	0.0035	3.25	1005.0	0.950
5.05	97.2	0.0600	3.00	1082.3	1.086
5.00	132.5	0.0825	2.75	1150.7	1.240
4.75	303.7	0.210	2.50	1219.3	1.430
4.50	461.6	0.330	2.25	1250.2	1.620
4.25	612.9	0.427	2.00	1285.5	1.840
4.00	725.6	0.570	1.75	1318.7	2.140
3.75	828.3	0.700	1.40	1340.8	2.590

（2）IG541 灭火系统管道压力损失。

IG541 系统的阻力损失宜从减压孔板后算起，并按下式计算；压力系数和密度系数可依据计算点压力按表7-3、表7-4确定。

$$Y_2 = Y_1 + \frac{LQ^2}{0.242 \times 10^{-8} D^{5.25}} + \frac{1.653 \times 10^7}{D^4}(Z_2 - Z_1)Q^2 \tag{7-26}$$

式中 Q——管道设计流量（kg/s）；

L——管道计算长度（m）；

D——管道内径（mm）；

Y_2——管段末端压力系数（$10^{-1} MPa \cdot kg/m^3$）；

Y_1——管段始端压力系数（10^{-1}MPa·kg/m^3）；

Z_2——管段末端密度系数；

Z_1——管段始端密度系数。

表 7-3　一级充压 IG541 的管道压力系数 Y 和密度系数 Z 值

压力/MPa	Y /（10^{-1}MPa·kg/m^3）	Z	压力/MPa	Y /（10^{-1}MPa·kg/m^3）	Z
3.7	0	0	2.8	474	0.363
3.6	61	0.0366	2.7	516	0.409
3.5	120	0.0746	2.6	557	0.457
3.4	177	0.114	2.5	596	0.505
3.3	232	0.153	2.4	633	0.552
3.2	284	0.194	2.3	668	0.601
3.1	335	0.237	2.2	702	0.653
3.0	383	0.277	2.1	734	0.708
2.9	429	0.319	2.0	764	0.766

表 7-4　二级充压 IG541 的管道压力系数 Y 和密度系数 Z 值

压力/MPa	Y /（10^{-1}MPa·kg/m^3）	Z	压力/MPa	Y /（10^{-1}MPa·kg/m^3）	Z
4.5	75	0.0284	3.3	822	0.405
4.4	148	0.0561	3.2	872	0.439
4.3	219	0.0862	3.08	930	0.483
4.2	288	0.114	2.94	995	0.539
4.1	355	0.144	2.8	1056	0.595
4	420	0.174	2.66	1114	0.552
3.9	483	0.206	2.52	1169	0.713
3.8	544	0.236	2.38	1221	0.778
3.7	604	0.269	2.24	1269	0.847
3.6	661	0.301	2.1	1314	0.918
3.5	717	0.336			

（3）七氟丙烷灭火系统管道压力损失。

管网的阻力损失与流量的关系见附录 8，阻力损失应根据管道种类确定。当采用镀锌钢管时，其阻力损失可按下式计算：

$$\frac{\Delta p}{L}=\frac{5.75\times10^{5}Q^{2}}{\left(1.74+2\times\lg\frac{D}{0.12}\right)^{2}D^{5}} \tag{7-27}$$

式中 Δp——计算管段阻力损失（MPa）；

L——管道计算长度（m），为计算管段中沿程长度与局部损失当量长度之和；

Q——管道设计流量（kg/s）；

D——管道内径（mm）。

7.3.9 喷头压力、孔口面积及数量

1. 喷头压力

（1）高压二氧化碳灭火系统喷头最小工作压力不应小于1.4MPa（绝对压力）；低压二氧化碳灭火系统喷头最小工作压力不应小于1.0MPa（绝对压力）。

（2）IG541灭火系统喷头工作压力：一级充压（15.0MPa）不应小于2.0MPa（绝对压力）；二级充压（20.0MPa）不应小于2.1MPa（绝对压力）。

（3）七氟丙烷灭火系统喷头的工作压力应按下式计算：

$$p_c = p_m - \sum_{1}^{N_d}\Delta p \pm p_h \tag{7-28}$$

式中 p_c——喷头工作压力（MPa，绝对压力）；

$\sum_{1}^{N_d}\Delta p$——系统流程阻力总损失（MPa）；

N_d——流程中计算管段的数量；

p_h——高程压（MPa）。

七氟丙烷气体灭火系统的喷头工作压力的计算结果，应符合下列规定：

一级增压储存容器的系统 $p_c \geqslant 0.6$MPa（绝对压力）；二级增压储存容器的系统 $p_c \geqslant 0.7$MPa（绝对压力）；三级增压储存容器的系统 $p_c \geqslant 0.8$MPa（绝对压力）；$p_c \geqslant \frac{p_m}{2}$。

2. 孔口面积

喷头等效孔口面积可按下式计算确定：

$$F_c = \frac{Q_c}{q_c} \tag{7-29}$$

式中 F_c——喷头等效孔口面积（cm^2），见表7-5；

Q_c——单个喷头的设计流量（kg/s）；

q_c——等效孔口单位面积喷射率[kg/(s·cm^2)]。

表 7-5 喷头规格和等效孔口面积

喷头规格代号	等效孔口面积/cm^2	喷头规格代号	等效孔口面积/cm^2
8	0.3168	18	1.603
9	0.4006	20	1.979
10	0.4948	22	2.395
11	0.5987	24	2.850
12	0.7129	26	3.345
14	0.9697	28	3.879
16	1.267		

7.3.10 储存容器数量确定

储存容器数量应根据气体灭火剂的储存量和灭火剂充装率计算确定：

$$N=\frac{W_h}{\rho_c V_p} \tag{7-30}$$

式中 N——气体灭火剂储存容器数量；

W_h——灭火剂储存量（kg）；

ρ_c——气体灭火剂的充装率（充装密度）（kg/L）；

V_p——单个储存容器的容积（m^3）。

按照上式计算灭火剂储存容器数量时，首先初选一个灭火剂充装率，待灭火剂储存容器数量确定后，要反算确定真实的灭火剂充装率，作为系统设计参数。

7.4 气体灭火系统设计示例

7.4.1 高压二氧化碳灭火系统设计计算示例

【例 7-2】 一电子计算机房，长 9m、宽 4m、高 3m，位于建筑物的二层，拟采用二氧化碳灭火系统保护。

【解】（1）选择系统。

根据保护对象为电子计算机房这一具体情况，应选用全淹没高压二氧化碳灭火系统。

（2）计算灭火剂用量。

不考虑开口面积及非燃烧体和难燃烧体占有的体积，二氧化碳设计用量为：

$$W=K_b(0.2A+0.7V)=1.5\times[0.2\times(9\times4+9\times3+4\times3)\times2+0.7\times9\times4\times3]\text{kg}=158.4\text{kg}$$

二氧化碳储存量为：

$$W_h = 1.1W = 1.1 \times 158.4\text{kg} = 174.24\text{kg}$$

(3) 储存容器型号和数量。

选用40L二氧化碳储瓶。若充装率为0.6kg/L，则储存容器总容积为：

$$V_{总} = (174.24 \div 0.6)\text{L} = 290.4\text{L}$$

选用7个储瓶，则充装率为：

$$\rho = 174.24 \div (40 \times 7)\text{kg/L} = 0.62\text{kg/L}$$

充装率在0.6~0.67kg/L，符合要求。

(4) 布置管网、确定管径。

选用2个喷头，储瓶间设置在一层，管网布置如图7-7所示。

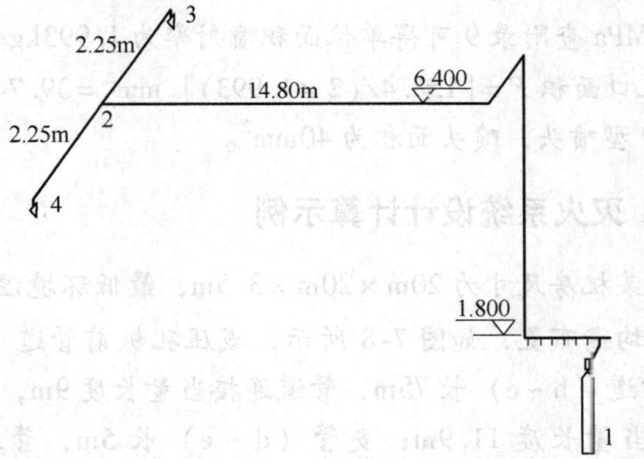

图7-7 二氧化碳灭火系统管网布置图

管道1-2：$D = 2 \times \sqrt{158.4}\text{mm} = 25\text{mm}$

管道2-3：$D = 2 \times \sqrt{158.4/2}\text{mm} = 18\text{mm} \approx 20\text{mm}$（根据管道模数取$D$为20mm）

管道2-4：$D = 2 \times \sqrt{158.4/2}\text{mm} = 18\text{mm} \approx 20\text{mm}$（根据管道模数取$D$为20mm）

(5) 确定管道损失。

管道1-2：

静压为：$0.0080 \times 6.4\text{MPa} = 0.05\text{MPa}$

$$p_1 = (5.17 - 0.05)\text{MPa} = 5.12\text{MPa}$$

查表7-2得：$Y_1 = 55.4\text{MPa} \cdot \text{kg/m}^3$，$Z_1 = 0.0035$。

初算Y_2：

$$Y_2 = (55.4 + 524.87 \times 10^{-6} \times 25.5 \times 158.4^2)\text{MPa} \cdot \text{kg/m}^3 = 391.2\text{MPa} \cdot \text{kg/m}^3$$

由 $Y_2=391.2\text{MPa}\cdot\text{kg/m}^3$ 查表 7-2，得 $Z_2=0.33$，则：

$$Y_2=[391.2+126.72\times10^{-5}\times(0.33-0.0035)\times158.4^2]\text{MPa}\cdot\text{kg/m}^3$$
$$=401.6\text{MPa}\cdot\text{kg/m}^3$$

管道 2-3：

初算 Y_3：

$$Y_3=[401.6+1693.66\times10^{-6}\times4.66\times(158.4/2)^2]\text{MPa}\cdot\text{kg/m}^3$$
$$=451.1\text{MPa}\cdot\text{kg/m}^3$$

由 $Y_3=451.1\text{MPa}\cdot\text{kg/m}^3$ 查表 7-2，得 $Z_2=0.33$，则 $Y_3=451.1\text{MPa}\cdot\text{kg/m}^3$，查表 7-2$p_3=4.5\text{MPa}$。

管道 2-4 同管道 2-3，$p_4=4.5\text{MPa}$。

由 $p_4=4.5\text{MPa}$ 查附录 9 可得单位面积喷射率为 $1.993\text{kg/(min}\cdot\text{mm}^2)$。

喷头等效孔口面积 $F=[158.4/(2\times1.993)]\ \text{mm}^2=39.74\text{mm}^2$。

选择 EQT-9 型喷头，喷头面积为 40mm^2。

7.4.2 IG541 灭火系统设计计算示例

【例 7-3】 某机房尺寸为 20m×20m×3.5m，最低环境温度为 20℃，$p_0=15\text{MPa}$；将管网均衡布置，如图 7-8 所示，减压孔板前管道（a～b）长 15m，减压孔板后主管道（b～c）长 75m，管道连接当量长度 9m，支管（c～d）长 5m，管道连接当量长度 11.9m；支管（d～e）长 5m，管道连接当量长度 6.3m；支管（e～f）长 2.5m，管道连接当量长度 5.4m；末端支管（f～g）长 2.6m，管道连接当量长度 7.1m。拟采用 IG541 灭火系统进行保护。

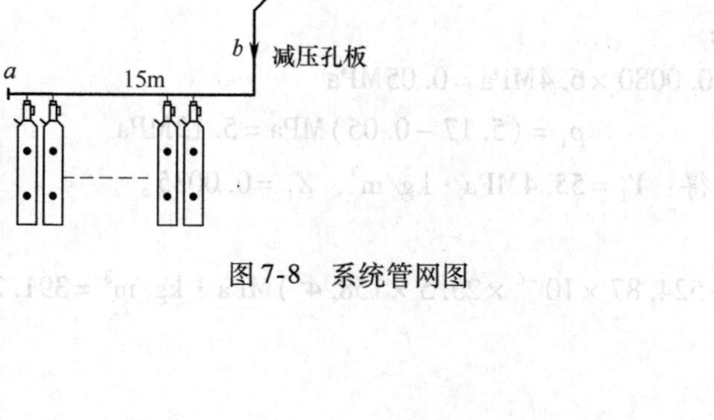

图 7-8 系统管网图

【解】(1) 确定灭火设计浓度。

$$C_1 = 37.5\%$$

(2) 保护空间容积。

$$V = 20 \times 20 \times 3.5\text{m}^3 = 1400\text{m}^3$$

(3) 灭火设计用量。

$$W = K\frac{V}{S}\ln\frac{100}{100 - C_1}，其中 K = 1。$$

$$S = (0.6575 + 0.0024 \times 20)\text{m}^3/\text{kg} = 0.7055\text{m}^3/\text{kg}$$

$$W = \left(\frac{1400}{0.7055} \times \ln\frac{100}{100 - 37.5}\right)\text{kg} = 932.68\text{kg}$$

(4) 设定喷放时间。

$$t = 55\text{s}$$

(5) 确定储存容器。

选用 70L 的 15.0MPa 储存容器，根据 $W = 932.68\text{kg}$，充装系数取 211.15kg/m^3，储瓶数 $n = (932.68/211.15)/0.07 = 63.1$，取整后，$n = 64$ 只。

(6) 管道平均设计流量。

主干管：$Q_w = \dfrac{0.95W}{t} = (0.95 \times 932.68/55)\text{ kg/s} = 16.11\text{kg/s}$

一级支管：$Q_{g1} = Q_w/2 = 8.055\text{kg/s}$

二级支管：$Q_{g2} = Q_{g1}/2 = 4.028\text{kg/s}$

三级支管：$Q_{g3} = Q_{g2}/2 = 2.014\text{kg/s}$

末端支管：$Q_{g4} = Q_{g3}/2 = 1.007\text{kg/s}$，即 $Q_c = 1.007\text{kg/s}$

(7) 确定管径。

根据 $D = (24 \sim 36)\sqrt{Q}$ 初选管径。主干管：125mm；一级支管：80mm；二级支管：65mm；三级支管：50mm；末端支管：40mm。

(8) 确定剩余量和增补储瓶数。

$V_1 = 0.1178\text{m}^3$；$V_2 = 1.1287\text{m}^3$；$V_p = V_1 - V_2 = 1.2465\text{m}^3$；$V_0 = 0.07 \times 64\text{m}^3 = 4.48\text{m}^3$。

根据规范，$W_s \geqslant 2.7V_0 + 2.0V_p \geqslant 14.589\text{kg}$，取整后，$n_1 = 65$ 个。

(9) 确定减压孔板前压力。

$$p_1 = p_0\left(\frac{0.525V_0}{V_0 + V_1 + 0.4V_2}\right)^{1.45}\text{MPa} = 4.954\text{MPa}$$

(10) 确定减压孔板后压力。

$$p_2 = \delta p_1 = 0.52 \times 4.954\text{MPa} = 2.576\text{MPa}$$

(11) 确定减压孔板孔口面积。

依据公式 $F_k = \dfrac{Q_k}{0.95\mu_k P_1\sqrt{\delta^{1.38}-\delta^{1.69}}}$，初选 $\mu_k = 0.61$，可得 $F_k = 20.570\text{cm}^2$，$d = 51.177\text{mm}$。$d/D = 0.4094$，说明 μ_k 选择正确。

（12）确定管道沿程损失。

由 $p_2 = 2.576\text{MPa}$，查表 7-3 得 b 点的 $Y = 566.6\times10^{-1}\text{MPa}\cdot\text{kg/m}^3$，$Z = 0.4855$。

$$Y_2 = Y_1 + \frac{LQ^2}{0.242\times10^{-8}D^{5.25}} + \frac{1.653\times10^7}{D^4}(Z_2 - Z_1)Q^2$$

代入各管段平均流量及计算长度，可得：

c 点的 $Y = 656.9\times10^{-1}\text{MPa}\cdot\text{kg/m}^3$，$Z = 0.5855$；该点压力 $p = 2.3317\text{MPa}$；d 点的 $Y = 705.0\times10^{-1}\text{MPa}\cdot\text{kg/m}^3$，$Z = 0.6587$；

e 点的 $Y = 728.6\times10^{-1}\text{MPa}\cdot\text{kg/m}^3$，$Z = 0.6987$；$f$ 点 $Y = 744.8$，$Z = 0.7266$；g 点的 $Y = 760.8\times10^{-1}\text{MPa}\cdot\text{kg/m}^3$，$Z = 0.7598$。

（13）确定喷头等效孔口面积。

根据 g 点的 $Y = 760.8\times10^{-1}\text{MPa}\cdot\text{kg/m}^3$，$Z = 0.7598$，查表 7-3 得 $p_c = 2.011\text{MPa}$，根据附录 10 可查得喷射率 $q_c = 0.4832\text{kg/(s}\cdot\text{cm}^2)$。所以 $F_c = \dfrac{Q_c}{q_c} = 2.084\text{cm}^2$，选用代号 22 的喷头 16 个。

7.4.3 七氟丙烷灭火系统设计计算示例

【例 7-4】 有一通信机房，房高 3.2m、长 14m、宽 7m，拟采用七氟丙烷灭火系统进行保护。

【解】（1）确定灭火设计浓度。

$$C_1 = 8\%$$

（2）保护空间容积。

$$V = 3.2\times14\times7\text{m}^3 = 313.6\text{m}^3$$

（3）灭火设计用量。

$W = K\dfrac{V}{S}\dfrac{C_1}{100 - C_1}$，其中 $K = 1$。

$$S = (0.1269 + 0.000513\times20)\text{m}^3/\text{kg} = 0.13716\text{m}^3/\text{kg}$$

$$W = \left(\frac{313.6}{0.13716}\times\frac{8}{100-8}\right)\text{kg} = 198.8\text{kg}$$

（4）设定喷放时间。

$$t = 7\text{s}$$

（5）确定喷头数量。

选用JP型喷头，其保护半径$R=7.5\text{m}$。根据房间实际尺寸，选用2只喷头。管网布置如图7-9所示。

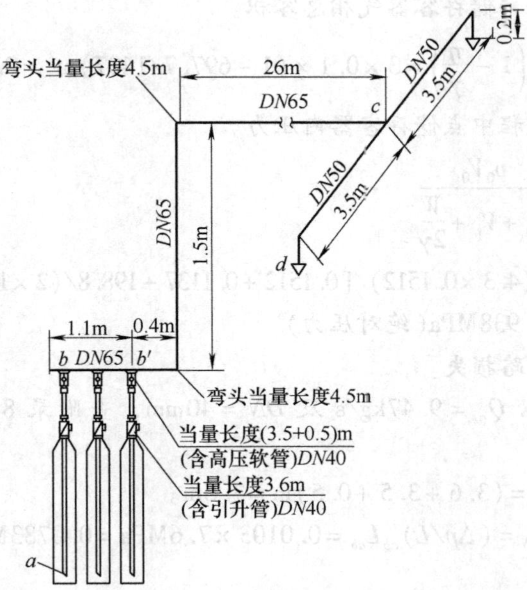

图7-9 系统管网布置图

（6）确定储存容器。

根据$W=198.8\text{kg}$，选用100L的JR－110/54储存容器3只。

（7）管道平均设计流量。

$$主干管：Q_w=\frac{W}{t}=\left(\frac{198.8}{7}\right)\text{kg/s}=28.4\text{kg/s}$$

$$支管：Q_g=Q_w/2=14.2\text{kg/s}$$

$$Q_p=\frac{W}{nt}=\left(\frac{198.8}{3\times7}\right)\text{kg/s}=9.47\text{kg/s}$$

（8）确定管径。

依据管道平均流量和附录8可查出管道直径，结果如图7-9所示。

（9）计算充装率。

系统储存量：$W_0=W+\Delta W_1+\Delta W_2$

管网内剩余量：$\Delta W_2=0$

储存容器内剩余量：$\Delta W_1=n\times3.5=3\times3.5\text{kg}=10.5\text{kg}$

充装率：$\eta=W_0/(nV_b)=[(198.8+10.5)/(3\times0.1)]\text{kg/m}^3=697.7\text{kg/m}^3$

（10）管网管道内容积。

$$V_p=(29\times3.42+7.4\times1.96)\times10^{-3}\text{m}^3=0.1137\text{m}^3$$

（11）确定额定增压压力。

根据 GB 50370—2005 的规定，选用 $p_0 = 4.3\text{MPa}$（绝对压力）。

（12）确定全部储存容器气相总容积。

$$V_0 = nV_b\left(1 - \frac{\eta}{\gamma}\right) = 3 \times 0.1 \times (1 - 697.7/1407)\text{m}^3 = 0.1512\text{m}^3$$

（13）确定过程中点储存容器内压力。

$$p_m = \frac{p_0 V_0}{V_0 + V_p + \dfrac{W}{2\gamma}}$$
$$= \{(4.3 \times 0.1512)/[0.1512 + 0.1137 + 198.8/(2 \times 1407)]\}\text{MPa}$$
$$= 1.938\text{MPa}(\text{绝对压力})$$

（14）计算管路损失。

1）ab 段。以 $Q_p = 9.47\text{kg/s}$ 及 $DN = 40\text{mm}$，查附录 8 得：$(\Delta p/L)_{ab} = 0.0103\text{MPa/m}$。

计算长度 $L_{ab} = (3.6 + 3.5 + 0.5)\text{m} = 7.6\text{m}$。

$$\Delta p_{ab} = (\Delta p/L)_{ab} L_{ab} = 0.0103 \times 7.6\text{MPa} = 0.0783\text{MPa}$$

2）bb'段。

以 $0.55Q_w = 15.6\text{kg/s}$ 及 $DN = 65\text{mm}$，查附录 8 得：$(\Delta p/L)_{bb'} = 0.0022\text{MPa/m}$。

计算长度 $L_{bb'} = 0.8\text{m}$。

$$\Delta p_{bb'} = (\Delta p/L)_{bb'} L_{bb'} = 0.0022 \times 0.8\text{MPa} = 0.00176\text{MPa}$$

3）$b'c$ 段。

以 $Q_w = 28.4\text{kg/s}$ 及 $DN = 65\text{mm}$，查附录 8 得：$(\Delta p/L)_{b'c} = 0.008\text{MPa/m}$。

计算长度 $L_{b'c} = (0.4 + 4.5 + 1.5 + 4.5 + 26)\text{m} = 36.9\text{m}$。

$$\Delta p_{b'c} = (\Delta p/L)_{b'c} L_{b'c} = 0.008 \times 36.9\text{MPa} = 0.2952\text{MPa}$$

4）cd 段。

以 $Q_g = 14.2\text{kg/s}$ 及 $DN = 50\text{mm}$，查附录 8 得：$(\Delta p/L)_{cd} = 0.009\text{MPa/m}$。

计算长度 $L_{cd} = (5 + 0.4 + 3.5 + 3.5 + 0.2)\text{m} = 12.6\text{m}$（$DN65$ 三通当量长度为 $(5 + 0.4)\text{m}$，$DN65 \times DN50$ 变径 0.4m，$DN50$ 弯头 3.5m）。

$$\Delta p_{cd} = (\Delta p/L)_{cd} L_{cd} = 0.009 \times 12.6\text{MPa} = 0.1134\text{MPa}$$

5）管路总损失。

$$\sum_{1}^{N_d} \Delta p = \Delta p_{ab} + \Delta p_{bb'} + \Delta p_{b'c} + \Delta p_{cd} = 0.4887\text{MPa}$$

（15）计算高程压力。

$$p_h = 10^{-6}\gamma H g = (10^{-6} \times 1407 \times 2.8 \times 9.81)\text{MPa} = 0.0386\text{MPa}$$

（16）确定喷头工作压力。

$$p_c = p_m - \sum_{1}^{N_d} \Delta p - p_h = (1.938 - 0.4887 - 0.0386)\text{MPa} = 1.411\text{MPa}\,(\text{绝对压力})$$

(17) 验算计算结果。

根据规范，应满足下列条件

$$p_c \geqslant 0.7\text{MPa}(\text{绝对压力})$$

$$p_c \geqslant \frac{p_m}{2} = 1.938/2\text{MPa} = 0.969\text{MPa}(\text{绝对压力})$$

条件皆满足，合格。

(18) 确定喷头等效孔口面积及喷头数量。

根据 $p_c = 1.411\text{MPa}$，查附录 11 可得，$q_c = 3.1\text{kg}/(\text{s}\cdot\text{cm}^2)$。喷头平均设计流量 $Q_c = W/2 = 14.2\text{kg/s}$；喷头等效孔口面积 $F_c = \frac{Q_c}{q_c} = 14.2/3.1 = 4.58\text{cm}^2$。根据 F_c 选择 JP-30 喷头。

思 考 题

1. 阐述气体灭火剂灭火机理。
2. 试述气体灭火系统的组成及作用机理。
3. 试述气体灭火系统的主要组件及设置要求。
4. 试述防护区的设置要求。
5. 如何进行气体灭火系统的设计计算？
6. 一散装乙醇储存库，侧墙上有一个 2.5m×1.5m 的不能关闭的开口，库房尺寸为长 18m、宽 12m、高 4m。采用全淹没二氧化碳灭火系统保护，试计算二氧化碳灭火剂储存量。
7. 一电子计算机房，长 9m、宽 4m、高 3m，拟采用七氟丙烷灭火系统保护。试进行相关设计计算。
8. 有一通信机房，房高 3.2m、长 14m、宽 7m，拟采用二氧化碳灭火系统进行保护。试计算二氧化碳需要量和干管直径。

第 8 章　干粉灭火系统及灭火器

8.1　干粉灭火的基本原理

干粉灭火系统借助于惰性气体压力的驱动，由这些气体携带供应源处的干粉灭火剂，形成气粉两相混合流，通过输送管道连接到固定的喷嘴上，经喷嘴喷放，实施灭火，为固定式或半固定式灭火系统。干粉灭火系统是传统的四大固定灭火系统（水、气体、泡沫、干粉）之一，也是应用较成熟的卤代烷灭火系统替代技术之一，应用较为广泛。

干粉灭火系统具有灭火速度快、效率高、不导电、可长距离输送、无需防冻、可长期保存，以及环境污染小、毒性危害小、水渍损失少等优点，主要适用于扑救易燃、可燃液体、可燃气体和电气设备的火灾。如宾馆、饭店的厨房；敞口易燃液体容器；不宜用水扑救的室外变压器等场所及其设备处的消防保护。

8.1.1　干粉灭火剂类型及成分

干粉灭火剂是一种干燥的、易于流动的固体细微粉末，又称为“化学粉末灭火剂”，一般是由基料和添加剂组成的。其中，基料泛指易于流动的干燥微细粉末，可借助有一定压力的气体喷成粉末形式灭火的物质，一般为无机盐，如：碳酸氢钠、碳酸氢钾、磷酸二氢铵、硫酸钾、氯化钾等和经验分子式为 $KC_2N_2H_3O_3$、$NaC_2N_2H_2O_3$的化合物等；添加剂主要用于改善干粉灭火剂的流动性、防潮性、防结块等性能，一般含有流动促进剂和防结块剂，如滑石粉、云母粉、有机硅油等。干粉灭火剂按其应用的范围可分为以下几类：

1. 普通干粉灭火剂

普通干粉灭火剂是目前品种最多、用量最大的一类干粉灭火剂。这类灭火剂主要用于扑救可燃液体火灾、可燃气体火灾，以及带电设备火灾，因而又称为“BC 类干粉灭火剂”。其主要品种（以基料分类）有：

（1）以碳酸氢钠为基料的干粉，也称为“小苏打干粉灭火剂”或“钠盐干粉灭火剂”。一般为白色，特点是产品成本低、应用范围广、灭火速度快，其流动性和斥水性差，但经全硅化防潮工艺处理后可得以改善。

（2）以碳酸氢钠为基料，又添加增效基料的改性钠盐干粉，一般为黑灰色，其灭火效率比钠盐干粉高出近一倍。

（3）以碳酸氢钾为基料的紫钾盐干粉，一般为淡紫色，其灭火效率比钠盐干粉高一倍。以外，还有以氯化钾、硫酸钾为基料的钾盐干粉。

（4）以尿素和碳酸氢钠（或碳酸氢钾）的反应产物为基料的氨基干粉（或称“毛耐克斯 Monnex 干粉”），其灭火效率高于钾盐干粉一倍。

2. 多用干粉灭火剂

多用干粉灭火剂不仅适用于扑救可燃液体、可燃气体和带电设备火灾，还适用于扑救一般固体物质火灾，因此又称为“ABC 干粉”。这类干粉多以磷酸盐为基料，一般为淡红色。其灭火效率大致与钠盐干粉相当。主要品种有：

（1）以磷酸盐（如磷酸二氢铵、磷酸氢二铵、磷酸铵和焦磷酸盐）为基料的干粉。该产品成本高、价格较贵，使用不是很广泛。

（2）以硫酸铵与磷酸铵盐的混合物为基料的干粉。

（3）以聚磷酸铵为基料的干粉。

3. 金属干粉灭火剂

金属干粉灭火剂又称“D 类干粉灭火剂”或“特种干粉灭火剂”，主要用来扑救钾、钠、镁等活泼金属火灾。这类干粉通常是以氯化钠、石墨、干砂为基料。有的金属干粉也可以用于扑救 B、C 类火灾。

8.1.2　干粉灭火机理

干粉灭火剂平时储存于干粉灭火器或干粉灭火设备中，灭火时依靠加压气体（二氧化碳或氮气）的压力将干粉从喷嘴喷出，形成雾状粉流，射向燃烧物。当干粉与火焰接触时，发生一系列的物理、化学作用，将火扑灭。

1. 对燃烧的抑制作用

燃烧反应是一种链式反应，反应中产生的 ·OH 和 H· 是维护燃烧链式反应的活性基团，它们与燃料分子作用，不断生成新的活性基团和氧化物，同时放出大量的热，维护燃烧反应的继续进行。

干粉灭火剂的灭火组分是燃烧的非活性物质，当把干粉灭火剂加入燃烧区与火焰混合后，干粉粉末 M 便与火焰中的活性自由基接触，并把它瞬时吸附在自己的表面，发生如下反应：

$$M(粉末) + OH\cdot \rightarrow MOH$$

$$MOH + H\cdot \rightarrow M + H_2O$$

通过上述反应，M 与 ·OH 和 H · 反应形成了不活泼的水，消耗了燃烧反应中的活性基团 ·OH 和 H ·。当大量的粉末以雾状形式喷向火焰时，火焰中的自由基被大量吸附和转化，使自由基数量急剧减少，抑制能量产生，致使燃烧的链反应中断，最终使火焰熄灭。干粉粉末的这种灭火作用称为“抑制作用”。

2. 烧爆作用

某些化合物［如含有一个结晶水的草酸钾（$K_2C_4O_4\cdot H_2O$），尿素与氢氧化钠、氢氧化钾的反应产物（$NaC_2H_2H_3O_3$，$KC_2N_2H_3O_3$）］，当与火焰接触时，其粉料受高热的作用，可以爆裂成许多更小的颗粒，这种现象称为“烧爆”。由于烧爆，使火焰中的粉末比表面积或者蒸发量急剧增大，与火焰的接触面积大大增加，因而表现出很高的灭火效能。氨基干粉的灭火效力为碳酸氢钠干粉的 3 ~4 倍，烧爆现象是其主要原因之一。

3. 其他灭火作用

干粉灭火时，还存在着物理灭火作用。浓云般的粉雾包围了火焰，可以减少火焰对燃料的热辐射；粉末受高温的作用放出结晶水或发生分解，可以吸收火焰的一部分能量，而且分解生成的不活泼气体稀释燃烧区的氧浓度，从而起到冷却与窒息的作用。当然，这些作用对灭火的影响远不如抑制作用大。

对于多用干粉灭火剂，除了上述几种灭火作用外，还因它与火焰接触后，生成的多聚磷酸盐在着火物表面上形成一定厚度的玻璃层状物，它可以渗透到可燃物的气孔内，并阻止空气与可燃物的接触，起到防火层的作用；此外，磷酸铵盐分解放出的氨对火焰也能起类似卤代烷那样的均相负催化作用，还可以使燃烧物表面炭化，这种炭化层是热的不良导体，可以减缓燃烧过程，降低火焰温度。

金属干粉灭火剂的主要作用机理是隔绝和“屏蔽”，虽然作用较弱，沉落在固体可燃材料表面上的干粉还有冷却作用；投放干粉灭火剂的方式应使其在固体可燃材料表面上能形成较厚的一层干粉，使火焰的空气动力和燃烧区的气流尽量少带走干粉。

8.1.3 使用保管要求

干粉灭火剂应储存在通风、阴凉、干燥处，并密封储存。储存温度最高不得高于 55℃，最好不要超过 40℃。干粉灭火剂堆放不宜过高，以防压实结块。

干粉灭火剂在充装时，应在干燥的环境或天气中进行。充装前，尤其是充装不同类型的干粉储罐，应吹扫干净；充装完毕后，应及时将装粉口密闭。

在标准规定的环境储存，干粉灭火剂的有效储存期一般为 5 年。

8.1.4　干粉灭火剂型号编制方法

由于干粉灭火剂的品种较多，为了便于区别和选用，规定了型号编制方法，见表 8-1。

表 8-1　干粉灭火剂型号编制方法

灭火剂型号	灭火剂类代号	特　征　号	代　号	代 号 含 义	适用灭火类别
Y	F	钠盐	YF	钠盐干粉灭火剂	B、C
		改性钠盐 G	YFG	改性钠盐干粉灭火剂	B、C
		钾盐 J	YFJ	钾盐干粉灭火剂	B、C
		氨基 A	YFA	氨基干粉灭火剂	B、C
		磷盐 L	YFL	磷胺干粉灭火剂	A、B、C
		氯化物	YG	氯化钠干粉灭火剂	B、C、D

8.2　干粉灭火系统的组成与分类

8.2.1　系统组成

干粉灭火系统一般由储存装置、启动分配装置、输送管网、喷射装置、火灾探测控制装置等组成，其结构如图 8-1 所示。

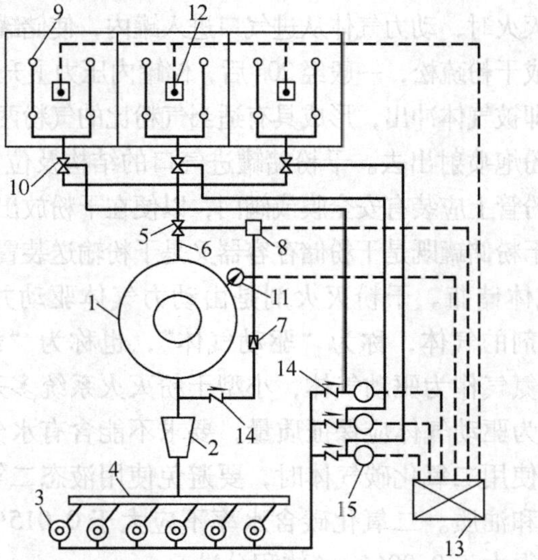

图 8-1　干粉灭火系统结构图

1—干粉储罐　2—压力控制器　3—氮气瓶　4—集气管　5—球阀　6—输粉管　7—减压阀　8—电磁阀
9—喷嘴　10—选择阀　11—压力传感器　12—火灾探测器
13—消防控制中心　14—单向阀　15—启动气瓶

1. 储存装置

储存装置一般由干粉储罐、容器阀、安全泄压装置、驱动气体储瓶、瓶头阀、集流管、减压阀等组成。

（1）干粉储罐。干粉储罐是储存干粉灭火剂的耐压不可燃容器，是干粉灭火系统的主体。它是一个圆筒形或球形的压力容器，一般由罐体、装粉口、出粉管、进气口、排气口、清扫口等组成。其构造如图 8-2 所示。

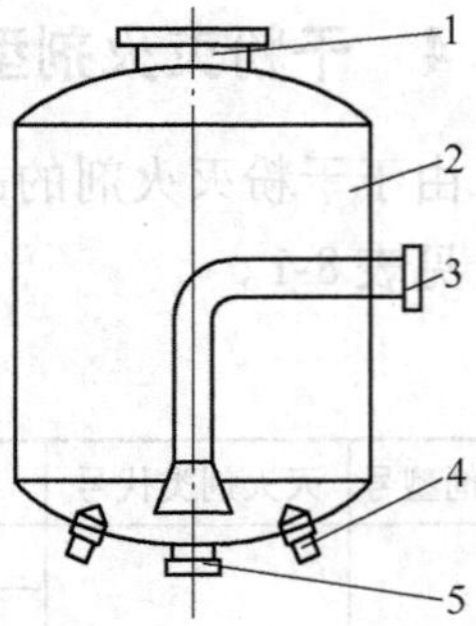

图 8-2　干粉储罐构造示意图
1—装粉口　2—罐体　3—出粉管
4—进气口　5—清扫口

干粉储罐的直径和高度比例应合适，这些尺寸会影响干粉喷射效果。干粉储罐的生产已系列化，按其容积大小进行分级，共有 9 个规格等级，其规格和干粉灭火剂充装量见表 8-2，可根据需要进行选用。防护区较大时，可将几个干粉罐并联使用。干粉储罐的工作压力一般为 1.2～2.0MPa。

表 8-2　干粉储罐规格及干粉灭火剂充装量

干粉储罐规格/kg（一级）	50	150	250	300	500	1000	2000	3000	4000
干粉灭火剂充装量/kg	50	150	250	300	500	1000	2000	3000	4000

干粉储罐平时密封储存干粉灭火剂，因此要求其应密封良好，避免水汽进入，以防干粉受潮。灭火时，动力气体从进气口进入罐内，使储罐内的干粉灭火剂产生剧烈的搅动，造成干粉疏松，一般经 20s 后，储罐内压力上升到工作压力，即打开出口阀门，干粉即被气体冲出，形成具有适当气粉比的气粉两相流，再经输粉管由喷嘴或喷枪、干粉炮喷射出去。干粉储罐进气口的结构及位置应通过试验合理确定。另外，在出粉管上应装有安全膜或阀门，以便在干粉放出之前可形成适当的工作压力。因此，干粉储罐既是干粉储存容器又是干粉输送装置的组成部分。

（2）驱动气体储瓶。干粉灭火剂是由动力气体驱动并携带喷射出去，这些输送干粉灭火剂的气体，称为“驱动气体”，也称为“载气”。大型干粉灭火系统一般采用氮气作为驱动气体，小型干粉灭火系统多采用二氧化碳气体作为驱动气体。作为驱动气体应保证质量，要求不能含有水分和其他可能腐蚀容器的成分。如当使用二氧化碳气体时，要避免使用液态二氧化碳，除非采取可靠措施除去水分和油质。二氧化碳含水率不应大于 0.015%（体积分数），其他气体含水率不得大于 0.006%（体积分数）。

驱动气体储瓶是用来储存驱动气体的高压钢瓶，它对系统的使用有着很大的影响。驱动气体储瓶一般由瓶体和瓶头阀组成，其中氮气瓶通常采用 40L 的标准氮气瓶，储气压力为 13～15MPa。二氧化碳气瓶多采用 7kg 的二氧化碳灭火器钢瓶。驱动气体进入干粉储罐时，应保证能使干粉适当地流体化，同时在干粉从干粉储罐放出之前，使整个储罐内形成相同的压力，确保干粉流速适当，使其达到应有的灭火效果。

（3）控制阀门。干粉灭火系统上安装有多个阀门，以控制系统正常工作。如驱动气瓶上的瓶头阀、减压阀、干粉控制球阀、安全阀、单向阀、泄放阀、放气阀等。

驱动气瓶上的瓶头阀一般分为三种，即手动瓶头阀、气动瓶头阀和电动瓶头阀。其中，手动瓶头阀一般用于较小的干粉灭火设备或半固定式的灭火装置上，它仅有一两个气瓶，手动操作启动比较容易；气动阀和电动阀则用在多个动力气瓶组成的气瓶组上，通常由一根集气管把各气瓶连在一起，通过一根总管输出气体，以便实现自动控制启动。只要启动瓶从集气管给予1.2~2.0MPa的气压，所有气瓶阀就立即打开，从排气管排出气体，这种阀只要在使用中防止灰尘和污染沾染，动作后便可使阀门复位，它的密封性能是相当可靠的。电动阀是通过引爆电爆管使密封片破坏，排出瓶中的气体。其优点是启动快、密封可靠，缺点是使用后要更换密封片和启爆管。图8-3是一种常见气瓶的瓶头气动阀。

为了减小储气瓶的体积，驱动气体都储存在高压气瓶内。气瓶的压力高达15MPa，甚至达到20MPa，而干粉储罐的工作压力一般都不超过2MPa。为了保证给干粉储罐安全供气，必须安装减压阀。减压阀一般有三种，一种是安装在每只气瓶的出口；第二种是安装在瓶组的总输气管上；另一种是安装在干粉储罐的进气口。常见的是安装在输气管路上的活塞式减压阀，如图8-4所示。

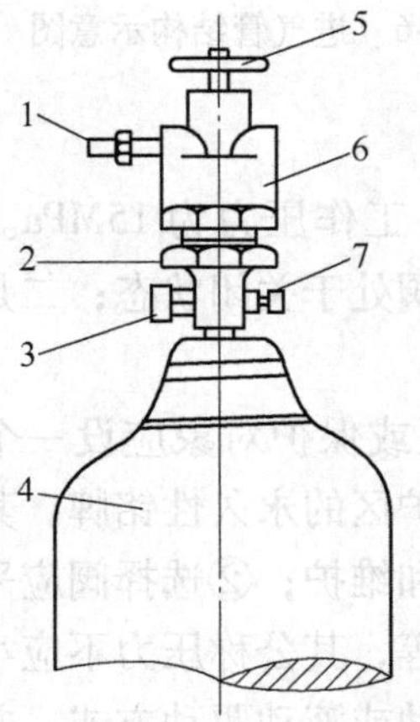

图8-3　气瓶瓶头阀示意图

1—排气管　2—下阀体　3—灌气接头

4—气瓶　5—手轮

6—上阀　7—安全阀

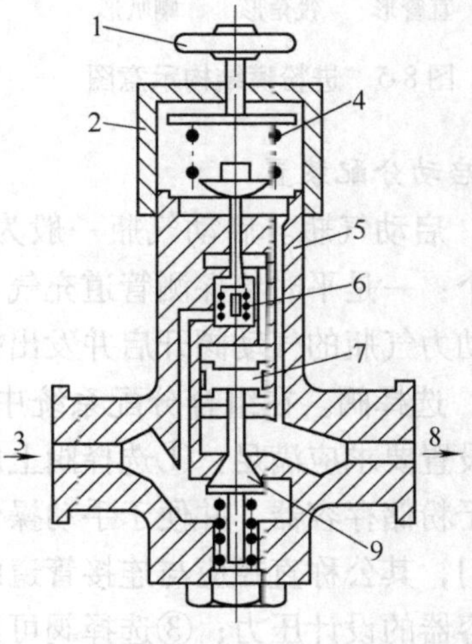

图8-4　活塞式减压阀示意图

1—调节手轮　2—压盖　3—进气口　4—弹簧

5—阀体　6—副阀门　7—活塞

8—排气口　9—主阀体

（4）出粉管。出粉管是将干粉储罐内的干粉导出，再通过输粉管输送至防护区。出粉管的出口一般在干粉储罐圆柱体的上部或顶部。出粉管的进粉嘴都设在干粉储罐内中心下部。进粉嘴有直管形、锐角形、喇叭形三种，如图8-5所示。

进粉嘴与干粉罐底部的距离是一个关键尺寸，一般通过试验确定。距离偏大，余粉量过多，距离偏小，使粉气流产生过大的阻力，不利于干粉的排出。另外在出粉管上应装有安全膜或阀门，以便在干粉放出之前可形成适当的工作压力。

（5）进气管。进气管是向干粉储罐加注动力气体的，数量为一根或几根。进气管一般位于干粉储罐的底部，沿出粉管进粉嘴周围均匀布置，但与进粉嘴的相对位置要适当，因为其距离的远近将影响粉气混合比。进气管的末端有排气孔，在排气孔上要加橡胶套，如图 8-6 所示。橡胶套可固定，也可不固定。但在固定时，要固定在上部，使气流向下排放。

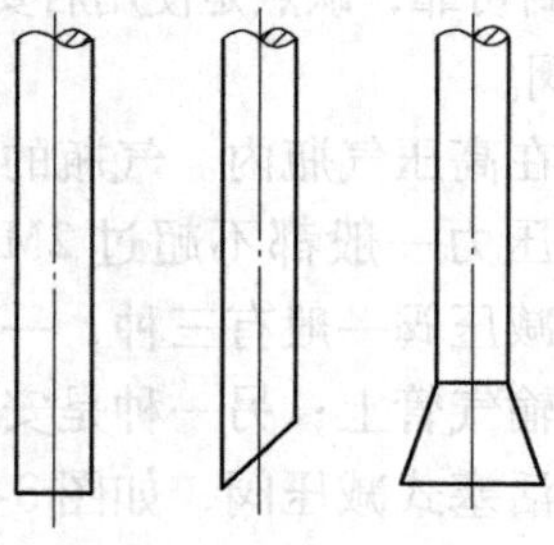

图 8-5　进粉嘴结构示意图

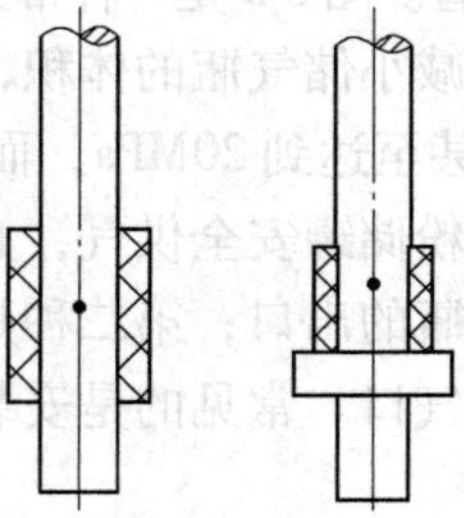

图 8-6　进气管结构示意图

2. 启动分配装置

（1）启动气瓶。启动气瓶一般为一小氮气瓶，工作压力为 15MPa。其作用有两个：一是平时给探测管道充气，并控制活塞阀处于关闭状态；二是着火后推动动力气瓶的气动阀开启并发出警报。

（2）选择阀。在组合分配系统中，每个防护区或保护对象应设一个选择阀。其设置要求应满足：①选择阀上应设有标明防护区的永久性铭牌，其位置宜靠近干粉储存容器，并便于手动操作，方便检查和维护；②选择阀应采用快开型阀门，其公称直径应与连接管道的公称直径相等，其公称压力不应小于干粉储存容器的设计压力；③选择阀可采用电动、气动或液动驱动方式，并应有机械应急操作方式；④系统启动时，选择阀应在输出容器阀动作之前打开。

3. 喷嘴

喷嘴的作用是将粉气流均匀地喷出，将着火物表面完全覆盖，以实现灭火。为了适应不同保护场所的需要，干粉喷嘴主要有三种形式：直流喷嘴、扩散喷嘴和扇形喷嘴，如图8-7所示。干粉喷嘴的工作压力可在0.05～0.7MPa。由于喷嘴口径和喷嘴压力不同，每个喷嘴的喷粉量可为9～470kg/min，喷射距离为1～12m。

不同形式的喷嘴用于不同的保护对象，并有不同的安装方式和要求。直流喷嘴的出口粉气流呈柱形，随着喷射距离的增加逐渐分散开来，射程比较远，可使粉气流喷射到保护对象的各个部位，一般可用于化工装置、变压器的保护；扩散喷嘴射出的粉气似伞状，有效射程最短，一般用于热油泵房、可燃液体散装库等场所，安装在泵房、库房的顶部；扇形喷嘴的出口粉气流呈扇形，覆盖面大，射程较前者短，一般用于油罐、油槽等部位，安装在其上部边缘。

4. 火灾探测控制装置

在干粉灭火系统中，应设置火灾探测控制装置。其探测器多采用的是低熔点合金火灾探测器，它由探头、本体、接管、接头等组成，如图8-8所示。

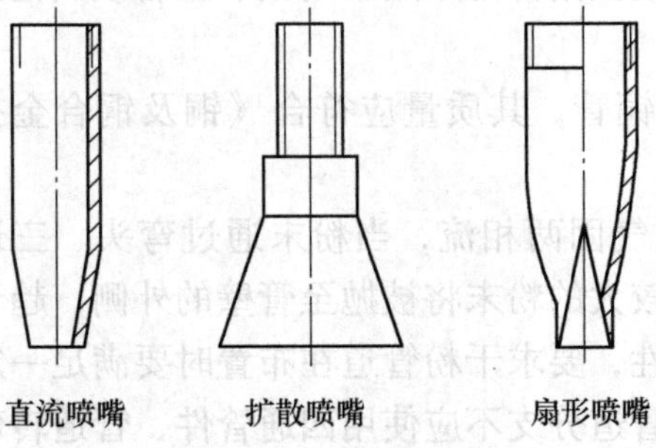

图8-7　干粉喷嘴示意图

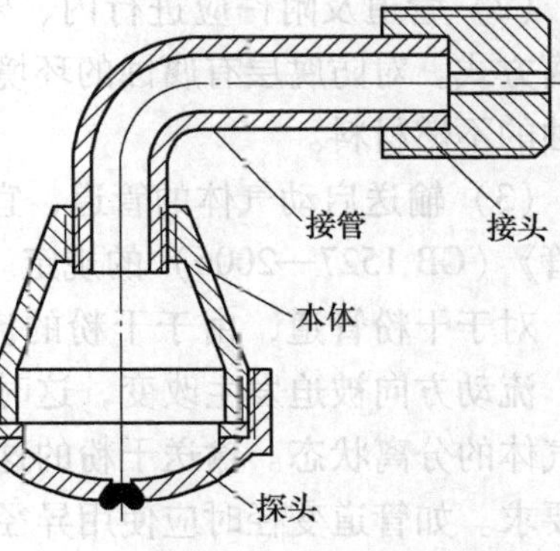

图8-8　低熔点合金火灾探测器

探头的中间有小孔，平时用低熔点合金密封。低熔点合金火灾探测器的工作原理是：当防护区发生火灾时，温度急骤上升，达到火灾探测器的动作温度后，低熔点合金熔化脱落，探测器管路中的气体排出，压力迅速下降，使启动气瓶上的活塞阀开启，进而启动系统工作。

系统的启动控制可采用自动、半自动、机械应急操作三种方式，且应满足以下要求：

（1）自动探测设备应能对生产事故和温度、火焰、烟气、可燃蒸汽及其他异常情况作出反应，并显示异常位置。

（2）显示器应能够指明系统是否正常动作。

（3）系统应有显示报警、启动、电源等发生故障的监视装置，故障报警必须迅速发出，并应与其他状态报警相区别。

（4）启动装置应靠近保护对象，但不能遭受火灾威胁。

（5）手动启动机构不应高于地面 1.5m，任何时候都能方便操作。远动手动控制装置应标明保护场所；应急机械操作装置的手动拉力不应大于 178N，位移不大于 360mm。

（6）其他联动装置的启动，必须先于灭火装置的启动。

（7）启动控制装置应有可靠的动力源（电源或气源）。

5. 管道

干粉灭火系统的管道有气体管道和干粉管道，气体管道又分为启动气体管道和驱动气体管道。无论哪种管道，对管材、管件的选择和安装是极为重要的，要符合有关要求。

管道及附件应能承受最高环境温度下的工作压力，应符合下列规定：

（1）管道应采用无缝钢管，其质量应符合现行国家标准《输送液体用无缝钢管》（GB/T 8163—2008）的规定。

（2）管道及附件应进行内、外表面防腐处理，并宜采用符合环保要求的防腐方式。对防腐层有腐蚀的环境，管道及附件可采用不锈钢、钢管或其他耐腐蚀的不燃材料。

（3）输送启动气体的管道，宜采用铜管，其质量应符合《铜及铜合金拉制管》（GB 1527—2006）的规定。

对于干粉管道，由于干粉的流动呈气固两相流，当粉末通过弯头、三通时，流动方向被迫发生改变，这时质量较大的粉末将被抛至管壁的外侧，趋于同气体的分离状态。输送干粉的这种特性，要求干粉管道在布置时要满足一定的要求。如管道变径时应使用异径管、管道分支不应使用四通管件、管道转弯时宜选用弯管，干管转弯处不应紧接支管等，以避免这种分离流动对系统正常工作产生影响。图 8-9 是弯头与三通的几种正确连接方法。

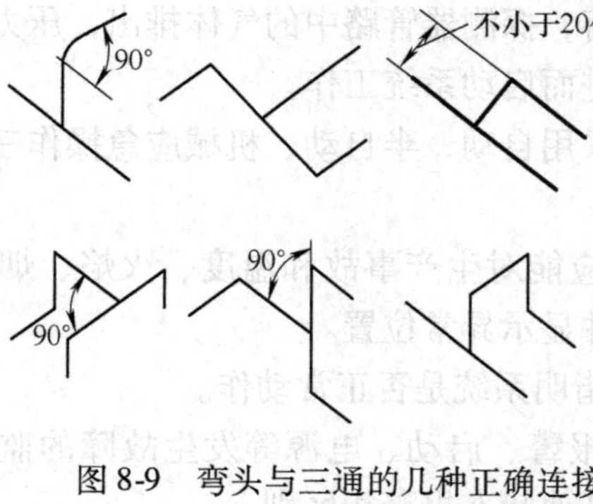

图 8-9　弯头与三通的几种正确连接

8.2.2　系统的工作流程

干粉灭火系统的工作流程是：当防护区或保护对象着火后，温度迅速上升，达到规定数值后探测器发出火灾信号，消防控制中心自动控制启动或由消防人员手动启动气瓶。启动机械动作后，高压储气瓶的瓶头阀被打开，高压气体进入减压阀，经减压后进入干粉储罐，使干粉储罐内的压力迅速上升，并使罐中的干粉灭火剂疏松，便于流动。当干粉灭火剂储存罐中的压力升高到规定数值时，定压动作机构开始动作，经减压后的部分气体推动控制气缸打开干粉储罐出口的总阀门，并根据控制盘的指令，打开通向着火对象输粉管上的选择阀。干粉灭火剂在气体的带动下，经过选择阀和固定管路到喷头，把干粉灭火剂喷射到着火物上，或经过干粉输送软带至干粉喷枪，由消防人员操作，把干粉喷到着火物上。

8.2.3　系统的应用场所

1. 适宜扑救的火灾场所

干粉灭火系统可用于A、B、C、D四类火灾的扑救．但大量的还是用于B、C类火灾，适用于下列场所：

（1）易燃、可燃液体和可熔化的固体火灾。这类火灾发生的主要场所有：易燃可燃液体储罐、淬火油槽、清洗油槽、涂料库、喷涂间、反应釜、可燃液体散装库、飞机库、汽车停车场、锅炉房、液化气站、泊泵房、加油站、装卸油栈桥、化工装置等。

（2）可燃气体或可燃液体以压力形式喷射的火灾。这类火灾发生的主要场所有：输气管、输油管、反应塔、换热器、可燃气体压缩机房、液化石油气站、煤气罐、煤气炉、油井、天然气井、天然气运输船等。

（3）各种电气火灾。由于干粉灭火剂有很好的绝缘性能，可以在不切断电源的条件下扑救电气火灾，尤其用于那些含油的电气设备火灾，如室内外变压器、油浸开关等火灾。

（4）木材、纸张、纺织品等A类火灾的明火。这类场所有：木材场、造纸厂、印刷厂、棉花加工厂、胶带厂等。在用干粉灭火设备扑救这类火灾时，宜与喷水灭火设备配合使用。前者（干粉）能迅速控制明火，降低火势和辐射热，后者（水）能扑灭余火。

（5）D类火灾，是指金属火灾，如钾、钠、镁、钛、锆、锂、铝镁合金、铝钛合金火灾等。扑救这类火灾的干粉灭火设备，必须灌装专门用来扑救金属火灾的干粉灭火剂。

2. 不适宜扑救的火灾

（1）干粉不能用于扑救自身能够释放氧气或提供氧源的化合物火灾，例如硝化纤维、炸药、过氧化物等的火灾。

（2）普通干粉灭火剂不宜扑救化学性质活泼的金属和金属氢化物火灾，如钾、钠、镁、钛、锆等活泼金属及其氢化物。

（3）不能扑救普通燃烧物质的深位火或阴燃火。因为干粉灭火剂达不到其燃烧部位，不适宜扑救。

（4）不宜扑救精密食品、精密电气设备、计算机等发生的火灾，因为干粉灭火剂会对其产生污染或损坏。

干粉灭火系统虽有种种优点，但是也有其不足之处，如抗复燃能力差、灭火后火场清理困难等。因此国内外又相继出现了干粉、泡沫联用装置及相应的系统，这既提高了灭火效率，又克服了干粉灭火系统的缺点，促进了干粉灭火系统向更加广阔的领域发展。

8.2.4 系统的类型

1. 按应用方式分类

（1）全淹没式干粉灭火系统。全淹没式干粉灭火系统是指在规定时间内，向防护区喷射一定浓度的干粉，并使其均匀地充满整个防护区的灭火系统。全淹没式干粉灭火系统是将干粉灭火剂释放到整个防护区，通过在防护区空间建立起灭火浓度来实施灭火的系统形式。其特点是对防护区提供整体保护。全淹没式干粉灭火系统结构组成如图 8-10 所示。

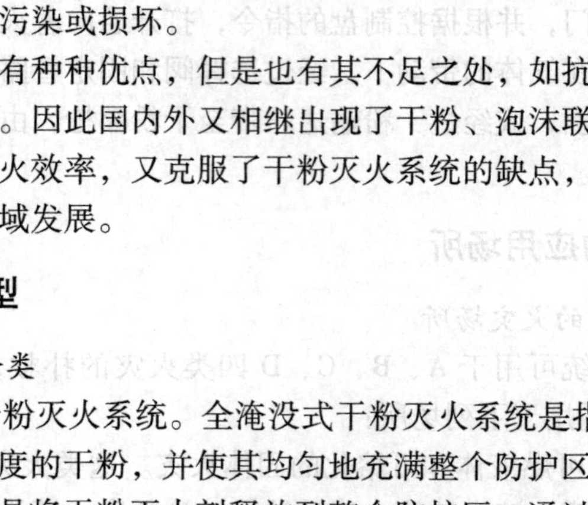

图 8-10 全淹没式干粉灭火系统结构组成

全淹没系统用来扑救封闭空间火灾，一般用于房间较小、火灾燃烧表面不宜确定且不会复燃的场合，如油泵房等。该系统要求防护区应有较好的封闭，一般不能关闭的开口总面积不得超过房间四面墙体、顶棚、地板总面积的15%，且开口不应设在底面。防护区的围护结构及门、窗的耐火极限不应小于0.5h，吊顶的耐火极限不应小于0.25h；围护结构及门、窗的允许压力不宜小于1200Pa。

（2）局部应用式干粉灭火系统。局部应用式干粉灭火系统是指通过喷嘴直接向火焰或燃烧表面喷射灭火剂，并能在火焰周围的局部范围建立起较高浓度（大于灭火浓度）实施灭火的系统。当不宜在整个房间建立灭火浓度或仅保护某一局部范围、某一设备、室外火灾危险场所等时，可选择局部应用式干粉灭火系统。因此，要求设计时应确保灭火剂能够将整个保护对象的表面覆盖。当系统用于保护房间内的某个局部范围或室外的某一设备，应使保护对象与其他物品必须隔开，以保证火不会蔓延到保护区以外的地方。如可用于保护甲、乙、丙类液体的敞顶罐（或槽），或不怕粉末污染的电气设备，以及其他场所。局部应用式干粉灭火系统结构组成如图8-11所示。

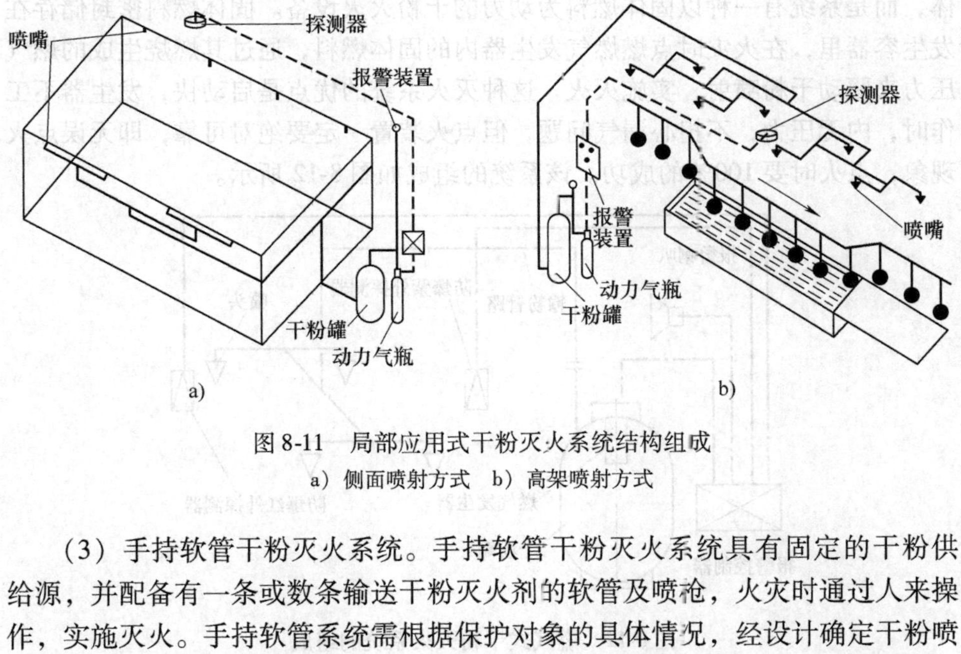

图8-11 局部应用式干粉灭火系统结构组成
a）侧面喷射方式 b）高架喷射方式

（3）手持软管干粉灭火系统。手持软管干粉灭火系统具有固定的干粉供给源，并配备有一条或数条输送干粉灭火剂的软管及喷枪，火灾时通过人来操作，实施灭火。手持软管系统需根据保护对象的具体情况，经设计确定干粉喷射强度、干粉储存量等参数，且能够扑灭较大规模的火灾。如汽油灌装台、甲、乙、丙类液体储罐区、柴油和燃气涡轮机车头、飞机库、船舶等火灾。

经常有人且火灾范围较大的火灾危险场合，可选用手持软管系统。也可将手持软管系统作为全淹没系统或局部应用系统的补充保护设施，但手持软管系统不能取代上述两类系统，且手持软管系统应另设干粉源。只有固定干粉灭火系统保护区域处在手持软管系统保护半径之外，且不会同时着火或着火后不会蔓延时，才可共用干粉源（即作为组合分配系统考虑）。

2. 按驱动气体储存方式分类

（1）储气式干粉灭火系统。储气式干粉灭火系统将驱动气体（氮气或二氧化碳气体）单独储存在储气瓶中，灭火使用时，再将驱动气体充入干粉储罐，进而携带、驱动干粉喷射，实施灭火。这类系统装填粉末比较容易，干粉储罐的永久密封要求不太严格，且储气钢瓶容易密封，要求储气瓶放置点环境温度不低于0℃，以保证灭火效果。干粉灭火系统大多数采用的是这种系统形式。

（2）储压式干粉灭火系统。储压式干粉灭火系统将驱动气体与干粉灭火剂同储于一个容器，灭火时直接启动干粉储罐。这种系统结构比储气系统简单，但要求驱动气体不能泄漏。干粉储罐置于-40℃的环境而不影响灭火效果。

（3）燃气式干粉灭火系统。燃气式干粉灭火系统驱动气体不采用压缩气体，而是系统有一种以固体燃料为动力的干粉灭火设备。固体燃料密封储存在发生容器里，在火灾时点燃燃气发生器内的固体燃料，通过其燃烧生成的燃气压力来驱动干粉喷射，实施灭火。这种灭火系统的优点是启动快，发生器不工作时，内无压力，不担心漏气问题，但点火装置一定要绝对可靠，即无误点火现象，点火时要100%的成功。该系统的组成如图8-12所示。

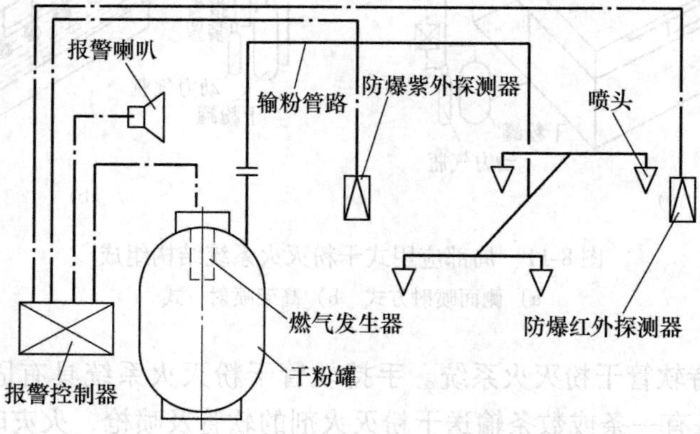

图8-12　燃气式干粉灭火系统的组成

3. 按系统保护情况分类

（1）组合分配系统。当一区域有几个保护对象且每个保护对象发生火灾后又不会蔓延时，可选用组合分配系统，即用一套灭火剂储存装置，保护两个及以上防护区或保护对象的灭火系统。组合分配系统保护的防护区与保护对象之和不得超过8个，系统的规模应满足最大保护对象的需要。图8-13

是保护两个区域的组合分配系统。

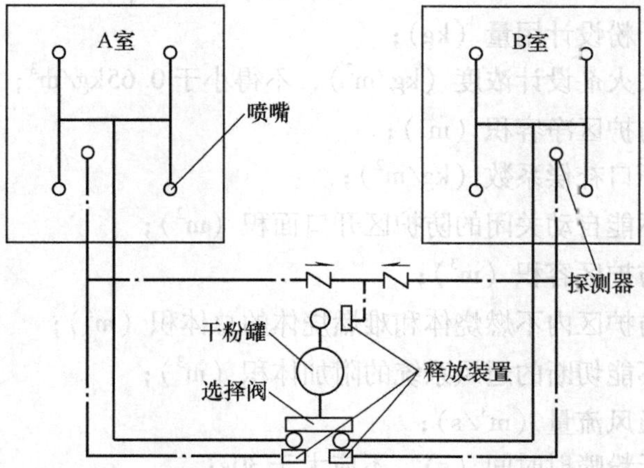

图8-13　组合分配系统示意图

（2）单元独立系统。若火灾的蔓延情况不能预测，则每个保护对象应单独设置一套系统保护，即单元独立系统。预制型灭火系统为单元独立系统，即一个防护区或保护对象宜用一套预制型号灭火系统保护。多个保护对象采用统一喷射系统，同时向各个保护对象施放干粉灭火剂，这也是一种单元独立系统。

8.3　干粉灭火系统的设计

8.3.1　干粉灭火剂用量

1. 干粉设计用量

（1）全淹没式干粉灭火系统干粉灭火剂用量计算。全淹没式干粉灭火系统干粉灭火剂用量包括两部分：一部分是保证在封闭空间形成灭火浓度所需的干粉灭火剂量；另一部分是补偿各种可能降低灭火效率所消耗干粉灭火剂的附加量。灭火剂设计用量应按下式计算：

$$m = K_1 V + \sum (K_{oi} A_{oi}) \tag{8-1}$$

$$V = V_v - V_g - V_z \tag{8-2}$$

$$V_z = Q_z t \tag{8-3}$$

其中：
$$K_{oi}=0 \qquad A_{oi}<1\% A_v$$
$$K_{oi}=2.5 \qquad 1\% A_v \leqslant A_{oi}<5\% A_v$$
$$K_{oi}=5 \qquad 5\% A_v \leqslant A_{oi} \leqslant 15\% A_v$$

式中 m——干粉设计用量（kg）；

K_1——灭火剂设计浓度（kg/m^3），不得小于 $0.65kg/m^3$；

V——防护区净容积（m^3）；

K_{oi}——开口补偿系数（kg/m^2）；

A_{oi}——不能自动关闭的防护区开口面积（m^2）；

V_v——防护区容积（m^3）；

V_g——防护区内不燃烧体和难燃烧体的总体积（m^3）；

V_z——不能切断的通风系统的附加体积（m^3）；

Q_z——通风流量（m^3/s）；

t——干粉喷射时间（s），不应大于30s；

A_v——防护区的内侧面、底面、顶面（包括其中开口）的总内表面面积（m^2）。

（2）局部应用系统干粉灭火剂用量计算。局部应用灭火系统的设计可采用面积法或体积法。当保护对象的着火部位是平面时，宜采用面积法；当采用面积法不能做到使所有表面被完全覆盖时，应采用体积法。

1）面积法。干粉设计用量按下列公式计算：

$$m=NQ_it \tag{8-4}$$

式中 N——喷头数量；

Q_i——单个喷头的干粉输送速率（kg/s），按产品样本取值；

t——室内系统的干粉喷射时间不应小于30s；室外或有复燃危险的系统的干粉喷射时间不应小于60s。

采用面积法设计时，应符合下列规定：①保护对象计算面积应取被保护表面的垂直投影面积；②架空型喷头应以喷头的出口至保护对象表面的距离确定其干粉输送速率和相应保护面积；槽边型喷头保护面积应由设计选定的干粉输送速率确定；③喷头的布置应使喷射的干粉完全覆盖保护对象。

根据有关资料介绍，扑救敞口易燃液体火灾，应选用碳酸氢钠干粉灭火剂，对于醇类罐，喷射速度为 $0.3kg/(s \cdot m^2)$；对于烃类罐，喷射速度为 $0.26 \sim 0.38kg/(s \cdot m^2)$。

2）体积法。干粉设计用量可按下列公式计算：

$$m=V_1 q_V t \tag{8-5}$$
$$q_V=0.04-0.006A_p/A_t \tag{8-6}$$

式中　V_1——保护对象的计算体积（m^3）；

q_V——单位体积的喷射速率[$kg/(s \cdot m^3)$]；

A_p——在假定封闭罩中存在的实体墙等实际围封面面积（m^2）；

A_t——假定封闭罩的侧面围封面面积（m^2）。

t——干粉喷射时间；室内系统干粉喷射时间不应小于30s；室外或有复燃危险的系统干粉喷射时间不应小于60s。

采用体积法设计时，应符合下列规定：①保护对象的计算体积应采用假定的封闭罩的体积。封闭罩的底应是实际底面；封闭罩的侧面及顶部无实际围护结构时，它们至保护对象外缘的距离不应小于1.5m。②喷头的布置应使喷射的干粉完全覆盖保护对象，并应满足单位体积的喷射速度和设计用量的要求。

2. 干粉储存量

干粉储存量可按下式计算：

$$m_c = m + m_s + m_r \tag{8-7}$$

$$m_r = V_D(10p_p + 1)\rho_{q0}/\mu \tag{8-8}$$

式中　m_c——干粉储存量（kg）；

m——干粉设计用量（kg）；

m_s——干粉储存容器内干粉剩余量（kg）；

m_r——管网内干粉残余量（kg）；

V_D——整个管网系统的管道容积（m^3）；

p_p——管道平均压力（MPa）；

ρ_{q0}——常态下驱动气体密度（kg/m^3）。

3. 干粉备用量

当防护区与保护对象之和超过5个时，或者在喷放后48h内不能恢复到正常工作状态时，灭火剂应有备用量。备用量不应小于系统设计的储存量。备用干粉储存容器应与系统管网相连，并能与主用干粉储存容器切换使用。

8.3.2　干粉储罐容积

干粉储罐的大小应保证盛下系统所需的干粉灭火剂用量。因此，其干粉储存容器容积可按下式计算：

$$V_c = \frac{m_c}{k\rho_f} \tag{8-9}$$

式中　V_c——干粉储存容器容积（m^3），取系列值；

ρ_f——干粉灭火剂的松密度（kg/m^3）；

k——干粉储存容器的装量系数，不应大于0.85。

储压系统的干粉罐容积应通过试验确定。有时也可以估算。据有关资料介绍，储压系统输送1kg干粉约需10L常温、常压状态下的气体，储存压力一般为2MPa，干粉罐的容积就为干粉灭火剂占有的体积与动力气体的体积（在2MPa状态时）之和。

8.3.3 驱动气体储存量

驱动气体有非液化驱动气体和液化驱动气体两类。

1. 非液化驱动气体储存量计算式

$$m_{gc}=N_p V_0(10p_c+1)\rho_{q0} \tag{8-10}$$

$$N_p=\frac{m_g+m_{gs}+m_{gr}}{10V_0(p_c-p_0)\rho_{q0}} \tag{8-11}$$

2. 液化驱动气体储存量计算式

$$m_{gc}=\alpha V_0 N_p \tag{8-12}$$

$$N_p=\frac{m_g+m_{gs}+m_{gr}}{V_0[\alpha-\rho_{q0}(10p_0+1)]} \tag{8-13}$$

$$m_{gs}=V_c(10p_0+1)\rho_{q0} \tag{8-14}$$

$$m_{gr}=V_D(10p_p+1)\rho_{q0} \tag{8-15}$$

式中 m_{gc}——驱动气体储存量（kg）；

N_p——驱动气体储瓶数量；

V_0——驱动气体储瓶容积（m^3）；

p_c——非液化驱动气体充装压力（MPa）；

p_0——管网起点压力（MPa）；

m_g——驱动气体设计用量（kg）；

m_{gs}——干粉储存容器内驱动气体剩余量（kg）；

m_{gr}——管网内驱动气体残余量（kg）；

α——液化驱动气体充装系统（kg/m^3）；

其他符号含义同前。

8.3.4 干粉输送速率

1. 干管的干粉输送速率

管网中干管的干粉输送速率应按下式计算：

$$Q_0=m/t \tag{8-16}$$

2. 支管的干粉输送速率

管网中支管的干粉输送速率应按下式计算：

$$Q_b=n/Q_i \tag{8-17}$$

式中 Q_b——支管的干粉输送速率（kg/s）；

n——安装在计算管段下游的喷头数量；

ρ_f——干粉灭火剂的松密度（kg/m^3）。

8.3.5　干粉管道设计

1. 管道的管径

干粉输送管内流体属于固体颗粒与气体的两相流，其流动状态与管道阻力、干粉粉末的粒度分布、组成成分、固气比、干粉的流动性等诸因素有关。当管路较长、管道容积超过干粉罐容积的 30% 时，气、固两相流的稳流时间很短，粉气流的状态变化更加复杂，其流体特性很难掌握。

管道管径的大小对系统正常工作影响很大。管径过小，压力损失过大；管径过大，会出现压力、流量的波动。因此，管径的设计必须要达到一个合理的流量值。合理的流量值可用理论计算的方法求得。为了防止波动现象的发生，要保持干粉管道内的流动为紊流。因此管道内径宜按下式计算：

$$d \leqslant 22\sqrt{Q} \tag{8-18}$$

式中　d——管道内径（mm）；

Q——管道中的干粉输送速率（kg/s）。

表 8-3 规定了各种不同管径的干粉灭火剂的最小流量值，这样要求可以简化计算过程。在管路的设计中，应使管路中的干粉灭火剂流量大于表中规定的数值。试验证明，在确定管径时，设计流量值取最小流量的 4 ~5 倍比较适宜。如果通过某管道的干粉流量为 10kg/s，则宜选择直径 32mm 的管道。但要指出，干粉灭火系统管道直径的选择，最好通过试验确定，以确保系统的安全可靠性。

表 8-3　管径和最小流量对照表

管道直径/mm	10	15	20	25	32	40	50	65	80	90	100	125
最小流量/(kg/s)	0.3	0.5	0.9	1.5	2.5	3.2	5.7	9.6	13.5	18.0	23.5	35

2. 管段的长度

干粉管段的计算长度应按下式计算：

$$L = L_Y + \sum L_J \tag{8-19}$$

$$L_J = f(d) \tag{8-20}$$

式中　L——管段计算长度（m）；

L_Y——管段几何长度（m）；

L_J——管道附件当量长度（m），可按表 8-4 取值。

表 8-4 管道附件当量长度 （单位：m）

DN/mm	15	20	25	32	40	50	65	80	100
弯头	7.1	5.3	4.2	3.2	2.8	2.2	1.7	1.4	1.1
三通	21.4	16.0	12.5	9.7	8.3	6.5	5.1	4.3	3.3

设计管网时，应尽量设计成结构对称均衡管网，使干粉灭火剂均匀分布于防护区内。但在实践中，不可能做到管网结构绝对精确对称布置，只要其结构对称度在±5%范围内，就可以认为是结构对称均衡管网，可实现喷粉的有效均衡。在系统中，可以使用不同喷射率的喷嘴来调整管网的不均衡。

3. 管道的压力损失

当系统选用设计型干粉灭火系统时，有时需要计算干粉管道的压力损失。需要说明的是，干粉管道的压力损失计算非常复杂，其流动特性不仅受系统设备的影响，而且干粉灭火剂的类型对其也有很大影响，甚至同一种类的干粉灭火剂，由于生产厂家不同，其流动特性参数也不一样，这就是说流动特性参数不能通用。因此，干粉灭火系统生产厂家应提供其产品的有关设计参数，供设计人员设计计算时使用。

4. 高程压差校正

高程校正前管段首端压力可按下式估算：

$$p_b' = p_e + (\Delta p/L)_i L_i \tag{8-21}$$

式中 p_b'——高程校正前管段首端压力（MPa）。

高程校正后管段首端压力可按下式计算：

$$p_b = p_b' + 9.81\times10^6 \rho_H L_Y \sin\gamma \tag{8-22}$$

$$\rho_H = \frac{2.5\rho_f(1+\mu)\rho_Q}{2.5\mu\rho_f + \rho_Q} \tag{8-23}$$

$$\rho_Q = (10p_p + 1)\rho_{q0} \tag{8-24}$$

式中 p_b——高程校正后管段首端压力（MPa）；

ρ_H——干粉-驱动气体二相流密度（kg/m^3）；

γ——流体流向与水平面所成的角（°）；

ρ_Q——管道内驱动气体的密度（kg/m^3）。

5. 系统控制压力

干粉管网起点，就是干粉储存容器输出容器阀出口，其压力不应大于2.5MPa；管网最不利点喷头工作压力不应小于0.1MPa。

8.4　灭火器

灭火器是由人操作的，能在其自身内部压力作用下，将所充装的灭火剂喷出，实施灭火的器具，是扑救初期火灾的重要消防器材，其结构简单、轻便灵活，使用方便，可手提或推拉至着火点附近，及时灭火。当建筑物发生火灾，在消防队到达火场之前，且固定灭火系统尚未启动之际，火灾现场人员可使用灭火器。在生产、使用和储存可燃物的工业与民用建筑物内，除设置固定灭火系统外，还应配置灭火器。

8.4.1　灭火器的类型与结构

1. 按操作使用方法分类

(1) 手提式灭火器。手提式灭火器是指能在其内部压力作用下，将所装的灭火剂喷出以扑救火灾，并可手提移动的灭火器具。这类灭火器的灭火剂充装量一般小于20kg，应用较为广泛，绝大多建筑物配置该类灭火器。

(2) 推车式灭火器。推车式灭火器是指装有轮子的可由一人推（或拉）至火场，并能在其内部压力作用下，将所装的灭火剂喷出，以扑救火灾的灭火器具。这类灭火器总装量较大，灭火剂充装量一般在20kg以上，其操作一般需两人协同进行。灭火能力较大，特别适应于石油、化工等企业。

(3) 背负式灭火器。背负式灭火器能用肩背着实施灭火，灭火剂充装量较大，是消防人员专用的灭火器。

(4) 手抛式灭火器。手抛式灭火器一般做成工艺品形状，内部充装灭火剂，需要时将其抛掷到着火点，灭火剂散开后实施灭火。常用手抛式灭火器内充装的是干粉灭火剂。

(5) 悬挂式灭火器。悬挂式灭火器是悬挂在保护场所内，依靠火焰将其引爆，自动实施灭火。

在上述各类灭火器中，手提式、推车式灭火器属于标准配置使用的灭火器。

2. 按充装的灭火剂分类

(1) 水基型灭火器。包括水型灭火器和泡沫型灭火器。

水型灭火器中充装的灭火剂主要是纯水，或纯水里添加少量的添加剂，使用水通过冷却作用灭火，如图8-14所示。

泡沫型灭火器有化学泡沫灭火器和空气泡沫灭火器。其中，化学泡沫灭火器目前已淘汰，空气泡沫灭火器内装水成膜泡沫灭火剂，是灭火器的主要形式，如图8-15所示。

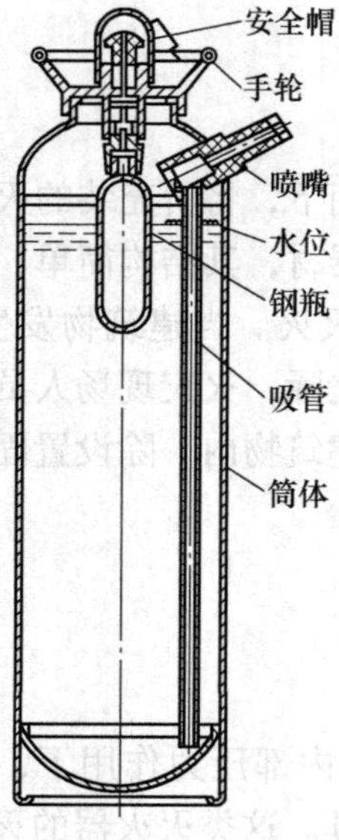

图 8-14 手提式清水灭火器

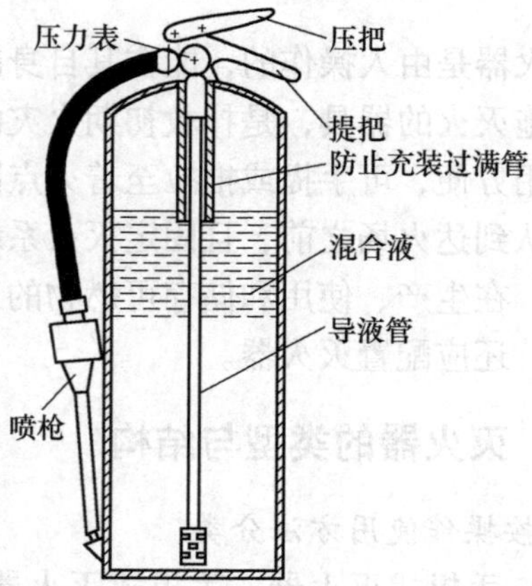

图 8-15 手提式泡沫灭火器

（2）干粉灭火器。干粉灭火器内充装的灭火剂是干粉，是我国目前使用最为广泛的灭火器。根据所充装的干粉种类的不同，干粉灭火器可分为碳酸氢钠干粉灭火器、钾盐干粉灭火器、氨基干粉灭火器和磷酸铵盐干粉灭火器等。其中，我国主要生产和发展碳酸氢钠干粉灭火器（BC 类干粉灭火器）和磷酸铵盐干粉灭火器（ABC 类干粉灭火器）。图 8-16 所示为一种推车式干粉灭火器。

（3）二氧化碳灭火器。二氧化碳灭火器是一种气体灭火器。这类灭火器中充装的灭火剂是加压液化的二氧化碳。具有对保护对象无污损的特点，但灭火能力较差，使用时要注意避免对操作者的冻伤危害。图 8-17 为手提式二氧化碳灭火器。

（4）洁净气体灭火器。该类灭火器主要是新型卤代烃烷类灭火器，是卤代烷 1211 灭火器和 1301 灭火器的替代产品。其最大的特点是对保护对象不产生任何损害。如七氟丙烷灭火器等。

3. 按驱动压力形式分类

（1）储气瓶式灭火器。储气瓶式灭火器的动力气体和灭火剂分开储存，动力气体储存在专用的小钢瓶内，有外置和内置两种形式。使用时是将高压气体放出，充到灭火剂储瓶内，作为驱动灭火剂的动力气体，如图 8-18 所示。这种灭火器的构造复杂、零部件多、维修工艺繁杂，灭火器筒体平时不受压，有问题也不易发现，而在使用过程中，平时不受压的筒体及密封连接处瞬间受压，一旦灭火器筒体耐不住瞬时充入的高压气体，易发生爆炸事故。

（2）储压式灭火器。储压式灭火器是将动力气体和灭火剂储存在同一个容器内，依靠这些气体或蒸气的压力驱动将灭火剂喷出，如图 8-19 所示。这种灭火器性能安全可靠，正逐步取代储气瓶式灭火器。

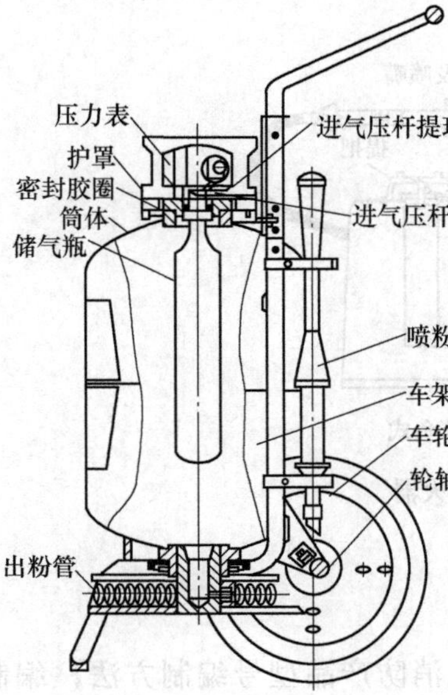

图 8-16 推车式干粉灭火器

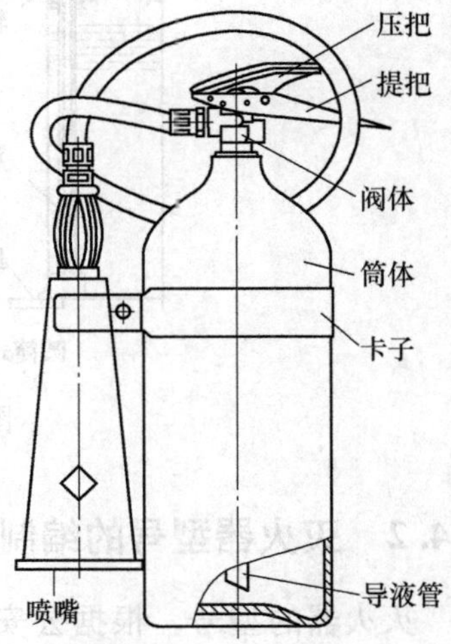

图 8-17 手提式二氧化碳灭火器

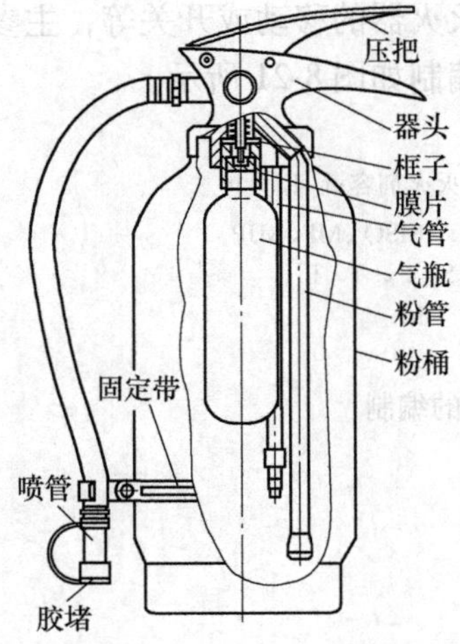

图 8-18 手提储气瓶式灭火器

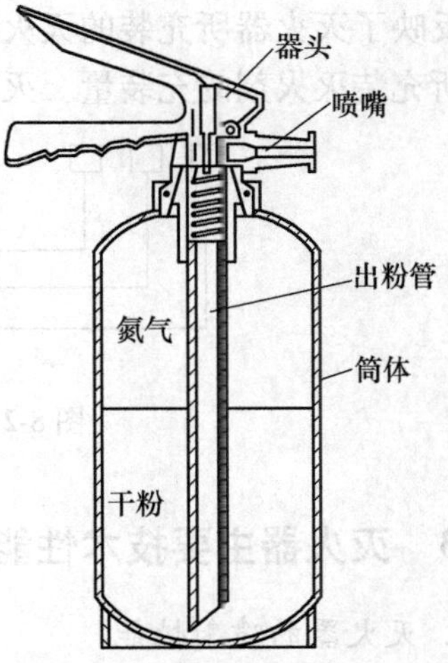

图 8-19 手提储压式灭火器

（3）泵浦式灭火器。泵浦式灭火器是通过附加的手动泵浦加压，将灭火剂喷出灭火，这种灭火器主要使用水作为灭火剂，对灭草丛火灾效果较好，如图 8-20 所示。

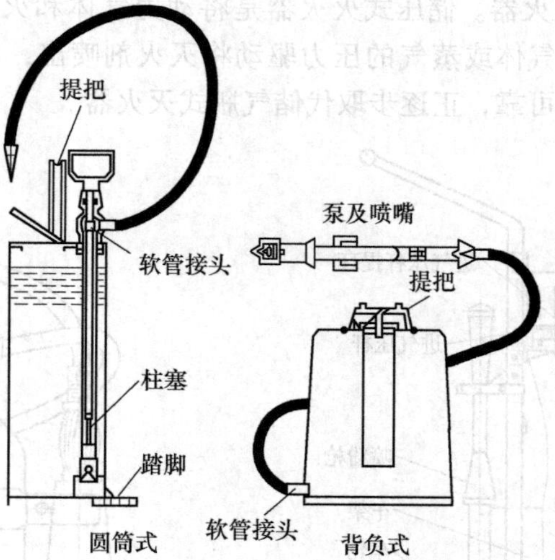

图 8-20　泵浦式灭火器

8.4.2　灭火器型号的编制

灭火器的型号，根据公安部部颁标准《消防产品型号编制方法》编制，由类、组、特征代号和主参数两部分组成。

灭火器的类、组、特征代号是用有代表性的汉字的拼音字母的字头表示，分别反映了灭火器所充装的灭火剂的类型、灭火器的移动或开关等，主参数反映了所充装灭火剂的充装量。灭火器型号的编制如图 8-21 所示。

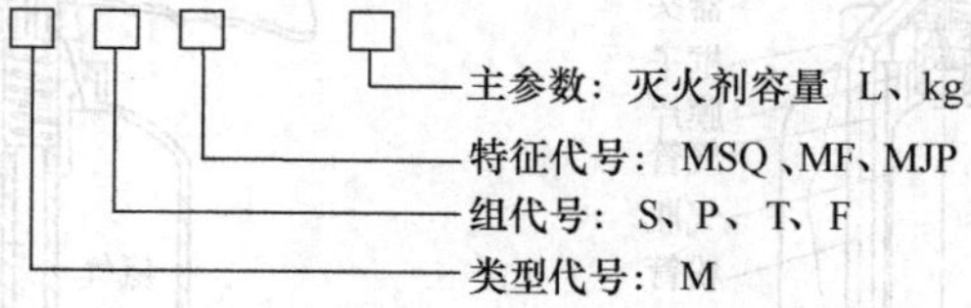

图 8-21　灭火器型号的编制

8.4.3　灭火器主要技术性能

1. 灭火器的喷射性能

灭火器的喷射性能是指对灭火器喷射灭火剂的技术要求，其技术指标有：

（1）有效喷射时间。有效喷射时间是指将灭火器保持在最大开启状态下，自灭火剂从喷嘴喷出，至灭火剂喷射结束的时间（不包括驱动气体最后的喷射时间）。不同的灭火器要求的有效喷射时间也不一样，但要求在最高使用温度时不得小于6s。

（2）喷射滞后时间。喷射滞后时间是指自灭火器的控制阀开启或达到相应的开启状态时起至灭火剂从喷嘴开始喷出的时间。在灭火器使用温度范围内，要求不大于5s，间歇喷射的滞后时间不大于3s。

（3）有效喷射距离。有效喷射距离是指从灭火器喷嘴的顶端起，至喷出的灭火剂最集中处中心的水平距离。不同类型的灭火器，要求的喷射距离也不相同。

（4）喷射剩余率。喷射剩余率是指额定充装的灭火器在喷射至内部压力与外界环境压力相等时，内部剩余的灭火剂量相对于喷射前灭火剂充装量的重量百分比，在（20±5）℃时不大于10%，在灭火器使用温度范围内不大于15%。

2. 灭火器的灭火性能

灭火器的灭火性能是指灭火器扑灭火灾的能力。灭火性能用灭火级别表示。灭火级别由数字和字母组成。如3A、6A、21B、55B等，数字表示灭火级别的大小，数字越大，灭火级别越高，灭火能力越强。字母表示灭火级别的单位和适于扑救的火灾种类。灭火器的灭火能力通过试验测定。

（1）灭A类火能力。用灭木条垛火灾试验测试，按标准的试验方法进行。通过不同的木条垛的大小测定出相应的灭火级别。用“××A”表示。

（2）灭B类火能力。用灭油盘火试验测试，按标准的试验方法进行。用“××B”表示。

手提式灭火器类型、规格和灭火级别见表8-5。

表8-5 手提式灭火器类型、规格和灭火级别

灭火器类型	灭火剂充装量（规格）		灭火器类型、规格代号（型号）	灭火级别	
	L	kg		A类	B类
水	3	—	MS/Q3	1A	—
			MS/T3		55B
	6	—	MS/Q6	1A	—
			MS/T6		55B
	9	—	MS/Q9	2A	—
			MS/T9		89B
泡沫	3	—	MP3、MP/AR3	1A	55B
	4	—	MP4、MP/AR4	1A	55B
	6	—	MP6、MP/AR6	1A	55B
	9	—	MP9、MP/AR9	2A	89B

（续）

灭火器类型	灭火剂充装量（规格）		灭火器类型、规格代号（型号）	灭火级别	
	L	kg		A类	B类
干粉（碳酸氢钠）	—	1	MF1	—	21B
	—	2	MF2	—	21B
	—	3	MF3	—	34B
	—	4	MF4	—	55B
	—	5	MF5	—	89B
	—	6	MF6	—	89B
	—	8	MF8	—	144B
	—	10	MF10	—	144B
干粉（磷酸铵盐）	—	1	MF/ABC1	1A	21B
	—	2	MF/ABC2	1A	21B
	—	3	MF/ABC3	2A	34B
	—	4	MF/ABC4	2A	55B
	—	5	MF/ABC5	3A	89B
	—	6	MF/ABC6	3A	89B
	—	8	MF/ABC8	4A	144B
	—	10	MF/ABC10	6A	144B
二氧化碳	—	2	MT2	—	21B
	—	3	MT3	—	21B（4）
	—	5	MT5	—	34B
	—	7	MT7	—	55B

3. 灭火器的安全可靠性能

（1）密封性能：是指灭火器在喷射过程中各连接处的密封性能和长期保存时驱动气体不泄漏的性能。

（2）抗腐蚀性能：是指外部表面抗大气腐蚀、内部表面抗灭火剂腐蚀的性能。

（3）不显著变形、不开裂或无裂纹等现象。

（4）安全性能：灭火器安全性能包括结构强度、抗振动、抗冲击等性能。结构强度是为确保使用时的安全，抗振动、抗冲击是要求灭火器具有抵抗使用过程中振动、冲击的能力。

4. 应用举例

水型、泡沫、干粉、二氧化碳灭火器技术性能，分别见表8-6～表8-9。

表8-6 水型灭火器技术性能表

规格	灭火剂量/L	有效喷射时间/s	有效喷射距离/m	喷射滞后时间/s	喷射剩余率（%）	灭火级别（A类）	使用温度范围/℃
MSQ9	9±2	≥50	≥7	≤5	≤10	8A	4～55

表8-7 手提式泡沫灭火器技术性能表

规格	灭火剂量		有效喷射时间/s	有效喷射距离/m	喷射滞后时间/s	喷射剩余率（%）	发泡倍数	灭火级别	使用温度范围/℃
	泡沫液/mL	清水/mL							
MQ3	0.2～0.3	3±0.2	≥30	≥4	≤5	≤8	≥5	3A、7B	4～55
MQ6	0.4～0.6	6±0.4	≥30	≥6	≤5	≤8	≥5	5A、14B	4～55
MQ9	0.6～0.9	9±0.6	≥40	≥8	≤5	≤8	≥5	8A、22B	4～55

表8-8 手提式干粉灭火器技术性能表

规格	灭火剂量/L	有效喷射时间/s	有效喷射距离（20±5℃）/m	喷射滞后时间/s	喷射剩余率（%）	电绝缘性能/kV
MF1	1	≥6	≥2.5	≤5	≤10	≥50
MF2	2	≥8	≥2.5	≤5	≤10	≥50
MF3	3	≥8	≥2.5	≤5	≤10	≥50
MF4	4	≥9	≥4	≤5	≤10	≥50
MF5	5	≥9	≥4	≤5	≤10	≥50
MF6	6	≥9	≥4	≤5	≤10	≥50
MF8	8	≥12	≥4	≤5	≤10	≥50
MF10	10	≥15	≥5	≤5	≤10	≥50

表8-9 二氧化碳灭火器技术性能表

	MT2	MT3	MT5	MT7	MT20	MT25	MT30
灭火剂质量/kg	2－0.15	3－0.15	5－0.2	7－0.2	20±0.5	25±0.5	30±0.5
有效喷射时间/s	≥8	≥8	≥9	≥12	≥15	≥15	≥15
有效喷射距离/m	≥1.5	≥1.5	≥2	≥2	≥4	≥5	≥5
喷射剩余率（%）	≤10	≤10	≤10	≤10	≤10	≤10	≤10
喷射滞后时间/s	≤5	≤5	≤5	≤5	≤10	≤10	≤10
使用温度范围/℃	－10～55	－10～55	－10～55	－10～55	－10～55	－10～55	－10～55
灭火级别（B）	1B	2B	3B	4B	8B	10B	12B

8.5 灭火器的选择与配置

在建筑物内正确地选择灭火器的类型，确定灭火器的配置规格与数量，合理地定位及设置灭火器，保证足够的灭火能力，并注意定期检查和维护灭火器，在被保护场所一旦着火时，就能迅速地用灭火器扑灭初期小火，减少火灾损失，保障人身和财产安全。

8.5.1 灭火器配置场所的危险等级

灭火器配置场所是指存在可燃的气体、液体、固体等物质需要配置灭火器的场所。

为了使灭火器配置更趋合理、科学，依据其生产、使用、储存物品的火灾危险性、可燃物的数量、火灾蔓延速度、扑救火灾的难易程度等因素综合考虑，灭火器配置场所的危险等级可划分为严重危险级、中危险级、轻危险级三类。民用建筑和工业建筑灭火器配置场所的火灾危险等级划分及举例。见表8-10、表8-11。

表 8-10 民用建筑灭火器配置场所危险等级的划分

火灾危险等级	设置场所举例	设置场所的特点
严重危险级	重要的资料室、档案室；设备贵重或可燃物多的实验室；广播电视播音室、道具间；电子计算机房及数据库；重要的电信机房；高级旅馆的公共活动用房及大厨房；电影院、会堂、礼堂的舞台及后台部位；医院的手术室、药房和病例室；博物馆、图书馆和珍藏室、复印室外；电影、电视摄影棚	使用性质重要、人员密集、用电用火多、火灾危险性大、可燃物多、起火后蔓延迅速、扑救困难，以及容易造成重大财产损失或人员群死群伤的场所
中危险级	设有空调设备、电子计算机、复印机等的办公室；学校或科研单位的理化实验室；广播、电视的录音室、播音室；高级旅馆的其他部位；电影院、剧院、会堂、礼堂、体育馆的放映室外；百货楼、营业厅、综合商场；图书馆、书库；多功能厅、餐厅及厨房；展览厅；医院的理疗室、透视室心电图室；重点文物保护场所；邮政信函和包裹分拣房、邮袋库；高级住宅；燃油、燃气锅炉房；民用的油浸变压器和高、低压配电室	使用性质较重要、人员较密集、用电用火较多、火灾危险性较大、可燃物较多、起火后蔓延较迅速，以及扑救较难的场所
轻危险级	电影院、医院门诊部、住院部；学校教学楼、幼儿园与托儿所的活动室；办公室；车站、码头、机场的候车、候船、候机厅；普通旅馆；商店；10层及10层以上的普通住宅	使用性质一般、人员不密集、用电用火较少、火灾危险性较小、可燃物较少、起火后蔓延较缓慢，以及扑救较易的场所

表8-11 工业建筑灭火器配置场所危险等级的划分

火灾危险等级	设置场所举例	设置场所的特点
严重危险级	甲、乙类物品厂房和库房	火灾危险性大、可燃物多、起火后蔓延较迅速、扑救困难，以及容易造成重大火灾损失的场所
中危险级	丙类物品厂房和库房	火灾危险性较大、可燃物较多、起火后蔓延较迅速，以及扑救较难的场所
轻危险级	丁、戊类物品厂房和库房	火灾危险性较小、可燃物较少、起火后蔓延较缓慢，以及扑救较易的场所

8.5.2 灭火器的选择

1. 选择灭火器时应考虑的因素

(1) 灭火器配置场所的火灾种类。每一类灭火器都有其特定的扑救火灾类别，如水型灭火器不能灭B类火、碳酸氢钠干粉灭火器对扑救A类火无效等。因此，选择的灭火器应适应保护场所的火灾种类，这一点非常重要。

(2) 灭火器配置场所的危险等级。根据灭火器配置场所的危险等级和火灾种类等因素，可确定灭火器的保护距离和配置基准，这是着手建筑灭火器配置设计和计算的首要步骤。

(3) 灭火器的灭火效能和通用性。尽管几种类型的灭火器均适应于灭同一种类的火灾，但它们在灭火程度上有明显的差异。如一具7kg二氧化碳灭火器的灭火能力不如一具2kg干粉灭火器的灭火能力。因此选择灭火器时应充分考虑灭火器的灭火有效程度。

(4) 灭火剂对保护物品的污损程度。不同种类的灭火器在灭火时不可避免地要对被保护物品产生程度不同的污渍，泡沫、水、干粉灭火器较为严重，而气体灭火器（如二氧化碳灭火器）的则非常轻微。为了保证贵重物质与设备免受不必要的污渍损失，灭火器的选择应充分考虑其对保护物品的污损程度。

(5) 灭火器设置点的环境温度。灭火器设置点的环境温度对灭火器的喷射性能和安全性能均有影响。若环境温度过低，则灭火器的喷射性能显著降低；若环境温度过高，则灭火器的内压剧增，灭火器本身有爆炸伤人的危险。因此，环境温度要与灭火器的使用温度相符合。各类灭火器的使用温度范围见表8-12。

表 8-12 各类灭火器的使用温度范围

灭火器类型		使用温度范围/℃
水型灭火器	不加防冻剂	+5 ~ +55
	添加防冻剂	−10 ~ +55
机械泡沫型灭火器	不加防冻剂	+5 ~ +55
	添加防冻剂	−10 ~ +55
干粉型灭火器	二氧化碳驱动	−10 ~ +55
	氮气驱动	−20 ~ +55
洁净气体灭火器		−20 ~ +55
二氧化碳灭火器		−10 ~ +55

注：灭火器的使用温度范围应符合现行灭火器产品质量标准《手提式灭火器》（GB 4351—2005）和《推车式灭火器》（GB 8109—2005）的有关规定。

（6）使用灭火器人员的体能。灭火器是靠人来操作的，要为某建筑场所配置适用的灭火器，也应对该场所中人员的体能（包括年龄、性别、体质和身手敏捷程度等）进行分析，然后正确地选择灭火器的类型、规格、形式。如在办公室、会议室、客房，以及学校、幼儿园、养老院的教室、活动室等民用建筑场所内，中、小规格的手提式灭火器应用较广；在工业建筑场所的大车间和古建筑场所的大殿内，则可考虑选用大、中规格的手提式灭火器或推车式灭火器。

2. 灭火器类型的选择

各类场所选用灭火器类型参考原则见表 8-13。

表 8-13 各类场所选用灭火器类型参考原则

火灾种类	可选择的灭火器类型
A 类火灾	水型、泡沫、ABC 干粉型和洁净气体型灭火器
B 类火灾	泡沫、BC 干粉、ABC 干粉、洁净气体、二氧化碳和 B 类火灾的水型灭火器
C 类火灾	BC 干粉、ABC 干粉、洁净气体和二氧化碳型灭火器
D 类火灾	扑灭金属火灾的专用灭火器
E 类火灾	洁净气体、二氧化碳和干粉型灭火器

注：可能同时发生 A、B、C 类火灾和带电设备火灾的场所应选用磷酸铵盐干粉和洁净气体型灭火器。

3. 选择灭火器时应注意的问题

（1）在同一灭火器配置场所，宜选用相同类型和操作方法的灭火器。这样可以为培训灭火器使用人员提供方便，为灭火器使用人员熟悉操作和积累灭火经验提供方便，也便于灭火器的维护保养。

（2）根据不同种类火灾，选择相适应的灭火器；当同一灭火器配置场所存在不同火灾种类时，应选用通用型灭火器。

（3）配置灭火器时，宜在手提式或推车式灭火器中选用，因为这两类灭火器有完善的计算方法。其他类型的灭火器可作为辅助灭火器使用，如某些类型的微型灭火器作为家庭使用效果也很好。

（4）在同一配置场所，当选用两种或两种以上类型灭火器时，应选用灭火剂相容的灭火器，以便充分发挥各自灭火器的作用。不相容性的灭火剂举例见表8-14。

表8-14　不相容性的灭火剂举例

类　型	相互间不相容灭火剂	
干粉与干粉	磷酸铵盐	碳酸氢钠、碳酸氢钾
干粉与泡沫	碳酸氢钾、碳酸氢钠	蛋白泡沫
泡沫与泡沫	蛋白泡沫、氟蛋白泡沫	水成膜泡沫

8.5.3　灭火器的配置设计

1. 灭火器配置基准

灭火器配置基准是以单位灭火级别（1A或1B）的最大保护面积为定额。以此计算出配置场所需要的灭火级别的折合值。

（1）A类火灾配置场所灭火器配置基准。A类火灾场所灭火器的最低配置基准见表8-15。

表8-15　A类火灾配置场所灭火器配置基准

危险等级	严重危险级	中危险级	轻危险级
单具灭火器最小配置灭火级别	3A	2A	1A
单位灭火级别最大保护面积/(m^2/A)	50	75	100

（2）B、C类火灾配置场所灭火器配置基准。B、C类火灾场所灭火器的最低配置基准见表8-16。

表8-16　B类火灾配置场所灭火器配置基准

危险等级	严重危险级	中危险级	轻危险级
单具灭火器最小配置灭火级别	89B	55B	21B
单位灭火级别最大保护面积/(m^2/B)	0.5	1.0	1.5

（3）D类火灾场所的灭火器最低配置基准应根据金属的种类、物态及其特性等研究确定。

（4）E类火灾场所的灭火器最低配置基准不应低于该场所内A类（或B）类火灾的规定。

2. 灭火器配置原则

（1）灭火器灭火能力要求。灭火器配置的设计与计算应按计算单元考虑。计算单元是指灭火器配置的计算区域。计算单元的最小需配灭火级别应按下式计算：

$$Q = K\frac{S}{U} \tag{8-25}$$

式中 Q——计算单元的最小需配灭火级别（A或B）；

S——计算单元的保护面积（m^2）；

U——A类或B类火灾场所单位灭火级别最大保护面积（m^2）；

K——修正系数。

歌舞娱乐放映游艺场所、网吧、商场、寺庙及地下场所等的计算单元的最小需配灭火级别应按下式计算：

$$Q = 1.3K\frac{S}{U} \tag{8-26}$$

1）计算单元的划分规定。在进行灭火器配置设计时，为方便计算，可将几个配置场所合并作为一个计算单元，并以此作为一个整体来进行设计计算。①当一个楼层或一个水平防火分区内各场所的危险等级和火灾种类相同时，可将其作为一个计算单元；②当一个楼层或一个水平防火分区内各场所的危险等级和火灾种类不相同时，应将其分别作为不同的计算单元；③同一计算单元不得跨越防火分区和楼层。

2）计算单元保护面积的确定。①建筑物应按其建筑面积确定；②可燃物露天堆场，甲、乙、丙类液体储罐区，可燃气体储罐区应按堆垛、储罐的占地面积确定。

3）修正系数。修正系数可按表8-17的规定取值。

表8-17 修正系数

计算单元	K
未设室内消火栓系统和灭火系统	1.0
设有室内消火栓系统	0.9
设有灭火系统	0.7
设有室内消火栓系统和灭火系统	0.5
可燃物露天堆场；甲、乙、丙类液体储罐区；可燃气体储罐区	0.3

配置场所选配灭火器所具有的灭火级别应大于或等于配置场所需要的灭火级别。

(2) 灭火器保护距离要求。灭火器的保护距离是指灭火器配置场所内，灭火器设置点到最不利点的直线行走距离。它与发生火灾的种类、建筑物的危险等级及灭火器的形式（手提式或推车式）有关，与设置的灭火器的规格和数量无关。

灭火器的保护距离确定了灭火器设置点的服务范围。灭火器设置点（位置）的确定，应符合灭火器最大保护距离要求。为便于快速取用灭火器，保证及时扑救初期火灾，灭火器的保护距离不能太大。不同配置场所灭火器的最大保护距离应符合下列要求。

1）设置在A类火灾场所的灭火器，其最大保护距离应符合表8-18的规定。

表8-18　A类火灾场所灭火器最大保护距离　（单位：m）

灭火器形式 / 危险等级	手提式灭火器	推车式灭火器
严重危险级	15	30
中危险级	20	40
轻危险级	25	50

2）设置在B、C类火灾场所的灭火器，其最大保护距离应符合表8-19的规定。

表8-19　B、C类火灾场所灭火器最大保护距离　（单位：m）

灭火器形式 / 危险等级	手提式灭火器	推车式灭火器
严重危险级	9	18
中危险级	12	24
轻危险级	15	30

3）D类火灾场所的灭火器，其最大保护距离应根据具体情况研究确定。

4）E类火灾场所的灭火器，其最大保护距离不应低于该场所内A类或B类火灾的规定。

(3) 灭火器设置点及保护范围。灭火器设置点是指灭火器的放置位置，其确定应保证配置场所任何一点得到至少一个灭火器设置点的保护。根据保护距离确定灭火器设置点的方法有三种：

1）保护圆设计法：保护圆设计法一般用在火灾种类和危险等级相同，且面积较大的车间、库房，以及同一楼层中性质特殊的独立单元，如计算机房、理化实验室等。方法是以所选择的灭火器设置点为圆心和灭火器的最大保护距离为半径画圆，如能将灭火器配置单元完全包括进去，则所选的设置点符合要求。

2）实际测量设计法：一般用在有隔墙或隔墙较多的组合单元内。如有成排办公室或客房的办公楼、旅馆等。方法是在建筑物平面图上实际测量建筑内任何一点与最近灭火器设置点的距离是否在最大保护距离之内。若有多种灭火器设置点的方案，应采用设置点较少的方案。

3）保护圆结合实际测量设计法：该法是将上述两种结合在一起使用。原则上采用保护圆设计法，仅当碰到门、墙等阻隔使保护圆设计法不适用时，再局部采用实际测量设计法。

（4）配置场所灭火器最少数量要求。一个计算单元内配置的灭火器数量不得少于2具。这样要求主要考虑两具灭火器配合使用灭火效果更佳，另外，万一其中的一具灭火器不能使用，另一具灭火器还可使用，以确保安全。

（5）设置点灭火器最大数量和最小型号要求。每个设置点配置的灭火器数量不宜多于5具，且应符合所配灭火器每具最小灭火级别的要求。

每个灭火器设置点的最小需配灭火级别应按下式计算：

$$Q_e = \frac{Q}{N} \tag{8-27}$$

式中 Q——计算单元的最小需配灭火级别（A或B）；

Q_e——计算单元中每个灭火器设置点的最小需配灭火级别（A或B）；

N——计算单元中的灭火器设置点数（个）。

灭火器最小需配灭火级别和最少需配数量的计算值应进位取整。每个灭火器设置点实配灭火器的灭火级别和数量不得小于最小需配灭火级别和数量的计算值。这主要考虑灭火器型号不能太小，灭火器型号太小，其有效喷射时间就短，不利于灭火。

8.5.4 灭火器的配置位置及要求

（1）灭火器应设置在位置明显和便于取用的地点，且不得影响安全疏散。如房内墙边、走廊、楼梯间、电梯前室、门厅等处，不宜放在房间中央或墙角处，并避开门窗、风管和工艺设备等。

（2）灭火器的摆放应稳固，其铭牌应朝外。

（3）手提式灭火器宜设置在灭火器箱内或挂钩、托架上，其顶部离地面高度不应大于1.50m；底部离地面高度不宜小于0.08m。灭火器箱不得上锁。推车式灭火器应设置在便于移动和使用的地方。

（4）灭火器不得设置在超出其使用温度范围的地点，不宜设置在潮湿或强腐蚀性的地点。当必须设置时，应有相应的保护措施。灭火器设置在室外时，应有相应的保护措施。对有视线障碍的灭火器设置点，应设置指示其位置的发光标志。

8.5.5　灭火器配置设计步骤

灭火器配置的设计计算可按下述程序进行：①确定各灭火器配置场所的火灾种类和危险等级；②划分计算单元，计算各计算单元的保护面积；③计算各计算单元的最小需配灭火级别；④确定各计算单元中的灭火器设置点的位置和数量；⑤计算每个灭火器设置点的最小需配灭火级别；⑥确定每个设置点灭火器的类型、规格与数量；⑦确定每具灭火器的设置方式和要求；⑧在工程设计图上用灭火器图例和文字标明灭火器的型号、数量与设置位置。

思　考　题

1. 常用的干粉灭火剂分为哪几种类型，分别适用于扑救哪些类型的火灾？
2. 干粉灭火剂的保管要求有哪些？
3. 简述干粉灭火剂的灭火机理。
4. 干粉灭火系统分为哪几种类型？
5. 简述干粉灭火系统的结构组成。
6. 简述干粉灭火系统的工作原理。
7. 如何对干粉灭火系统进行维护管理？
8. 列举常见的灭火器有哪些类型，分别适用于扑救哪些类型的火灾。
9. 灭火器配置场所是如何定义的？
10. 灭火器配置场所的计算单元如何确定？
11. 灭火器保护距离是如何定义的？
12. 灭火器灭火级别指的是什么？
13. 灭火器配置场所的火灾种类可划分为哪几类？
14. 选择灭火器时应考虑哪些因素？
15. “MY4”“MF2”“MFL8”“MJPT24”“MSQ9”等是一些常用灭火器的标记示例，指出各自含义。
16. 某歌舞厅危险等级为严重危险级保护场所，面积为 32m × 20m，设置室内消火栓给水系统，($K=0.9$)，拟配置 MF/ABC5 型号的干粉灭火器（灭火级别为 3A），试确定该配置场所所需灭火器的数量。
17. 某 A 类严重危险级保护场所，面积为 32m × 20m，未设置任何固定灭火设施（$K=1.0$），拟配置 MF/ABC5 型号的干粉灭火器（灭火级别为 3A），试确定该配置场所所需灭火器的数量。
18. 灭火器配置的设计计算应按什么程序进行？

第 9 章　消防炮与自动跟踪定位射流灭火系统

前面的章节讲述了在一般的工业和民用建筑场所灭火所采取的自动灭火系统，但对于一些高大空间的建筑，如大型的体育馆、展览馆、飞机航站楼、火车站等，由于聚热效应无法实现，常规的自动喷水系统喷头无法开启，比如自动喷水灭火系统的安装最大净空高度是 18m，采用早期抑制快速响应喷头（ESFR）喷水系统的仓库安装最大净空高度为 13.5m，再高的空间就显得无能为力了。为了满足扑救这些场所火灾的需要，近年来产生了以下几种新型智能灭火系统：消防炮灭火系统、消防炮自动跟踪定位射流灭火系统等。

9.1　消防炮灭火系统

水、泡沫或二者混合液流量大于 16L/s，或干粉喷射率大于 7kg/s，以射流形式喷射灭火剂的灭火装置称为“消防炮”。消防炮是一种高效的灭火设备，具有流量范围大、射程远、扬程高、远控化、智能化、操作灵活方便等特点，炮身可做水平、俯仰回转，并可实现定位锁紧。

消防炮可安装于各种消防车、消防艇、消防船上，增强其灭火救灾能力。还可安装在固定炮塔、大型库房、娱乐场所、电影院、展馆等大型空间建筑场所，用于保护面积较大、高度较高、火灾危险性严重而且价值较昂贵的重点工程的群组设备等要害场所，能及时有效地扑灭较大规模的区域性火灾。

9.1.1　消防炮灭火系统的分类

消防炮灭火系统按喷射介质可分为水炮灭火系统、泡沫炮灭火系统和干粉炮灭火系统。水炮灭火系统是喷射水灭火剂的固定消防炮系统，主要由水源、消防泵组、管道、阀门、水炮、动力源和控制装置等组成。水炮灭火系统适用于一般固体可燃物火灾。泡沫炮灭火系统为喷射泡沫灭火剂的固定消防炮系统，主要由水源、泡沫液罐、消防泵组、泡沫比例混合装置、管道、阀门、泡沫炮、动力源和控制装置等组成。泡沫炮灭火系统适用于甲、乙、丙类液体及固体可燃物火灾场所。干粉炮灭火系统为喷射干粉灭火剂的固定消防炮系统，主要由干粉罐、氮气瓶组、管道、阀门、干粉炮、动力源和控制装置等组成。干粉炮灭火系统适用于液化石油气、天然气等可燃气体火灾场所。

消防炮灭火系统按照控制方式可分为手动消防炮、电控消防炮和液控消防炮。手动消防炮是只能在现场手动操作消防炮的固定消防炮灭火系统；电控消防炮是以电驱动为主的远控消防炮；液控消防炮以液压驱动为主。

消防炮灭火系统按使用功能可分为单用消防炮、两用消防炮和组合消防炮。单用消防炮是只能喷射一种灭火介质的消防炮；两用消防炮为可以喷射两种或两种以上灭火介质的单管消防炮；组合消防炮是将水炮、泡沫炮、干粉炮或两用炮中的两项组合在一起的双管消防炮。

消防炮灭火系统按照安装方式分为固定式消防炮和移动式消防炮。固定式消防炮是安装在固定支座上的消防炮，包括固定安装在消防车上的消防炮，有螺纹和法兰连接两种方式；移动式消防炮是安装在可移动支座上的消防炮，包括固定安装在拖车上的消防炮。

9.1.2　消防炮灭火系统的组成

消防炮灭火系统因为种类不同，组成也不尽相同，这里介绍消防炮的主要构件。

1. 消防炮

炮体由底座、进水管、回转体、集水管、射流调节环、手把和锁紧机构等组成，炮身可做水平回转和仰俯回转，并可实现定位。炮使用压力范围广，射程远，并可实施直流至 90°开花、水雾射流的无级调节。底座是一个过流部件，通过水平回转和俯仰回转实现喷射方向的调整。

炮体结构如图 9-1、图 9-2 所示。

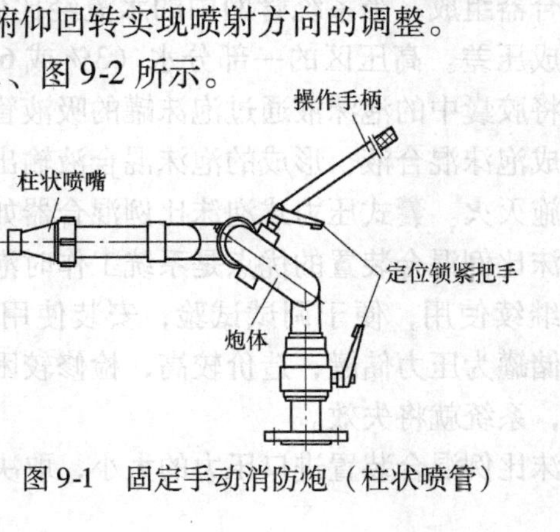

图 9-1　固定手动消防炮（柱状喷管）

消防炮应根据火灾种类和防火等级合理选择。

（1）根据火灾种类，选择灭火剂，系统选用的灭火剂应与保护对象相适应。

（2）根据消防等级和保护面积选用消防炮：保护面积大，建筑跨度大时，应考虑大流量、喷射距离远的消防炮。但是也不宜盲目地追求“大”炮，因为大炮流量大，扬程一般也较大，相应地输水管道、闸阀、泵、泵控柜，以及供水水池和用电量都必须加大，应该综合考虑安全性和经济性。

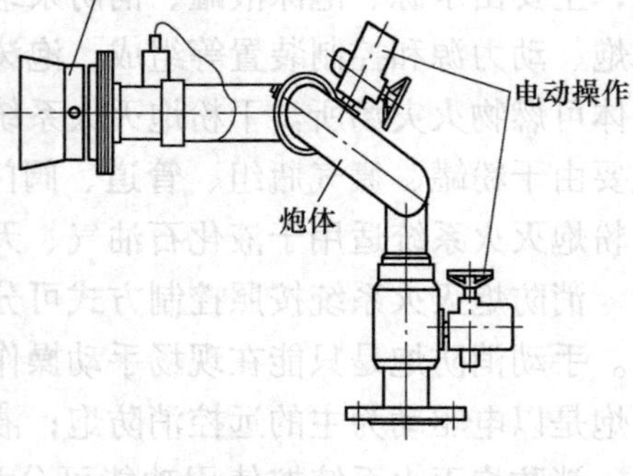

图 9-2 固定电动消防炮（柱/雾状喷管）

2. 火灾探测器

远控消防炮灭火系统的实质是自动定位系统和消防炮灭火系统的结合。自动定位系统的火灾探测器应根据配置场所及保护对象情况选用，常用的有感烟探测器、感温探测器、火焰探测器、气体探测器、双波段火灾探测器，以及光截面探测器等，可以单独使用或混合使用。其中感烟探测器的市场占有率最高，为70% ~80%。双波段探测器和光截面探测器采用 CCD 摄像头作为传感器，能有效反映火焰特征，监视区域面积大，响应时间短。

3. 泡沫比例混合装置与泡沫液罐

泡沫比例混合装置是泡沫炮灭火系统的关键组件，其作用是在规定流量范围内自动控制泡沫液和水的混合比。常用的有压力式泡沫比例混合装置和平衡式泡沫比例混合装置。

压力式泡沫比例混合装置分为无囊式压力比例混合器和囊式比例混合器两种。其中囊式较常见，其主要由带胶囊的泡沫液压力储罐与利用文丘里原理制成的压力式比例混合器组成。当系统管网中的水流经比例混合器减压孔板时，在孔板的前后会形成压差。高压区的一部分水（3%或6%）通过进水阀进入罐内，挤压胶囊，将胶囊中的泡沫液通过泡沫罐的吸液管挤压至比例混合器低压区，与水混合形成泡沫混合液，形成的泡沫混合液输出到泡沫炮，再与空气混合产生泡沫，实施灭火。囊式压力式泡沫比例混合器如图 9-3 所示。

囊式压力式泡沫比例混合装置的优点是系统工作时泡沫液与水不接触，泡沫液一次未用完可继续使用，便于调试试验，安装使用方便，便于实现自动化。缺点是泡沫液储罐为压力储罐；造价较高，检修较困难，且对胶囊要求较严，一旦胶囊破漏，系统就将失效。

囊式压力式泡沫比例混合装置进口压力的大小，取决于所配用的泡沫炮的

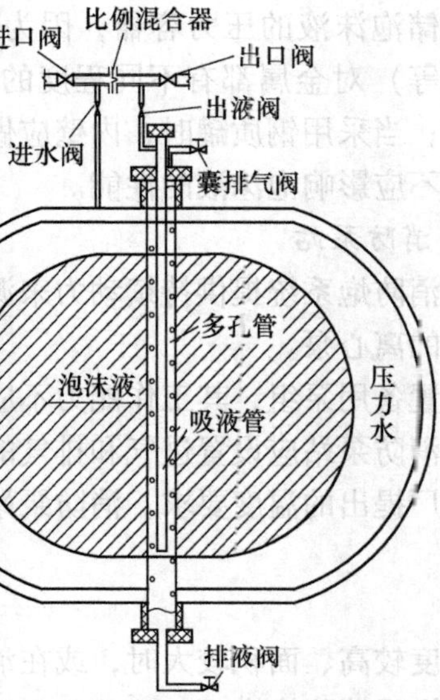

图 9-3　囊式压力式泡沫比例混合器

工作压力、管路（或水带）长度及摩擦损失的大小。出口压力要能满足泡沫炮的工作压力范围的要求。囊式压力储罐的单罐容积不宜大于 $10m^3$。

平衡式泡沫比例混合装置主要由常压泡沫液储罐、平衡阀、泄压/持压阀、安全阀、泡沫比例混合器、泡沫液泵、电气系统、公共底座及管道附件等构成。

平衡式泡沫比例混合器，其泡沫混合液的混合过程是由泡沫液泵把泡沫液加压后进入平衡阀（由隔膜阀、节流阀和阀杆组成），通过平衡阀调节后注入比例混合器。当主管道的水由于压力和流量的变化出现不同的工况时，可保证装置在运行过程中，源源不断地配置出较为精确混合比的泡沫混合液，供给泡沫炮喷射合格的泡沫，进行有效的灭火作业。平衡式压力式泡沫比例混合器如图 9-4 所示。

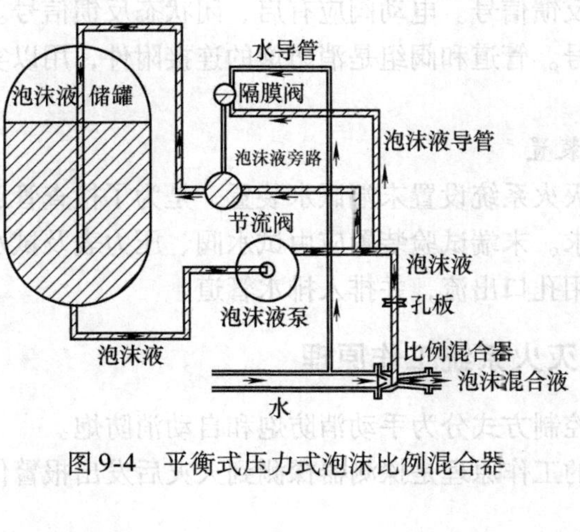

图 9-4　平衡式压力式泡沫比例混合器

泡沫液罐是存储泡沫液的压力容器，因为泡沫液（蛋白、氟蛋白、水成膜、抗溶性泡沫液等）对金属都有不同程度的腐蚀作用，所以泡沫液罐宜采用耐腐蚀材料制作；当采用钢质罐时，内壁应做防腐蚀处理。与泡沫液直接接触的内壁或防护层不应影响泡沫液的性能。

4. 消防泵组与消防泵站

消防泵组是为消防炮系统提供持续动力来源的，在消防工程中，消防泵宜选择特性曲线平缓的离心泵。

消防泵站应设置备用泵组，其工作能力不应小于其中工作能力最大的一台工作泵组。柴油机消防泵站应设置进气和排气的通风装置，冬季室内最低温度应符合柴油机制造厂提出的温度要求。消防泵站内的电气设备应采取有效的防潮和防腐蚀措施。

5. 消防炮塔

当灭火对象高度较高、面积较大时，或在消防炮的射流受到较高大障碍物的阻挡时，一般会设置消防炮塔。

消防炮塔能将消防炮提升至一定高度，以充分发挥消防炮的灭火能力。消防炮塔按照设置平台数可为单层塔、双层塔、三层塔三种。

单层塔配有消防泡沫炮或者消防水炮；双层塔一般配有消防泡沫炮和消防水炮，其中消防泡沫炮安装在上平台，消防水炮安装在下平台；三层炮塔一般配用消防泡沫炮、消防水炮和消防干粉炮，其中消防泡沫炮安装在上平台，消防水炮安装在中平台，消防干粉炮安装在下平台。这主要是根据泡沫、水、干粉等不同灭火剂各自的喷射特性及泡沫炮的炮筒较长等因素决定的。

6. 阀组与管道

消防炮系统的阀组由检修阀、电动阀和水流指示器等构成的组件。检修阀应有启、闭状态反馈信号。电动阀应有启、闭状态反馈信号。水流指示器应反馈消防炮喷水信号。管道和阀组是消防炮的连接附件，用以实现灭火剂供给和控制。

7. 末端试水装置

自动消防炮灭火系统设置末端试水装置，是为了检查管道是否有水和压力是否满足设计要求。末端试验装置应由试水阀、压力表及试水接头组成。试水接头的出水应采用孔口出流，并排入排水管道。

9.1.3 消防炮灭火系统工作原理

消防炮按照控制方式分为手动消防炮和自动消防炮。

手动消防炮的工作原理是探测器探测到火灾后发出报警信号或在工作人员

发现火灾后，由消防管理人员或消防队员现场手动操作消防炮，上下左右转动消防炮，对准着火点进行灭火。

自动消防炮目前有两种控制模式：一是双波段图像火灾探测系统自动控制；另一种是红外火灾探测自动控制。自动消防炮系统由电动消防炮和控制器两部分组成。

火灾探测系统自动控制电动消防炮的电动机，使消防炮自动移动，瞄准火源，准确将水喷射到着火点。

控制器包括定位器、控制主机、解码器、控制盘等部件和装置。定位器安装在消防炮炮体上，能向控制主机提供现场的有效火灾和空间定位信号，如红外视频信号和彩色视频信号等。控制主机接受定位器提供的信号，控制解码器驱动消防炮扫描并确定着火点。解码器可根据控制主机的指令驱动消防炮转动。控制盘具备全自动和半自动两种控制功能，可以通过手动按钮启动消防炮电磁阀出水。

自动消防炮定位灭火流程如下。

（1）火灾探测器探测到火灾后，根据控制器的指令，消防炮在电动机的带动下，自动进行旋转和上下转动，瞄准起火点进行喷水灭火。

（2）双波段火灾探测系统控制的消防炮，火灾定位器安装在消防炮的喷管上，定位器与消防炮在水平电动机驱动下定时以 9°/s 速度进行水平扫描，同时将动态图像送入计算机进行分析判断。

当发现有异常热辐射时，停止旋转，进行进一步判断。当异常热辐射被确定为火灾时，调整水平和垂直电动机使得着火点处于图像预设的确定位置（火点影像处于此位置后，消防炮的水柱对应于实际着火处），启动消防泵和电动阀门进行喷水灭火，否则继续旋转。

水平 180°扫描完成后，垂直电动机旋转 50°并重复以上过程，在此过程中发现火灾后调整消防炮角度进行灭火，直到再次水平 180°扫描完成后，垂直电动机再旋转 50°重复以上过程。

每次水平旋转扫描时间为 20s，三次共 60s，每次垂直旋转为 6s，两次共 12s，中间间歇停顿时间共 30s。扫描完整个控制区域的时间总计为 102s。由此，消防炮系统在接到火灾报警后，最终实现瞄准定位的时间不超过 102s，这保证了系统完全满足《固定消防炮灭火系统设计规范》（GB 50338—2003）中 4. 1. 6 的“水炮系统和泡沫炮系统从启动至炮口喷射水或泡沫的时间不应大于 5min，干粉炮系统从启动至炮口喷射干粉的时间不应大于 2min”的规定。双波段探测器控制的消防炮工作流程如图 9-5 所示。

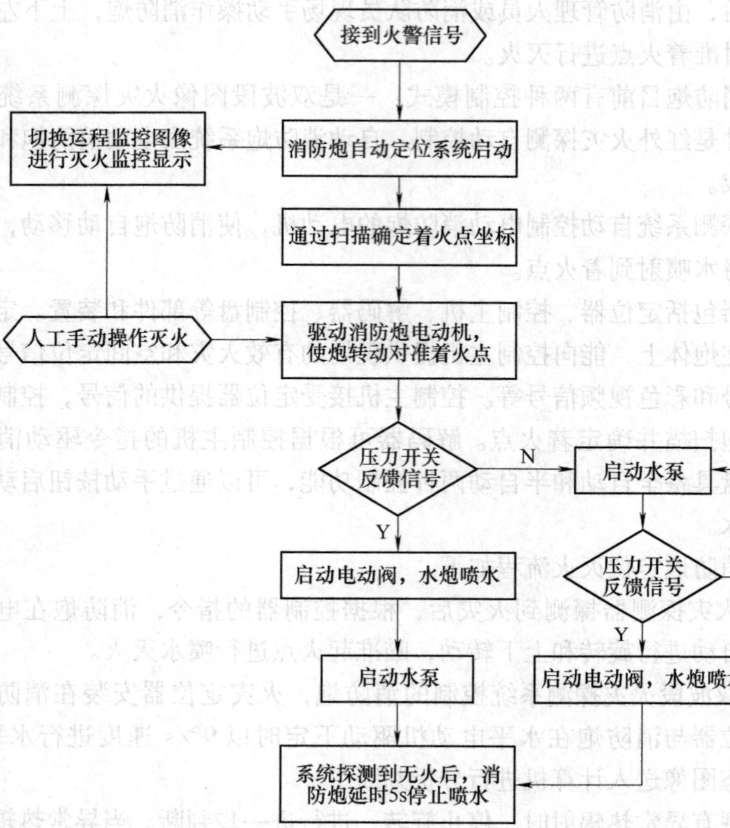

图 9-5 自动消防炮工作流程

9.1.4 消防炮灭火系统的设计与选型

1. 宜设置自动消防炮灭火系统的场所

（1）建筑物净空高度大于 18m 的场所。

（2）有爆炸危险性的场所。

（3）有大量有毒气体产生的场所。

（4）燃烧猛烈，产生强烈热辐射的场所。

（5）火灾蔓延面积较大，且损失严重的场所。

（6）使用性质重要和火灾危险性大的场所。

（7）灭火人员难以接近或接近后难以撤离的场所。

2. 自动消防炮灭火系统的选用应符合下列要求

（1）有人员活动的场所，应选用带有雾化功能的自动消防炮灭火系统。

（2）高架仓库和狭长场所宜选用轨道式自动消防炮灭火系统。

（3）有防爆要求的场所，应采用具有防爆功能的自动消防炮灭火系统。

（4）有隐蔽要求的场所，应选用隐蔽式自动消防炮灭火系统。

（5）在大空间建筑物内使用自动消防炮灭火系统时，宜选用双波段探测器、火焰探测器、光截面探测器、红外光束感烟探测器等火灾探测器。

（6）自动消防炮灭火系统宜采用感烟和感焰的复合火灾探测器，也可采用同类型或不同类型火焰探测器组合进行探测。

3. 消防水炮灭火系统和消防泡沫炮灭火系统不得用于扑救下列物品的火灾

（1）遇水发生爆炸或加速燃烧的物品。

（2）遇水发生剧烈化学反应或产生有毒有害物质的物品。

（3）洒水将导致喷溅或沸溢的液体。

（4）带电设备。

4. 消防炮布置原则

室内消防炮的布置数量不应少于两门，其布置高度应保证消防炮的射流不受上部建筑构件的影响，并应能使两门水炮的水射流同时到达被保护区域的任一部位。

室内系统应采用湿式给水系统，消防炮位处应设置消防水泵启动按钮。

室内布置消防炮的射程应按产品射程的指标值计算，室外布置消防炮的射程应按产品射程指标值的 90% 计算。不同规格的水炮在各种工作压力下的射程的试验数据见表 9-1、表 9-2。

表 9-1　不同规格的水炮在各种工作压力下的射程的试验数据

水炮型号	射程/m				
	0.6MPa	0.8MPa	1.0MPa	1.2MPa	1.4MPa
PS40	53	62	70		
PS50	59	70	79	86	—
PS60	64	75	84	91	—
PS80	70	80	90	98	104
PS100	—	86	96	104	112

表 9-2　不同规格的泡沫炮在各种工作压力下的射程试验数据

规格型号	流　量	发泡倍数	25% 析液时间/min	工作压力/Mpa	射程/m
PP24	24	≥6	≥2.5	0.8～1.0	≥40
PP32	32	≥6	≥2.5	0.8～1.0	≥45
PP40	40	≥6	≥2.5	0.8～1.0	≥50

（续）

规格型号	流　量	发泡倍数	25%析液时间/min	工作压力/Mpa	射程/m
PP48	48	≥6	≥2.5	0.8~1.0	≥55
PP64	64	≥6	≥2.5	0.8~1.0	≥60
PP80	80	≥6	≥2.5	1.0~1.2	≥65
PP100	100	≥6	≥2.5	1.0~1.2	≥75
PP150	150	≥6	≥2.5	1.0~1.2	≥85

室外消防炮的布置应能使消防炮的射流完全覆盖被保护场所及被保护物，且应满足灭火强度及冷却强度的要求。消防炮应设置在被保护场所常年主导风向的上风方向；当灭火对象高度较高、面积较大时，或在消防炮的射流受到较高大障碍物的阻挡时，应设置消防炮塔。室外配置的水炮的额定流量不宜小于30L/s。室外配置的泡沫炮的额定流量不宜小于48L/s。

5. 消防炮灭火系统设计计算的一般步骤

（1）根据保护对象及场所确定选用消防炮类型。

（2）根据保护对象的大小及有关规范计算出所需流量。

（3）根据流量值确定消防炮的型号。

（4）型号确定后，确定了水炮的流量和水炮工作压力及水炮的最大水平射程。

（5）根据所选炮的射程、射高及有关规范来确定被保护区所需炮的数量。

9.1.5 水力计算

（1）消防炮的设计射程。

按下式确定：

$$D_s = D_{s0}\sqrt{\frac{p_e}{p_0}} \tag{9-1}$$

式中 D_s——消防炮的设计射程（m）；

D_{s0}——消防炮在额定工作压力时的射程（m）；

p_e——消防炮的设计工作压力（MPa）；

p_0——消防炮的额定工作压力（MPa）。

若计算的消防炮设计射程不能满足消防炮布置的要求时，应调整原设定的水炮数量、布置位置或规格型号，直至达到要求。

（2）消防炮的设计流量。

按下式确定：

$$Q_s = Q_{s0}\sqrt{\frac{p_e}{p_0}} \tag{9-2}$$

式中　Q_s——消防炮的设计流量（L/s）；

Q_{s0}——消防炮的额定流量（L/s）。

室内配置的水炮的额定流量不宜小于20L/s，室外配置的水炮的额定流量不宜小于30L/s。扑救室内一般固体物质的火灾的供给强度，其用水量应按2门水炮的水射流同时到达防护区内任一部位的要求计算。民用建筑的用水量不少于40L/s，工业建筑的用水量不少于60L/s。水炮系统的计算总流量应为系统中需要同时开启的水炮设计流量的总和。

（3）系统的供水设计总流量。

按下式计算：

$$Q = \sum N_p Q_p + \sum N_s Q_s + \sum N_m Q_m \tag{9-3}$$

式中　Q——系统供水设计总流量（L/s）；

N_p——系统中需要同时开启的泡沫炮的数量（门）；

N_s——系统中需要同时开启的水炮的数量（门）；

N_m——系统中需要同时开启的保护水幕喷头的数量（只）；

Q_p——泡沫炮的设计流量（L/s）；

Q_s——水炮的设计流量（L/s）；

Q_m——保护水幕喷头的设计流量（L/s）。

（4）供水或供泡沫混合液管道总水头损失。

按下式计算：

$$\sum h = h_1 + h_2 \tag{9-4}$$

式中　$\sum h$——水泵出口至最不利点消防炮进口供水或供泡沫混合液管道总水头损失（m）；

h_1——沿程水头损失（m）；

h_2——局部水头损失（m）。

$$h_1 = iL_1 \tag{9-5}$$

式中　i——单位管长沿程水头损失（m/m）；

L_1——计算管道长度（m）。

$$i = 0.00107\frac{v^2}{d^{1.3}} \tag{9-6}$$

式中　v——设计流速（m/s）；

d——管道内径（m）。

$$h_2 = \sum \xi \frac{v^2}{2g} \tag{9-7}$$

式中 ξ——局部阻力系数；

v——设计流速（m/s）。

（5）系统中的消防水泵供水压力。

按下式计算：

$$p = 0.01(Z + \sum h) + p_e \tag{9-8}$$

式中 p——消防水泵供水压力（MPa）；

Z——最低引水位至最高位消防炮进口的垂直高度（m）；

$\sum h$——水泵出口至最不利点消防炮进口供水或供泡沫混合液管道总水头损失（m）；

p_e——泡沫（水）炮的设计工作压力（MPa）。

9.1.6 设计例题

某油品码头可停靠5万t级油轮，油品为甲类，油轮甲板在最高潮位时的高度为20m，主油舱长×宽为50m×20m。试设计消防炮灭火系统。

其设计计算的步骤如下：

1. 根据保护对象及场所确定选用消防炮类型

因为保护对象为甲类油品，故选用泡沫炮。

2. 根据保护对象的大小及有关规范计算出所需流量

主油舱保护面积：$50\text{m} \times 20\text{m} = 1000\text{m}^2$。

选用6%型氟蛋白泡沫灭火剂，灭火强度为8.0 $[\text{L}/(\text{min} \cdot \text{m}^2)]$。

灭火用混合液流量：$(100 \times 8/60)\text{L/s} = 133.3\text{L/s}$。

3. 根据流量值确定消防炮的型号

根据泡沫液的流量系列，可选150L/s的泡沫炮。

4. 型号确定后，确定了炮的流量和炮工作压力及炮的最大水平射程

查看表9-1可知，泡沫炮流量为150L/s，炮额定工作压力为1.2MPa，炮工作压力上限为1.4MPa，炮的最大水平射程为85m。

5. 根据所选炮的射程、射高及有关规范来确定被保护区所需炮的数量

所选消防炮水平射程为85m，因在室外布置，故泡沫炮的水平射程为$85\text{m} \times 0.9 = 76.5\text{m}$；因俯仰角为$-15° \sim 70°$，射高为$76.5\text{m} \times \sin 70° = 76.5\text{m} \times 0.94 = 71.9\text{m}$，而被保护区域长×宽×高，即50m×20m×20m；消防炮的布置数量应能使两门炮的射流同时到达被保护区域的任一部位，故被保护区需2门泡沫炮即可达到要求。

9.2 自动跟踪定位射流灭火系统

近年来，大量的大空间民用建筑和工业建筑如雨后春笋般涌现，针对这些

建筑，研发了智能型主动喷水灭火系统。

“智能型”指的是系统将红外传感技术、计算机技术、信号处理技术和通信技术有机地结合在一起，完成自探测火灾、判定火源、启动系统、射水灭火、持续喷水和停止射水等全过程的控制。

智能型主动喷水灭火系统从发现火灾、火灾确认、启动系统、射水灭火至灭火后停止射水的全过程都是主动完成的，且反应迅速、灭火效率高、安全可靠。

自动跟踪定位射流灭火系统分为自动跟踪定位射流灭火装置系统和数字图像型自动消防水炮灭火系统。

自动跟踪定位射流灭火系统是利用红外线、数字图像或其他火灾探测组件对火、温度等的探测进行早期火灾的自动跟踪定位，并运用自动控制方式来实现灭火的各种室内外固定射流灭火系统。系统由带探测组件及自动控制部分的灭火装置和消防供液部分组成。

自动跟踪定位射流灭火系统的典型应用场所有会展中心、展览馆、大型商场、机场、火车站、汽车站大厅、文化中心、艺术馆、歌剧院、礼堂、体育场馆、高架厂房、物流仓库等。

数字图像型自动消防水炮灭火系统是由数控自动消防炮和图像火灾探测报警系统组成的固定灭火系统。

数字图像型自动消防水炮灭火系统的应用场所有：

（1）要求防爆的场所：化工厂、石油码头、石油或天然气采集井等传统消防产品难以实现消防的室内外场所超大系统。

（2）室内外大空间场所：体育馆、会展中心、博物馆、文艺中心、歌剧院、车站、机场等。

9.2.1　自动跟踪定位射流灭火系统原理

1. 自动跟踪定位射流灭火系统工作原理

当发生火灾时，先由紫外、红外火灾探测器探测到火源报警；并将火灾报警信号通过网络通信系统传输给控制中心或直接传输给灭火装置的现场控制箱，启动自动射流灭火装置水平定位系统和垂直定位系统，将炮嘴对准火源，启动电磁阀喷水灭火，火被扑灭后，灭火装置自动关闭电磁阀，停止灭火，并自动重复巡视一周，确认无着火点后，待机监视，如火复燃，自动射流灭火装置将重新启动，循环灭火。

2. 数字图像型自动消防水炮灭火系统工作原理

图像型消防炮整个探测、定位由三个过程组成，分别是图像采集、图像分析和图像定位。

（1）探测感知原理。平时启动探测器处于24h的监控状态，一旦被保护区域发生火情，图像火灾探测器就会将实时图像传输回系统控制主机，由系统主机进行图像分析得出火灾发生点在图像上的三维透视坐标，整个过程在5s以内完成，同时发出火灾报警信号及相关消防设备的联动信号。

（2）寻的定位原理。系统主机经图像分析得到三维透视坐标，并通过通信总线把图像上的三维透视坐标传输给相应消防水炮的现场控制器，现场控制器指挥消防水炮指向火灾发生点，同时炮头上的图像火灾探测定位器也在不间断地采集现场实时画面，重复着上述探测动作，当系统主机通过图像火灾探测器得到的三维透视坐标和炮头上图像定位器得到的三维透视坐标相重合确定该水炮定位完成，同时可以通过图像主机上的图像确认此时炮头已经对准火灾发生点，图像火灾定位完成。火灾确认，启动水泵、打开电动阀门，整个过程都在图像火灾监控器的监控中（如果水柱着地点不在火点中心，则可以通过中心手动盘进行微调）。火源扑灭后，消防炮控制器再发出指令停止射水。若有新的火情，消防炮重复上述过程，待全部火源扑灭后重新回到监控状态。

9.2.2 选用要点

按照国家有关消防设计规范的要求应设置自动喷水灭火系统，火灾类别为A类，但由于空间高度较高，采用其他自动喷水灭火系统难以有效探测、扑灭及控制火灾的大空间场所应设置自动跟踪定位射流灭火系统。设置自动跟踪定位射流灭火系统场所的环境温度应不低于4℃，且不高于55℃。

选用要点：

（1）设计时选用的红外探测组件不但应具有探测高温物体的能力，还要具备判定是否为明火的能力。

（2）系统检测排水系统设计流量应保证在保护范围内，设计同时开放的喷头、水炮在规定持续喷水时间内持续喷水。

（3）自动跟踪定位射流灭火装置的系统持续喷水灭火时间不应低于1h，除扑灭明火（表面火灾），还应持续喷水以扑灭暗火（深层火灾）。

（4）在布置喷头、水炮时，应避免其喷出的水滴、水柱等在到达火源的过程中受到障碍物的阻挡。

（5）大空间智能型灭火装置的喷头及高空水炮既可安装在顶棚下，也可悬空安装或边墙安装。

（6）当混合采用两种或两种以上的喷头或高空水炮时，如合用一组供水设施，则应在供水管路的水流指示器前将供水管道分开设置及复核是否要设置减压装置。

思 考 题

1. 试述消防炮灭火系统的分类及组成。

2. 试述消防炮灭火系统的工作原理。

3. 如何合理选择消防炮灭火系统，并试述消防炮布置原则。

4. 某油品码头可停靠 3 万吨级油轮，油品为甲类，油轮甲板在最高潮位时的高度为 15m，主油舱长 × 宽为 40m × 20m。试设计消防炮灭火系统。

5. 简述智能型喷水灭火系统的分类及工作原理。

6. 试述智能型喷水灭火系统的选用要点。

第 10 章　消 防 排 水

作为消防灭火系统中使用最广泛的是水消防系统，在灭火过程中会产生大量消防废水，这些消防废水如果不及时排除，往往会波及非着火区域，造成水渍破坏，产生二次灾害。过去，我国许多建筑没有考虑消防排水问题，灭火时水流满溢，水淹没损失甚至超过了火灾损失。因此，在消防系统设计中充分考虑消防排水问题，不但有利于加强水灭火系统设计的完善和可靠，确保消防灭火及其他机电设施的正常运行，而且对保护建筑财产、防止水渍破坏，最大限度地减少财产损失有重要的意义。

10.1　消防排水概述

10.1.1　消防排水的种类及特点

水灭火系统在火灾中使用、日常检修、维护管理或发生故障时，都会产生消防排水。为此，可将消防排水分为三种：

（1）灭火排水。即系统在扑救火灾时所产生的多余溢流，主要由消火栓给水系统和自动喷水灭火系统的给水去除了灭火时水的蒸发、汽化、被保护物体的表面吸收等用水后所产生的。

（2）系统排水。即系统本身在检查、试验时的排水。系统排水的来源有：系统的定期放空检查维修排水，消防泵的排水，防止系统超压时的排水，水灭火系统的试验排水，系统其他设备排水（如采用减压消火栓的泄水排水、报警阀组的排水、减压阀组的排水）等。

（3）其他排水。如火灾时由于紧急疏散造成的给水设备无法关闭的出流漫溢，设备和管道因火灾发生的破坏而造成的出流排水等，一般难以预料。

消防排水的特点是排水水质一般较好，常为废水，不会对周围水环境产生影响；系统排水水量平时不大，而消防灭火时瞬间排水量很大。

10.1.2 消防排水的影响

消防排水对建筑物及其使用会产生一定的负面影响，其中系统排水由于其水量变化不大、排放范围一定，便于管理，规范中关于系统排水的收集和排放有相关的规定。灭火排水只有在扑救火灾时才产生，带有随机的不可预测性以及水量变化大的特点，在目前的规范中没有对其进行规定，但灭火排水对建筑的影响却不容忽视。

（1）对建筑的正常运行有影响。火灾发生时，消防给水灭火设施启动，扑救过程中产生大量的消防排水，如果不能及时排走，会造成排水四处流淌，电梯井进水、非着火房间到处淌水，尽管可能过火面积不大，但消防排水的影响反而很大，影响建筑的正常运行。

（2）对建筑结构承重的影响。消防用水平时储存在消防水箱、消防水池中或直接来自于市政管网，大部分建筑结构不需考虑其荷载作用。发生火灾时，大量的灭火排水流淌，对建筑结构产生了临时的额外的荷载。消防用水量越大，不能及时排走的消防排水对结构荷载越大，严重时甚至对建筑结构造成一定的损坏。

（3）对建筑装饰装修的损坏影响。随着人们生活水平的提高，目前建筑装饰装修的档次也越来越高，一旦被灭火用水浸泡，就会彻底被损坏，修复也困难，并带来较大的经济损失。

（4）对设备物品的损坏影响。一般来说，建筑结构、内部装修及设备费用大约各占三分之一，消防不仅仅是火灾时保护建筑结构本身不被烧垮，更多的是要保护建筑内部物品、设备不被烧坏，以减少火灾带来的损失。因此，减少消防排水对建筑内部的贵重设备和物品产生次生危害，成为不可忽视的一个实际问题。

（5）对建筑消防灭火设施作用的影响。大量的消防排水如果不能及时排走，将通过电梯井或安全通道汇集至建筑的地下室。一旦进入地下室的变配电间及消防水泵房等处，就会造成整个消防系统瘫痪，直接影响建筑消防灭火设施在火灾时充分发挥作用。

10.2 消防排水的排放措施及设计要求

为确保建筑消防灭火设施在火灾时能充发挥作用，保证建筑的消防安全，在消防设施启动时，一方面能有效地扑救火灾，另一方面能最大限度地减小水渍损失和消防积水对扑救建筑火灾的影响，应充分发挥建筑中现有的雨水或生活排水设施的作用，并在经济合理的前提下，结合工程实际找寻正确的处理消防排水的措施。

在进行消防排水设计时应尽量做到：某一层面的消防排水不流到下一层面；地下室以上的消防排水不流到地下室；某一防火分区的消防排水不流入相邻防火分区。

10.2.1 灭火排水的排放措施

灭火排水由于火灾的不确定性和水量变化大的特点，在现行规范中没有予以相应的规定。在条件允许的情况下，可从多个方面考虑如下排放措施：

（1）对装饰豪华的综合楼，如高级住宅、高级宾馆等，建筑的楼面做好防水处理，避免排水对楼板的损坏。

（2）组织设计好楼层的排水，在确保敷设在电气、电缆井中供消防控制室、消防水泵、消防电梯、防排烟风机等在火灾时仍需保持正常供电的线路正常供电的前提下，有组织地将消防积水排向电梯井（不应包括消防电梯）、楼梯间、管道井等竖向通道。竖向通道直通地下层的可以考虑有组织地排入地下储水池或者采用排水泵将水排出，只到首层的可有组织地直接排向室外。

（3）地面设置一定坡度，坡向建筑的排污水系统，充分利用系统排出消防积水。

（4）在建筑的变配电房、消防水泵房等消防设施设备可能受到消防积水威胁的房间门口，待供水、供电设备全部进场后，设置相应的挡水设施，即增设300mm高的挡水坎（150mm高的两个踏步），防止水浸入设备房。

（5）在设置有消防水泵房、消防变配电房等消防设施的地下室，设置在火灾时能排出全部积水的排水设施。

（6）条件许可的话，可有效引导灭火排水集中起来，循环供灭火使用，这样既提高了灭火设备的效率，又减少了水渍损失。

（7）提高消防设施的灭火效率，减少消防用水量。如自动喷水灭火系统选用快速响应喷头，这样可有效减少系统喷水量。国外曾做过试验，相同火灾情况，一类喷头的动作时间为1min，开启了4个喷头就将火扑灭；而另一类喷头的动作时间为2min，导致开启了十多个喷头才将火扑灭。

（8）灭火用水枪尽量采用多功能水枪，可采用喷雾射流、开花射流等灭火形式，提高灭火用水的效率，尽量少采用耗水量大、破坏力强的直流水枪灭火。

10.2.2 系统检测排水的排放措施

规范规定：消防水泵房、设有消防给水系统的地下室、消防电梯的井底及仓库等建筑物或场所应采取消防排水措施。一般规定：室内消防排水宜排入室外雨水管道；当存有少量客人液体时，排水管道应设置水封，并宜间接排入室外污水管道；地下室的消防排水设施宜与地下室其他地面废水排水设施共用；同时室内消防排水设施应采取防止倒灌的技术措施。以下是消防系统中不同部位的系统排水可利用的不同排放方式和渠道。

1. 利用屋面雨水系统排水

（1）试验和检查用消火栓的排水。高层建筑一般要求屋顶设一个装有压力显示装置的检查用的消火栓，多层建筑平屋顶上宜设置试验和检查用的消水栓，其主要目的是通过试验和检查用消火栓检测消防水泵、水泵结合器供水时水枪的充实水柱长度（或压力表显示的压力值）是否符合设计要求。建筑中消火栓的充实水柱长度最大取13m，在此压力下水枪喷嘴口径为19mm时出水量为5.7L/s。雨水立管按重力流排水时的泄流量由《建筑给水排水设计规范》（GB 50015—2003）（2009年版）可知，管径为75mm的立管最大排水流量都可达10L/s，说明试验和检查用消火栓排水完全可以利用屋面雨水系统排除。

（2）高位消防水箱的排水。消防水箱的排水有两种情况，一是溢流排水，二是检修清洗水箱时的泄空排水，它们的排水量与消防水箱容积大小有关。无论是消火栓系统独用水箱还是湿式系统与消火栓合用水箱，水箱容积大小应满足初期火灾消防用水量的要求（有关消防规范要求）。消防水箱的溢流排水量不会超过进水量，进水量大小由补水时间来确定，消防规范对消防水箱的补水时间没有规定，只对消防水池要求不宜超过48h。以一类高层公共建筑为例，消防水箱有效容积不应小于36m³，假设消防水箱1h补满，进水流量为10L/s，2h补满，则进水流量为5L/s，所以发生溢流时由屋面雨水系统排出是没有问题的。至于检修清洗水箱时的泄空排水，可以通过泄空阀门控制排水流量，泄空时间可长可短，只要不造成屋面雨水系统溢流就行。

（3）稳压泵和气压罐的排水。当屋面消防水箱的高度不能满足消防规范的要求时，常采用设置气压给水装置或稳压泵来进行增压，稳压泵的设计流量宜按消防给水设计流量的1%～3%计，且不宜小于1L/s。因此，在对增压设施的水泵进行调试、验收和维护检查时排水量不会大于5L/s，至于气压罐的泄空排水，由于它的调节水容积仅为450L，排水量是很小，所以设置在屋面有的稳压泵和气压罐的排水同样可利用屋面雨水系统排出。

2. 湿式系统报警阀的排水

报警阀的调试、验收的要求基本相同：在报警阀试水阀处放水、当进口水压大于0.14MPa、放水流量大于1L/s时，报警阀应及时起动，水力警铃和压力开关应及时动作并反馈信号，供水压力和流量应符合设计要求；维护管理则要求每季度做一次上述测试。三种测试都是模拟一只标准喷头打开时湿式系统的工况，其排水量只是一只标准喷头的水量。报警阀的最大排水量发生在利用试水阀泄空系统管网中的水量，报警阀的试水阀口径不大于50mm 排水的快慢可通过阀门开启度进行调节，报警阀可考虑按排水量不大于5L/s 进行设计。报警阀的排水口有三处：试水阀、延迟器和水力警铃排水管。它们都应采用间接排水，以便观察。当利用生活排水系统进行排水时，接纳排水的立管（应有伸顶通气管）管径不宜小于100mm；当独立设置专用排水管时，立管管径宜为100mm；前者要考虑保护生活排水系统的水封，后者按重力流雨水立管泄流量考虑并排入雨水系统。

3. 末端试水装置的排水

末端试水装置的排水量与试水接头的出水量相同，试水接头是一个标准的放水口，它的流量系数与报警阀控制的楼层或防火分区内的最小流量系数喷头的参数相同，其泄水量与压力的关系也和喷头相一致，见表10-1。排水的受水器可以采用生活排水的污水池、洗涤池或排水沟，也可以设置专用的排水系统，如图10-1所示。最不利喷头处应设末端试水装置，其排水应采取孔口出流方式排入排水管道，为了排水通畅需设伸顶通气管，避免气流与水流在排水斗处和排水管内发生干扰影响泄水。其他楼层或分区的末端可采用试水阀直接排水，但在连接排水立管处设置活接头或沟槽式接头，以备必要时连接检测设备或改为末端试水装置排水，排水立管管径应根据末端试水装置的泄流量确定，并不应小于75mm。排水立管在底层宜设检查口。排水横管管径按满流状态用曼宁公式计算确定，末端试水装置排水管若接入雨、污合流管道，则排水斗下出口端应设存水弯，水封高度不得小于50mm，随时补水保持水封。

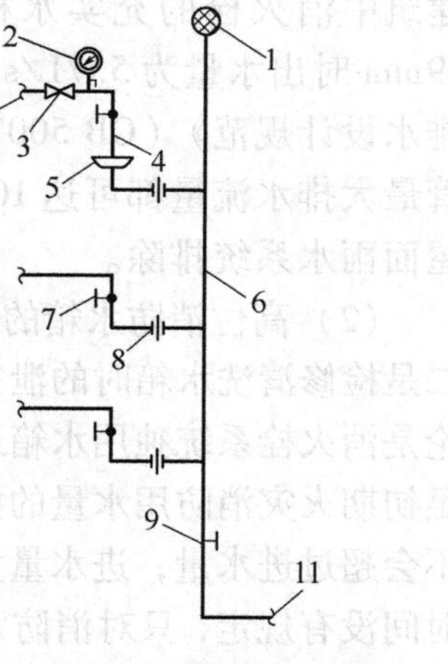

图10-1 末端试水装置的排水

1—通气帽 2—压力表 3—控制阀 4—放水口 5—排水漏斗 6—排水立管 7—试水阀 8—活接头 9—检查口 10—接喷淋系统管网 11—排至雨水系统

表10-1 试水接头的工作压力和泄水量

喷头种类	洒水喷头		ESFR 喷头
喷头流量系数 K	80	115	200
最低工作压力/MPa	0.05	0.05	0.34～0.68
试水接头相应的泄水量/(L/s)	0.94	1.36	6.15～8.69
额定工作压力/MPa	0.10	0.10	—
额定相应的泄水量/(L/s)	1.33	1.92	—

4. 消防水泵试验装置的排水

规范要求：每台消防水泵出水管上应设置 *DN*65 的试水管，并应采取排水措施。

消防水泵试验装置工作时需要开启末端试水装置和消防水泵出水管上试水阀进行系统联动、备用电源和备用泵切换等试验，如果将报警阀处的系统流量和压力检测装置与消防水泵出水管上的装置合并，则还需进行供水流量和压力的试验。检测试验时的排水量和设计供水量相同，此水量较大宜排入消防水池再利用。如果无法做到接回消防水池，其排水设计可与消防泵房的排水同样处理。

5. 消防给水管网的排水

（1）消火栓给水管网的排水。利用消火栓给水管网本身进行排水时，水平干管以 0.002 ~ 0.005 的坡度坡向立管，通过水泵出水管上试水阀将水排入消防水池。当无法做到排水重复利用时，才设置专用排水管道就近排入室外雨水管网。

（2）湿式系统管网排水。当配水管和配水支管坡向支管末端时，利用末端试水装置或末端试水阀进行排水。

当配水管和配水支管坡向配水干管时，若利用配水干管排水易损坏水流指示器的桨片，应设置专用排水管进行排水，如图 10-2 所示。如果配水管径小于等于 50mm，排水横管管径与配水管相同；如果配水管径大于 50mm，排水横管管径可以比配水管径小一号。排水立管管径参照规范确定，但不得小于排水横管。排水管应接入室外雨水管道，立管上部应设伸顶通气管，底层应设检查口。

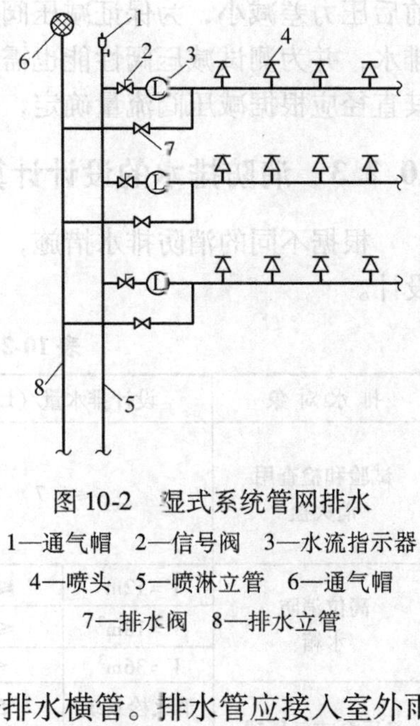

图 10-2　湿式系统管网排水

1—通气帽　2—信号阀　3—水流指示器　4—喷头　5—喷淋立管　6—通气帽　7—排水阀　8—排水立管

6. 消防水池排水

设于地下室的消防水池的溢水和泄空排水利用消防泵房排水设施进行排水，设于室外或地面的消防水池则将溢水和泄空水排入雨水管道，具体做法可参照建筑给水排水对生活水池的有关要求进行。

7. 消防电梯排水

消防电梯井基坑下应独立设置消防排水设施，其消防排水集水井的有效容量不应小于 $2m^3$，位置应低于电梯，且不应安装在电梯井正下方。集水井与基坑之间可预埋排水管，设置 2 根 *DN*150 的排水管，以防管道堵塞，满足消防排水的要求。

8. 消防泵房的排水

消防泵房内应有消防排水措施，当可直接向室外排水时，可在水泵房内设明沟或地漏；当无法直接向室外排水时，可设集水池（坑）由消防排水泵将水提升到室外。系统的放水、超压的泄水阀排水可由消防水泵房内的排水泵排除，或利用排水的余压直接将水排放到室外。消防给水系统的泄压阀可设在消防水泵房内，以便于排水。泄压阀可在系统中共用，而不必每台消防泵出口都设泄压阀。

9. 减压阀

消防给水系统减压阀不经常使用，由于渗漏往往会导致经过一段时间后阀前后压力差减小，为保证减压阀前后压差与设计基本一致，减压阀应经常试验排水，并为测试减压阀性能也需排水，因此减压阀处应设压力试验排水管道，其直径应根据减压阀流量确定，但不应小于100mm。

10.2.3 消防排水的设计计算

根据不同的消防排水措施，消防排水设计排水量大小可参照表10-2进行设计。

表10-2 消防排水设计排水量

<table>
<tr><th>排水对象</th><th colspan="2">设计排水量/(L/s)</th><th>排水对象</th><th colspan="2">设计排水量/(L/s)</th></tr>
<tr><td rowspan="3">试验和检查用消火栓</td><td colspan="2" rowspan="3">≤5.7</td><td rowspan="3">末端试水装置</td><td>K80</td><td>1.33</td></tr>
<tr><td>K115</td><td>1.92</td></tr>
<tr><td>K200</td><td>6.15～8.69</td></tr>
<tr><td rowspan="3">高位消防水箱</td><td>$V=12m^3$</td><td>≤3.5</td><td rowspan="3">系统流量和压力检测试验装置</td><td colspan="2" rowspan="3">同系统设计给水流量，可与消防水泵试水装置合并，不单独设置</td></tr>
<tr><td>$V=18m^3$</td><td>≤5.0</td></tr>
<tr><td>$V=36m^3$</td><td>≤10</td></tr>
<tr><td rowspan="2">稳压泵或气压罐</td><td>消火栓系统</td><td>5.0</td><td rowspan="2">消防水泵试水装置</td><td colspan="2" rowspan="2">同系统设计给水流量</td></tr>
<tr><td>湿式系统</td><td>1.0</td></tr>
<tr><td>湿式报警阀</td><td colspan="2">≤5.0</td><td>消防水池</td><td colspan="2">不小于进水管补水量</td></tr>
<tr><td>消防电梯</td><td colspan="2">≥10.0</td><td>消防泵房</td><td colspan="2">不小于最大一台给水泵流量</td></tr>
</table>

注：表中数据是按消火栓和湿式系统设计、调试、验收和维护管理时有组织排水提出的设计参数；预作用、干式系统可参考使用；不包括其他系统。

10.2.4 消防排水泵及消防排水集水池

消防排水泵是在消防水灭火系统中用于消防时排水的排水泵。生活排水泵若要兼用消防排水泵，也应符合消防排水泵的有关要求。

作为消防排水泵应符合下列规定：

（1）消防排水泵的总排水流量一般不宜小于10L/s，但可不大于消防给水量。消防排水总量是参照消防电梯排水泵的要求而定的，它是按不小于2支水枪的排水量来确定的。国外也有类似的规定，在设有自动喷水灭火系统的地下室中，其消防排水量可按10个喷头的流量来计算。而设在消防水泵房内的消防排水泵，其流量应综合消防水池的溢水、消防水池的放空、消防泵试验排水、泄压阀的排水系统的放空检查排水等在同一时间内最不利情况综合考虑来确定。

（2）消防排水泵应设备用泵，考虑到消防排水泵投资不大，设置备用泵却可大大提高消防排水的可靠性。

（3）从使用、维护、管理方便和节省面积的角度看，消防排水泵宜选用潜水排水泵。

（4）消防排水泵应安装在便于维修管理的部位，不应安装在电梯的正下方。

（5）为加强自动化，有效地进行消防排水，消防排水泵的启闭应以消防排水集水池内的水位为控制参数，它可采用浮动开关进行液位控制。

（6）消防排水泵的供电要求应符合消防泵的供电要求。这是因为消防排水与消防给水具有同等重要的意义，故消防排水泵的电源不应接入普通的照明回路。

消防排水集水池的容积确定也是必不可少的。消防排水集水池、消防排水和生活排水合并的污水集水池，其有效容积应按不小于排水泵的3min的水量设计。

10.3 特殊消防排水问题

10.3.1 污染的消防排水的收集和排放问题

一般来讲，消防排水本身的水质不会对周围的水环境产生影响。但当消防灭火用水与具有污染性的被保护物品接触时，消防水可能被污染或这些具有污染性质的物品随着消防水排放，对周围环境或水体造成污染。对此类消防排水的收集、处理、排放问题，应结合消防排水水质、周围环境、下游水体的承受能力、污染的影响范围、工厂的生产规模、消防排水流量、市政工程设施等因素综合考虑确定。

对于工厂消防水的排放，可以根据产品的性质、排放后可能产生的污染后果进行区别对待。对那些有可能对周围环境产生严重影响或对城市给水水源构成潜在威胁的消防排水，应建造处理设施，处理后排放，也可利用工厂的污水处理设施进行处理后排放；对那些有可能对周围环境和下游地区的水体有一定影响，但不会超过下游水体自净能力的消防排水，应设调储水库（池），调储水库（池）可结合环境建设总体布局，待水体自净后排放；对那些对周围环境和下游地区的水体没有影响，不会产生次生危害的消防排水，应收集后排入市政排水系统。

对于居住区消防水的排放，则可以根据市政排水设施的分布、处理级别、是否产生次生危害等，参照工业消防水的排放原则收集排放。

小区和厂区规划时，提前考虑和预留消防排水管道和设施的位置是很有必要的。

10.3.2 高层建筑的消防排水问题

高层建筑中，采用中间水箱转输的串联消防泵给水系统，其中间水箱应采取有效的溢水措施。此时，仅设地漏排水是不够的，可设专用的排水管，选择恰当的管径，以保证溢水的排除。

思 考 题

1. 试述消防排水的种类及各自特点。
2. 消防排水排放不及时会对建筑及其内部设施造成哪些影响？
3. 常用的消防排水的排放措施有哪些？
4. 如何进行消防排水的设计计算？
5. 消防排水的排水设施有哪些具体规定？
6. 工程中存在哪些特殊的消防排水问题？

11

第 11 章 大型公共建筑消防给水排水工程实例

工程设计中的技术参数、工程安全技术和可靠性是根据当时国家现行消防规范确定的，随着我国国家建设工程技术规范的发展，技术参数、工程安全技术和可靠性会有所更改，在具体进行工程设计时应执行国家现行规范，本章仅起指引作用。

11.1 城市隧道消防给水排水系统设计

11.1.1 项目介绍

长江沿岸某城市为了沟通长江两岸城区，缓解长江大桥交通压力，特修建一座过江隧道，隧道内设双向四车道，设计车速为 50km/h。左线隧道长 3295m（洞口至洞口），两端 U 形引道共长 305m，盾构段长 2550m；右线隧道长 3303.6m，两端 U 形引道共长 304.93m，盾构段长 2499.2m。隧道在盾构段的两端各设一处盾构工作井。整个隧道断面结构如图 11-1 所示。

11.1.2 消防给水排水设计方案

本隧道内消防给水水源分别由隧道两端城区市政给水管网各自引入 2 根 *DN*250 进水管，接至隧道两端的消防泵房，不设消防水池，火灾时直接从城市给水管网抽水。同一时间内发生火灾数按一处考虑，隧道内设有消火栓、水成膜、开式水喷雾等水消防系统，并设置灭火器，以迅速可靠地扑灭各类初期火灾。隧道内消防及各类废水及敞开部分的雨水分段集中，通过泵房提升后，纳入市政雨、污水系统。隧道内消防给水应安全可靠，并满足各用水点对水量、水质及水压的不同要求。

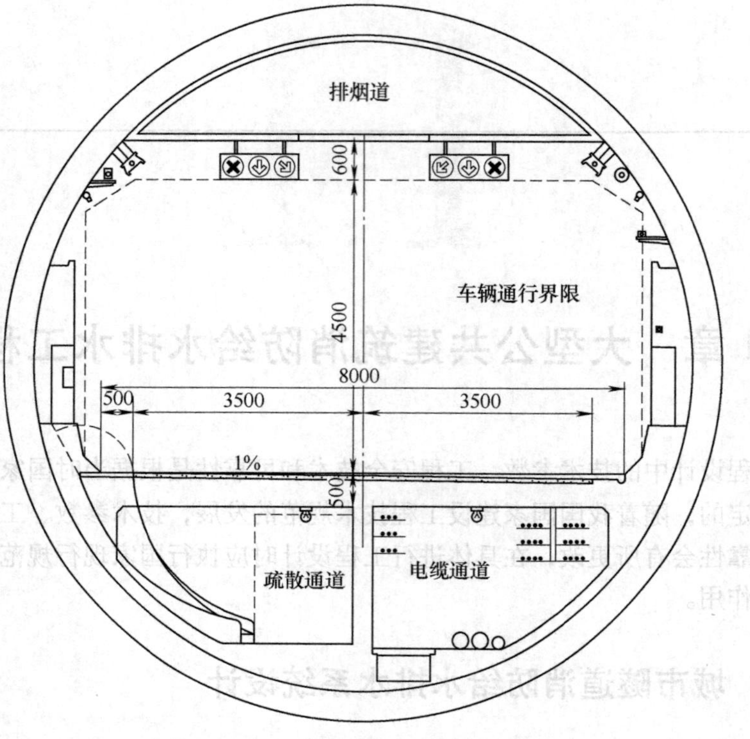

图 11-1　某隧道断面结构图（单位：mm）

11.1.3　主要设计参数

（1）消火栓用水量按 20L/s 计，最不利点压力大于 0.2MPa。一处火灾，四股水柱同时到达。

（2）水喷雾灭火系统用水量按最大流量 46L/s 计，喷射强度不小于 6L/($min \cdot m^2$)，最不利点压力不小于 0.25MPa，防护冷却时间为 4～6h。

（3）按照招标文件要求，隧道敞开部分暴雨设计重现期采用 50 年，地面径流时间为 15min，径流系数为 0.9。

（4）结构渗水量按 1L/($d \cdot m^2$) 计。

（5）冲洗水量按 2.0L/(m^2·次) 计（消防时不考虑冲洗水量）。

11.1.4　消防给水系统

隧道给水包括消火栓系统给水、水喷雾灭火系统给水。

从江南、江北两城区的市政自来水管网不同干管上分别引出 2 根 *DN*250

给水管，接入消防给水泵房，经水泵加压后，再分别接至两孔隧道中，以供消火栓系统和水喷雾灭火系统用水。隧道的南、北工作井内各设一座消防泵房，如图 11-2 所示。

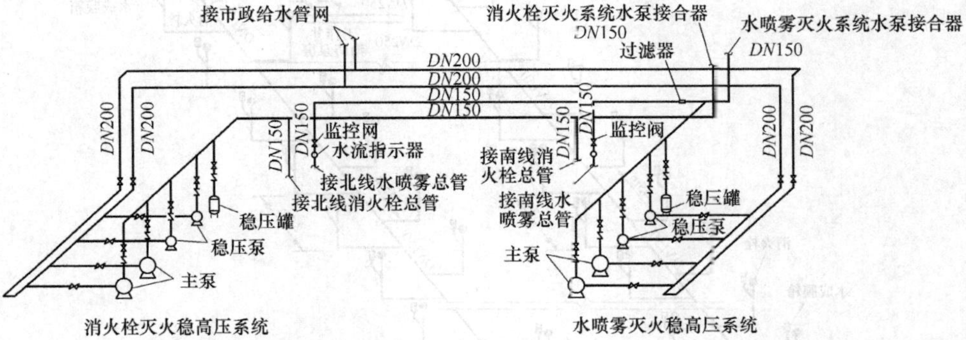

图 11-2　消防泵房系统

江南、江北工作井的地面附近各设 5 套水泵接合器，分别与消防泵房内的消火栓泵出水管及水喷雾泵上出水管相连，并在距水泵接合器 15～40m 范围内配置室外消火栓。隧道仅在两端隧道口处设置加水栓，供给冲洗车加水，并在雨水泵房内设置冲洗水龙。冲洗用水直接由城市给水管网供水，消防时不考虑冲洗用水。

11.1.5　消火栓系统

江南、江北每座消防泵房内分别包括供消火栓的加压水泵 2 台和水喷雾灭火系统的加压水泵 2 台，以及各自相应的稳压泵、稳压罐。消防泵房设 2 台消火栓主泵（互为备用）。其主泵性能为：$Q=20\mathrm{L/s}$，$H=40\mathrm{m}$，$N=15\mathrm{kW}$。稳压泵 2 台，单台 $N=1.5\mathrm{kW}$，互为备用。设总容积 50L 隔膜式稳压罐 1 只。水泵加压后出水由 2 根 *DN*150 出水总管分别接至两孔隧道。每台水泵进水管 *DN*250 上设 1 只手动蝶阀，出水管 *DN*150 上设 1 只止回阀和 1 只手动蝶阀。消火栓总管上每隔 5 组消火栓设 1 只手动蝶阀，在总管最高点设放气阀，最低点设放水阀。消火栓系统如图 11-3 所示。

启动水泵方式：①按钮启动；②现场手动控制；③中控室遥控并显示。

每条隧道双侧交错布置消火栓箱，单侧间距为 45m，箱内设单头单阀消火栓 1 只、ϕ65mm×25m 衬胶水龙带 2 条，ϕ19 水枪 2 支及消防报警按钮 1 个。每条隧道设置消火栓 160 组，共 320 组。

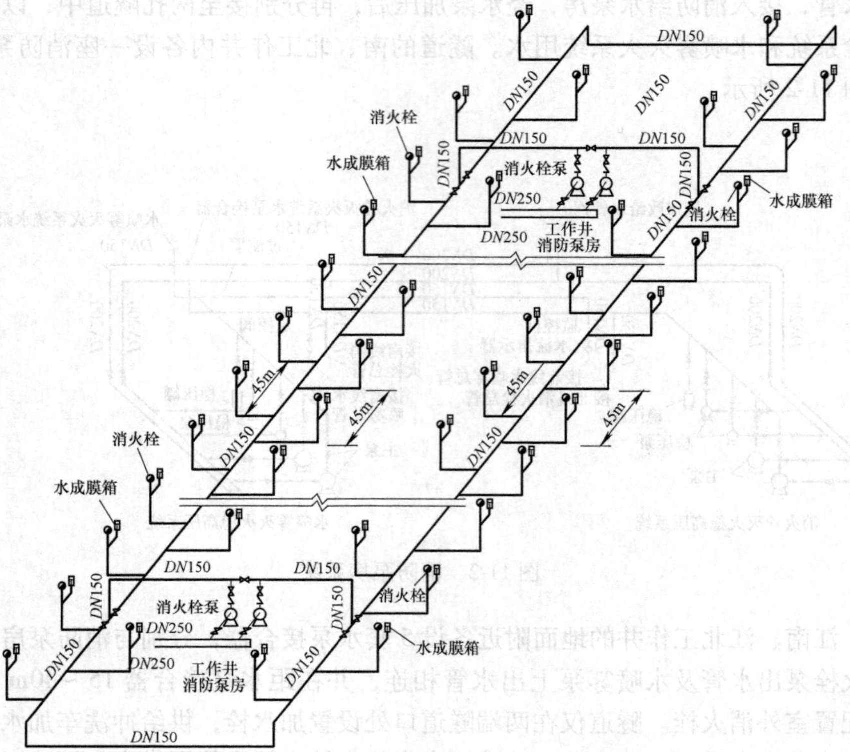

图 11-3 消火栓系统

11.1.6 水喷雾灭火系统

在隧道内暗埋段、工作井、盾构段范围内，设置水喷雾灭火系统。每条隧道内分为145组独立的保护区段，每区段长度为22.5m，内设开式水喷雾头20只，分别交错布置在隧道两侧的侧墙上部，最大按2个区段水喷雾同时开启、使用。水喷雾总管上每隔5组设1只手动蝶阀，系统设末端试验装置，在最高点设排气阀。最不利点压力为0.25MPa。水喷雾系统如图11-4所示。

消防泵房内设2台水喷雾泵（事故时互为备用，遇非常事故时两用）。其主泵性能为：$Q=46\text{L/s}$，$H=80\text{m}$，$N=75\text{kW}$。稳压泵2台，50L稳压罐1只。水泵进水管直接从2根$DN250$进水总管上接入，经水泵加压后，由2根$DN200$出水总管分别接至双孔隧道。每台水泵进水管$DN200$上设1只手动蝶阀，出水管$DN200$上设1只止回阀和1只手动蝶阀。

启动水泵方式：现场或中控室自动/手动控制。

水喷雾灭火系统的操作顺序为：火灾发生后，感温探测器报警，经确认后启动该区域雨淋阀，水流动启动水流指示器报警，同时启动消防水泵，打开水

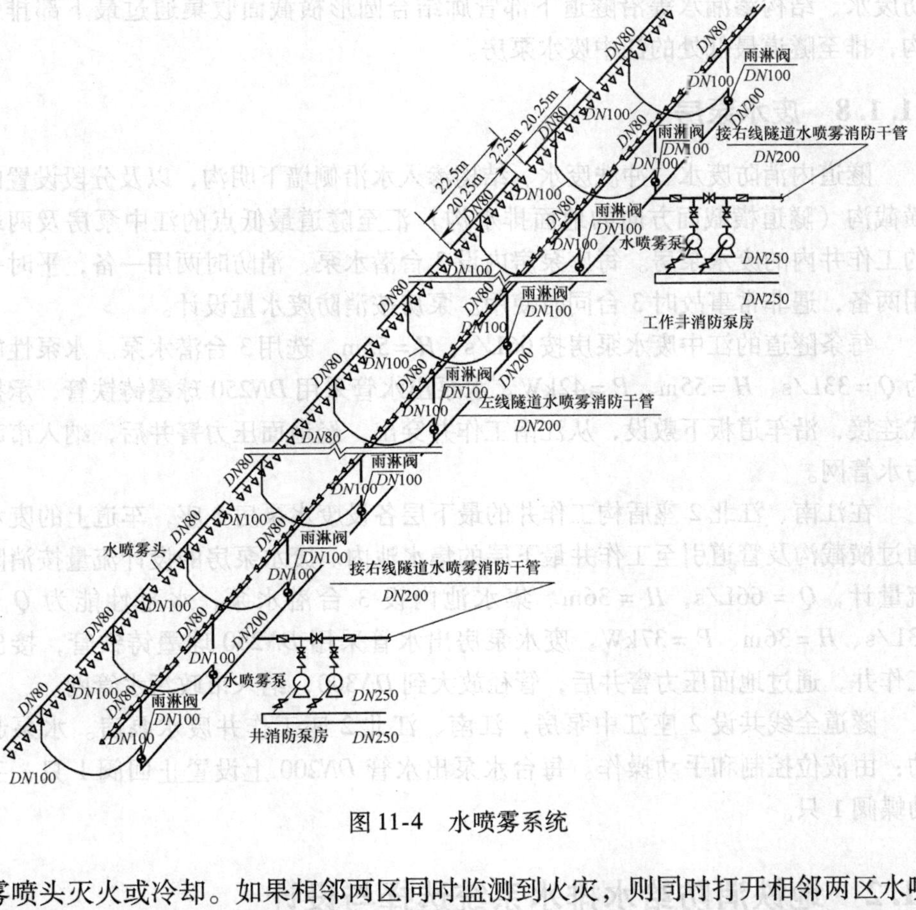

图 11-4　水喷雾系统

雾喷头灭火或冷却。如果相邻两区同时监测到火灾，则同时打开相邻两区水喷雾灭火系统。为防止水中杂质堵塞水雾喷头，在江南、江北消防泵房出水总管上设管道过滤器各 1 只（4.0 ~4.7 目/cm^2）。

11.1.7　消防及废水排水系统

1. 排水系统设计参数

消火栓废水：20L/s。

水喷雾废水：46L/s。

结构渗入水：1L/(m^2 · d)。

冲洗废水：2.0L/(m^2 · 次)（消防时不考虑冲洗用水）。

2. 废水收集

在隧道路面一侧设置排水沟，坡度与隧道结构坡度相同，工作井废水泵房收集敞开洞口的雨水、消防废水和工作井结构渗漏水、消防泵房排水等，通过废水泵提升，通过工作井接入压力窨井，最终排入市政排水管网。盾构段的消防废水、结构渗漏水等沿隧道下部管廊结合圆形横截面收集通过最下部排水沟，排至隧道最低处的江中废水泵房。

11.1.8 废水泵房

隧道内消防废水、冲洗废水、结构渗入水沿侧墙下明沟，以及分段设置的横截沟（隧道横截面方向的地面排水沟）汇至隧道最低点的江中泵房及两端的工作井内的废水泵房。每座泵房内设3台潜水泵，消防时两用一备，平时一用两备，遇非常事故时3台同时使用。泵房按消防废水量设计。

每条隧道的江中废水泵房按66L/s、$H=55m$、选用3台潜水泵。水泵性能为$Q=33L/s$、$H=55m$、$P=42kW$。水泵出水管采用$DN250$球墨铸铁管，承插式连接，沿车道板下敷设，从江南工作井穿出，经地面压力窨井后，纳入市政污水管网。

在江南、江北2座盾构工作井的最下层各设废水泵房1座，车道上的废水通过横截沟及管道引至工作井最下层的集水池内。废水泵房的设计流量按消防流量计，$Q=66L/s$，$H=36m$。集水池内设3台潜水泵，水泵性能为$Q=33L/s$、$H=36m$、$P=37kW$。废水泵房出水管采用$DN250$球墨铸铁管，接出工作井，通过地面压力窨井后，管径放大到$DN300$，纳入市政污水管网。

隧道全线共设2座江中泵房，江南、江北2座工作井废水泵房。水泵起动：由液位控制和手动操作。每台水泵出水管$DN200$上设置止回阀1只、手动蝶阀1只。

11.2 地铁消防给水排水系统选择与设计

11.2.1 工程简介

该地铁站是某市轨道交通二号线一期工程的第四座车站，该站为地下2层，宽13.5m岛式站台车站，与远期地铁七号线火车站站呈L形换乘。车站主体全部为地下建筑，地面设置8个出入口和2组风亭，出入口分设于火车站站前广场，口部暂按无盖设计；同时设置一组天窗位于广场规划绿化带及走道中，光线可通过天窗进入地铁车站。地铁车站平面图如图11-5所示。

11.2.2 消防给水排水设计方案

车站给水排水及消防系统应充分利用市政现有设施，车站采用两路进水；车站消防按同一时间发生一次火灾考虑，与地铁同时修建的面积超过500m的地下商业区设自动喷水灭火系统，自动喷水灭火系统采用独立的系统。本站站

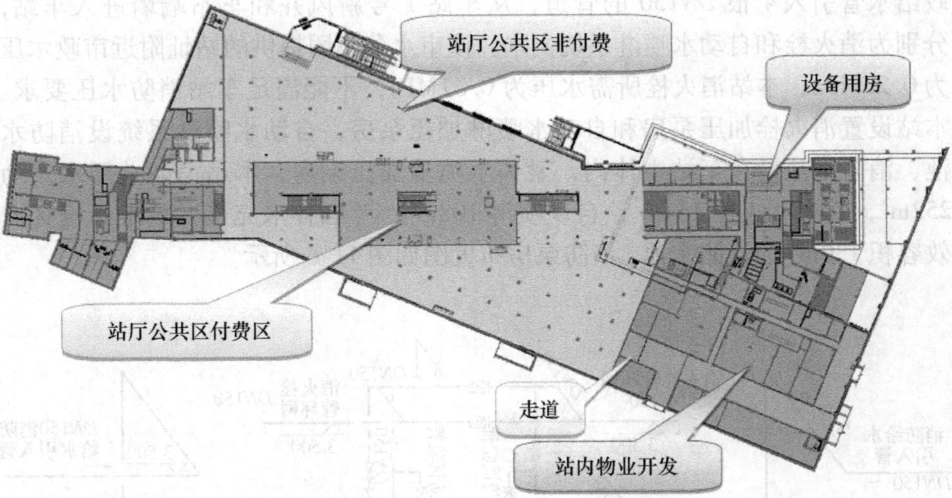

图11-5　某地铁车站平面图

厅层公共区和商业开发部分均设置自动水喷淋灭火系统。单独设水喷淋加压泵房和消防水池；车站出入口雨水排入市政雨水管道；厕所冲洗水及生活污水经化粪池处理后排入市政污水管道；消防排水、结构渗漏水、结构排水、车站冲洗水均排入市政污水管道。

11.2.3　消防给水参数

车站工作人员的生活用水为每班每人50L，时变化系数为2.5；公共卫生间使用人数按照远期日客流量的1%计，每人次用水量按6L计。

冷却水系统补充水量为循环水量的2.5%；冷冻水补充水量按照水容量的2%计。

车站冲洗用水量为每次3L/s，每次按1h计，每天最多冲洗一次；生产设备用水量按照所选设备、生产工艺的要求确定；地下车站、商场、商业街和商业街隧道的消火栓用水量按20L/s计；地下通道、地下区间及折返线的消火栓用水量按10L/s计。

自动喷水灭火系统设计为中危险级Ⅱ级，喷水强度8L/(min·m^2)，作用面积160m^2。

消防按同一时间发生一次火灾计，火灾延续时间消火栓系统为2h，自动喷水灭火系统按1h计。

11.2.4　消防水源

本站消防用水由市政管网供水，分别从火车站广场的*DN*300和*DN*1000市政给水管引入4根*DN*150的管道，从车站1号新风井和车站端墙进入车站，分别为消火栓和自动水喷淋系统供水。该市水务集团提供的站址附近市政水压为0.22MPa，本站消火栓所需水压为0.31MPa，不能满足车站消防水压要求。本站设置消火栓加压泵房和自动水喷淋加压泵房，自动水喷淋系统设消防水池，消防水池设在车站主体内，紧邻水喷淋加压泵房，本站消防总用水量为252m³，其中消火栓144m³，自动喷淋108m³，考虑补水充足，故本站设置有效容积130m³的消防水池。消防泵房布置图如图11-6所示。

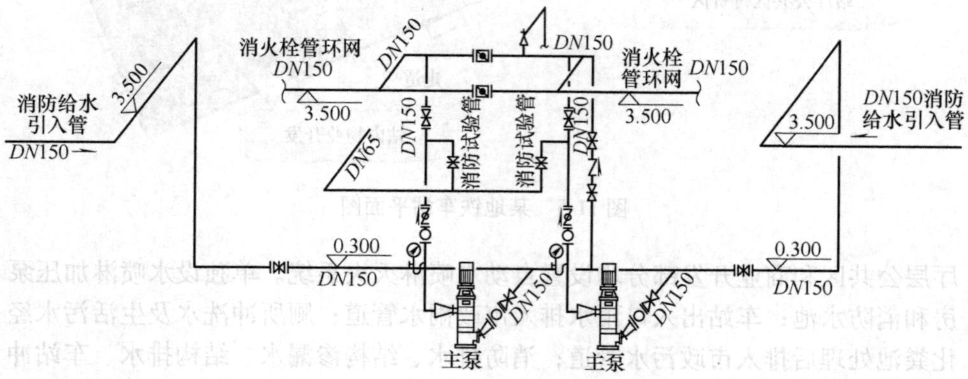

图11-6 消防泵房布置图

11.2.5 室外消防给水系统

在室外消防给水引入管上设置2套SS150-11室外消火栓和SQS150水泵接合器，室外消火栓用水量为20L/s，总用水量为144m³，同时设置2套水喷淋接合器，水泵接合器和室外消火栓用水量相当。

11.2.6 室内消火栓系统

在站厅公共区、设备管理用房及出入口通道设置单口单阀消火栓箱，在站台层公共区设置双口双阀消火栓箱，消火栓的布置均保证有2支水枪的充实水柱同时到达室内任何部位。站台层两端各设置2处共8套消防器材箱。

车站消火栓用水量为20L/s，出入口通道消火栓用水量为10L/s，一次灭火时间为2h，消火栓一次灭火总用水量为144m³。消火栓系统在站厅层和站台层水平成环，并用立管连接竖向成环，站厅两端各设2根竖管和区间*DN*150的消防管网，构成了地下车站及区间安全可靠的环状管网消防给水系统。消火栓系统如图11-7所示。

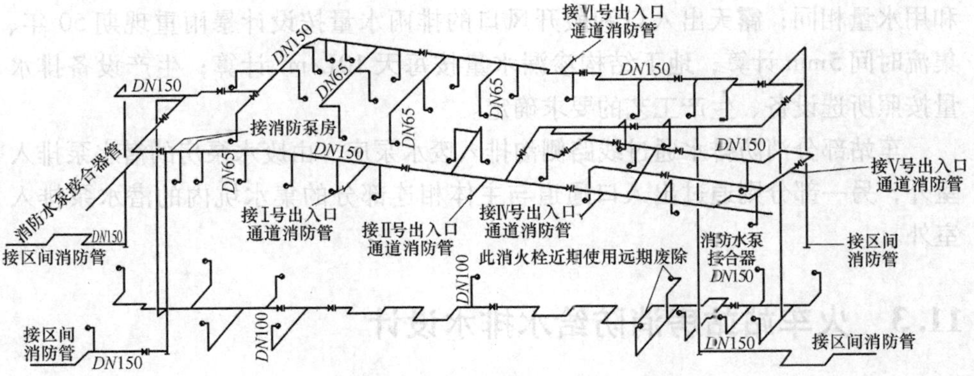

图11-7　消火栓系统

11.2.7　自动喷水灭火系统

按中危险级Ⅱ级设置，自动喷淋消防用水量为30L/s，火灾历时1h，消防总用水量为108m^3。系统设湿式报警阀、信号阀、水流指示器、末端试水装置。信号阀和水流指示器按防火分区设置，在管网末端设末端试水装置。自动喷淋系统图如图11-8所示。

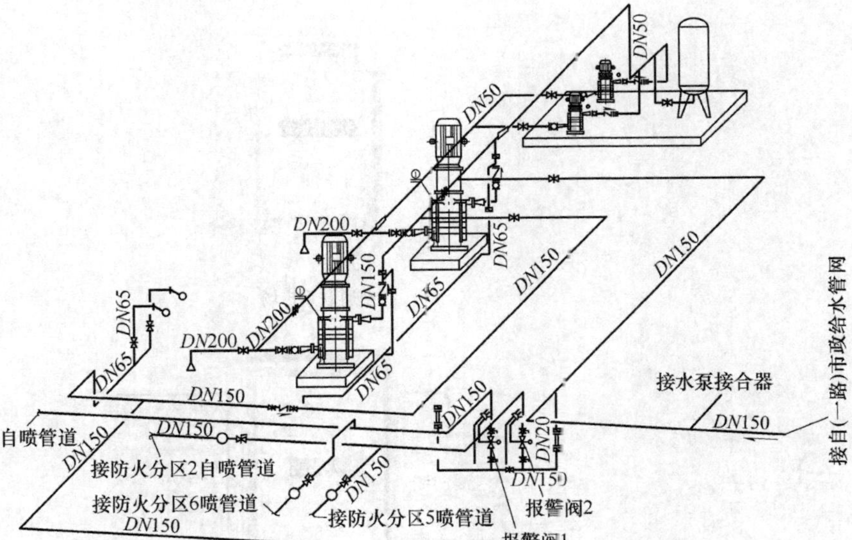

图11-8　自动喷淋系统图

11.2.8　消防排水

工作人员生活用水排水量按用水量的95%计算；冲洗及消防废水排水量

和用水量相同；露天出入口和敞开风口的排雨水量按设计暴雨重现期 50 年、集流时间 5min 计算；地下结构渗漏水量按每天 10L/m^3 计算；生产设备排水量按照所选设备、生产工艺的要求确定。

车站部分消防排水通过线路侧沟排入废水泵房，由废水泵房的潜水泵排入室外，另一部分则通过出入口通道与主体相连部分的集水坑内的潜水泵排入室外。

11.3 火车站站房消防给水排水设计

11.3.1 工程简介

本工程位于西部某市，建筑耐火等级为一级。站房面积为 108 363m^2，建筑部分为地上 2 层、地下 3 层，局部夹层。其建筑高度为 39.3m，使用年限为 50~100 年。近期旅客发送量为 20.7 万人/d，远期为 37.6 万人/d。火车站平面图如图 11-9 所示。

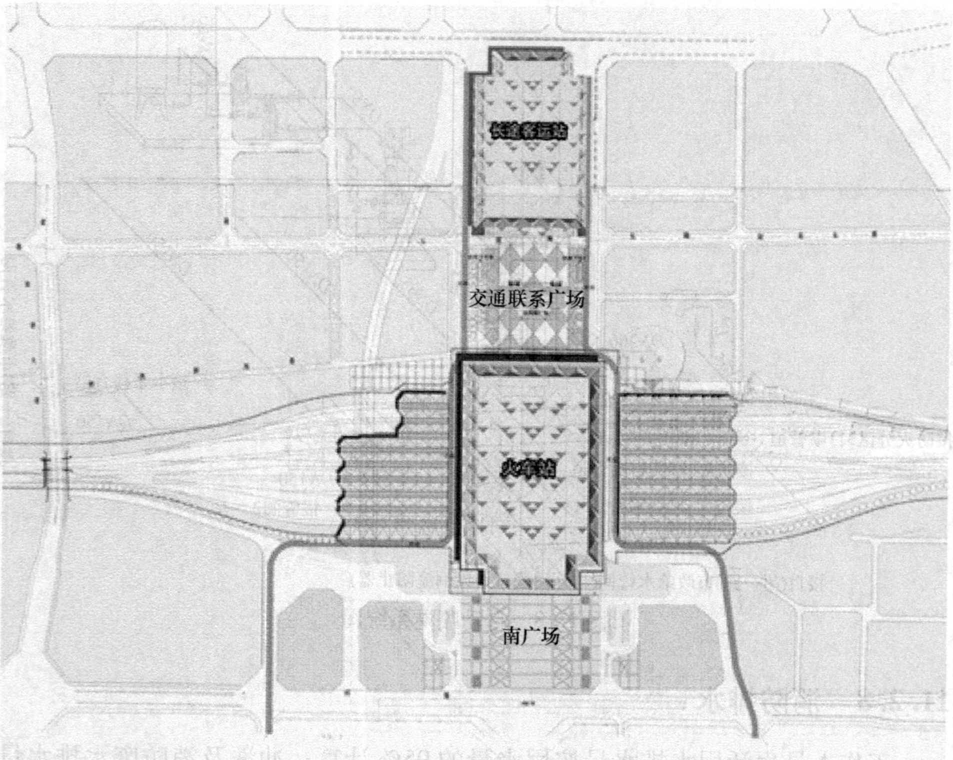

图 11-9 火车站平面图

11.3.2　消防给水排水设计

1. 消火栓系统

室内消火栓给水系统采用临时高压给水系统。系统流量不小于20L/s，系统压力为0.7MPa。设置2台消防主泵、1套消防增压稳压装置、消防水箱及消防水池各1座。消防水箱有效容积为18m³，消防水池有效容积为600m³，仅储存室内消防用水量。消火栓系统如图11-10所示。

2. 自动喷淋系统

按照中危险Ⅰ级设计。系统流量为30L/s，系统压力为0.9MPa。喷淋与消火栓共用消防水箱及消防水池，单设增压稳压装置。喷头采用$K=80$玻璃球洒水喷头，动作温度为68℃。根据装修情况，净空高度大于800mm的闷顶和技术夹层内有可燃物时，应设置喷头；当梁、通风管道、成排布置的管道、桥架等障碍物的宽度大于1.2m时，其下方应增设喷头。自动喷淋系统如图11-11所示。

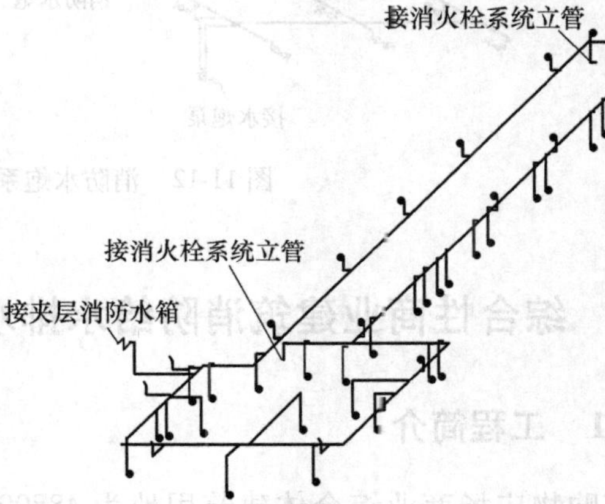

图11-10　消火栓系统（局部）

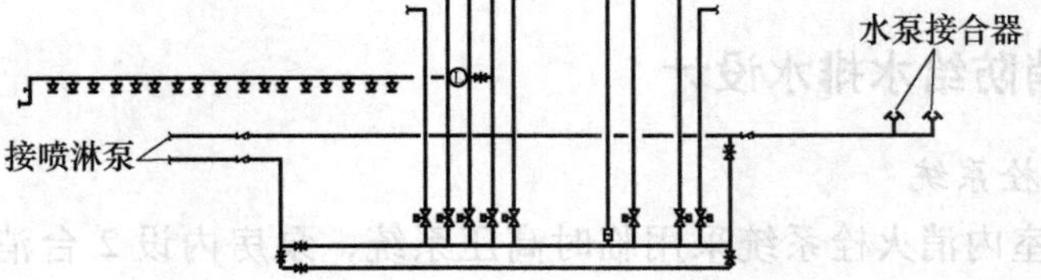

图11-11　自动喷淋系统

3. 消防炮灭火系统

高架候车厅、集散厅大空间设置固定消防炮灭火系统。系统流量为60L/s，系统压力为 1.6MPa，与喷淋、消火栓共用消防水池，单设增压稳压装置。消防水炮系统如图 11-12 所示。

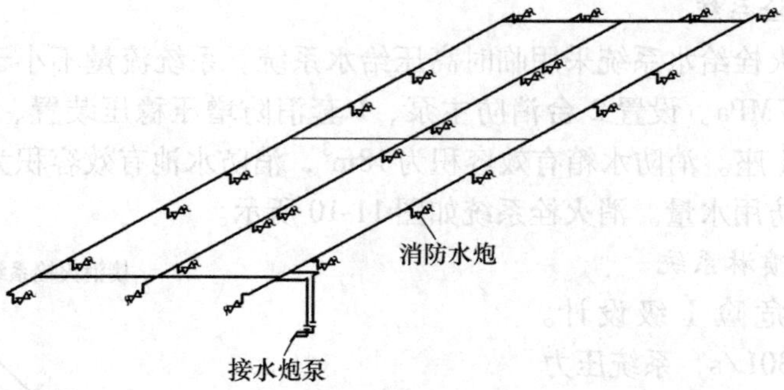

图 11-12　消防水炮系统

11.4　综合性商业建筑消防给水排水设计

11.4.1　工程简介

某购物广场商业综合体建筑用地为 48800m²，总建筑面积为 286300m²，其中地上建筑面积为 220600m²，地下建筑面积为 65700m²。

该工程为大型综合楼，建筑耐火等级为一级，地上部分由 3 栋 29 层单元式公寓楼（A、B、C）、1 栋 21 层酒店和 1 栋 4～6 层商业楼组成。A、B、C 楼建筑高度为 99.92m，D 楼（酒店）建筑高度为 90.62m，商业楼建筑高度为 30.82m（所有建筑高度均不超过 100m）。其中商业楼由百货楼、综合楼、娱乐楼、步行街、外铺等部分组成；使用功能包括：办公、百货、KTV、营业厅、儿童娱乐、电玩、餐饮、影院、健身、小型商业店铺等。地下室 2 层，地下一层为超市、设备机房、商业辅助用房、汽车库、自行车库夹层，地下二层为设备机房、汽车库。工程总平面图如图 11-13 所示。

11.4.2　消防给水排水设计

1. 消火栓系统

本工程室内消火栓系统采用临时高压系统，泵房内设 2 台消火栓泵（一用一备），在公寓塔楼 C 栋的屋顶设有一个 18m³ 高位消防水箱及消防增压稳压设备，供火灾初期消防用水。本工程消火栓系统工作压力为 1.8MPa，竖向分 2 个区，地下 2 层至地上 6 层为低区，系统起始点设减压阀，地下 2 层至地上 2 层设置减压稳压消火栓。公寓楼部分为高区，7 层至 21 层设置减压稳压消火

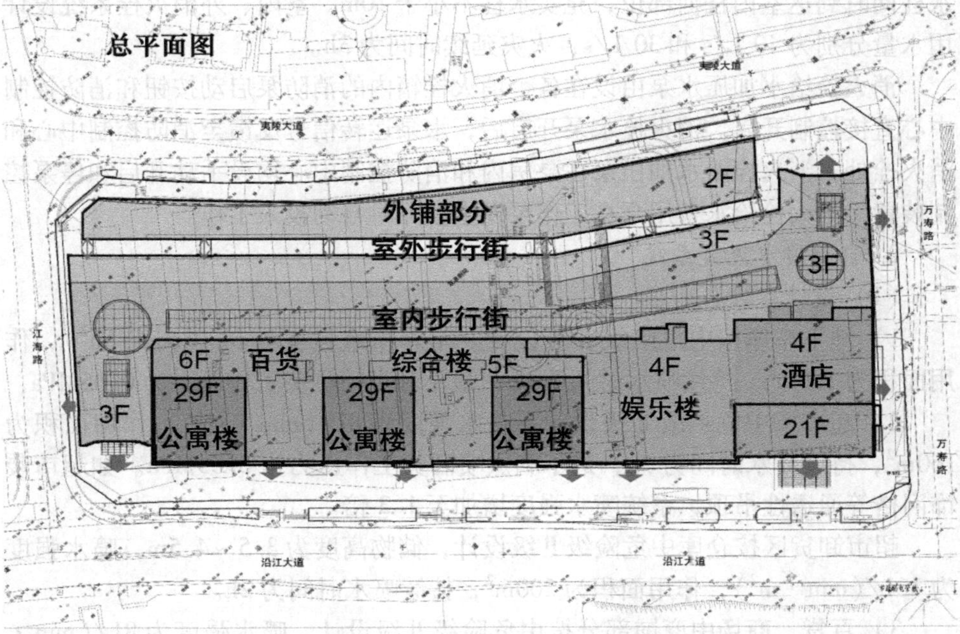

图11-13　工程总平面图

栓。本建筑物内各层除不宜用水扑救的部位外，均设消火栓进行保护，其布置保证室内任何一处均有2股水柱同时到达，灭火水枪的充实水柱为10m。消火栓系统如图11-14所示。

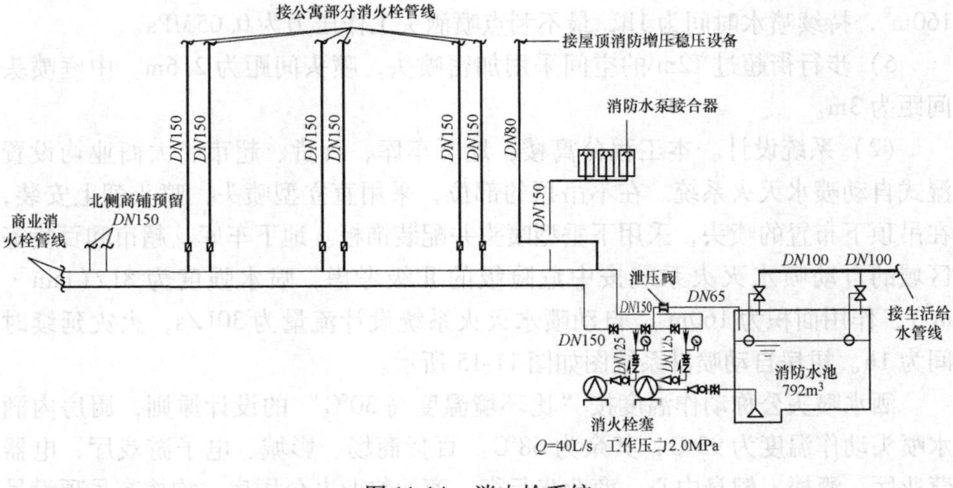

图11-14　消火栓系统

本工程除无可燃物设备层及电梯机房外均设置了消火栓，并满足两股充实水柱同时到达室内任何部位，充实水柱不小于10m。室内、外消火栓系统设计用水量分别为40 L/s和30 L/s，火灾延续时间为3h。

消火栓给水加压水泵由设在各个消火栓箱内的消防泵启动按钮和消防控制中心直接控制开启。消火栓水泵开启后，水泵运转信号反馈至消防控制中心和消火栓处。消火栓给水加压泵在泵房内和消防控制中心均设手动开启和停泵控制装置，消火栓给水备用泵在工作泵发生故障时自动投入工作。

2. 自动喷水灭火系统

（1）设计参数。

1）地下车库按中危险级Ⅱ级设计。车库喷水强度为8L/(min·m^2)，作用面积为160m^2，持续喷水时间为1h，最不利点喷洒头工作压力为0.05MPa。

2）超市按中危险级Ⅱ级设计，喷水强度为8L/(min·m^2)，作用面积为160m^2，持续喷水时间为1h，最不利点喷洒头工作压力为0.05MPa。如超市装饰网格等通透性吊顶，系统喷水强度增加至1.3倍。

超市卸货区按仓库中危险级Ⅱ级设计，储物高度为3.5～4.5m，喷水强度为12L/(min·m^2)，作用面积为200m^2，持续喷水时间为2h。

3）百货，商场中商铺部分按中危险级Ⅱ级设计。喷水强度为8L/(min·m^2)，作用面积为160m^2，持续喷水时间为1h，最不利点喷洒头工作压力为0.05MPa。

4）其余部位均按中危险级Ⅰ级设计。喷水强度为6L/(min·m^2)，作用面积为160m^2，持续喷水时间为1h，最不利点喷洒头工作压力为0.05MPa。

5）公寓按中危险级Ⅰ级设计。喷水强度为6L/(min·m^2)，作用面积为160m^2，持续喷水时间为1h，最不利点喷洒头工作压力为0.05MPa。

6）步行街超过12m的空间采用加密喷头，喷头间距为2.6m。中庭喷头间距为3m。

（2）系统设计。本工程公寓楼、地下车库、百货、超市、大商业均设置湿式自动喷水灭火系统。在不吊顶的部位，采用直立型喷头，喷头朝上安装，在吊顶下布置的喷头，采用下垂型喷头并配装饰板。地下车库、超市和百货等区域的自动喷水灭火系统按中危险级的Ⅱ级考虑，喷水强度为8L/(min·m^2)，作用面积为160m^2，自动喷水灭火系统设计流量为30L/s，火灾延续时间为1h。裙房自动喷淋系统图如图11-15所示。

洒水喷头公称动作温度按“比环境温度高30℃”的设计原则，厨房内洒水喷头动作温度为93℃，其余为68℃。百货商场、影城、电子游戏厅、电器营业厅、酒楼、健身中心、商业步行街、商业物业办公用房，均按有吊顶设吊顶型喷头。影城、KTV等公共娱乐场所、地下商业及仓储用房、中庭环廊喷头为快速响应喷头。

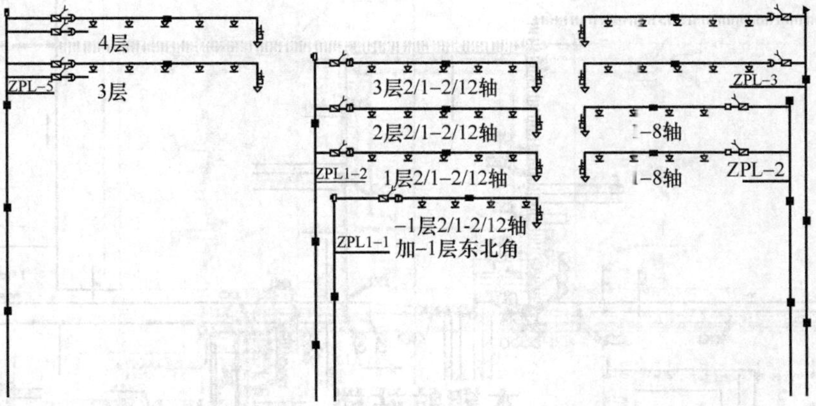

图 11-15 裙房自动喷淋系统图（局部）

超市、百货、大商业街均在地下二层设置湿式报警阀间，A、B 栋公寓楼在裙房顶层均设置报警阀间，C 栋报警阀间设在转换层中，每组担负的喷头数不超过 800 个。

在地下二层消防水泵房内设 2 台消防给水加压泵，储水池与消火栓系统合建。两台水泵为一用一备，互为备用，供水能力为 50L/s，工作压力为 1.8MPa。本工程竖向分两个区，地下 2 层至地上 6 层为低区，系统起始点设减压阀。公寓楼部分为高区。超市、百货等业态均为单独子系统。

11.4.3 消防排水

（1）消防电梯坑底的侧面设有集水坑，坑内设 2 台消防潜水泵排除消防排水。集水坑有效容积为 $3m^3$，潜水泵抽水量为 12L/s．均满足规范要求。

（2）自动喷水灭火系统消防排水，地上层利用就近卫生间等排水点，地下层利用其余废水潜水泵坑进行排水。

11.5 机场航站楼建筑消防给水排水设计

11.5.1 工程简介

该工程为西部某城市机场航站楼扩建工程，航站楼建筑面积为 $43950m^2$，分 A、B、C 三段，地上 2 层，地下 1 层，总高度为 30.382m。航站楼总平面图如图 11-16 所示。

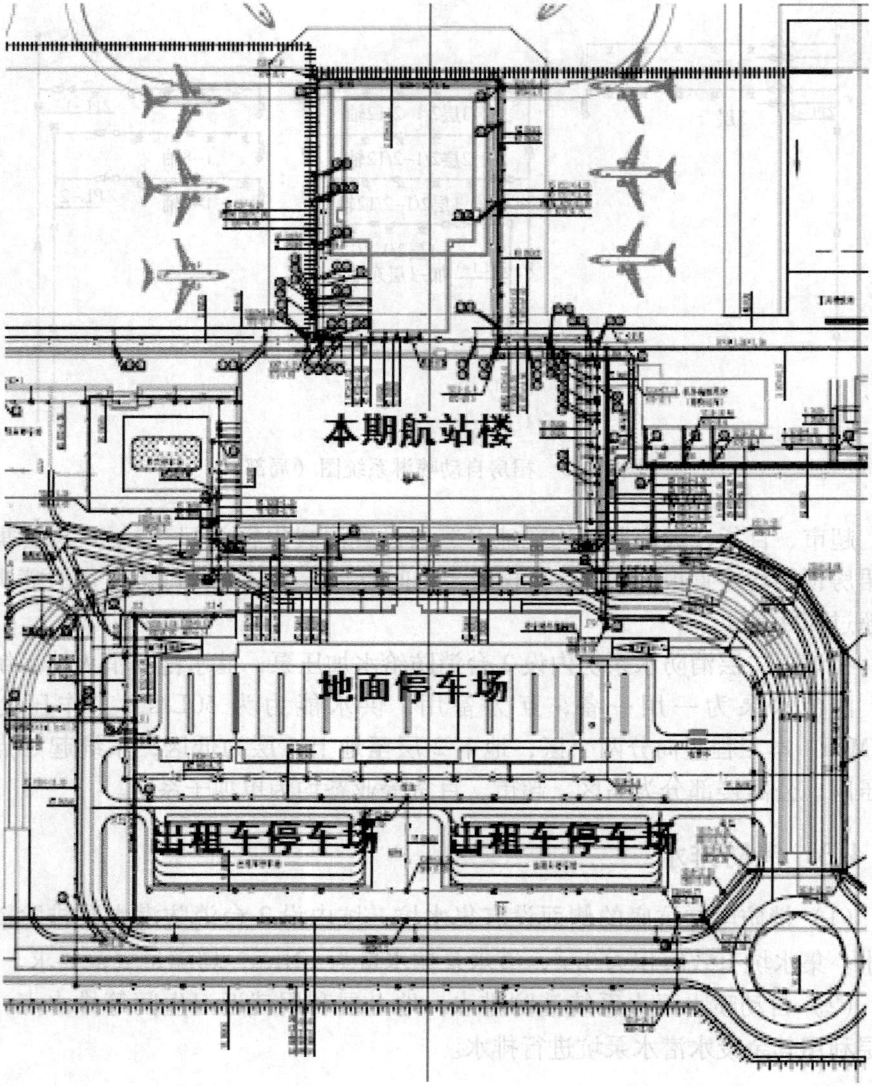

图 11-16 航站楼总平面图

11.5.2 消防给水排水设计

11.5.3 设计参数

某机场航站楼消防用水量见表 11-1。

表 11-1　某机场航站楼消防用水量

用 水 类 别	消防用水量标准/(L/s)	火灾延续时间/h	用水量/m^3
室外消火栓系统	30	2	324
室内消火栓系统	20	2	144
自动喷水灭火系统	42	1	152
自动水炮灭火系统	40	1	144

11.5.4　消防给水

1. 室外消火栓给水系统

室外消火栓给水系统管网为环网状，间距不超过 120m，用水量按 30L/s 设计，由地下室消防泵房内的室外消火栓给水泵供水，室外消防水泵为一用一备。

2. 室内消火栓给水系统

室内消火栓系统采用临时高压制，系统不分区，但各区每一层均单独成环，系统最高工作压力为 0.80MPa。消防前期水量、压力由消防稳压装置（消火栓、水炮系统合用）满足，消防稳压装置调节容积为 18m^3。消防稳压装置设在地下车库消防水泵房。消火栓系统如图 11-17 所示。

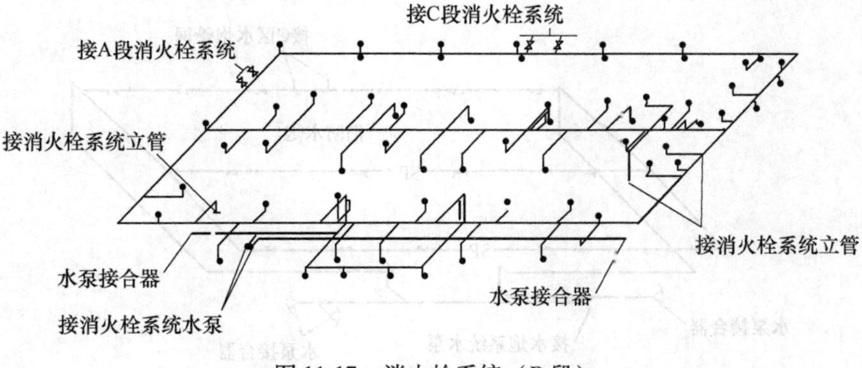

图 11-17　消火栓系统（B 段）

3. 自动喷水灭火系统

自喷系统采用临时高压制，系统不分区，系统最高工作压力为 0.70MPa。消防前期水量、压力由消防稳压装置（自喷系统）满足，消防稳压装置调节容积为 3m^3。航站楼内净空高度不大于 8m 的房间、走道，以及净空高度大于 800mm 的闷顶部位，按中危险级 I 级设计，喷水强度为 6L/(min · m^2)，作用面积为 160m^2。在净空高度大于 8m 小于 12m 的房间，喷水强度采用 6L/(min · m^2)，作用面积为 260m^2，设计流量按最大喷水强度计算为 42L/s。自喷系统均采用湿式自喷系统。自动喷淋系统如图 11-18 所示。

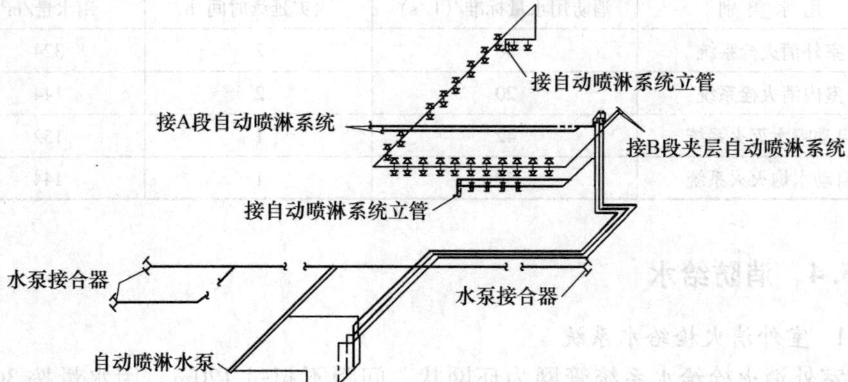

图 11-18　自动喷淋系统（B 段局部）

自动消防水炮系统采用临时高压制，系统不分区，系统最高工作压力 1.50MPa。水炮系统平时压力由稳压装置提供。主楼布置的消防水炮采用 XRN-P-20-Z 型自动寻的智能消防炮，流量 20L/s，压力 $P=0.80\text{MPa}$，射程 50m，水平回转角大于 180°，俯仰回转角为 −85° ~ +65°。消防水炮系统如图 11-19所示。

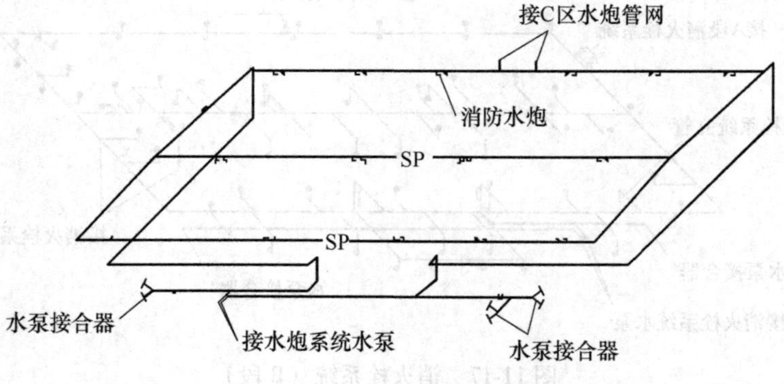

图 11-19　消防水炮系统（B 段）

11.6　大型会展中心消防给水排水设计

11.6.1　工程简介

本工程为某市新建的一大型展馆建筑，规划用地面积 170.24hm^2，总建筑面积约 240 万 m^2，拥有国际标准展位 7400 个。从西向东，依次分为会展、会议和酒店三大片区。

该建筑整个区域分为地面层（一层）和展馆层（二层）两个层面。地面层内设置车库、快速人行通道、商业等配套用房，以形成复合型的会展博览中心。地面层呈环形布置，后退用地红线 30 ~ 55m，此范围内设置 15m 宽环形车道及临水室外展场。展馆层外围同时设 20m 宽环形货运通道，上下环路通过 6 处坡道进行连通，从而形成核心区完整的立体交通。

该项目按功能主要分为展厅和车库两部分。项目一层包括为展馆服务的车库、商业、人行快速通道、设备用房等；二层为 12 个场馆、登录厅、展馆室外广场及市民广场。12 座场馆以 6 栋展馆连为一组，可分可合，使用灵活方便，最大限度地适应现代国际性大展的要求。某市博览中心总平面图如图 11-20所示。

11.6.2　消防给水排水设计

1. 消防给水

（1）消防水源。利用展馆周边水景水作为消防水源。专用消防水池设在展馆西面的景观水景中，设一座有效容积 6000m^3 消防水池，分 2 格，每格 3000m^3。在景观湖中设置围堰确保消防水的有效容积。为了保证消防水质，在消防系统加压泵房吸水井前设引水堰，引水堰的进口处设置 1 套间隙 20mm 的平面格栅和 2 套间隙 2mm 的机械旋转格网。经处理后的水质完全满足消防用水的水质要求。在会议中心屋顶水箱间设有有效容积 20m^3 消防水箱和 ZW（W)-I-XZ-13消防增压设备各 1 套，负责室内消火栓、自喷、水幕、水炮系统的初期火灾的供水。

（2）消火栓系统。

1）室内消火栓系统。

本工程室内消火栓给水系统包括展厅、商业、车库、办公等室内消火栓系统。室内消火栓系统采用稳高压制系统，设有专用室内消火栓管道系统、消火栓系统加压泵和增压稳压装置。管网系统竖向不分区。全场为一个消火栓供水系统，平时消火栓管网由会议中心的屋顶消防水箱和消火栓系统增压稳压设备保证系统最不利消火栓的压力要求，系统最大静压不大于 0. 8MPa，最大动压不大于 0. 5MPa。消防时，由消火栓加压泵加压供水。±0. 000 层平面中内圈露天区域的室外消火栓和 ±7. 000m 平台上的室外消火栓均在展馆单体设计范围内。此室外消火栓由市政管网直接供水。展馆区域有 2 路市政供水水源，当一路给水停供，另一路当满足 70% 生活用水量时，仍能保证室外消防用水量。室外消火栓系统采用低压制。

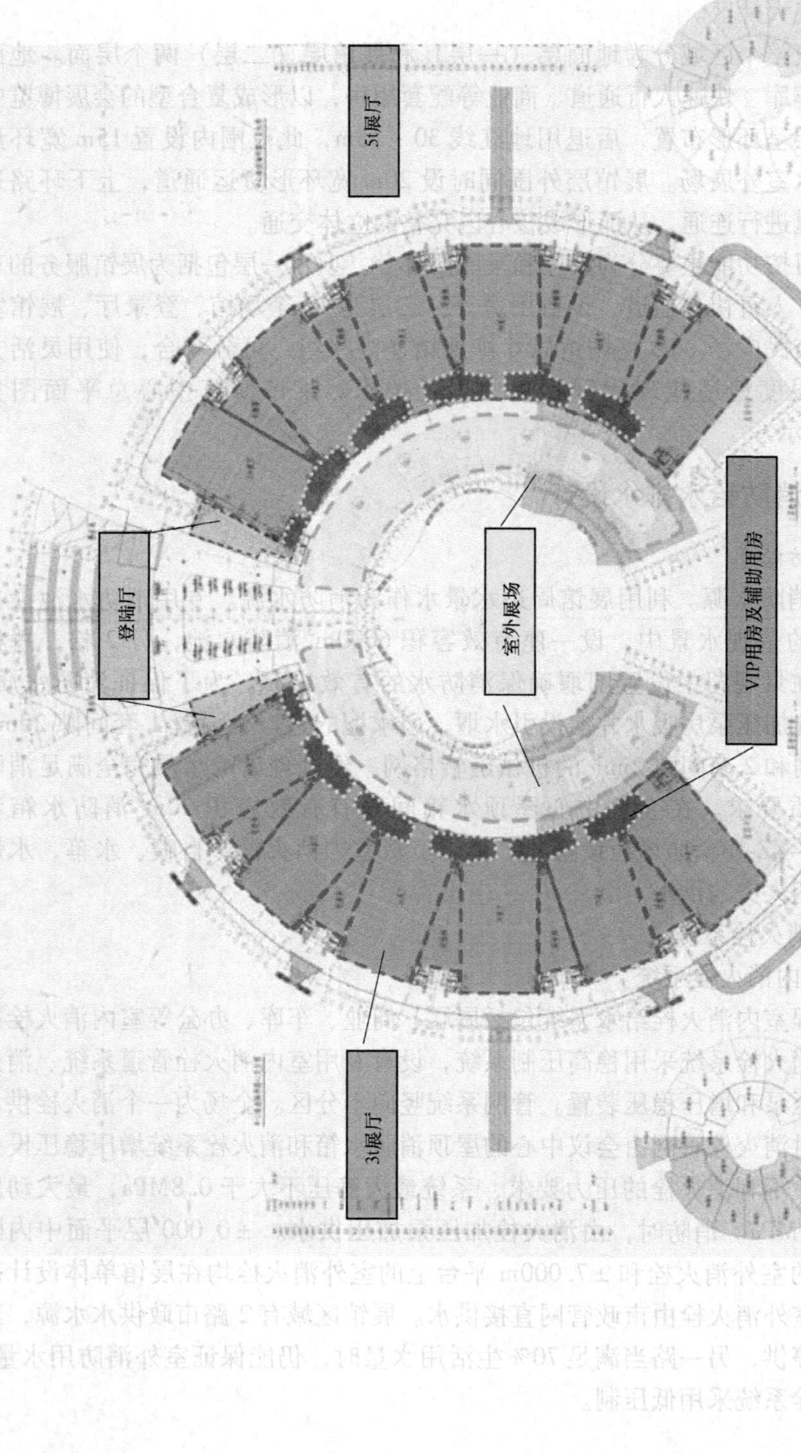

图11-20 某市博览中心总平面图

在±7.000层展馆大空间内，在无墙无柱处设置室内地下式室内消火栓及井室。每个消火栓井室内均配置*DN*65消火栓1个，*DN*65、L25m麻质衬胶水带1条，*DN*65×19mm直流水枪1支，并配置消防软管卷盘1套，另加配置QJ32带架水枪1套。室内地下式消火栓井盖颜色应与展馆地坪颜色有所区分。在井盖上应有开盖拉手和明显的消火栓专用标识。装修时应将消火栓做明显标志，不得封包隐蔽。箱体厚度大于墙体厚度的地方，箱体向房间内凸出。室内消火栓用水量为40L/s，火灾延续时间为3h。室外消防水量为30L/s，火灾延续时间为3h。

2）室外消火栓系统。室内外消火栓系统在横或竖管相连布置成环状管网，在管道最高处设置排气阀，在室外为室内消火栓配置4套消防水泵接合器，并在其附近设室外消火栓，供消防车向室内消火栓系统补水用。

室外消火栓的间距不大于80m。室外消火栓选用公称直径为100mm的3出口室外地上式防冻型消火栓，每个消火栓带2个65mm的消防水带接口及1个100mm消防吸水口。

2. 自动喷淋系统

（1）设计参数。餐厅、商店、车库按中危险Ⅱ级设计：喷水强度为8L/(min·m^2)，作用面积为160m^2，持续喷水时间为1h，最不利点喷洒头工作压力为0.1MPa。办公室、会议室按中危险Ⅰ级设计：喷水强度为6L/(min·m^2)，作用面积为160m^2，持续喷水时间为1h，最不利点喷洒头工作压力为0.1MPa。仓库按仓库危险Ⅱ级设计：喷水强度为16L/(min·m^2)，作用面积为200m^2，持续喷水时间为2h，最不利点喷洒头工作压力为0.1MPa。

（2）系统设计。自动喷水系统为稳高压系统，室内设专用自动喷洒管道系统。消防水泵房内设3台自动喷洒加压泵，3台水泵为二用一备，互为备用。1套自动喷洒系统增压稳压设备。屋顶水箱设在会议中心屋顶。最高层与最低层喷头高差约50m，按照各报警阀前的设计水压不大于1.2MPa的要求，全场竖向为1个自动喷洒系统供水区，平时自动喷洒管网由屋顶水箱和稳压设备保证系统压力。消防时由加压泵加压供水。在室外配置6套消防水泵接合器，并在其附近设室外消火栓。供消防车向室内自动喷洒系统补水用。本工程在地面层（±0.000）各报警阀间内设湿式报警阀，每套湿式报警阀担负的喷洒头不超过800个。展馆内除设备机房、卫生间、楼梯间、无可燃物的管道层、观众集散平台及不能用水扑救的场所外，其余有封闭围护结构的空间均设有自动喷洒头保护。自动喷淋系统图如图11-21所示。

3. 防火分隔水幕

（1）设计参数。喷水强度为2L/(s·m^2)，喷头工作压力为0.10MPa，洒水点高度为11.5m，水幕保护长度为180m（已经过消防论证核准）。整个建筑划分为12个防火分区，每个防火分区为11000m^2，设计流量为360L/s。

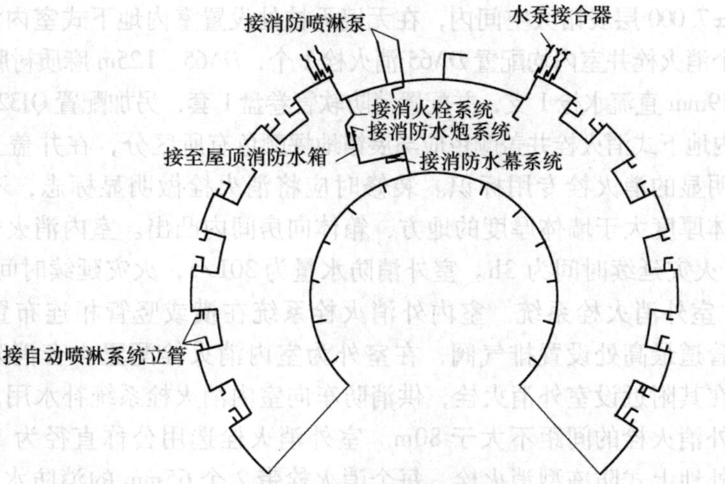

图 11-21　自动喷淋系统图

（2）系统设计。用开式洒水喷头，喷头不应少于 2 排，水幕保护宽度不小于 6m；本工程在地面层（±0.000）室外配置 24 套消防水泵接合器，供消防车从室外消火栓取水向室内防火分隔水幕系统补水。水幕系统设 7 台水幕给水加压泵，7 台水泵为六用一备，互为备用。储水池与消火栓系统合建。消防水幕泵位于水泵房内。在会议中心屋顶水箱间设有有效容积 20m³ 消防水箱 1 套。为满足初期火灾的水压要求，设置防火分隔水幕系统气压罐增压设备 1 套，保证系统压力。发生火灾时由给水加压泵从消防水池取水加压供水。消防水幕系统图如图 11-22 所示。

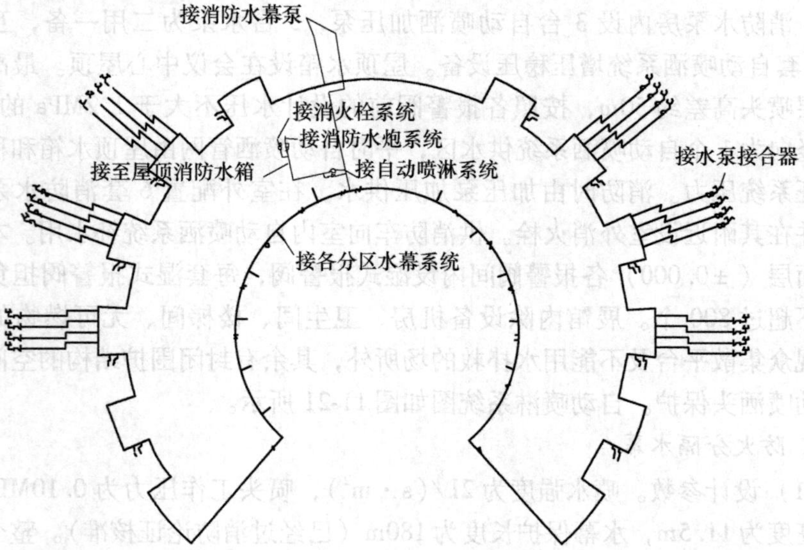

图 11-22　消防水幕系统图

4. 自动固定消防水炮灭火系统

（1）设计参数。按2门消防水炮的水射流同时到达被保护区域的任一部位设计，设计流量为60L/s，消防水炮的雾化角度为90°，消防水炮的水平旋转角度为270°，消防水炮的单台流量为30L/s，消防水炮的标准圆形保护半径不大于65m；标准入口工作压力为0.9MPa。

（2）系统设计。本工程自动固定消防水炮灭火系统由区域固定消防水炮灭火系统加压环状给水管网供给。在管道最高处设置排气阀，在室外配置4套消防水泵接合器。消防水炮系统每个防火分区均设信号阀和电动阀，设3台消防水炮给水加压泵，储水池与消火栓系统合建。消防水炮泵位于水泵房内。3台水泵为两用一备，互为备用。水炮系统从启动至炮口喷射水的时间不应大于5min。炮位处应设置消防水泵启动按钮。水炮系统图如图11-23所示。

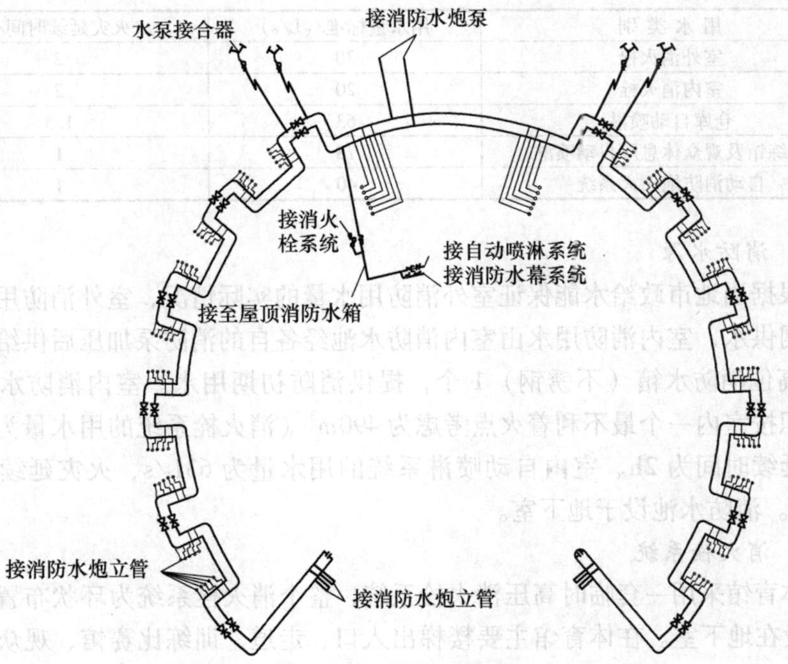

图11-23 水炮系统图

11.7 体育场馆建筑消防设计

11.7.1 工程简介

某体育馆建设用地面积为35560m^2，是集中心主体育馆、运动员训练馆、配套体育健身场所及综合商业为一体的大型综合体育馆。体育馆地下1层、地上2层，其中地下一层为运动员训练馆、体育健身场所和大型超市，一层以上为中心主体育馆。最多容纳座位数量为6188座，建筑高度为34.51m，总建筑面积为40858m^2。

根据使用要求新建体育馆等级为乙级，可以举办地区性比赛及全国单项比赛。体育馆建设高起点、高标准。除能满足各类正式体育比赛的要求外，还要兼顾开展综合文艺演出、群众性娱乐健身及大型商贸展览等活动。

11.7.2 消防给水排水设计

1. 设计参数

某体育馆消防用水量见表11-2。

表11-2 某体育馆消防用水量

用水类别	用水量标准/(L/s)	火灾延续时间/h
室外消火栓	30	2
室内消火栓	20	2
仓库自动喷淋	63	1.5
训练馆及观众休息厅自动喷淋	78	1
自动消防炮灭火系统	40	1

2. 消防水源

根据当地市政给水能保证室外消防用水量的实际情况，室外消防用水由市政管网供水，室内消防用水由室内消防水池经各自的消防泵加压后供给。另设18m^3高位消防水箱（不锈钢）1个，提供消防初期用水。室内消防水池的有效容积按室内一个最不利着火点考虑为490m^3（消火栓系统的用水量为20L/s、火灾延续时间为2h、室内自动喷淋系统的用水量为63L/s、火灾延续时间为1.5h）。消防水池设于地下室。

3. 消火栓系统

体育馆采用一套临时高压消火栓系统，整个消火栓系统为环状布置。消防泵房设在地下室。在体育馆主要楼梯出入口、走道、训练比赛馆、观众席等各处设有消火栓箱（带卷盘，灭火器），保证两股水柱可到达室内任何部位。消火栓箱内设*DN*65消火栓口、*DN*65长25m衬胶水带、Φ19水枪、水泵启动按钮、指示灯；带卷盘的消火栓箱内还设有*DN*25消防卷盘栓口、*DN*19长30m衬胶水带、Φ6水枪1支。消火栓泵设于地下室消防泵房内，从室内消防水池抽吸供水。采用2台消防泵，一用一备，其技术参数为$Q=20L/s$、$H=60m$、$N=22kW$。

室内消火栓系统采用临时高压消防给水系统，在体育馆内高位水箱间设置18m^3高位消防水箱（不锈钢）气压供水设备1套（$Q=5L/s$、$H=10m$、$N=1.5kW$，一用一备）。

在室外适当位置按规范要求设置消火栓水泵接合器 2 个。消火栓系统如图 11-24所示。

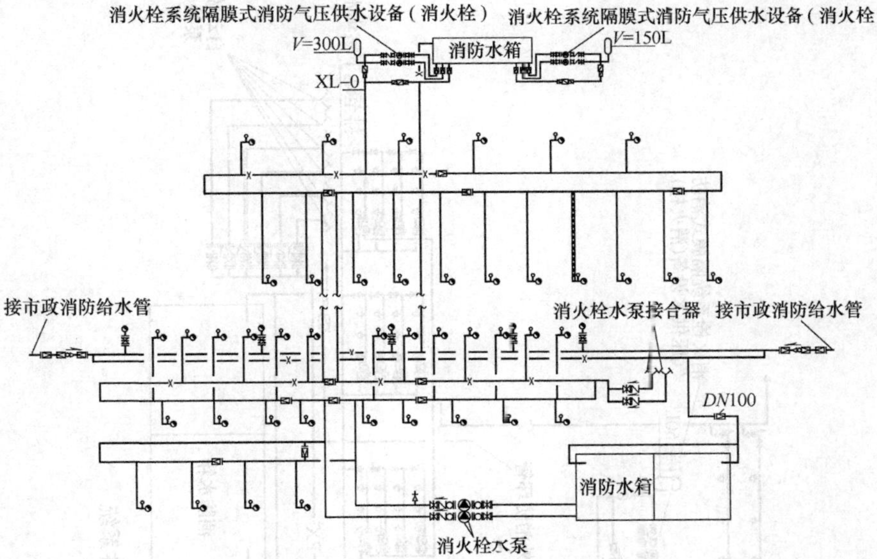

图 11-24　消火栓系统

11.7.3　自动喷水灭火系统

本工程喷淋按多功能体育馆考虑。除主赛场以外的所有有空调风管的场所均设置喷淋系统。地下仓库按仓库危险Ⅱ级考虑，储物高度不超过 3.5m，喷水强度为 12L/(min · m^2)，保护面积为 240m^2，喷头 $k=115$；地下超市按净空高度不超过 8m，物品高度不超过 3.5m 的自选商场考虑，为中危险Ⅱ级，喷水强度为 8L/(min · m^2)，保护面积为 160m^2，喷头 $k=115$；训练馆及大空间观众休息厅喷水强度为 12L/(min · m^2)，保护面积为 300m^2，喷头 $k=115$；办公等为中危Ⅰ级，选用喷头 $k=80$。

喷淋给水泵设于地下室消防泵房内，从室内消防水池抽吸供水。喷淋泵采用 3 台，二用一备，其技术参数为 $Q=40$L/s、$H=70$m、$N=55$kW。室内自动喷水灭火系统采用临时高压系统。在体育馆内水箱间设置 18m^3 高位消防水箱及气压供水设备 1 套（$Q=1$L/s、$H=40$m、$N=1.5$kW，一用一备）。满足喷头最不利点喷头压力 0.10MPa。

自动喷水灭火系统按每 800 个喷头设一套独立的湿式报警阀，体育馆内共设置 4 套，设于消防泵房内，每个防火分区或每层均设 1 只水流指示器及监控蝶阀。

在室外适当位置按规范要求设置自动喷淋水泵接合器 5 个。自动喷淋系统如图 11-25 所示。

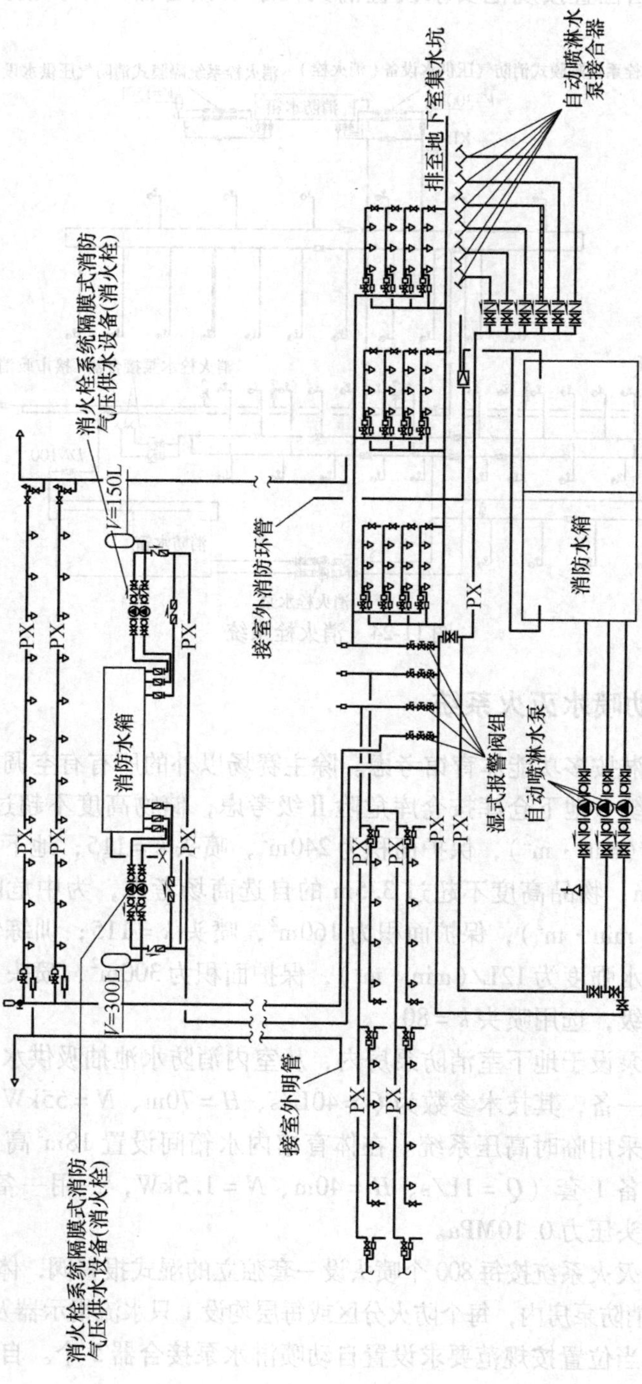

图 11-25 自动喷淋系统

11.7.4　自动消防炮灭火系统

体育馆的大空间主赛场及空间高度大于 12m 部分大空间观众休息厅内采用数字图像控制消防炮灭火系统，整个系统为湿式系统，主赛场采用大炮，观众休息厅采用小炮，其技术参数为：大炮流量 $Q=20\mathrm{L/s}$，小炮流量 $Q=5\mathrm{L/s}$，额定工作压力为 0.8MPa，仰角为 $-85°\sim+90°$，射程不大于 50m，水平转角为 $-180°\sim+180°$。

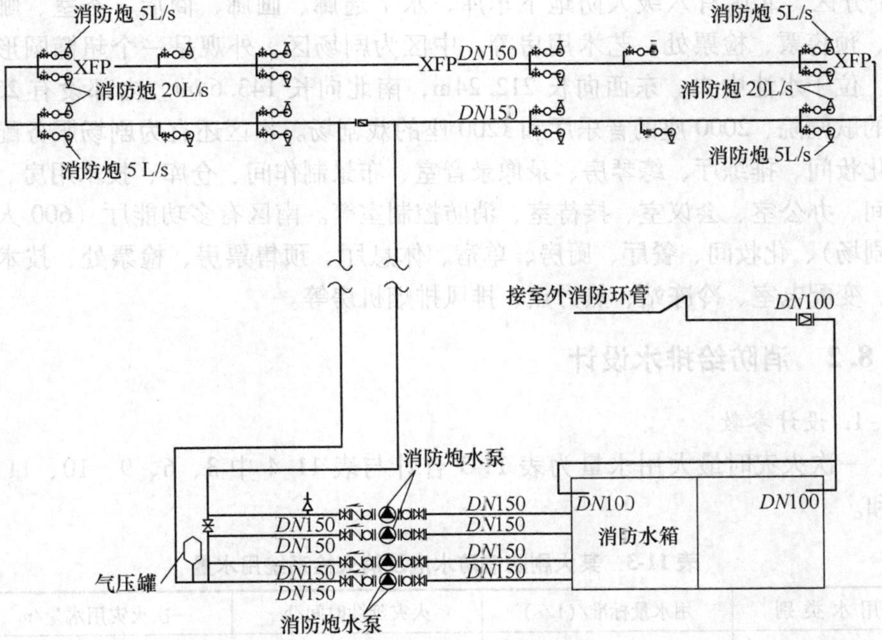

图 11-26　消防水炮系统

在体育馆比赛场地内按规范要求设置自动消防炮（大炮）共 8 个，观众休息厅设置自动消防炮（小炮）共 12 个，保证两股水炮射流可到达任何部位，如图 11-26 所示。消防炮位处设消防炮启动按钮。电控消防炮灭火系统给水泵采用 2 台固定消防专用泵，一用一备，其技术参数为 $Q=40\mathrm{L/s}$、$H=120\mathrm{m}$、$N=90\mathrm{kW}$。消防炮灭火系统采用稳高压消防给水系统，系统内设置稳压泵 2 台，其技术参数为 $Q=5\mathrm{L/s}$、$H=125\mathrm{m}$、$N=7.5\mathrm{kW}$，稳压罐 1 只，其有效容积为 150L。

11.7.5　室外消防系统

室外消防接自市政给水管（2 根 DN200），为低压供水，在基地内连成环状，并设置室外消火栓，其间距小于 120m。

11.8 大剧院建筑消防设计

11.8.1 工程简介

某大剧院总占地面积为11.893hm^2，总建筑面积约20万m^2。地上高度46.285m，歌剧院台仓地下深度27.5m，室外景观水池3.5万m^2。本工程共有3个分区。北区有六级人防地下车库、水下通廊、画廊、商店、茶室、咖啡厅、预售票、检票处、艺术用房等。中区为剧场区，外观是一个超椭圆形壳体，位于水池中央。东西向长212.24m，南北向长143.64m。内部设有2500座的歌剧院、2000座的音乐厅和1200座的戏剧场。本区还有为剧场服务配套的化妆间、排练厅、练琴房、录像录音室、布景制作间、仓库、技术用房、维修间、办公室、会议室、接待室、消防控制室等。南区有多功能厅（600人的小剧场）、化妆间、餐厅、厨房、单宿、休息厅、预售票房、检票处、技术用房、变配电室、冷冻站、热力点、排风排烟机房等。

11.8.2 消防给排水设计

1. 设计参数

一次火灾时最大用水量为表11-3合计与表11-4中3、6、9、10、11项之和。

表11-3 某大剧院消防水泡及消火栓系统用水量

用水类别	用水量标准/(L/s)	火灾延续时间/h	一次火灾用水量/m^3
室外消火栓	30	3	324
室内消火栓	40	3	432
炮灭火系统	20×2	1	144
合计			900

表11-4 某大剧院消防水泡及用水量

序号	设置场所	系统类别	喷水强度/[L/(min·s)]	计算流量/(L/s)	火灾用水量/m^3
1	休息厅、前厅、贵宾室、办公室、会议室、餐厅、厨房等	湿式系统	6	16	58
2	地下商店服装鞋帽间等	湿式系统	10.4	27.7	100
3	舞台上部	湿式系统	8	21.3	77
4	集装箱仓库	湿式系统	6.1	73.2	264

（续）

序　号	设 置 场 所	系 统 类 别	喷水强度/[L/(min·s)]	计算流量/(L/s)	火灾用水量/m^3
5	物流通道	干式系统	8	27.7	100
6	歌剧院、戏剧院主舞台葡萄架下部	雨淋系统	16	100	360
7	后舞台、两侧舞台上部	雨淋系统	16	100	360
8	布景组装场、绘景间、布景道具库房	雨淋系统	16	100	360
9	主舞台与观众厅金属防火幕	水幕系统	1L/(S·m)	19.8	71
10	主舞台与侧舞台金属防火幕	水幕系统	1L/(S·m)	44.8	161
11	主舞台与后舞台金属防火幕	水幕系统	1L/(S·m)	23.2	84
12	地下车库	预作用动喷水—泡沫联用系统	8	21.3	77

2. 消防水源

由市政给水管网与地下室 2200m^3 消防水池（共分 5 格）和消防水泵联合供水。在歌剧院屋顶层水箱间内设有 80m^3（分 2 格）消防水箱，450L 气压罐和 2 台增压稳压泵 $Q=6L/s$、$H=25m$，以确保各消防系统最不利处消防初期用水，消防水箱、水池内均分格设有水箱自洁消毒器。

3. 消火栓系统

（1）室外消火栓系统。

从大剧院东、西两侧市政管道分别引入 *DN*200 给水管与大剧院室外 *DN*200 环状给水管网（即消防环管）相连。室外消火栓沿景观水池外路边布置，采用地下式消火栓，间距不大于 120m。在大剧院中区周围有宽度为 8m 的消防通道（−11.5m），设有供消防人员专用的室外消火栓（间距为 60m）及室内各消防系统的消防水泵接合器。消防通道室外消火栓系统如图 11-27 所示。

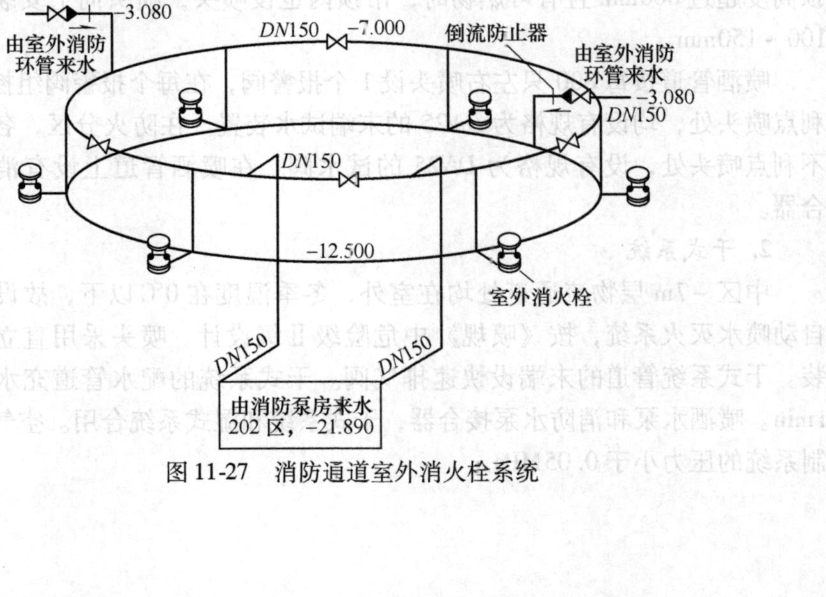

图 11-27　消防通道室外消火栓系统

（2）室内消火栓系统。

本工程室内消火栓为 1 个系统，当消火栓栓口的出水压力大于 0.5MPa 时，采用减压稳压消火栓。室内消火栓的间距为 30m，消火栓的栓口直径为 65mm，水带长度为 25m，水枪喷嘴口径为 19mm。所有双出口、单出口消火栓均为带消防卷盘的消火栓，消防卷盘的栓口直径为 25mm，配备的胶带内径为 19mm，消防卷盘喷嘴口径为 6mm。歌剧院屋顶上设置 1 个装有显示装置试验检查用的试验消火栓。

11.8.3 自动喷水灭火系统

1. 湿式系统

歌剧院、戏剧场舞台上部、地下排练厅、地下画廊、地下商店等按《自动喷水灭火系统设计规范》（GB 50084—2001，以下简称《喷规》）中危险级Ⅱ级设计。办公室、会议室、贵宾室、休息厅、前厅、走道、维修间、化妆间、预售票房、检票处、餐厅、厨房、茶室、咖啡厅和层高小于 8m 高的观众厅及大于 800mm 的观众厅吊顶内等，按《喷规》中危险级Ⅰ级设计。

除集装箱仓库外，自动喷水灭火系统选用快速响应喷头，玻璃球直径 3mm，流量系数为 $K=80$，厨房喷头动作温度为 93℃，歌剧院、戏剧场舞台格栅上部喷头动作温度为 79℃，其他均为 68℃。−21.89m 层集装箱仓库按《喷规》仓库危险级Ⅱ级设计，采用快速响应早期抑制喷头。玻璃球直径为 1.5mm，流量系数 $K=200$，喷头动作温度为 68℃。

喷头在有吊顶时向下安装，采用下垂型喷头；无吊顶时向上安装，采用直立型喷头；而安装快速响应早期抑制喷头处，喷头必须向下安装。观众厅、公共大厅及环廊、贵宾室等采用隐蔽式喷头，一般房间均采用下垂型喷头。当吊顶高度超过 800mm 且有可燃物时，吊顶内也设喷头，喷头向上安装，距顶板 100～150mm。

喷洒管道按每 800 只左右喷头设 1 个报警阀，在每个报警阀组控制的最不利点喷头处，均设有规格为 *DN*25 的末端试水装置。在防火分区，各楼层的最不利点喷头处，设有规格为 *DN*25 的试水阀。在喷洒管道上设有消防水泵接合器。

2. 干式系统

中区 −7m 层物流通道处均在室外，冬季温度在 0℃以下，故设计为干式自动喷水灭火系统，按《喷规》中危险级Ⅱ级设计。喷头采用直立型向上安装。干式系统管道的末端设快速排气阀。干式系统的配水管道充水时间小于 1min。喷洒水泵和消防水泵接合器，干式系统和湿式系统合用。空气压缩机控制系统的压力小于 0.05MPa。

3. 预作用自动喷水-泡沫联用灭火系统

北区地下车库因冬季不采暖，采用了预作用自动喷水-泡沫联用灭火系统，如图 11-28 所示。按《喷规》中危险级Ⅱ级设计。持续喷泡沫时间大于 10min。泡沫喷淋系统选用水成膜泡沫液。泡沫混合液至车库最远点喷头的时间，根据《泡沫灭火系统设计规范》（GB 50151—2010），经计算为 5min。喷头在 -11m 层均为向上安装，-7m 有部分喷头为向下安装，上喷采用直立型喷头，下喷采用下垂型喷头。

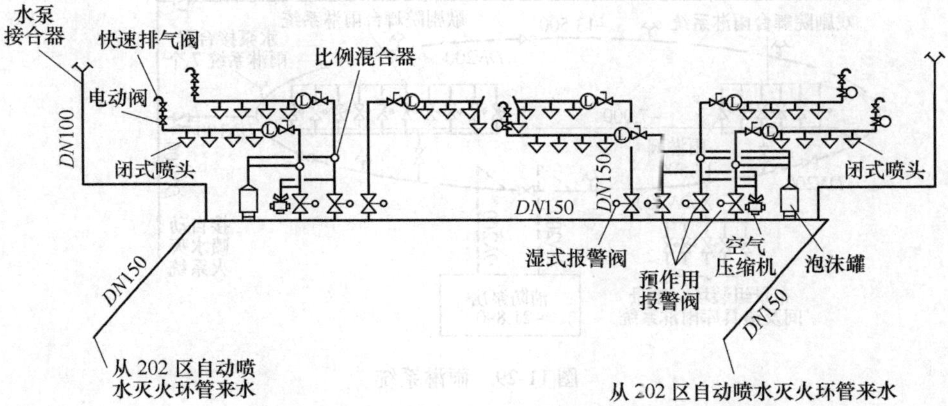

图 11-28　北区预作用自动喷水—泡沫联用灭火系统

4. 雨淋系统

在歌剧院、戏剧场的主舞台葡萄架下部，歌剧院后舞台和两侧舞台上部，戏剧场两侧舞台上部，布景制作间、布景绘制间、布景装配区等设雨淋灭火系统。按《喷规》严重危险级Ⅱ级设计。雨淋喷头采用开式喷头，其开启可用探测器控制或闭式喷头控制。各雨淋系统给水进口处采用雨淋报警阀及手动快开阀。雨淋报警阀分别设在歌剧院和戏剧场舞台后部入口处附近，以便于操作管理。雨淋阀在演出期间为防止误喷设为手动启动，其余时间均自动控制。雨淋系统如图 11-29 所示。

5. 水幕系统

在歌剧院主舞台与观众厅的金属防火幕、主舞台与侧舞台的金属防火幕、主舞台与后舞台的金属防火幕设防护冷却水幕系统；在戏剧场主舞台与观众厅的金属防火幕、主舞台与侧舞台的防火卷帘处也设防护冷却水幕系统；在中区 -6m 层，货仓及台仓进出口处，当防火卷帘耐火极限不能满足 3h 时，设防护冷却水幕系统。水幕系统采用水幕喷头。各水幕系统给水进口处采用控制阀（雨淋阀或电磁阀）及手动快开阀（蝶阀）。水幕系统如图 11-30 所示。

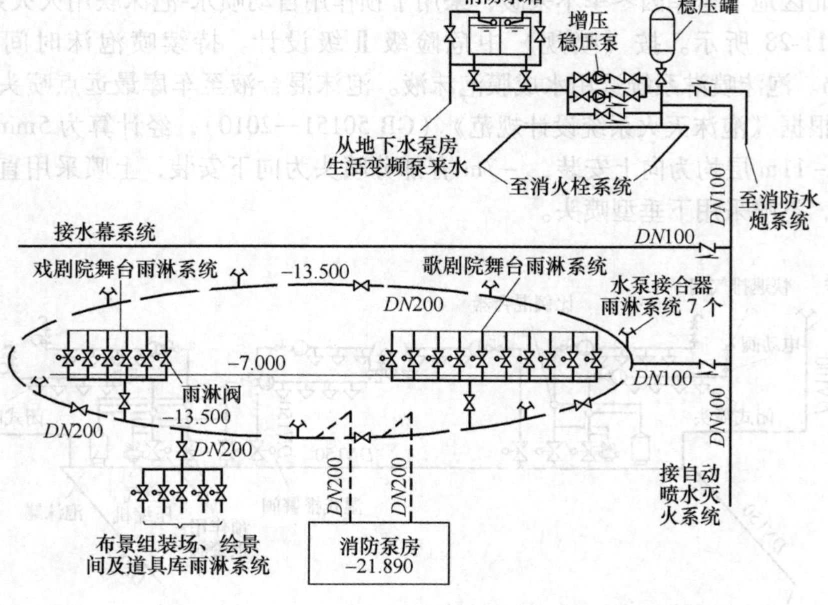

图 11-29　雨淋系统

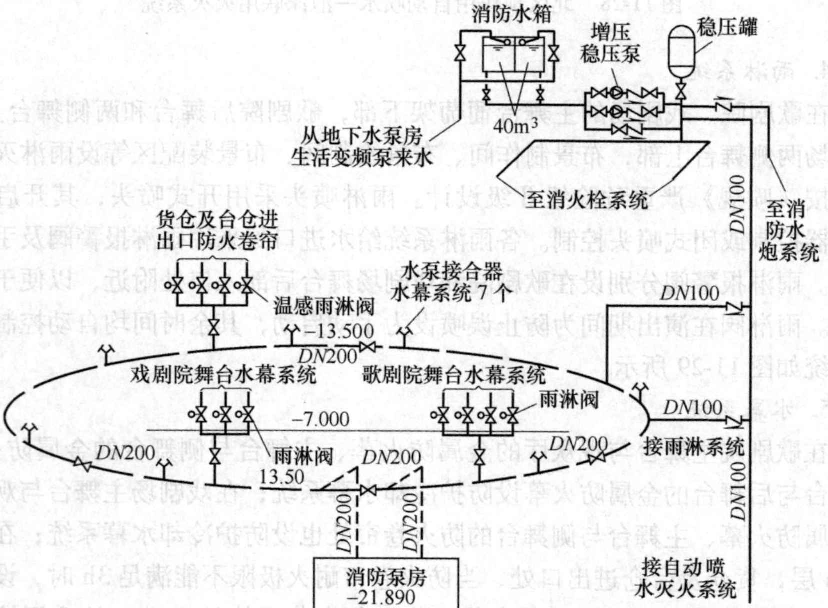

图 11-30　水幕系统

11.8.4 自动消防炮灭火系统

在壳体内发生火灾时，消防车无法进入其中灭火。作为室外消火栓的补充，在剧场区10层设4门移动式水炮。在歌剧院、戏剧场、音乐厅屋顶共设有14门固定水炮及移动水炮，以便火灾时各剧场之间相互喷水灭火及对壳体上部进行喷水保护。水炮可遥控、自控和手动控制。水炮水平扫射（旋转）180°。上下喷射角度145°，向上100°，向下-45°。

11.9 超高层建筑消防设计

11.9.1 工程简介

本工程为一栋超高层综合楼，地下2层，地面共53层，建筑高度为179m。地上总建筑面积为68015m^2，其中裙房为21068m^2，塔楼为46947m^2；地下为16148m^2。地下一、二层为车库及设备用房，地上一至七层为裙房，主要为商业和餐饮，八层为绿化架空层，九至五十二层为高级住宅，每层4户，五十三层为1套豪宅。

此地块已敷设有*DN*600市政雨污合流管，末端标高为18.59m；已敷设有*DN*500市政给水干管，其供水压力为0.28MPa。

11.9.2 消防给水排水设计

1. 设计参数

本项目消防用水量包括消火栓用水量、自动喷淋用水量及消防炮用水量，见表11-5。

表11-5 某超高层消防用水量

用水类别	用水量标准/(L/s)	火灾延续时间/h	一次火灾用水量/m^3
室外消火栓	30	3	324
室内消火栓	40	3	432
消防炮	40	1	144
自动喷淋	28	1	100

2. 消火栓系统

本工程采用临时高压系统。1区为地下室二层至地上八层，火灾初期消火栓用水由七层高位水箱供应，火灾期间消火栓用水由低区消火栓泵供应，其中地下二层至三层使用减压稳压型消火栓；2 区为九层至二十五层，由消防转输泵经过减压稳压后供应；3 区为二十六层至五十三层，火灾初期消火栓用水由屋顶水箱通过增压稳压设备供应，火灾期间由消防转输泵供应。这样分区的优点在于，消火栓扬程不至于过高，管道及设备的耐压等级不至于过大。消防竖管布置保证同层相邻两个消防栓水枪的充实水柱能同时到达被保护范围的任何部位。消火栓的充实水柱不小于 13m，除消防电梯前室的消火栓外，其余消火栓均配有消防卷盘。1 区管网设置 3 个地上式水泵接合器。当 1 区发生火灾，仅启动 -2F 消防水泵，2 区发生火灾，起动 -2F 和 7F 的消防水泵。住宅消火栓原理图如图 11-31 所示。

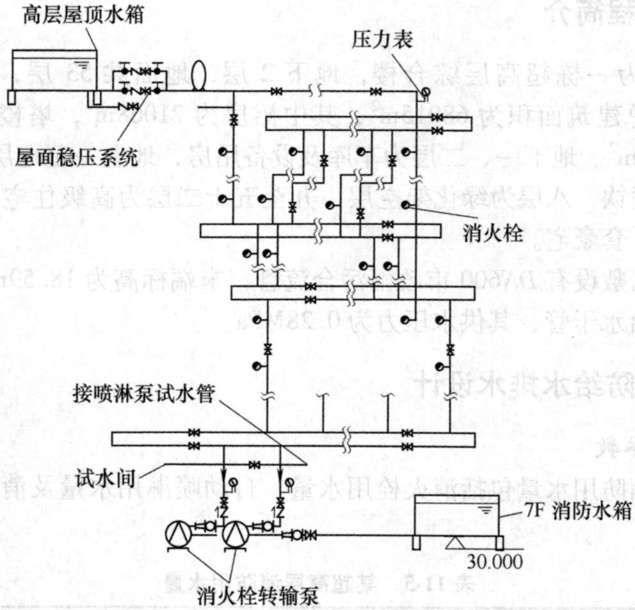

图 11-31　住宅消火栓原理图

消防水池位于地下二层泵房内，容积按 3h 室内消火栓用水量及 1h 的消防炮用水量考虑，容积为 576m³。消防水池分两格，以便水池检修、清洗时仍能保证消防用水的安全性。在七层设置 1 座 18m³ 的消防水箱作为裙房的高位水箱、24m³ 的消防转输水箱和消火栓转输泵及自动喷淋转输泵。屋顶设 18m³ 的消防水箱和增压稳压设备，储备火灾初期 10min 的消防水量。在七层水泵房及屋顶水箱间各设有 1 套湿式自动喷淋系统、消火栓系统共用的消防增压稳压设备，维持平时管网压力。裙房自动喷淋原理图如图 11-32 所示。

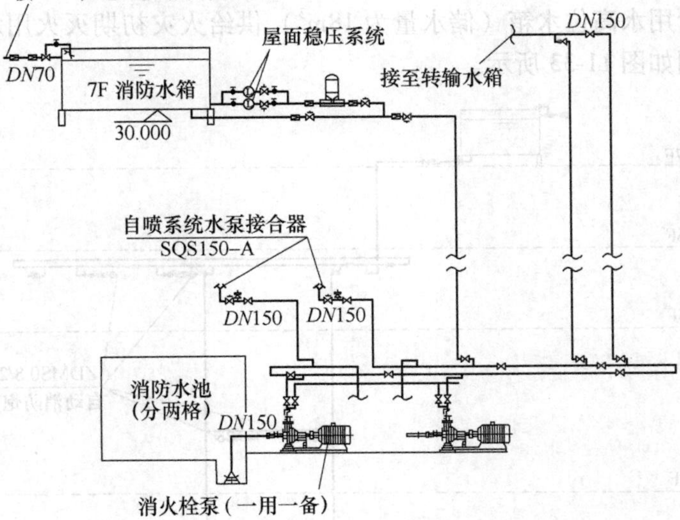

图 11-32　裙房自动喷淋原理图

11.9.3　自动喷水灭火系统

1 区为地下室二层至地上七层，火灾初期自动喷水系统用水由七层高位水箱供应，火灾期间由低区自动喷水灭火系统泵供应。2 区为八层至三十八层，由喷淋转输泵经过减压稳压后供应；3 区为三十九层至五十三层，火灾初期自动喷水系统用水由屋顶水箱通过增压稳压设备供应，火灾期间由喷淋转输泵供应。当 1 区发生火灾，仅起动 -2F 喷淋水泵，2 区发生火灾，起动 -2F 和 7F 的喷淋水泵。

根据规范，一个报警阀组供水最高与最低位置喷头高差不大于 50m，并且一个报警阀组控制喷头数不超过 800 只，本建筑自动喷淋系统分为 4 个区。1 区水力报警阀集中设置在地下二层，2 区水力报警阀设置在七层，3 区水力报警阀设置在二十四层，4 区水力报警阀设置在三十九层。每层每个防火分区设 1 个水流指示器，水流指示器前安装信号阀，以显示阀门的启闭状态。

11.9.4　自动消防炮灭火系统

裙房中间有两个中庭，一个贯穿 1 ~ 3F，在 3F 顶位置靠柱子设 2 个固定消防炮，另一个中庭贯穿 1 ~ 7F，在 6F 顶位置靠柱子设有 2 个固定消防炮。此系统采用 ZDMS0.8/20SYA 型自动扫描射水高空水炮，每只炮的口径为 *DN*65，工作压力为 0.8MPa，单炮流量为 20L/s，保护半径为 50m。固定消防炮给水系统为临时高压系统，在地下室消防水泵房设固定消防炮消防泵。屋顶设有消防专用水高位水箱（储水量为 $18m^3$）供给火灾初期灭火用水。固定消防炮系统图如图 11-33 所示。

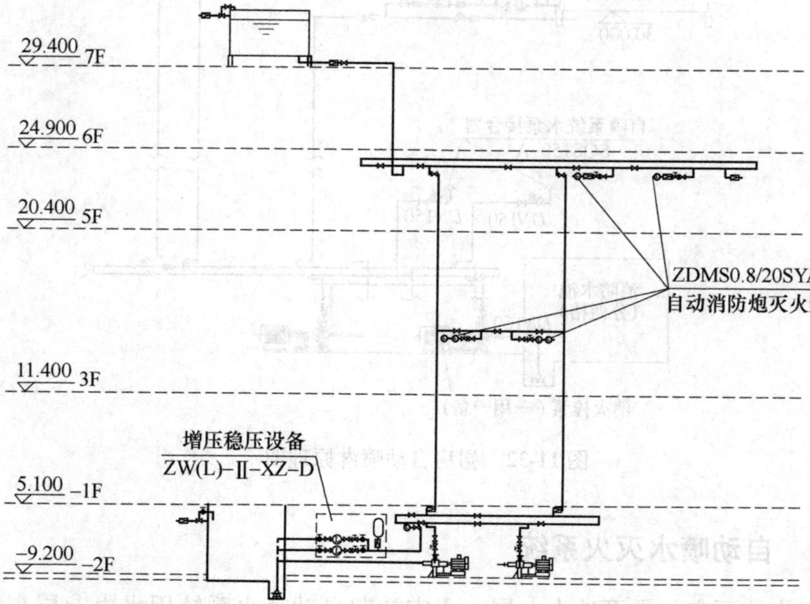

图 11-33 固定消防炮系统图

附　　录

附录1　设置场所火灾危险等级分类

火灾危险等级		设置场所分类
轻危险级		住宅建筑、幼儿园、老年人建筑、建筑高度为24m及以下的旅馆、办公楼；仅在走道设置闭式系统的建筑等
中危险级	Ⅰ级	（1）高层民用建筑：旅馆、办公楼、综合楼、邮政楼、金融电信楼、指挥调度楼、广播电视楼（塔）等 （2）公共建筑（含单、多高层）：医院、疗养院；图书馆（书库除外）、档案馆、展览馆（厅）；影剧院、音乐厅和礼堂（舞台除外）及其他娱乐场所；火车站、飞机场及码头的建筑；总建筑面积小于$5000m^2$的商场、总建筑面积小于$1000m^2$的地下商场等 （3）文化遗产建筑：木结构古建筑、国家文物保护单位等 （4）工业建筑：食品、家用电器、玻璃制品等工厂的备料库与生产车间等；冷藏库、钢屋架等建筑构件
	Ⅱ级	（1）民用建筑：书库、舞台（舞台葡萄架除外）、汽车停车场（库）、总建筑面积$5000m^2$及以上的商场、总建筑面积$1000m^2$及以上的地下商场、净空高度不超过8m、物品高度不超过3.5m的超级市场等 （2）工业建筑：棉毛麻丝及化纤的纺织、织物及制品、木材木器及胶合板、谷物加工、烟草及制品、饮用酒（啤酒除外）、皮革及制品、造纸及纸制品、制药等工厂的备料库与生产车间等
严重危险级	Ⅰ级	印刷厂，酒精制品、可燃液体制品等工厂的备料库与车间，净空高度不超过8m、物品高度超过3.5m的超级市场
	Ⅱ级	易燃液体喷雾操作区域，固体易燃物品、可燃的气溶胶制品、溶剂清洗、喷涂油漆、油漆、沥青制品等工厂的备料库及生产车间，摄影棚、舞台葡萄架下部等
仓库危险级	Ⅰ级	食品、烟酒；木箱、纸箱包装的不燃难燃物品等
	Ⅱ级	木材、纸、皮革、谷物及制品、棉毛麻丝化纤及制品、家用电器、电缆、B组塑料与橡胶及其制品、钢塑混合材料制品、各种塑料瓶盒包装的不燃、难燃物品及各类物品混杂储存的仓库等
	Ⅲ级	A组塑料与橡胶及其制品；沥青制品等

注：表中的A组、B组塑料与橡胶的分类见附录2。

附录2　塑料、橡胶的分类

A组：丙烯腈-丁二烯-苯乙烯共聚物（ABS）、缩醛（聚甲醛）、聚甲基丙烯酸甲酯、玻璃纤维增强聚酯（FRP）、热塑性聚酯（PET）、聚丁二烯、聚碳酸酯、聚乙烯、聚丙烯、聚苯乙烯、聚氨基甲酸酯、高增塑聚氯乙烯（PVC，如人造革、胶片等）、苯乙烯-丙烯腈（SAN）等。

丁基橡胶、乙丙橡胶（EPDM）、发泡类天然橡胶、腈橡胶（丁腈橡胶）、聚酯合成橡胶、丁苯橡胶（SBR）等。

B组：醋酸纤维素、醋酸丁酸纤维素、乙基纤维素、氟塑料、锦纶（锦纶6、锦纶6/6）、三聚氰胺甲醛、酚醛塑料、硬聚氯乙烯（PVC，如管道、管件等）、聚偏二氟乙烯（PVDC）、聚偏氟乙烯（PVDF）、聚氟乙烯（PVF）、脲甲醛等。

氯丁橡胶、不发泡类天然橡胶、硅橡胶等。

粉末、颗粒、压片状的A组塑料。

附录3　镀锌钢管件和阀门的当量长度表

（单位：m）

管件和阀门	公称直径/mm								
	25	32	40	50	65	80	100	125	150
45°弯头	0.3	0.3	0.6	0.6	0.9	0.9	1.2	1.5	2.1
90°弯头	0.6	0.9	1.2	1.5	1.8	2.1	3.0	3.7	4.3
90°长弯管	0.6	0.6	0.6	0.9	1.2	1.5	1.8	2.4	2.7
三通或四通	1.5	1.8	2.4	3.0	3.7	4.6	6.1	7.6	9.1
蝶阀				1.8	2.1	3.1	3.7	2.7	3.1
闸阀				0.3	0.3	0.3	0.6	0.6	0.9
止回阀	1.5	2.1	2.7	3.4	4.3	4.9	6.7	8.2	9.3
异径接头	32/25	40/32	50/40	65/50	80/65	100/80	125/100	150/125	200/150
	0.2	0.3	0.3	0.5	0.6	0.8	1.1	1.3	1.6

注：1. 过滤器当量长度的取值，由生产厂提供。

2. 当异径接头的出口直径不变而入口直径提高1级时，其当量长度应增大0.5倍；提高2级或2级以上时，其当量长度应增大1.0倍。

3. 当采用铜管或不锈钢管时，当量长度应乘以系数1.33；当采用涂覆钢管、氯化聚氯乙烯（PVC－C）管时，当量长度应乘以系数1.51。

附录 4 ZSTWB 高速水雾喷头规格、型号

新国际编号	公称压力/MPa	流量/(L/min)	雾化角/(°)	流量特性系数
ZSTWB-16-60	0.35	30	60	16
ZSTWB-16-90	0.35	30	90	16
ZSTWB-16-120	0.35	30	120	16
ZSTWB-21.5-60	0.35	40	60	21.5
ZSTWB-21.5-90	0.35	40	90	21.5
ZSTWB-21.5-120	0.35	40	120	21.5
ZSTWB-26.5-60	0.35	50	60	26.5
ZSTWB-26.5-90	0.35	50	90	26.5
ZSTWB-26.5-120	0.35	50	120	26.5
ZSTWB-33.7-60	0.35	63	60	33.7
ZSTWB-33.7-90	0.35	63	90	33.7
ZSTWB-33.7-120	0.35	63	120	33.7
ZSTWB-43-60	0.35	80	60	43
ZSTWB-43-90	0.35	80	90	43
ZSTWB-43-120	0.35	80	120	43
ZSTWB-53.5-60	0.35	100	60	53.5
ZSTWB-53.5-90	0.35	100	90	53.5
ZSTWB-53.5-120	0.35	100	120	53.5
ZSTWB-67.5-90	0.35	125	90	67.5
ZSTWB-80-30	0.35	150	30	80
ZSTWB-86-90	0.35	160	90	86
ZSTWB-107-90	0.35	200	90	107
ZSTWB-117-90	0.35	220	90	117
ZSTWB-160-90	0.35	300	90	160

附录5 ZSTWC中速水雾喷头规格、型号

新国际编号	公称压力/MPa	流量/(L/min)	雾化角/(°)	流量特性系数
ZSTWC-16-90	0.35	30	90	16
ZSTWC-16-120	0.35	30	120	16
ZSTWC-16-150	0.35	30	150	16
ZSTWC-16-180	0.35	30	180	16
ZSTWC-21-90	0.35	40	90	21
ZSTWC-21-120	0.35	40	120	21
ZSTWC-21-150	0.35	40	150	21
ZSTWC-21-180	0.35	40	180	21
ZSTWC-28-90	0.35	50	90	28
ZSTWC-28-120	0.35	50	120	28
ZSTWC-28-150	0.35	50	150	28
ZSTWC-28-180	0.35	50	180	28
ZSTWC-34-90	0.35	60	90	34
ZSTWC-34-120	0.35	60	120	34
ZSTWC-34-150	0.35	60	150	34
ZSTWC-34-180	0.35	60	180	34
ZSTWC-37-90	0.35	70	90	37
ZSTWC-37-120	0.35	70	120	37
ZSTWC-37-150	0.35	70	150	37
ZSTWC-37-180	0.35	70	180	37
ZSTWC-43-90	0.35	80	90	43
ZSTWC-43-120	0.35	80	120	43
ZSTWC-43-150	0.35	80	150	43
ZSTWC-43-180	0.35	80	180	43

附录6 莫 迪 图

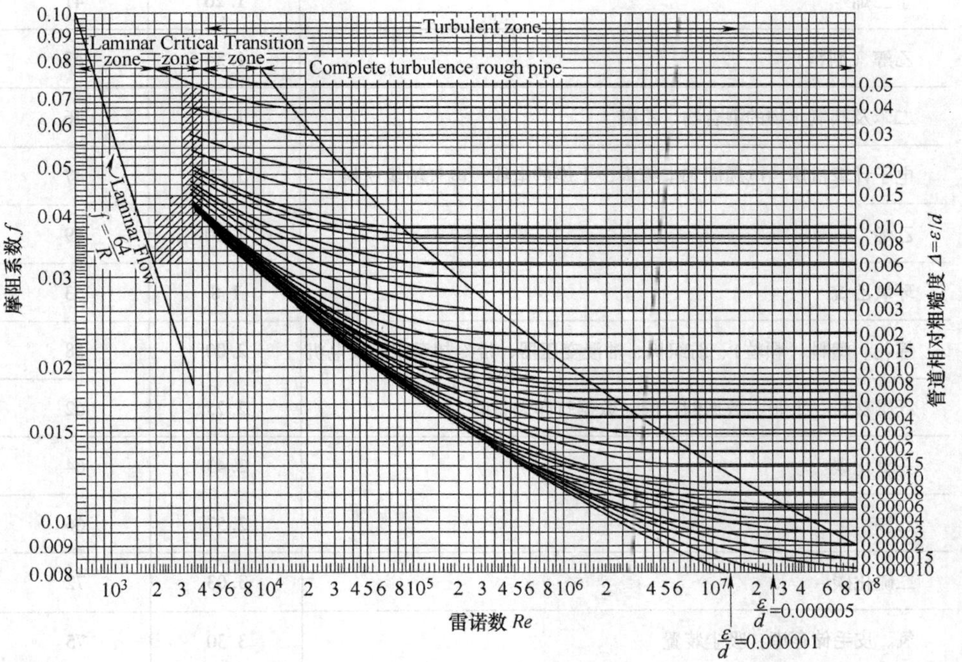

附录7 可燃物和设置场所的二氧化碳物质系数

可 燃 物	物质系数 K_b	二氧化碳设计浓度（%）
丙酮、柴油、煤油、二氯乙烯、异丁烯、丁烷、汽油、甲酸异丁酯、甲烷、石脑油、淬火油、聚苯乙烯、聚氨基甲酸甲酯（硬）	1.00	34
己烷、正庚烷、正辛烷、醋酸甲酯、戊烷	1.03	35
航空燃料 115 号、145 号，航空煤油 JP-4，硫化氢，异丁烷，甲基丁烯-1，丙烷，丙烯	1.06	36
粗苯（安息油、偏苏油）、苯、丁烯-1、煤气、天然气、环丙烷	1.10	37
甲酸甲酯	1.18	39
乙烷、甲醇、甲基乙基酮（丁酮）、二乙基醚、二甲醚、电气开关和配电室、油漆间和干燥设备	1.22	40

（续）

可 燃 物	物质系数 K_b	二氧化碳设计浓度（%）
丁二烯	1.26	41
乙醇（酒精）	1.34	43
二苯及其氧化物的混合物、乙醚	1.47	46
电子计算机房、电缆间和电缆沟、干燥的电线、电气绝缘材料	1.50	47
乙烯	1.60	49
环氧乙烷	1.8	53
棉花、塑料（颗粒）、纺织机、油浸变压器、带冷却系统的发电机	2.00	58
纤维材料、纸张、数据储存间，数据打印设备间	2.25	62
一氧化碳	2.43	64
乙炔	2.57	66
二硫化碳	3.03	72
氢、皮毛储存库，吸尘装置	3.30	75

附录8 镀锌钢管阻力损失与七氟丙烷流量关系

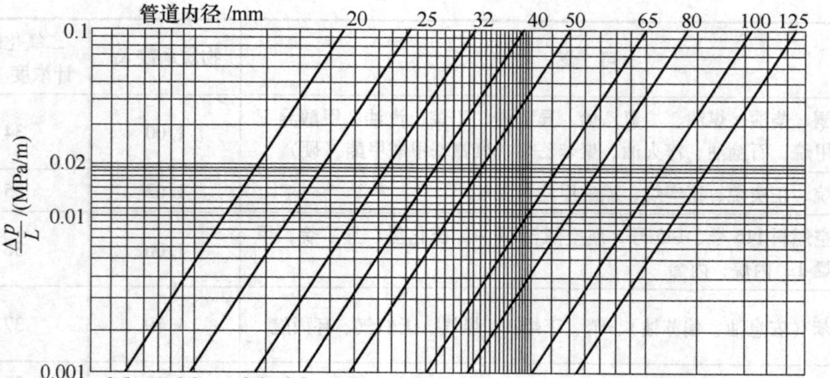

参考文献

[1] 王增长，高羽飞，曾雪华．建筑给水排水工程［M］. 5版．北京：中国建筑工业出版社，2005.

[2] 龚延风．建筑消防技术［M］. 北京：科学出版社，2009.

[3] 樊建军，梅胜，何芳．建筑给水排水与消防工程［M］. 北京：中国建筑工业出版社，2009.

[4] 黄晓家，姜文源．建筑给水排水工程技术与设计手册［M］. 北京：中国建筑工业出版社，2010.

[5] 景绒．建筑消防给水系统［M］. 北京：化学工业出版社，2008.

[6] 王春燕，张勤．高层建筑给水排水工程［M］. 重庆：重庆大学出版社，2009.

[7] 谢水波，袁玉梅．建筑给水排水与消防工程［M］. 长沙：湖南大学出版社，2003.

[8] 黄晓家，姜文源．自动喷水灭火系统设计手册［M］. 北京：中国建筑工业出版社，2002.

[9] 李念慈，万月明．建筑消防给水系统的设计施工监理［M］. 北京：中国建材工业出版社，2003.

[10] 张学魁．建筑灭火设施［M］. 北京：中国人民大学出版社，2004.

[11] 蒋彦胤．新型气体灭火系统（卤代烷替代物）设计手册［M］. 北京：中国环境科学出版社，1999.

[12] 姜文源，等．建筑灭火设计手册［M］. 北京：中国建筑工业出版社，1999.

[13] 郭铁男，等．中国消防手册［M］. 上海：上海科学技术出版社，2004.

[14] 徐志嫱，等．建筑消防工程［M］. 北京：中国建筑工业出版社，2009.

[15] 李亚峰，等．建筑消防工程实用手册［M］. 北京：化学工业出版社，2008.

[16] 帅卫红．建筑消防排水探讨［J］. 消防科学与技术，2003，10（22）：41-42.

[17] 方汝清，徐力．建筑水灭火系统的消防排水问题［J］. 四川建筑，2004，8（24）：114-116.

[18] 赵树立，王云鹏，张立新．建筑消防泵站设计中常见问题及分析［J］. 辽宁工程技术大学学报，2006，6（25）：165-167.

[19] 杨琦，高培峰．建筑水灭火系统中的消防排水［J］. 给水排水，2002，1（28）：71-73.

[20] 张永建．高层建筑消防给水排水系统给水方式的设计选择［J］. 科技风，2011，11（21）：196.

附录 11　增压压力为 4.2MPa（表压）时七氟丙烷灭火系统喷头等效孔口单位面积喷射率

喷头入口 压力/MPa	喷射率/ [kg/(s·cm²)]	喷头入口 压力/MPa	喷射率/ [kg/(s·cm²)]
3.4	6.04	1.6	3.50
3.2	5.83	1.4	3.05
3.0	5.61	1.3	2.80
2.8	5.37	1.2	2.50
2.6	5.12	1.1	2.20
2.4	4.85	1.0	1.93
2.2	4.55	0.9	1.62
2.0	4.25	0.8	1.27
1.8	3.90	0.7	0.90

附录9 高压二氧化碳系统等效孔口单位面积喷射率与喷头入口压力关系

喷头入口压力/MPa	喷射率/[kg/(min·mm²)]	喷头入口压力/MPa	喷射率/[kg/(min·mm²)]
5.17	3.255	3.28	1.223
5.00	2.703	3.10	1.189
4.83	2.401	2.93	1.062
4.65	2.172	2.76	0.9843
4.48	1.993	2.59	0.9070
4.31	1.839	2.41	0.8296
4.14	1.705	2.24	0.7593
3.96	1.589	2.07	0.6890
3.79	1.487	1.72	0.5484
3.62	1.396	1.40	0.4833
3.45	1.308		

附录10 一级充压（15MPa）IG541混合气体灭火系统等效孔口单位面积喷射率

喷头入口压力/MPa	喷射率/[kg/(s·cm²)]	喷头入口压力/MPa	喷射率/[kg/(s·cm²)]
3.7	0.97	2.8	0.70
3.6	0.94	2.7	0.67
3.5	0.91	2.6	0.64
3.4	0.88	2.5	0.62
3.3	0.85	2.4	0.59
3.2	0.82	2.3	0.56
3.1	0.79	2.2	0.53
3.0	0.76	2.1	0.51
2.9	0.73	2.0	0.48